전산응용 토목제도기능사 실기

개정증보 제11판

박종삼, 윤찬호 편저

도서출판 금 호

머 리 말

토목은 문명의 발상과 함께 시작한 학문으로 자연과 더불어 국토개발과 도시발전을 구축하는 분야이다.

토목의 기술 분야 중에서 전산응용 토목제도기능사는 과거 토목 도면 작업이 수작업에 의존하여 그리던 것을 현대 정보화 시대에 맞추어 전산 시스템이 제공하는 정보를 활용하여 도면을 손쉽게 수정하고 입·출력하는 등의 기술력을 향상시키고자 하는 종목입니다.

도면을 작도하는 방법은 도면의 이해를 통하여 수작업으로 토목제도 통칙에 따라 안정감 있고 신속 정확하게 완성하면 되었지만 캐드를 활용한 작도는 주어진 조건을 모두 만족해야 합격할 수 있는 형태로 바뀌면서 매년 새로운 도면이 출제 되는 등 어려움이 따르고 있어 이에 조금이라도 합격에 도움이 될 수 있도록 노력하였으며, 오랜 현장경험을 바탕으로 수험생과 현직에 종사하는 토목 기술인들에게 보다 쉽게 이해하여 활용할 수 있도록 하였으며, 국가기술검정 출제 기준에 중점을 두고 수많은 캐드 명령어가 있지만 전산응용 토목제도기능사에 활용되는 명령어 위주로 설명하여 시간을 절약하여 단기간에 자격취득이라는 성공의 열매를 거둘 수 있도록 집필하였습니다.

특히 작도하는 과정과 방법에는 정답이 없는 관계로 최대한 쉽게 접근할려고 하였으나 더욱 쉽게 작도할 수 있는 방법이 있으면 굳이 교재를 따라하지 않아도 되며, 작도에 참고만 하여주시고, 그 동안 현장에서 얻은 여러 가지 지식과 정보를 모아 정성을 다하여 본 서가 완성되었으나, 내용이 미비한 점과 잘못된 부분은 수정 보완하도록 약속드리며, 본 서 출판에 애써주신 성대준 사장님께 감사드립니다.

저자 씀

차 례 Contents

I. 토목 캐드 7
  1. 토목 캐드 일반 9
  2. 토목 캐드 명령어 19

II. L형 옹벽 49
  1. 환경 설정 51
  2. L형 옹벽구조도 그리기 62

III. 역T형 옹벽 127
  1. 환경 설정 129
  2. 역T형(key) 옹벽구조도 그리기 140

IV. 통로 암거 207
  1. 환경 설정 209
  2. 통로 암거 그리기 220

V. 기출 및 예상 문제 271
  - L형(key) 옹벽구조도 273
  - 역T형 옹벽구조도(1:40) 279
  - L형 옹벽구조도(4000_2400) 285
  - L형 옹벽구조도(4000_3200) 291
  - 역T형 옹벽구조도(1:50) 297
  - 정사각형 암거 303
  - 통로 암거 309
  - 옹벽 구조도, 도로 토공 횡단면도, 도로 토공 종단면도(I) 315
  - 옹벽 구조도, 도로 토공 횡단면도, 도로 토공 종단면도(II) 324

출제기준(실기)

직무분야	건설	중직무분야	토목	자격종목	전산응용토목제도기능사	적용기간	2022.1.1 ~ 2025.12.31

○직무내용 : 토목일반 및 제도에 관한 기본지식을 바탕으로 컴퓨터를 이용하여 도면을 작성, 수정·보완 및 출력 등을 수행하는 직무이다.
○수행준거 : 1. 토목관련 구조물과 도면을 이해할 수 있다.
　　　　　　2. 전산응용 제도 프로그램(CAD)을 활용하여 도면작성(설정, 입력, 수정, 보완 등)을 할 수 있다.
　　　　　　3. 작성된 도면을 요구에 맞게 출력할 수 있다.

실기검정방법	작업형	시험시간	3시간 정도

실기과목명	주요항목	세부항목	세세항목
전산응용 토목제도 작업	1. 도로설계 도면작성	1. 위치도·일반도 작성하기	1. 설계도면 작성기준에 의해 설계자의 의도를 정확히 전달하고 표현이 불확실한 부분이 최소화 되도록 설계도면을 작성할 수 있다. 2. 도로 노선에 표준이 되고 과업기준에 적합한 축척 범위로 표준횡단면도, 편경사도 등과 같은 과업특성을 파악하고 표준화된 내용을 일반도에 적용할 수 있다.
		2. 종평면도·횡단면도 작성하기	1. 종단면도 아래 제원표는 공통도면 작성기준의 테이블 작성규정에 따라 측점, 지반고, 계획고, 땅깎기 및 흙쌓기, 편경사, 종단곡선 및 평면곡선 정보와 기점거리 등을 기입하여 종단계획을 수립할 수 있다.
	2. 구조물 도면 작성	1. 구조물 상·하부구조 일반도 작성하기	1. 설계기준을 기초로 하여 주요 구조부의 치수를 결정하고 도면화 할 수 있다.
	3. 토공 도면파악	1. 기본도면 파악하기	1. 토공 도면을 확인하여 종평면도, 횡단면도, 상세도로 구분할 수 있다.
		2. 도면 기본지식 파악하기	1. 토공 도면의 기능과 용도를 파악할 수 있다. 2. 토공 도면에서 지시하는 내용을 파악할 수 있다. 3. 토공 도면에 표기된 각종 기호의 의미를 파악할 수 있다.

I. 토목캐드

1장 토목캐드 일반

2장 토목캐드 명령어

토목캐드

1장 토목 캐드 일반(AutoCAD 2005 한글)

1. 캐드 시작하기

① 윈도우 바탕화면에서 을 클릭한다.
② 다음 그림과 같이 아무 것도 없는 빈 공간이 화면에 표시되면 도면을 작성할 수 있는 초기 상태다.

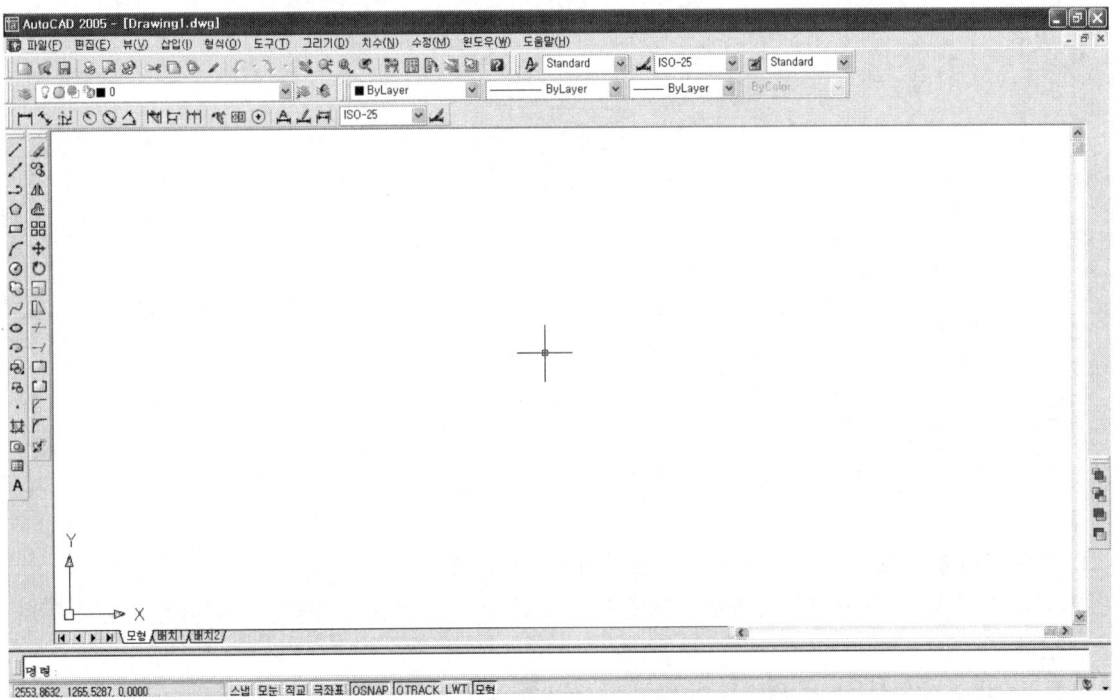

2. 캐드 화면 이해하기

AutoCAD 2005의 화면 구성과 도구막대를 알아두면 도면 작업을 더욱 간단하고 편리하게 할 수 있으며 Options을 조정하여 색상을 변경하거나 도구막대를 추가 또는 제거하였을 경우, 다시 AutoCAD 2005를 시작하면 마지막으로 변경된 화면이 초기 화면이 된다.

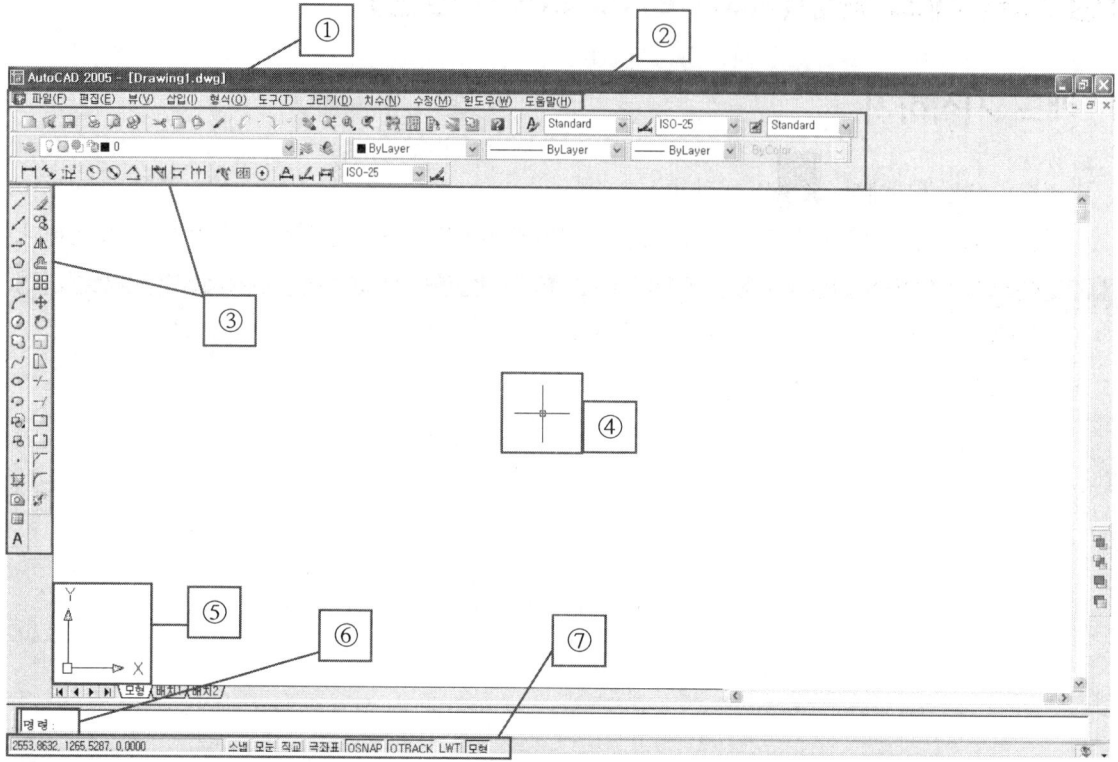

① 제목 표시줄 : 캐드 버전과 작업 중인 도면의 파일명을 표시한다.
② 메뉴 표시줄 : 캐드에서 사용되는 명령들을 나열한 것으로 메뉴를 선택하면 풀다운 메뉴가 나타난다.
③ 도구막대 : 자주 사용되는 명령을 아이콘으로 정리해 놓은 도구막대이며 열기, 저장, 인쇄, 철자 검사 같은 표준 버튼들과 다시 그리기, 명령취소, 줌과 같이 자주 사용되는 버튼들이 포함되어 있다.
④ 십자커서 : 마우스나 기타 좌표입력 장치로 연필과도 같다.
⑤ 좌표계 아이콘 : 보는 방향과 기준점 위치 등을 보여준다.
⑥ 명령 창 : 명령을 실행할 경우 문자나 정보를 보여 주며, 직접 명령어를 입력하는 곳이다. 프롬프트와 메시지를 표시한다.

⑦ 상태 표시줄 : 십자커서가 움직이는 좌표를 표시하고 정밀한 도면을 작성 할 수 있도록 도와주는 제도 보조 옵션이 있다.

```
3439.4511, 1433.2114, 0.0000    스냅 모눈 직교 극좌표 OSNAP OTRACK LWT 모형
       ㉠                        ㉡   ㉢  ㉣  ㉤    ㉥     ㉦    ㉧  ㉨
```

㉠ 좌표 화면표시 : 십자커서가 이동하는 위치나 필요에 따라 특정 부분의 위치에 대한 정보 표시
㉡ 스냅 : 십자커서를 Snap 명령으로 설정한 간격만큼 이동시킬 수 있다.
㉢ 모눈 : 화면상에서 가시적으로 볼 수 있는 점들을 표시하며, Snap 명령과 같이 사용되는 경우가 많다.
㉣ 직교 : 커서를 수평이나 수직으로만 움직이게 할 수 있으며, 임의의 방향으로도 움직이게 한다.
㉤ 극좌표 : 대상물을 그릴 때 동서남북 방향으로 커서를 움직이면 움직이는 거리값과 각도를 추적한다.
㉥ OSNAP : 도면작업에서 정확한 위치를 지정해야 할 때 사용되는 명령으로 객체스냅이라 한다.
㉦ OTRACK : 객체스냅의 Tracking(추적) 옵션의 On/Off를 설정한다.
㉧ LWT : 대상물에 부여한 선두께의 표시를 설정한다.
㉨ 모형 : 도면을 MODEL(모형) 공간과 PAPER(도면) 공간 사이에서 전환시킨다.
　일반적으로 모형 공간에서 설계도를 작성한 다음, 도면 공간에서 배치도를 작성하여 도면을 플롯하거나 인쇄한다.

3. 도면 열기

① 열기: 기존의 도면 열기

아이콘	풀다운 메뉴	명령어
📂	파일 - 열기	OPEN

② File(파일)- Open(열기) - 다음과 같은 대화창에서 파일을 선택하고 Open(열기)하면 도면이 열린다.

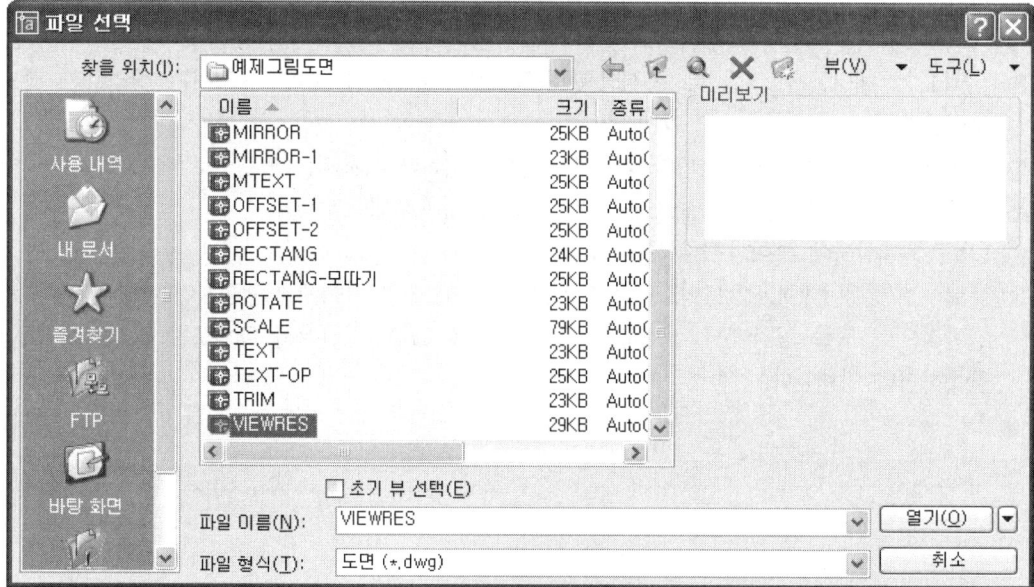

4. 도면 저장

① 저장

아이콘	풀다운 메뉴	명령어
💾	파일 - 저장	SAVE

② 도면 저장하기
  ㉠ 캐드 작업시에는 자주 저장을 해 주는 것이 좋다.
  ㉡ 도면 원본에 영향을 미치지 않고 새로운 버전의 도면을 작성하려면, Save As(다른 이름으로 저장)하면 된다.
  ㉢ 도면을 한번도 저장하지 않은 상태에서는 Save As(다른 이름으로 저장)으로 입력되어 파일 선택 창이 열리고, 덮어쓰기인 경우에는 곧바로 저장된다.

5. 기능키와 명령어 단축키

① 캐드에서 사용되는 기능키

기능키	기 능
F3	OSNAP(객체 스냅) ON/OFF(켜기/끄기)
F6	좌표 표시 켜기/끄기, 화면 좌하단의 좌표 표시를 활성/비활성
F7	GRID(모눈) ON/OFF(켜기/끄기), 도면에 모눈을 나타내거나 감추기
F8	ORTHO(직교) ON/OFF(켜기/끄기), 포인터의 움직임을 직교 좌표로만 제한
F9	SNAP(스냅) ON/OFF(켜기/끄기),
F10	POLAR(원형) ON/OFF(켜기/끄기), 작도, 편집시 포인터의 극좌표를 표시
F11	OTRACK(객체 스냅 출력하기) ON/OFF(켜기/끄기) OSNAP 점과의 거리, 각도를 나타내는 기능

② 명령어 단축키

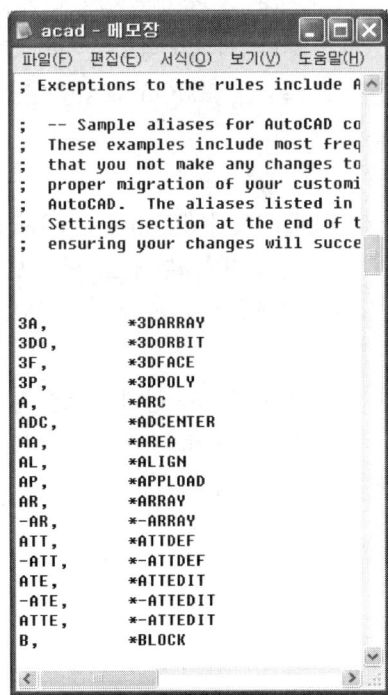

캐드는 모든 명령어가 영어로 되어 있기 때문에 간단하게 줄여 놓으면 효과적으로 도면을 그릴 수 있다. 이러한 축약된 명령이름을 앨리어스라고 부른다. 키보드로 명령어를 입력할 때 사용자에 맞게 단축하는 것이다. 예를 들어, COPY는 CO로 BLOCK은 B로 설정할 수 있다.

도구 - 사용자화 - 사용자 파일 편집 - 프로그램 매개변수를 클릭, 오른쪽 그림과 같은 ACAD.PGP이 메모장에 나타나면 사용자에 맞게 수정하여 저장하면 된다.

방식은 그림에서 보이는 것처럼

[단축키, *명령어] 형태로 입력 후 저장한 다음, 캐드를 다시 실행하면 단축화된 명령어를 사용할 수 있다.

단, 동일한 단축키가 지정되면 실제 캐드상에서 작동하지 않는다.

6. 도면 한계 [LIMITS]

① 좌측 하단과 우측 상단의 점을 지정하여 도면의 크기를 정하는 명령
② 도면창의 좌측 하단을 지정한다.

```
명령: LIMITS Enter↵
모형 공간 한계 재설정:
왼쪽 아래 구석 지정 또는 [켜기(ON)/끄기(OFF)] <0.0000,0.0000>: Enter↵
```

③ 도면창의 우측 상단을 지정한다.

```
오른쪽 위 구석 지정 <420.0000,297.0000>:420,297 Enter↵
```

④ A3 도면 크기로 설정된다.

7. 좌표 이해하기

① 절대 좌표계 (Absolute Coordinate)
　㉠ 절대 좌표계는 항상 도면의 원점인 0, 0, 0에서부터 측정하게 된다. 캐드에서는 2차원인 경우 X, Y로 나타내고 3차원일 경우에는 X, Y, Z 등의 좌표를 키보드로 직접 입력한다.
　㉡ 절대 극좌표계는 임의 점에서 다른 점으로 이동하거나 표기시에 그 위치를 거리와 각도로 지정한다. 거리와 각도는 왼쪽 방향 꺾쇠(<)를 이용해 나타낸다. line 명령으로 시작점을 '10,10'이고 끝점을 '100<45'로 입력하면 끝점은 '0,0'에서 길이가 100이고 X축으로 45도 방향인 점이 선택된다.

② 상대 좌표계 (Relative Orthogonal Coordinate)
　㉠ 임의 점에서부터 도면을 그리기 시작하는 경우 유용하게 사용된다.
　㉡ 원점에서부터 좌표가 시작되는 것이 아니라 가장 최근에 입력한 점을 기준으로 하여 좌표가 시작된다.
　㉢ 절대 좌표와 상대 좌표를 구분하기 위하여 '@'기호를 맨 앞에 붙여서 사용한다.
　㉣ '@20,30'이라는 의미는 이전 점에서부터 X축 방향으로 20, Y축 방향으로 30만큼 이동된다는 의미이다.

■ 절대 좌표와 절대 극좌표

절대 좌표(X, Y)	절대 극좌표(X, Y)
10,20 ← 20,20 ↓ ↑ 시작점 20,10 10,10	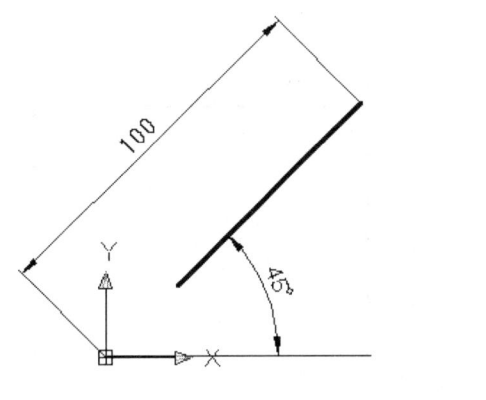

Command : line 명령 : line LINE Specify first point : 10,10 첫번째 점 지정 : 10,10 Specify next point or [Undo]: 20,10 다음 점 지정 또는 [취소] : 20,10 Specify next point or [Undo]: 20,10 다음 점 지정 또는 [취소] : 20,20 Specify next point or [Undo]: 20,10 다음 점 지정 또는 [취소] : 10,20 Specify next point or [Undo]: c 다음 점 지정 또는 [취소] : c	Command : line 명령 : line LINE Specify first point : 20,20 첫번째 점 지정 : 20,20 Specify next point or [Undo]: 100〈45 다음 점 지정 또는 [취소] : 100,45

■ 상대 좌표와 상대 극좌표

상대 좌표(X, Y)	상대 극좌표(X, Y)
@-10,0 ← @ 0,10 시작점 10,10 @ 10,0	@10<180 ← @10<90 시작점 10,10 @10<0
Command : line 명령 : line LINE Specify first point : 10,10 첫번째 점 지정 : 10,10 Specify next point or [Undo]: @10,0 다음 점 지정 또는 [취소] : @10,0 Specify next point or [Undo]: @0,10 다음 점 지정 또는 [취소] : @0,10 Specify next point or [Undo]: @-10,0 다음 점 지정 또는 [취소] : @-10,0 Specify next point or [Undo]: c 다음 점 지정 또는 [취소] : c	Command : line 명령 : line LINE Specify first point : 10,10 첫번째 점 지정 : 10,10 Specify next point or [Undo]: @10<0 다음 점 지정 또는 [취소] : @10<0 Specify next point or [Undo]: @10<90 다음 점 지정 또는 [취소] : @10<90 Specify next point or [Undo]: @10<180 다음 점 지정 또는 [취소] : @10<180 Specify next point or [Undo]: c 다음 점 지정 또는 [취소] : c

8. 객체 스냅 설정하기(Object Snap)

신속하고 정확하게 객체의 특정한 부분을 지정할 때 사용되는 명령을 말한다.
객체 스냅은 잠김 도면층 위의 객체, 부동 뷰포트 경계, 솔리드 및 폴리선 선분 등 일반적으로 화면에 보이는 객체에 적용할 수 있다. 꺼졌거나 동결된 도면층 위의 객체에는 스냅할 수 없다. 객체 스냅(Osnap) 명령을 입력하면 그림과 같은 창이 활성화 된다.

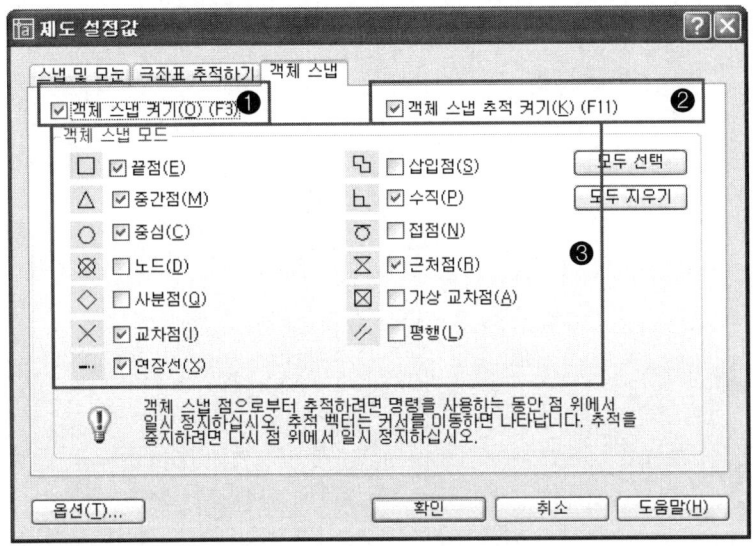

① Object Snap On(F3)[객체 스냅 켜기] : 객체 스냅 모드를 모두를 켜거나 끈다.
② Object Snap Tracking On(F11)[객체 스냅 추적 켜기] : 객체 스냅 추적을 켜거나 끈다.
③ Object Snap modes[객체 스냅 모드] : 별도의 선택 없이 사용자가 지정하고자 하는 위치에 커서를 가져가면 객체 스냅 모드에서 체크 표시된 옵션의 위치를 지정하도록 한다. 옵션은 여러 개를 동시에 설정 할 수 있으며, 설정된 옵션은 커서의 움직임에 따라 순환된다.

㉠ Endpoint[끝점] : 선택된 객체의 끝점을 지정한다.
㉡ Midpoint[중간점] : 선택된 객체의 중간점을 지정한다.
㉢ Center[중심점] : 호, 원, 타원 또는 타원형 호의 중심점을 지정한다.
㉣ Node[노드] : POINT명령으로 그려지거나 DIVIDE와 MEASURE 명령으로 배치된 점을 지정한다.
㉤ Quadrant[사분점] : 호, 원 또는 타원의 가장 가까운 사분점(0도, 90도, 180도 및 270도 점)을 지정한다.
㉥ Intersection[교차점] : 선택된 객체의 교차점을 지정한다.
㉦ Extension[연장선] : 객체의 연장선상을 지정한다.
㉧ Insertion[삽입점] : 삽입점은 블록, 쉐이프, 문자, 속성 또는 속성 정의의 삽입점을 지정 한다.
㉨ Perpendicular[수직점] : 선택된 점의 수직 방향의 기준점을 지정한다.
㉩ Tangent[접점] : 원이나 호, 타원의 접점을 지정한다.

- ㉠ Nearest[근처점] : 객체의 가장 가까운 점을 지정한다.
- ㉡ Apparent insertion[가상 교차점] : 두 객체의 가상 교차점을 지정한다.
- ㉢ Parallel[평행] : 객체의 평행한 점을 지정한다.

■ OSNAP 창띄우기 ; 그리기 명령을 사용하던 중 객체 스냅 명령을 사용하지 않고 스냅을 설정하고 싶을 때에는 〈shift〉키와 마우스 우측 버튼을 같이 누르면 정확하게 객체를 선택할 수 있는 단축 메뉴가 활성화 된다.

2장 토목 캐드 명령어

1. 도면 작성하기

1 LINE

설 명	아이콘	풀다운 메뉴	명령어
직선을 그린다.	✏	그리기-선	LINE

명령: LINE [Enter↵]
첫번째 점 지정: 10,10 [Enter↵] 〈선의 시작점이 될 좌표점을 입력〉
다음 점 지정 또는 [명령 취소(U)]: 60,10 [Enter↵] 〈다음 선이 될 좌표점을 입력〉
다음 점 지정 또는 [명령 취소(U)]: 60,60 [Enter↵] 〈다음 선이 될 좌표점을 입력〉
다음 점 지정 또는 [닫기(C)/명령 취소(U)]: 10,60 [Enter↵] 〈다음 선이 될 좌표점을 입력〉
다음 점 지정 또는 [닫기(C)/명령 취소(U)]: C [Enter↵] 〈시작점과 연결〉

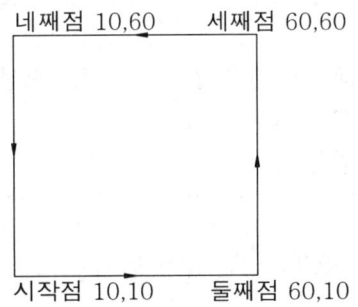

▶ OPTION

① Continue: 좌표값을 입력하지 않고 [Enter↵]를 입력하면 바로 전에 지정했던 좌표점이 선택된다.
② Close : C를 입력하면 현재의 점과 line 의 시작점을 연결하고 line 명령을 종료.
③ Undo : U를 입력하면 마지막으로 그려진 선부터 하나씩 차례로 지워진다.

▶ TIP

⊙ 선 그리기의 연결 : 선을 모두 그리고 enter를 치면, 선 그리기 명령이 종료된다. 종료된 후 명령 행에서, 바로 enter를 치면, 다시 선 그리기로 되돌아간다. 시작점을 물어오는데 이때 다시 enter를 치면 전에 그렸던 선의 마지막 점이 시작점이 된다.
⊙ 선 그리기의 방향 : line 명령 중 다음 점을 지정할 때 커서를 원하는 방향에 위치시킨 후 거리만 입력한 후 enter하면 커서의 방향으로 선이 그려진다.

2 CIRCLE

설 명	아이콘	풀다운 메뉴	명령어
원을 그린다.	⊙	그리기 - 원	CIRCLE

명령: CIRCLE [Enter↵]
원에 대한 중심점 지정 또는 [3P/2P/Ttr(접선 접선 반지름)]:A점 지정한 상태에서 바깥쪽으로 드래그 한다.
원의 반지름 지정 또는 [지름(D)]: 20 [Enter↵]〈원의 반지름〉

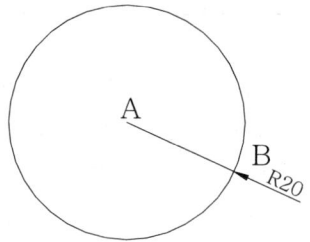

▶ OPTION

① Center, Radius : 원의 중심점과 반지름을 입력하여 원을 작성
② Center, Diameter : 원의 중심과 지름을 입력하여 원을 작성
③ 2P : 두 점을 지름으로 하는 원을 작성

명령: CIRCLE [Enter↵]
원에 대한 중심점 지정 또는 [3P/2P/Ttr(접선 접선 반지름)]: 2P [Enter↵]〈2개의 점을 이용해서 원 그리기〉
원 지름의 첫번째 끝점을 지정:P1클릭〈원의 시작점〉
원 지름의 두번째 끝점을 지정:P2클릭〈원 지름의 거리〉

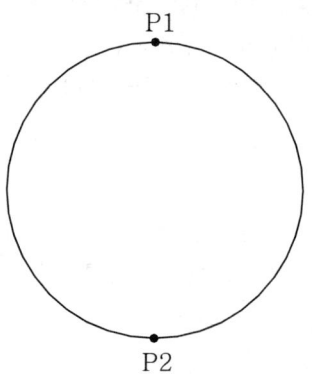

④ 3P : 지정하는 세 점을 지나는 원을 작성

명령: CIRCLE [Enter↵]
원에 대한 중심점 지정 또는 [3P/2P/Ttr(접선 접선 반지름)]: 3P [Enter↵]
원 위의 첫번째 점 지정:P1클릭〈원의 시작점〉
원 위의 두번째 점 지정:P2클릭〈원의 중간점〉
원 위의 세번째 점 지정:P3클릭〈원의 끝점〉

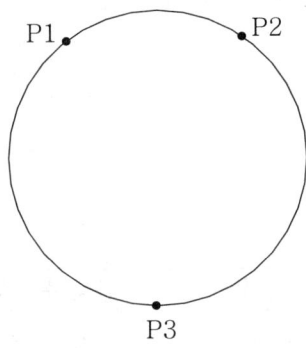

⑤ Ttr : 두개의 접선과 반지름으로 원을 작성

명령: CIRCLE [Enter↵]
원에 대한 중심점 지정 또는 [3P/2P/Ttr(접선 접선 반지름)]: TTR [Enter↵]
원의 첫번째 접점에 대한 객체위의 점 지정:P1클릭〈원의 시작점〉
원의 두번째 접점에 대한 객체위의 점 지정:P2클릭〈원의 중간점〉
원의 반지름 지정 〈17.5220〉: 20 [Enter↵]〈원의 반지름 지정〉

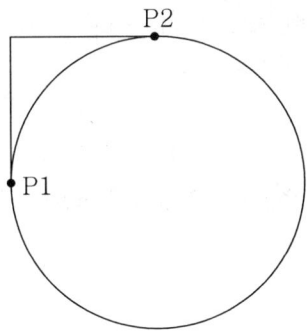

3 Undo

설 명	아이콘	풀다운 메뉴	명령어
이전의 명령을 하나씩 추가하여 취소	↶	편집 - 명령 취소	UNDO

■ LINE 속의 UNDO : UNDO 명령을 이용하면 연속적인 LINE을 그리는 도중에 명령을 끊지 않고 한 단계 전의 단계(최근선 취소)로 갈 수 있다. 선이 잘못 그려졌을 때 유용한 옵션이다.

4 Pline

설 명	아이콘	풀다운 메뉴	명령어
폴리선 그리기	⤵	그리기 - 폴리선	PLINE

■ 일반 선은 선 하나하나가 다른 객체(Object) 이지만 폴리선은 하나의 객체로 인식된다. 또한 다양한 옵션을 이용하여 직선이나 호를 그릴 수 있으며 선에 폭을 줄 수도 있다.

➡ OPTION

① A[호] : 직선을 그리다가 호를 그린다.
  ㉠ Angle : 호의 내부 각도 지정한다.
  ㉡ CEnter : 호의 중심점을 지정한다.
  ㉢ Direction : 호가 그려지는 방향을 지정
  ㉣ Line : 다시 선 형태로 돌아간다.
  ㉤ Radius : 호의 반지름값 지정
  ㉥ Second pt : 호의 두 번째 점을 지정한다.
  ㉦ Endpoint of arc : 호의 마지막 끝점을 지정한다.
② L [선] : 호를 그리다가 직선을 그린다.
③ C [닫기] : 폴리라인을 폐합
④ H [반폭] : POLYLINE의 반 폭(넓이의 절반)을 설정한다.
⑤ L [길이] : 마지막 설정된 좌표 방향으로 입력된 길이만큼 Pline을 그린다.
⑥ W [폭] : 폴리라인의 폭을 지정한다.

5 Rectang

설 명	아이콘	풀다운 메뉴	명령어
직사각형 그리기	□	그리기 - 직사각형	RECTANG

■ 직사각형을 그리면 폴리라인으로 그려지기 때문에 하나의 객체로 인식된다.

➡ OPTION

① Chamfer[모따기] : 직사각형의 모서리를 모따기한다.
② Elevation[고도] : 직사각형의 고도를 바꾼다. 2차원 도면은 Z축이 0인 평면을 말하며 고도를 바꾼다는 의미는 Z축에 값을 부여한다는 것이다.
③ Fillet[모깎기] : 직사각형의 모서리를 모깎기한다.
④ Thickness[두께] : 직사각형에 두께를 준다. 이것은 물체에 3차원, 즉 Z축으로 두께를 입힌다.
⑤ Width[폭] : 선에 두께를 준다.

■ 직사각형에 폭 지정

```
명령: RECTANG [Enter↵]
첫 번째 구석점 지정 또는 [모따기(C)/고도(E)/모깎기(F)/두께(T)/폭(W)]: W [Enter↵]
직사각형의 선 폭 지정 〈0.0000〉: 2 [Enter↵]
첫 번째 구석점 지정 또는 [모따기(C)/고도(E)/모깎기(F)/두께(T)/폭(W)]:P1클릭〈직사각형 시작점〉
반대쪽 구석점 지정 또는 [치수(D)]:P2클릭〈직사각형 끝점〉
```

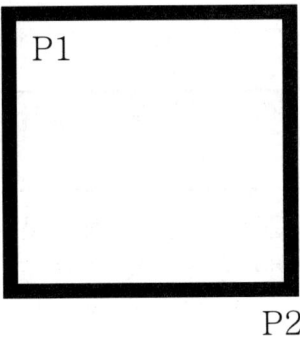

■ 직사각형에 모따기

```
명령: CHAMFER [Enter↵]
(TRIM 모드) 현재 모따기 거리1 = 0.0000, 거리2 = 0.0000
첫 번째 선 선택 또는 [폴리선(P)/거리(D)/각도(A)/자르기(T)/방법(M)/다중(U)]: D [Enter↵]
첫번째 모따기 거리 지정 <0.0000>: 5 [Enter↵]
두번째 모따기 거리 지정 <5.0000>: 5 [Enter↵]
첫 번째 선 선택 또는 [폴리선(P)/거리(D)/각도(A)/자르기(T)/방법(M)/다중(U)]: [Enter↵]
명령: CHAMFER [Enter↵]
(TRIM 모드) 현재 모따기 거리1 = 5.0000, 거리2 = 5.0000
첫 번째 선 선택 또는 [폴리선(P)/거리(D)/각도(A)/자르기(T)/방법(M)/다중(U)]: P [Enter↵]
2D 폴리선 선택:P1선택
4 선은(는) 모따기됨
```

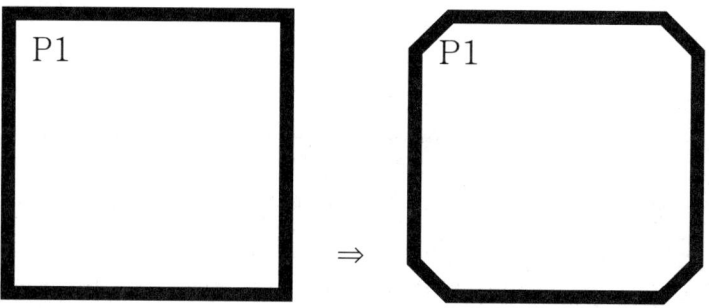

6 Text, Dtext

설 명	아이콘	풀다운 메뉴	명령어
단일행 문자 입력하기		그리기 - 문자 - 단일행 문자	TEXT, DTEXT

■ 한 줄의 간단한 문자 입력을 하며 문자 편집을 이용하여 쉽게 고쳐서 사용 할 수 있다. 특히 도면의 축척에 따라 크기를 별도로 지정하여야 한다. 1/100 도면에서 출력시 3㎜의 글자로 출력하려면 크기를 300하여 사용하면 된다. 또한 단일행 문자는 복사와 이동이 가능하며 입력 할 때 시작점의 위치를 마우스로 여기저기 옮겨서 입력할 수도 있다.

```
명령: TEXT Enter↵
현재 문자 스타일: "돋움" 문자 높이: 2.5000
문자의 시작점 지정 또는 [자리맞추기(J)/스타일(S)]: J Enter↵
옵션 입력 [정렬(A)/맞춤(F)/중심(C)/중간(M)/오른쪽(R)/좌상단(TL)/상단중앙(TC)/우상단(TR)/좌측
중간(ML)/중앙중간(MC)/우측중간(MR)/좌하단(BL)/하단중앙(BC)/우하단(BR)]: C Enter↵
문자의 중심점 지정:
높이 지정 <2.5000>: Enter↵
문자의 회전 각도 지정 <0>: Enter↵
문자 입력: 대한민국 Enter↵ <한/영 전환하여 원하는 문자 입력>
문자 입력: Enter↵
```

대한민국

▶ OPTION

■ Justify[자리맞추기]

① Align[정렬] : 지정한 두 점 사이에 문자를 삽입한다. 문자의 높이는 지정한 두 점에 따라서 변한다. 두 기준선 사이에 글자를 넣은 경우 두 지점을 넘어가는 문자를 입력할 때 문자 전체의 높이와 폭을 줄여서 정렬한다. 반대로 두 기준선의 두 지점에 못 미치는 문자를 입력할 때는 문자 전체의 높이와 폭을 늘여서 정렬해 준다.

② Fit[맞춤] : Align과 유사하나 문자의 높이 값은 사용자가 지정하고, 원하는 두 지점의 기준점 사이에 문자의 폭만을 조절하여 정렬하는 방식이다. 지정된 두 점을 벗어나 입력되거나 못 미쳐서 입력된 경우, 문자 높이는 지정되어 있으므로 문자의 폭만을 조절하여 정렬하는 방식이다. 문자 높이가 일정하므로 다른 Text와 섞여 있을 때 Align 정렬에 비해 능률적이다.

③ Center[중심] : 지정한 점을 기준으로 문자를 수평 중심에 정렬시킨다.

④ Middle[중간] : 문자의 중앙이면서 문자 높이의 1/2이 되는 지점을 기준으로 정렬한다.

⑤ Right[오른쪽] : 지정한 점을 기준으로 문자를 오른쪽에 정렬시킨다.

⑥ TL[Top/Left] : 첫 번째 점이 문자의 상단 좌측을 기준으로 정렬한다.

⑦ TC[Top/Center] : 첫 번째 점이 문자의 상단 중앙을 기준으로 정렬한다.

⑧ TR[Top/Right] : 첫 번째 점이 문자의 상단 오른쪽을 기준으로 정렬한다.

⑨ ML[Middle/Left] : 첫 번째 점이 문자의 중앙 좌측을 기준으로 정렬한다.

⑩ MC[Middle/Center] : 첫 번째 점이 문자의 수평, 수직으로 정 중앙을 기준으로 정렬한다.

⑪ MR[Middle/Right] : 첫 번째 점이 문자의 중앙 오른쪽을 기준으로 정렬한다.

⑫ BL[Botton/Left] : 첫 번째 점이 문자의 하단 좌측을 기준으로 정렬한다.

⑬ BC[Botton/Center] : 첫 번째 점이 문자의 하단 중앙을 기준으로 정렬한다.

⑭ BR[Botton/Right] : 첫 번째 점이 문자의 하단 오른쪽을 기준으로 정렬한다.

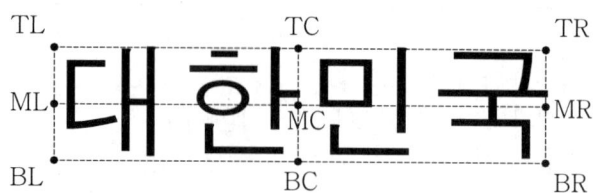

- Style[유형] : 문자의 유형을 선택한다.

Enter style name or [?] 〈돋움〉: 사용자가 문자 유형의 이름을 입력한다. 만약 문자 유형을 모를 경우에는 ?를 입력한다.

7 Mtext

설 명	아이콘	풀다운 메뉴	명령어
다중행 문자 입력하기	A	그리기 - 문자 - 다중행 문자	MTEXT

- 길고 복잡한 내용을 입력하는 경우에 사용하여 다중행 문자를 작성할 수 있다. 지정된 폭에는 맞추어 지지만 수직 방향으로는 제한 없이 연장될 수 있다. 개별적인 문자, 단어 또는 절에 대해 밑줄, 글꼴, 색상 및 문자높이를 변경할 수 있다.

① 명령: MTEXT [Enter↵] 또는 아이콘 A 을 클릭
② 다중행 문자가 입력될 영역의 첫 번째 점의 위치를 입력할 위치에 클릭한다.
③ 문자가 입력될 영역을 다음 그림과 같이 드래그한다.

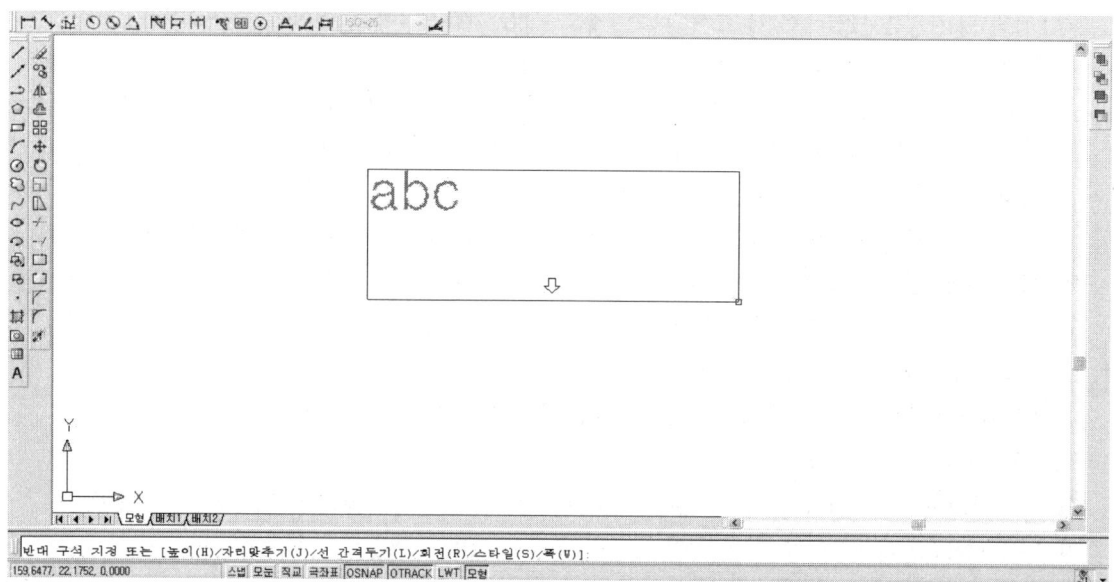

④ 다중행 문서 편집기 대화 상자가 실행

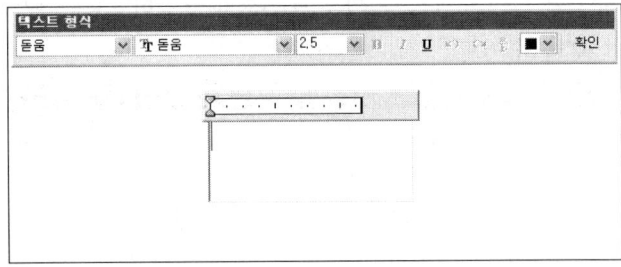

⑤ 문자〈W1 D13〉를 편집창에 입력 - 확인 클릭

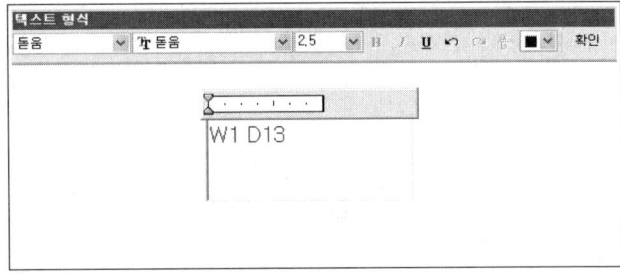

⑥ 다음 그림과 같이 문자가 입력된다.

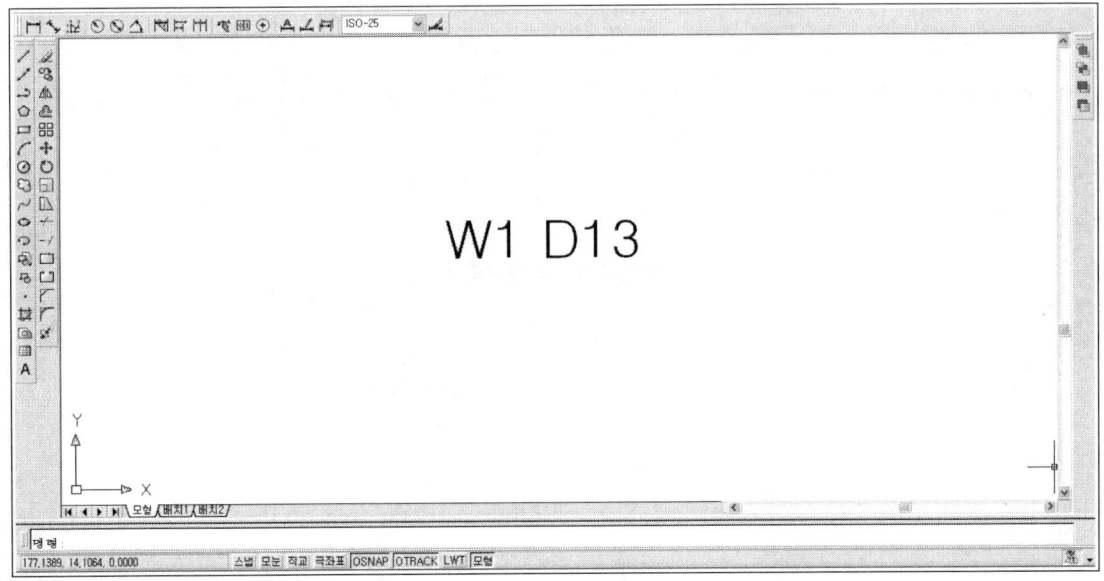

⑦ W1 D13 문자 부분에 마우스를 올려 놓고 더블 클릭하면 다중행 문서 편집기 대화 상자가 실행되면 문자 중 W1의 1 숫자와 D13의 문자 크기를 블록으로 선택한 다음 문자 높이를 1.5로 조정하면 다음과 같은 결과를 얻을 수 있다.

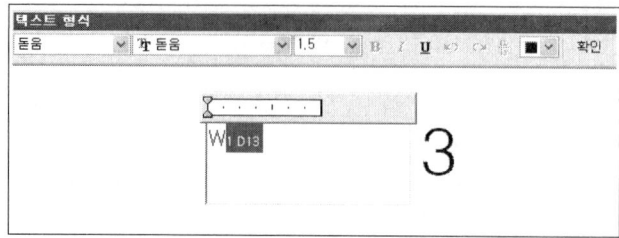

■ 1 D13을 블록으로 드래그 한 후 글자 크기에서 1.5를 입력하고 마우스를 다시 편집창에서 클릭을 하여야만 글자크기가 변경된다.

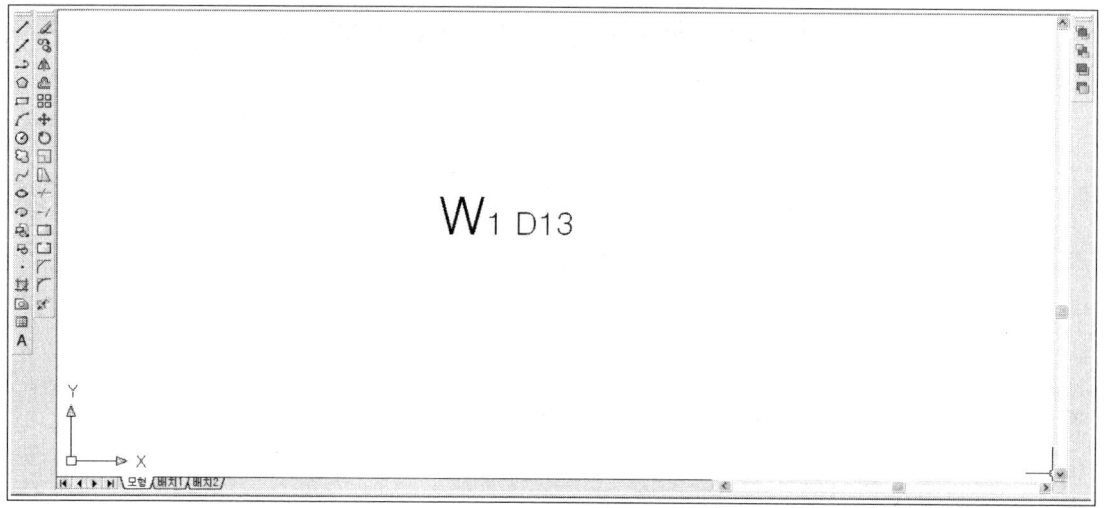

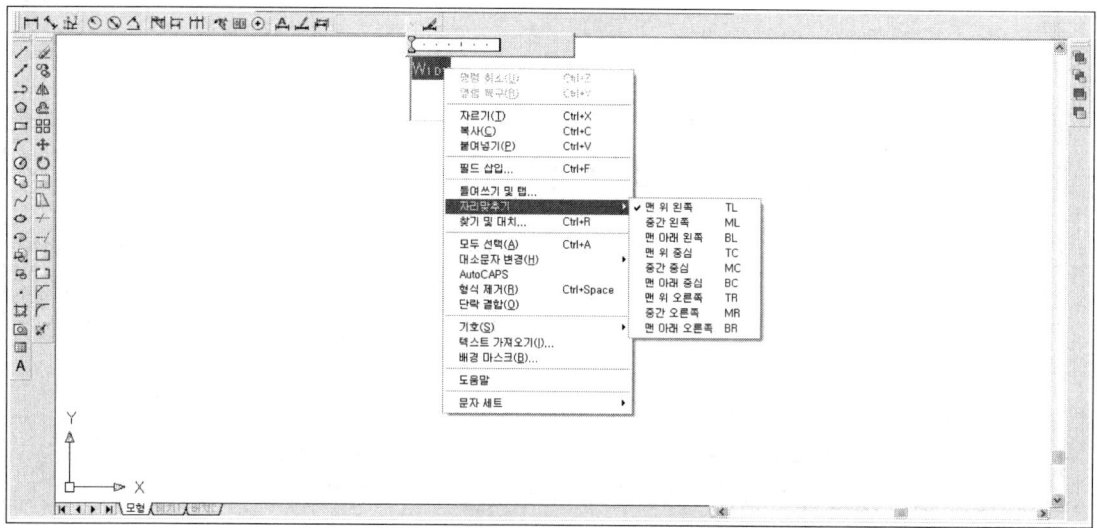

■ 블록으로 설정 후 마우스 오른쪽 클릭하면 여러 가지 유형으로 변경할 수 있다.

OPTION

■ 문자 속성 변경

① 문자의 글꼴 유형을 설정한다.
② 문자의 높이를 설정한다.
③ 문자를 진하게 표시한다.
④ 문자를 기울여 표시한다.
⑤ 문자의 밑줄을 삽입한다.
⑥ 입력된 문자를 취소한다.
⑦ 스택기능을 사용한다.(1/2를 입력 후 마우스로 선택한 후 ▣를 클릭하면 분수로 변경된다.)
⑧ 문자의 색상을 설정한다.

2. 도면 편집하기

1 Erase

설 명	아이콘	풀다운 메뉴	명령어
지우기		수정 - 지우기	ERASE

■ 도면의 일부분이나 특정한 객체를 지우려고 할 때 사용하며, 실수로 다른 객체를 잘못 지웠을 경우는 명령취소(U) 등의 명령을 사용하여 되돌릴 수 있다. 마지막으로 그려진 객체 하나만을 지우려면 객체 선택 프롬프트에서 최종(L)을 입력한다.

■ 요소를 선택할 때 Window, Crossing을 사용할 수 있는데, 마우스를 이용하여 화면의 공백을 클릭한 후, 좌측에서 우측으로 선택할 경우 Window가 우측에서 좌측으로 선택할 경우 Crossing Option에 해당한다.

Window Select	선택 영역 안에 완전히 포함된 물체만을 선택하는 방법
Crossing Select	선택 영역과 선택 영역의 라인에 조금이라도 걸쳐 있는 모든 요소를 선택하는 방법

2 Move

설 명	아이콘	풀다운 메뉴	명령어
객체 이동하기		수정 - 이동	MOVE

■ 선택된 객체를 이동시키는 명령으로 복사 명령은 객체가 새로 복사가 되지만 이동 명령은 객체를 움직여 이동시킨다. 크기나 회전각을 바꿀 수는 없지만 3차원 공간상으로 이동시킬 수 있다.

3 Copy

설 명	아이콘	풀다운 메뉴	명령어
객체 복사하기		수정 - 복사	COPY

■ 객체를 복사하여 새로운 객체를 원하는 위치에 만들 때 사용하며, 객체 스냅을 이용하여 정확한 위치에 복사할 수 있다.

▶ OPTION

Multiple[다중] : 객체를 여러 번 복사(다중 복사)할 수 있다.

➡️ TIP

그림은 보기 좋으면 되지만 도면은 정확해야 한다. Copy 명령에서 적절하지 못한 기준점 지정은 작업을 어렵게 하므로 기준점은 객체 스냅(Object Snap)의 옵션을 이용하는 것이 좋다.

4 Offest

설 명	아이콘	풀다운 메뉴	명령어
간격 띄우기	☁	수정 - 간격띄우기	OFFSET

■ 객체를 일정한 간격으로 복사하는 명령을 말하며, 여러 번 연속이 가능하다. 폐합된 폴리라인(원이나 도넛, 직사각형)은 축소 또는 확대된다. 간격 띄우기 명령은 2차원 공간에서만 사용할 수 있다.

➡️ OPTION

① 간격 띄우기 거리 : 간격 띄우기 거리를 입력한다.(등간격 복사)

```
명령: OFFSET Enter↵
간격띄우기 거리 지정 또는 [통과점(T)] <통과점>: 10 Enter↵
간격띄우기할 객체 선택 또는 <나가기>:①번 객체 선택
간격띄우기할 쪽으로 점 지정:P1 클릭
간격띄우기할 객체 선택 또는 <나가기>:②번 객체 선택
간격띄우기할 쪽으로 점 지정:P2 클릭
간격띄우기할 객체 선택 또는 <나가기>:③번 객체 선택
간격띄우기할 쪽으로 점 지정:P3 클릭⇒④번 객체
간격띄우기할 객체 선택 또는 <나가기>:Esc<나가기>
```

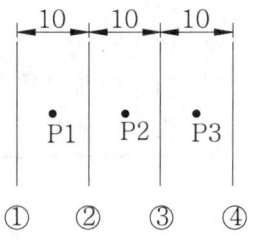

② Through[통과] : 임의의 길이를 마우스를 이용하여 직접 지정한다.(임의 간격 복사)

```
명령: OFFSET Enter↵
간격띄우기 거리 또는 [통과점(T)] <10.0000>: T Enter↵
간격띄우기할 객체 선택 또는 <나가기>:①번 객체 선택
통과점 지정:P1 클릭
간격띄우기할 객체 선택 또는 <나가기>:②번 객체 선택
통과점 지정:P2 클릭
간격띄우기할 객체 선택 또는 <나가기>:③번 객체 선택
통과점 지정:P3 클릭
간격띄우기할 객체 선택 또는 <나가기>:Esc<나가기>
```

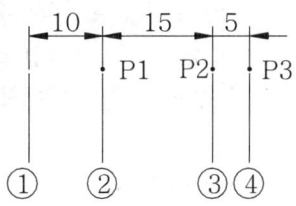

5 Trim

설 명	아이콘	풀다운 메뉴	명령어
자르기	┼	수정 - 자르기	TRIM

■ 하나 또는 둘 이상의 객체를 지정한 경계를 기준으로 정확하게 자르기를 하는 명령을 말한다.

```
명령: TRIM [Enter↵]
현재 설정값: 투영=UCS 모서리=없음
절단 모서리 선택 ...
객체 선택: 1개를 찾음〈경계 선택하면 경계 부분이 점선으로 변하면서 선택됨〉
객체 선택: [Enter↵]
자르기할 객체 선택 또는 연장을 위한 shift+선택  또는 [투영(P)/모서리(E)/명령
취소(U)]:P1 클릭
자르기할 객체 선택 또는 연장을 위한 shift+선택  또는 [투영(P)/모서리(E)/명령
취소(U)]:P2 클릭
자르기할 객체 선택 또는 연장을 위한 shift+선택  또는 [투영(P)/모서리(E)/명령
취소(U)]: [Enter↵]
```

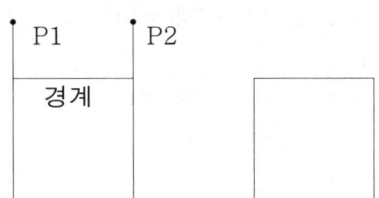

▶ OPTION

① Project[투영] : 3차원 공간에서 자르기 경계와 교차하는 객체만 자른다.
　㉠ None[없음] : 투영을 사용하지 않는다.
　㉡ Ucs : 현재 Ucs상에서 자르기 할 객체와 경계가 교차된 것만 자른다.
　㉢ View : 현재 화면상에서 교차된 객체를 자른다.

② Edge[모서리] : 기준선의 경계를 가상선을 사용하여 연장되는 객체를 자른다.
　㉠ Extend[연장] : 자르기 경계와 교차되지 않더라도 경계와 연장선상에 있다면 객체를 자르기 할 수 있다.
　㉡ No extend[연장 안함] : 자르기 경계와 자르기 할 객체가 완전히 교차된 경우에만 자르기를 할 수 있다.

③ Undo[명령취소] : 바로 전에 자르기 된 객체를 복원해 준다.

6 Extend

설 명	아이콘	풀다운 메뉴	명령어
연장하기	-–/	수정 – 연장	EXTEND

■ 임의의 객체를 기준으로 하여 다른 객체를 연장시킬 때 사용한다. 연장될 수 있는 객체는 선, 호, 타원형 호, 열린 2D 폴리선, 열린 3D 폴리선, 광선 등이 있다.

```
명령: EXTEND Enter↵
현재 설정값: 투영= UCS 모서리=없음  경계 모서리 선택 …
객체 선택: 1개를 찾음〈경계선 선택〉
객체 선택: Enter↵
연장할 객체 선택 또는 자르기를 위한 shift+선택   또는 [투영(P)/모서리(E)/명령
취소(U)]:P1 선택〈연장할려고 하는 객체를 선택하면 경계까지 연장이 됨〉
연장할 객체 선택 또는 자르기를 위한 shift+선택   또는 [투영(P)/모서리(E)/명령
취소(U)]: Enter↵
```

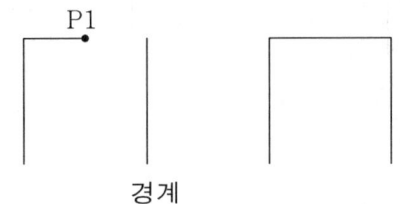

경계

▶ OPTION

① Project[투영]
  ㉠ None[없음] : 3차원 공간에서 연장될 객체가 경계를 기준으로 연장했을 때, 교차하는 객체만 연장시킨다.
  ㉡ Ucs : 현재 UCS상에서 연장될 객체가 경계를 기준으로 연장했을 때, 교차하는 객체만 연장시킨다.
  ㉢ View : 현재 화면상에서 연장될 객체가 경계를 기준으로 연장했을 때, 교차하는 객체만 연장시킨다.

② Edge[모서리]
  ㉠ Extend[연장] : 연장할 객체와 경계를 서로 연장했을 때, 교차하는 객체만 연장시킬 수 있다.
  ㉡ No extend[연장 안함] : 연장할 객체의 경계를 기준으로 연장했을 때, 교차되는 경우에만 연장시킬 수 있다.

③ Undo[명령취소] : 바로 전에 연장된 객체를 복원해 준다.

7 Rotate

설 명	아이콘	풀다운 메뉴	명령어
회전	⟳	수정 – 회전	ROTATE

■ 객체를 기준점으로부터 임의의 각도만큼 회전 시킨다.

```
명령: ROTATE Enter↵
현재 UCS에서 양의 각도: 측정 방향=시계 반대 방향 기준 방향=0
객체 선택: 1개를 찾음〈화살표 선택〉
객체 선택: Enter↵
기준점 지정:〈화살표 끝부분 선택〉
회전 각도 지정 또는 [참조(R)]: 45 Enter↵
```

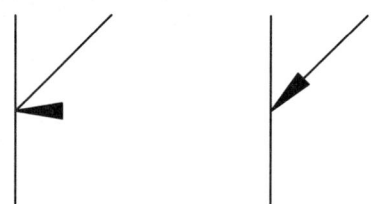

8 Array

설 명	아이콘	풀다운 메뉴	명령어
배열	▦	수정 – 배열	ARRAY

■ 임의의 객체를 복사하여 원형이나 직사각형으로 객체를 배열하는 명령을 말한다.

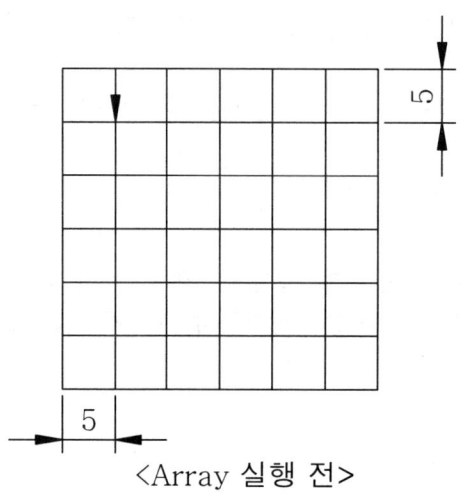
<Array 실행 전>

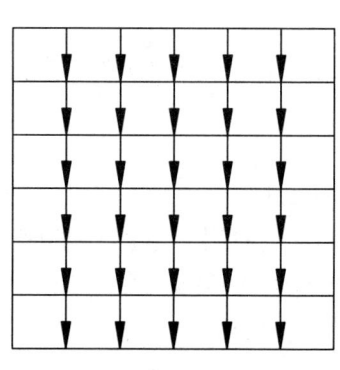
<Array 실행 후>

① 명령: ARRAY [Enter↵]

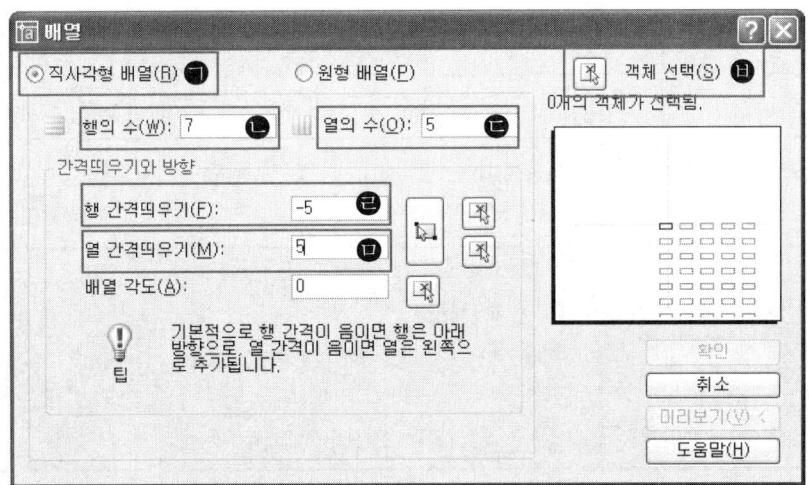

㉠ Rectangular Array[직사각형 배열] : 선택
㉡ Rows[행의 수] : 7입력
㉢ Columns[열의 수] : 5입력
㉣ Row offset[행 간격] : -5(아래 방향 : -)
㉤ Column offset[열 간격] : 5
㉥ Select objects[객체 선택]을 클릭-다음 그림과 같이 화살표를 선택-[Enter↵]

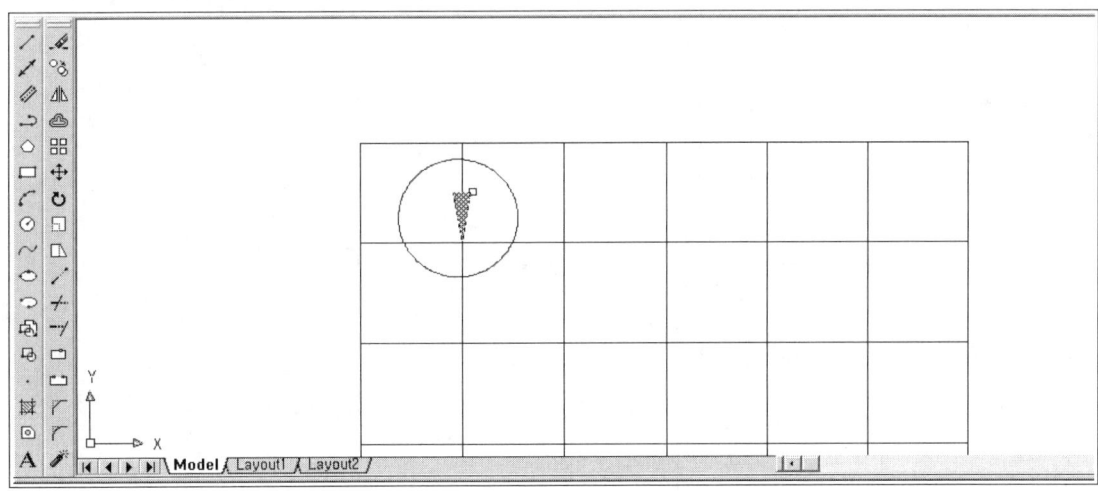

② Array 편집창의 확인 버튼을 클릭

OPTION

① Rectangular Array[직사각형 배열] : 사각형 배열
② Polar Array[원형 배열] : 원형 배열

9 Scale

설 명	아이콘	풀다운 메뉴	명령어
축척		수정 – 축척	SCALE

■ 도면상의 요소의 크기를 바꾸는데 사용하는 명령어로써, 크게 확대하거나 축소할 때 사용하는 명령어이다.

```
명령: SCALE Enter↵
객체 선택: 13개를 찾음〈역T형 옹벽 전체 선택〉
객체 선택: Enter↵
기준점 지정:P1 선택
축척 비율 지정 또는 [참조(R)]: 0.4 Enter↵ 〈원래 크기의 0.4배로 축소〉
```

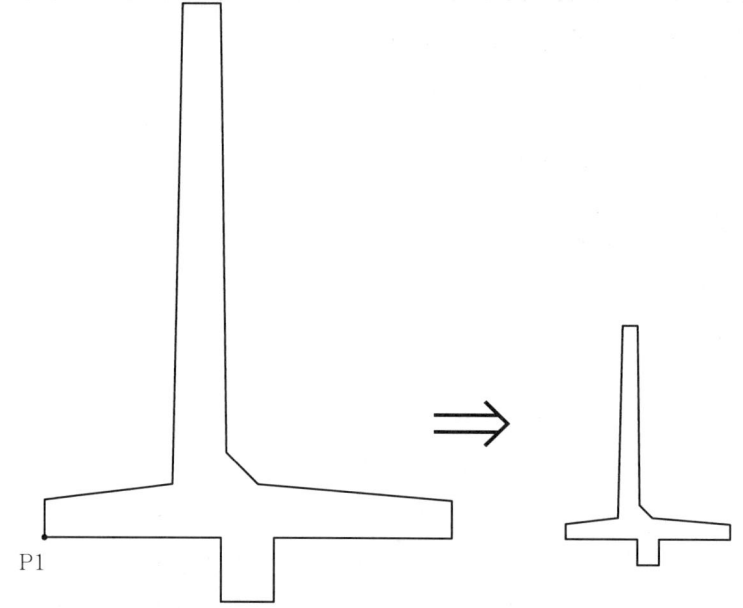

■ 간단하게 선을 연장하거나 축소하는 법

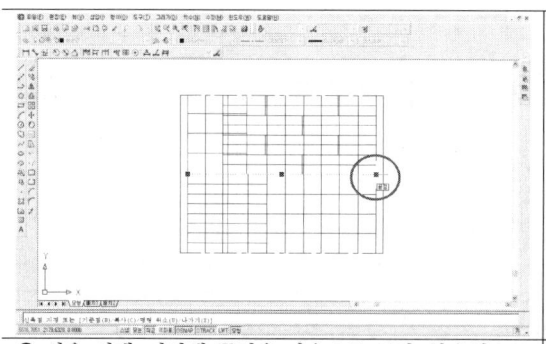
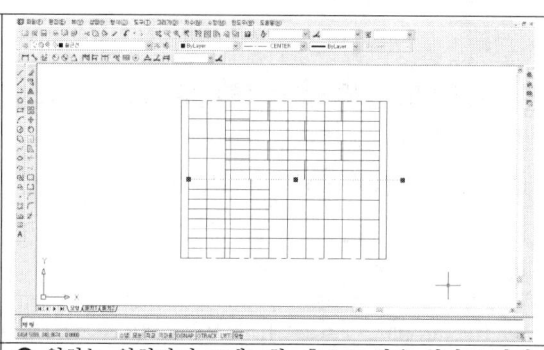

❶ 선을 선택-파란색 끝점을 마우스로 클릭-붉은색으로 변한 상태에서 오른쪽으로 드래그 한다.

❷ 원하는 위치까지 드래그함. 축소도 같은 원리로 하면 된다.

10 Zoom

설 명	아이콘	풀다운 메뉴	명령어
줌	🔍±	뷰 - 줌	ZOOM

■ 화면을 확대하거나 축소하는 명령어이다.

▶ OPTION

① All[전체] : Limits로 설정된 부분을 출력
② Center[중심] : 지정하는 점을 중심으로 주어진 높이를 가진 비율로 표시해 준다.
③ Dynamic[동적] : 도면 전부를 보여주고 지정하는 임의의 부분을 표시해 준다.
④ Extents[범위] : 도면 전체를 꽉 차게 표시해 준다.
⑤ Previous[이전] : 바로 이전의 화면을 표시해 준다.
⑥ Scale[축척] : 도면을 주어진 비율로 확대 축소하는 것으로 1.0을 기준으로 0.1x는 화면을 10분의 1로 축소, 10x는 화면을 10배로 확대한다. 0.5xp를 입력간 경우에는 모형 공간의 50%로 도면 공간을 축소한다.
⑦ Window[윈도우] : 두 점을 대각선으로 하는 window를 지정하여 화면 비율로 표시해 준다.

11 Donut

설 명	아이콘	풀다운 메뉴	명령어
원이나 링을 그린다		그리기 - 도넛	DONUT

■ 내부가 채워진 원이나 링을 그린다.

```
명령: DONUT [Enter↵]
도넛의 내부 지름 지정 〈0.5000〉: 0 [Enter↵]〈내부 지름〉
도넛의 외부 지름 지정 〈1.0000〉: 40 [Enter↵]〈외부 지름〉
도넛의 중심 지정 또는 〈나가기〉:〈DONUT(점철근)을 넣을 위치에 클릭한다.〉
```

| 내부 지름=0 | 내부 지름=20 |
| 외부 지름=40 | 외부 지름=40 |

12 Viewres

■ 원, 호의 해상도를 설정한다.

```
명령: VIEWRES [Enter↵]
고속 줌을 원하십니까? [예(Y)/아니오(N)] ⟨Y⟩: [Enter↵]
원 줌 퍼센트 입력 (1-20000) ⟨100⟩: 100 [Enter↵]
```

VIEWRES=10	VIEWRES=100

13 Chprop

■ 선택된 개체의 특성을 변경한다.

```
명령: CHPROP [Enter↵]
객체 선택: 1개를 찾음
객체 선택: [Enter↵]
변경할 특성 입력
[색상(C)/도면층(LA)/선종류(LT)/선종류축척(S)/선가중치(LW)/두께(T)]: LT [Enter↵]
새로운 선종류 이름 입력 ⟨ByLayer⟩: HIDDEN [Enter↵]
변경할 특성 입력
[색상(C)/도면층(LA)/선종류(LT)/선종류축척(S)/선가중치(LW)/두께(T)]: S [Enter↵]
새로운 선종류 축척을(를) 지정 ⟨500.0000⟩: 5 [Enter↵]
변경할 특성 입력
[색상(C)/도면층(LA)/선종류(LT)/선종류축척(S)/선가중치(LW)/두께(T)]: [Enter↵][Enter↵]
```

현재도면	linetype : HIDDEN scale : 5	linetype : HIDDEN scale : 10	linetype : CENTER scale : 10

14 Mirror

설 명	아이콘	풀다운 메뉴	명령어
대칭	◭◮	수정 - 대칭	MIRROR

■ 기준선에 따라 객체를 대칭으로 뒤집기를 한다.

명령: MIRROR [Enter↵]
객체 선택: 16개를 찾음〈대칭시킬 객체 선택〉
객체 선택: [Enter↵]
대칭선의 첫번째 점 지정:P1 선택〈대칭시킬 기준선의 시작점〉
대칭선의 두번째 점 지정:P2 선택〈대칭시킬 기준선의 끝점〉
원시 객체를 삭제합니까? [예(Y)/아니오(N)] 〈N〉: N [Enter↵]〈대칭시킬 객체를 남겨놓으려면 N, 지우려면 Y 선택〉

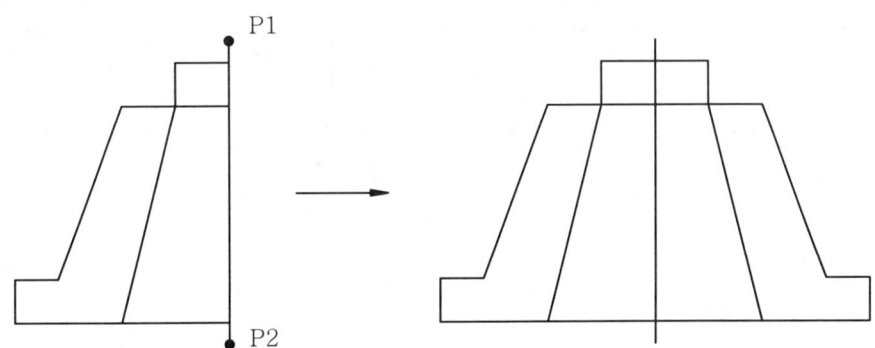

➡ OPTION

■ 옵션 문자가 뒤집어지지 않으려면 [mirrtext] 명령을 기입하여 0으로 바꾸어야 한다.

명령: MIRRTEXT [Enter↵]
MIRRTEXT에 대한 새 값 입력 〈1〉: 0 [Enter↵]〈도면 작성할 때 0으로 바꿔 놓는 것이 유용하다.〉

MIRRTEXT 0		MIRRTEXT 1	
MIRROR 대칭하기	MIRROR 대칭하기	MIRROR 대칭하기	ROMAIM |८१ठ १२४

15 Chamfer

설 명	아이콘	풀다운 메뉴	명령어
모따기		수정 - 모따기	CHAMFER

■ 평행하지 않은 2개의 객체를 연장하거나 잘라, 비스듬히 깎인 선과 교차시키거나 결합되도록 해 연결하는 것을 말한다.

명령: CHAMFER [Enter↵]
(TRIM 모드) 현재 모따기 거리1 = 10.0000, 거리2 = 10.0000
첫 번째 선 선택 또는 [폴리선(P)/거리(D)/각도(A)/자르기(T)/방법(M)/다중(U)]: D [Enter↵]
첫번째 모따기 거리 지정 〈10.0000〉: 100 [Enter↵]
두번째 모따기 거리 지정 〈100.0000〉: 100 [Enter↵]
첫 번째 선 선택 또는 [폴리선(P)/거리(D)/각도(A)/자르기(T)/방법(M)/다중(U)]:〈첫 번째 선 선택〉
두번째 선 선택:〈두 번째 선 선택〉

현재도면	모따기 거리가 0인 경우	모따기 거리가 0이 아닌 경우
900	900	900

명령: CHAMFER [Enter↵]
(TRIM 모드) 현재 모따기 거리1 = 100.0000, 거리2 = 100.0000
첫 번째 선 선택 또는 [폴리선(P)/거리(D)/각도(A)/자르기(T)/방법(M)/다중(U)]: D [Enter↵]
첫번째 모따기 거리 지정 〈100.0000〉: 100 [Enter↵]
두번째 모따기 거리 지정 〈100.0000〉: 100 [Enter↵]
첫 번째 선 선택 또는 [폴리선(P)/거리(D)/각도(A)/자르기(T)/방법(M)/다중(U)]: P [Enter↵]
2D 폴리선 선택:〈모따기 할 안쪽 사각형 선택〉
■ 같은 방식으로 나머지 사각형도 모따기 한다.

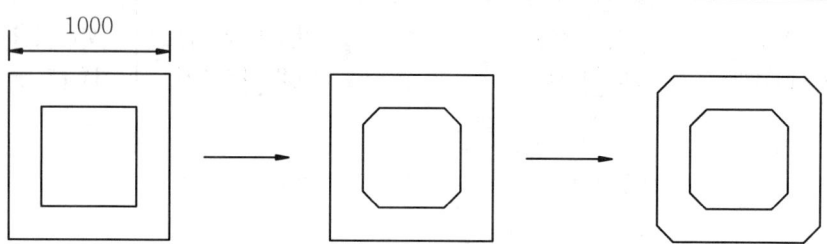

▶ OPTION

① Polyline[폴리선] : 폴리라인으로 그려진 2D 객체를 선택하면 맞물린 객체를 정해진 거리만큼 모두 모따기한다.
② Distance[거리] : 첫째 번으로 모따기 할 거리와 둘째 번으로 선택된 모따기 거리를 입력한다.
③ Angle[각도] : 각도와 거리를 이용하여 모따기를 한다.
④ Trim[자르기] : 기본값인 자르기(T) 상태로 모따기를 하면 구석의 남아 있는 객체가 지워지지만 자르기를 NO로 지정하면 모따기를 하여도 구석의 객체가 남아 있다.
⑤ Method방법[M] : 모따기를 실행시에 각도와 거리 중 어떤 것을 이용할 것인가를 선택한다.

16 Fillet

설 명	아이콘	풀다운 메뉴	명령어
모깎기	⌐	수정 - 모깎기	FILLET

■ 맞물린 두 개의 선이나 객체 구석을 둥글게 처리하는 명령으로 모깎기란 지정된 반지름을 갖는 부드럽게 맞춰진 호를 사용하여 두 객체를 연결하는 것을 말하며 모따기와 유사하게 사용된다.

```
명령: FILLET [Enter↵]
현재 설정값: 모드 = TRIM, 반지름 = 10.0000
첫 번째 객체 선택 또는 [폴리선(P)/반지름(R)/자르기(T)/다중(U)]: R [Enter↵]
모깎기 반지름 지정 <10.0000>: 100 [Enter↵]
첫 번째 객체 선택 또는 [폴리선(P)/반지름(R)/자르기(T)/다중(U)]:<첫 번째 선 선택>
두번째 객체 선택:<두 번째 선 선택>
```

현재도면	모깎기 반지름이 0인 경우	모깎기 반지름 0이 아닌 경우
900	900	900

3. 치수 기입하기

1 치수선 유형 설정

치수선 유형 설정은 내용이 많고 복잡함으로 기본적으로 전산응용토목제도기능사 실기에 대비한 형태로 설정한다.

① Command: DDIM Enter↵
    그림과 같은 치수 유형 관리자 대화상자가 나타나면 신규 버튼을 클릭

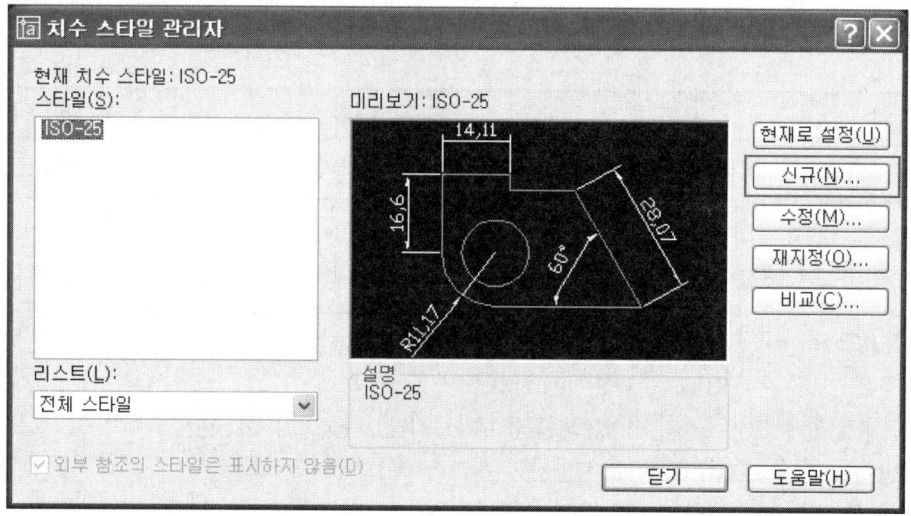

② 치수 스타일 관리자 대화창에서 신규 선택하여
    새 치수 스타일 작성 대화창에서 새 스타일 이름을 1111(사용자 임의로 변경가능)로 변경한 후 계속

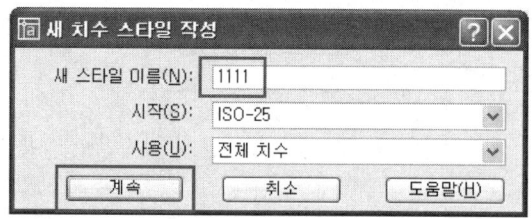

③ 새로운 치수 스타일 대화창의 선과 화살표 탭 선택
  ㉠ 치수선 너머로 연장 : 1.25 ⇒ 1로 변경
  ㉡ 원점에서 간격띄우기 : 0.63 ⇒ 2로 변경
  ㉢ 화살표 크기 : 2.5로 변경

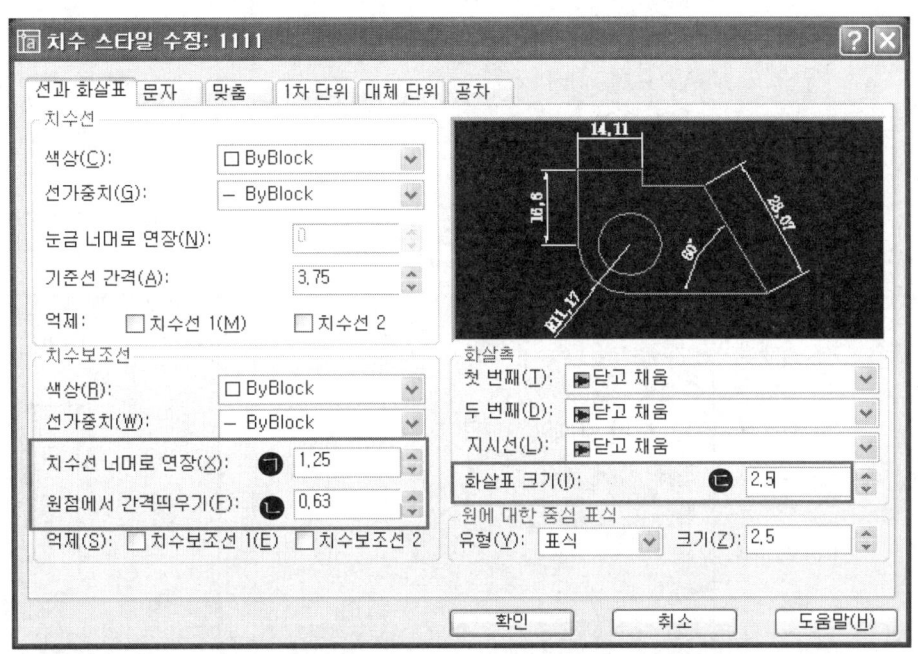

ⓔ 화살촉 유형 변경

화살촉 유형	유형 선택	작도 예시
▶닫고 채움 ▷닫고 비움 ▶닫음 ●점 ☑건축 눈금 ☑기울기 ▭열기 ▣원점 지시자 ▣원점 지시자 2 ▶오른쪽 각도 ▶열기 30 ●작은 점 ▣빈점 ▣빈 작은 점 ▭상자 ▣상자 채움 ▣데이텀 삼각형 ▣데이텀 삼각형 채우기 ☑정수 □없음 사용자 화살표...	화살촉 첫 번째(T): ▶닫고 채움 두 번째(D): ▶닫고 채움 A3 도면 40배 전체 축척 : 40 화살표 크기 : 2.5	(350 치수 도면)
	화살촉 첫 번째(T): ●작은 점 두 번째(D): ●작은 점 A3 도면 40배 전체 축척 : 40 화살표 크기 : 2.5	(350 치수 도면)
	화살촉 첫 번째(T): ☑기울기 두 번째(D): ☑기울기 A3 도면 40배 전체 축척 : 40 화살표 크기 : 2.5	(350 치수 도면)
	화살촉 첫 번째(T): ●점 두 번째(D): ●점 A3 도면 40배 전체 축척 : 40 화살표 크기 : 1	(350 치수 도면)

■ 출제된 문제 도면의 화살촉 유형(화살표, 점, 사선 등)과 도면의 축척(1/40, 1/50등)에 따라 치수를 넣어서 보기 좋은 알맞은 크기로 원활하게 변경할 수 있도록 많은 연습이 필요하다.

■ 축척 1/40 도면 ⇒ 화살표 크기 2.5, 축척 1/50 도면 ⇒ 화살표 크기 2정도가 알맞다.

④ 새로운 치수 스타일 대화창의 문자 탭 선택-문자 스타일 변경창을 클릭

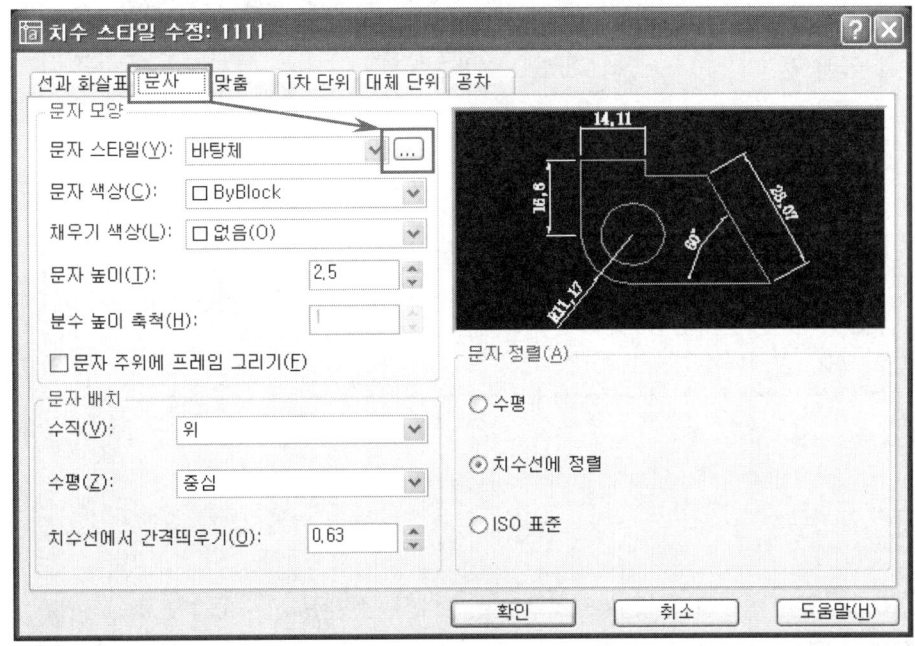

㉠ 큰 글꼴 사용 √ 해제 - 신규 버튼 클릭

■ 스타일 이름 변경 - 바탕체 - 확인

■ 글꼴 이름 ⇒ 바탕체로 변경 ⇒ 적용 ⇒ 닫기

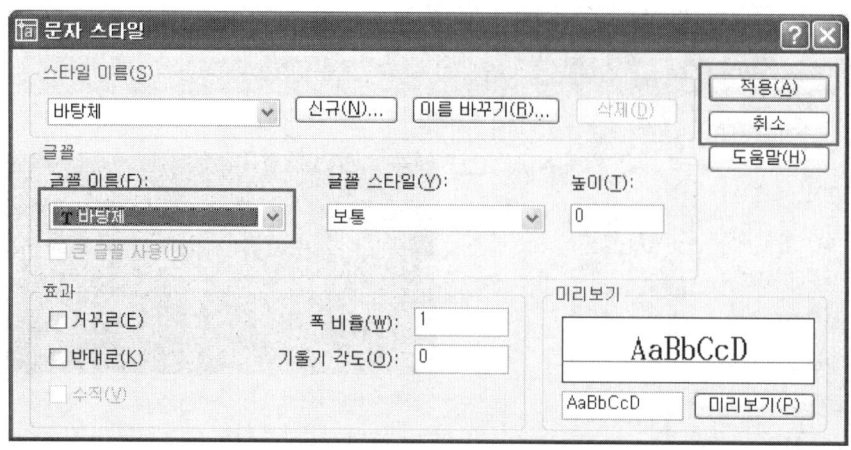

ⓒ 문자 스타일 : 바탕체, 문자 높이 2.5, 치수선에서 간격띄우기 : 1로 변경

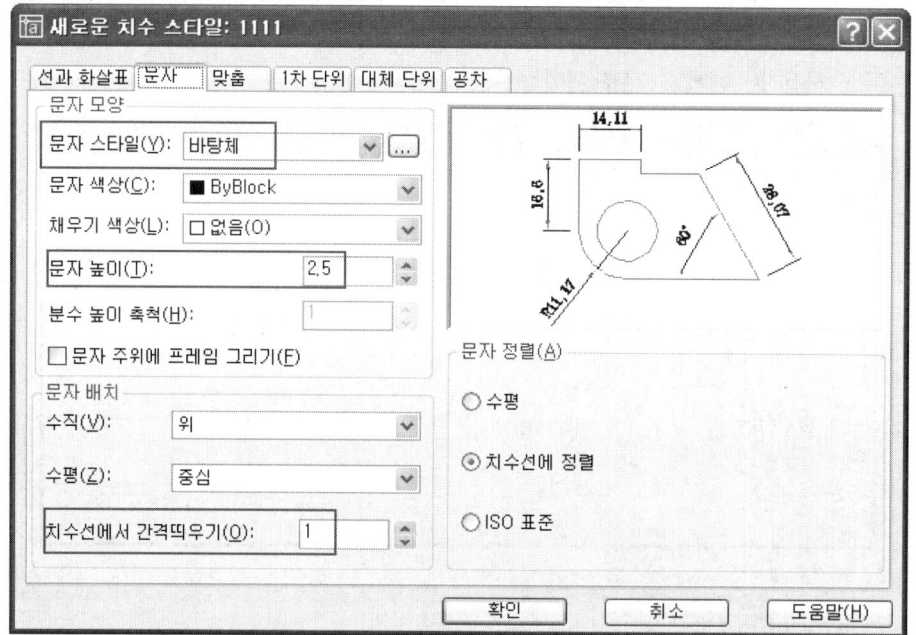

⑤ 새로운 치수 스타일 대화창의 맞춤 탭 선택

항상 치수보조선 사이에 문자 유지, 지시선 없이 치수선 위에 배치, 전체 축척 사용값을 40으로 변경-확인

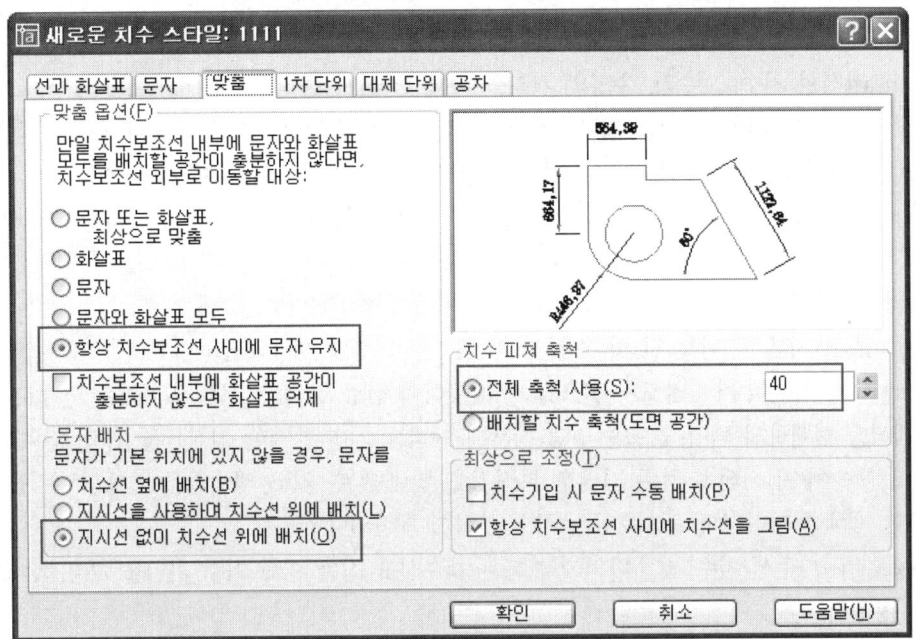

■ 전산응용토목제도기능사 종목에서 실기 시험 조건이 축척을 1/40로 작도한 후
A3 용지로 출력하도록 되어 있으므로 작도전에 실시하는 환경설정에서 도면 크기를 A3 용지로 설정한 후 40배하여 도면을 작도함으로 모든 맞춤 상태를 40배로 한다.

■ 맞춤 탭 까지만 설정한 후 이후는 생략하고 확인 클릭

■ 치수 스타일 관리자 대화 상자가 나타나면 스타일 1111을 선택 - 현재로 설정 - 설명창에 1111 확인 - 닫기 하면 치수선 유형 설정이 종료됨

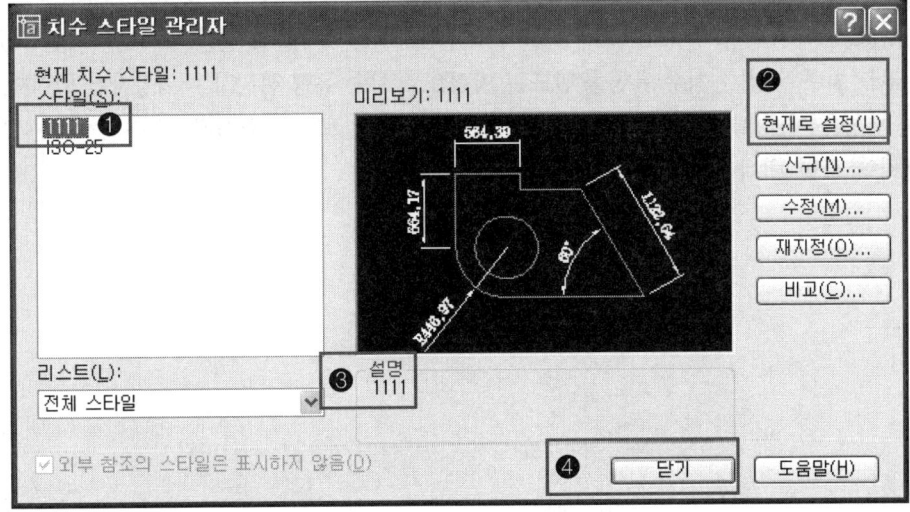

2 치수 기입

① dimlinear[선형 치수] : 수직, 수평의 거리를 나타낼 때 사용하며, 기본적으로 명령 직후에는 두 점 입력을 요구하게 되며 두 점을 입력하지 않고 명령 직후에 엔터를 입력하면 객체를 선택할 수 있다.

② dimaligned[정렬 치수] : 선택한 두 점에 평행하게 치수선을 입력할 때 사용한다.

③ dimordinate[세로 좌표 치수] : 좌표 원점을 기준으로 선택한 지점까지의 좌표를 나타낼 때 사용한다.

④ dimradius[반지름 치수] : 원 및 호의 반지름 치수를 기입한다.

⑤ dimdiameter[지름 치수] : 원 및 호의 지름 치수를 기입할 때 사용한다.

⑥ dimangular[각도 치수] : 각도가 필요할 때 사용하며 선형 및 정렬 치수 입력과는 반대로 명령 직후에 객체를 선택하게 되어 있으며 명령 직후에 엔터를 치면 특정한 지점들을 입력 할 수 있다.

⑦ qdim[신속 치수] : 신속 치수 기입은 특정점을 입력할 수 없고 객체만을 선택할 수 있으며 또한 선택한 객체에 따라 사용할 수 있는 치수 기입이 제한된다.

⑧ dimbaseline[기준선 치수] : 하나의 기준되는 치수선을 정한 후에 치수 기입을 다른 높이로 입력할 때 사용한다.

⑨ dimcontinue[치수 기입 계속하기] : 하나의 기준되는 치수선을 정한 후에 연속되는 치수 기입을 같은 높이로 입력할 때 사용한다.

⑩ qleader[신속 지시선 치수 넣기] : 빠른 지시선 넣기

⑪ tolerance[공차] : 기하학 공차 넣기

⑫ dimcenter[중심 표식] : 원이나 호의 중심 표시

⑬ dimedit[치수 편집] : 치수 블록에 대한 전반적인 편집

⑭ dimtedit[치수 문자 편집] : 치수 문자 위치를 편집

⑮ dimstyleapply[치수 업데이트] : 치수 블록을 현재 치수 스타일로 전환

⑯ dimstyle[치수 유형] : 치수 유형을 만드는 명령으로 치수 유형 관리자 대화상자가 열린다. 대부분의 치수 특성을 이 명령을 통해 변형시킬 수 있으며 치수를 모두 변환시킨 후 [치수 업데이트] 명령을 이용하여 도면 내에 치수를 바꾼다.

II. L형 옹벽

1장 환경설정

2장 L형 옹벽구조도 그리기

L형 옹벽

1장 환경 설정

1. 선의 굵기 및 선의 색 지정

선굵기	색 상(color)	용 도
0.7㎜	파란색(5-Blue)	윤곽선
0.4㎜	빨간색(1-Red)	철근선
0.3㎜	하늘색(4-Cyan)	외벽선
0.2㎜	선홍색(6-Magenta)	중심선, 파단선
0.2㎜	초록색(3-Green)	철근기호, 인출선
0.15㎜	흰 색(7-White)	치수, 치수선

① 도면층 특성 관리자 대화창 실행 : 다음 중 한 가지 방법으로 선택

Command(명령창)	layer
도구 아이콘	⬚
메뉴	형식-도면층

■ 아이콘의 위치

② 도면층 특성 관리자 창이 활성화 되면 엔터를 7번 쳐서 도면층을 7개 만든다.

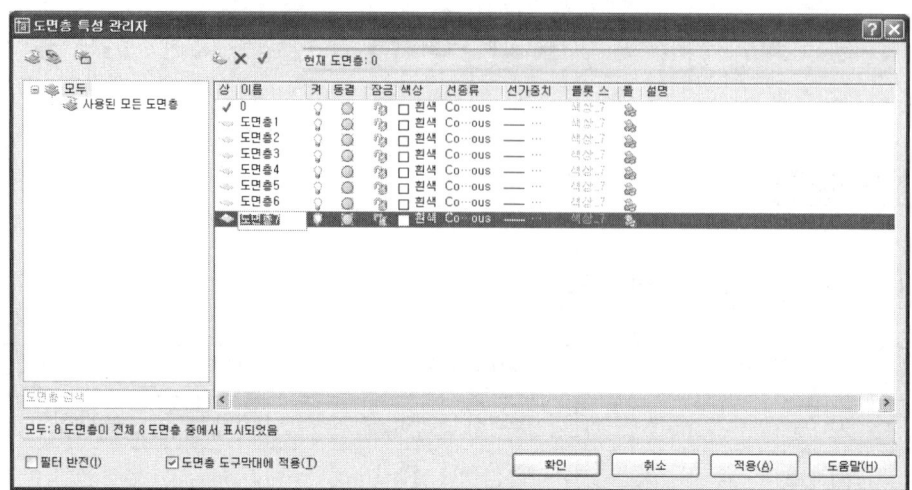

③ 도면층1을 클릭하여 윤곽선을 입력, 색상-파란색, 선종류-continuous,
  선가중치-0.50mm으로 변경한다. 철근선, 외벽선, 중심선 파단선, 철근기호 인출선, 치수 치수선
  Layer도 같은 방법으로 각각 설정한 후 확인(보조선 Layer는 색상만 노란색으로 설정 함)

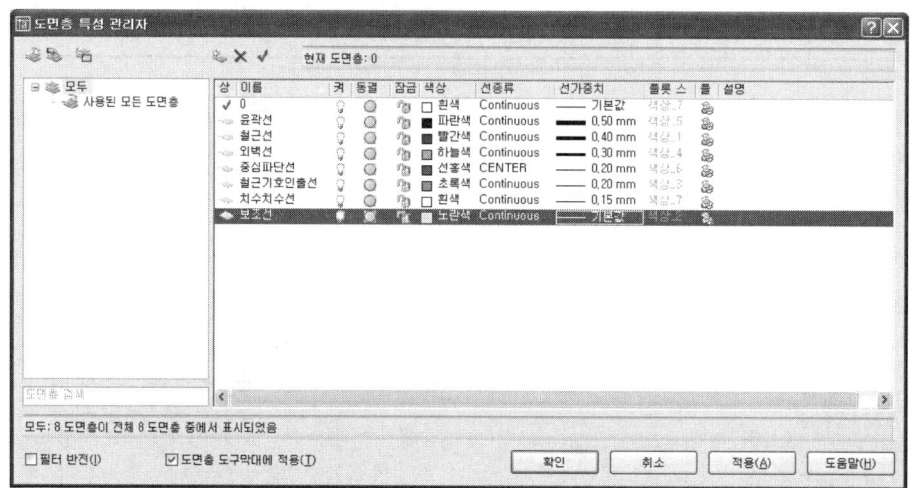

㉠ 도면층 특성 관리자 대화창에서 이름을 정의할 때, 〈 〉 : ? * = , 등과 같은 기호는 사용할 수 없음에 유의한다.
  ⓐ 중심선, 파단선→ 중심선 파단선
  ⓑ 철근기호, 인출선→ 철근기호 인출선
  ⓒ 치수, 치수선→ 치수 치수선으로 정의한다.

ⓛ 중심선 파단선의 선종류 변경하기
ⓐ 중심선 파단선의 선종류의 continuous부분을 클릭

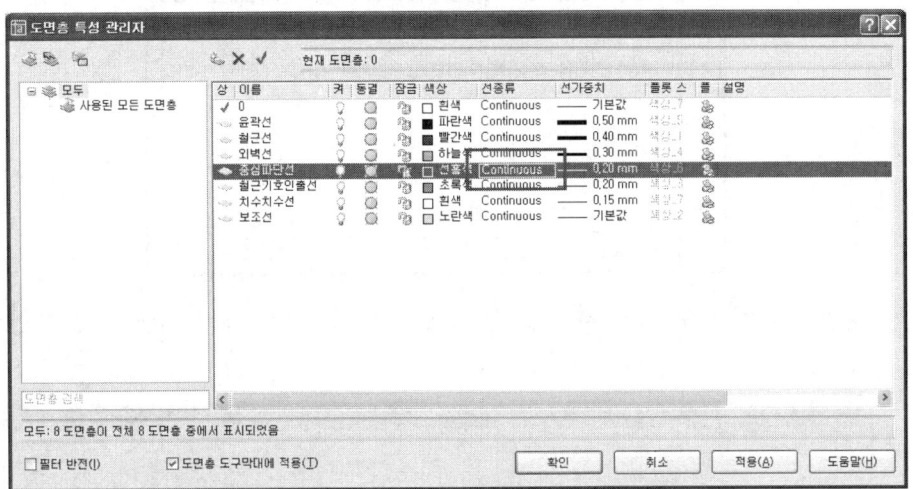

ⓑ 선종류 선택 대화창에서 로드(L) 선택

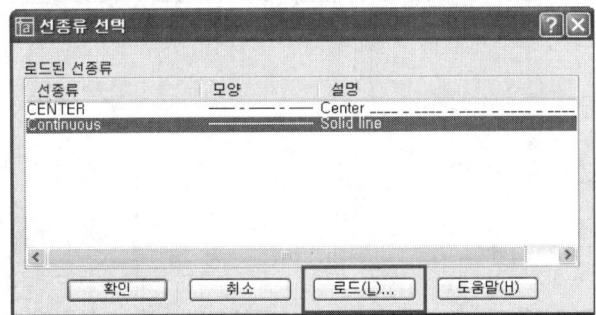

ⓒ 선종류 로드 또는 다시 로드 대화창에서 CENTER 선택후 확인

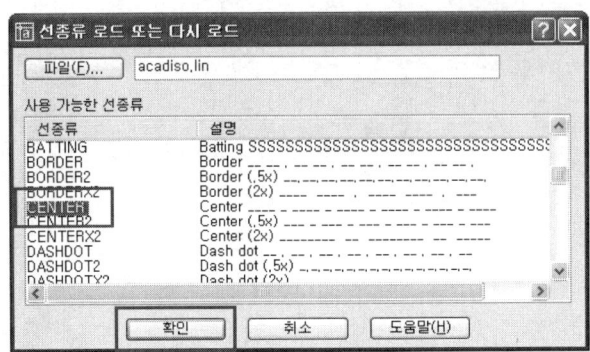

ⓓ 선종류 선택 대화창에서 CENTER 선택-확인

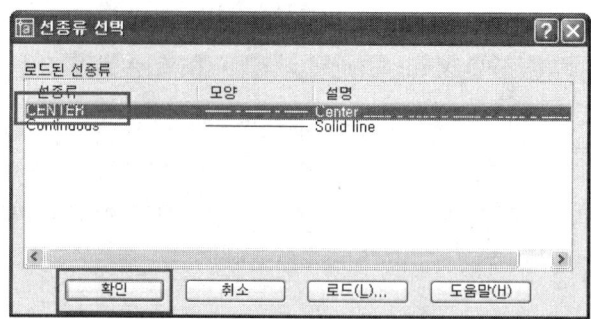

ⓔ 도면층 특성 관리자 대화창에 중심선 파단선의 선종류가 CENTER로 변경 되었음을 확인할 수 있다.

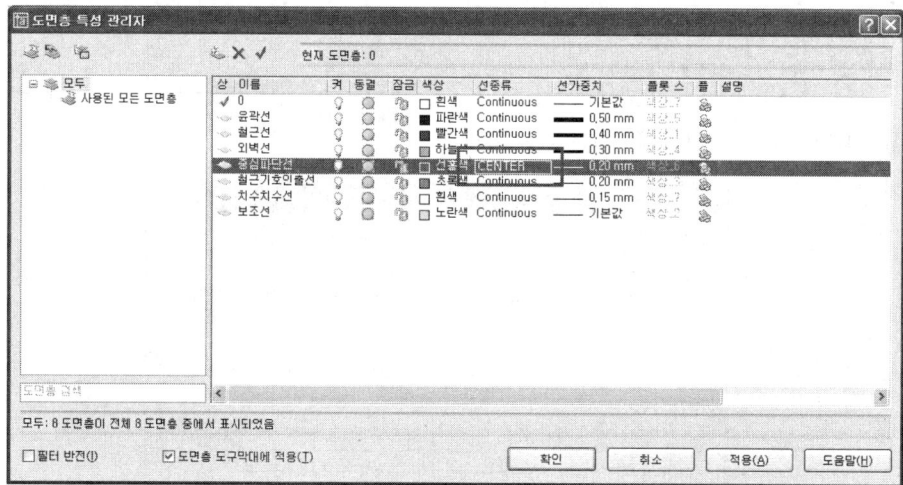

2. 단위 설정

① 도면 단위 대화창을 실행 : 다음 중 한가지 방법으로 선택

Command(명령창)	units Enter↵
메뉴	형식-단위

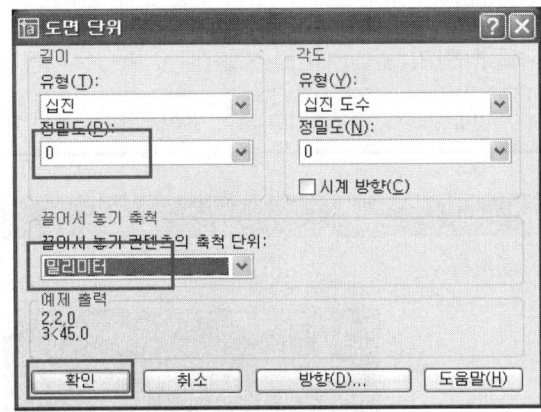

② 정밀도-0, 끌어서 놓기 축척-밀리미터 확인-단위가 mm로 설정된다.

3. 용지 크기 설정

① A3 용지 크기로 설정한다

Command(명령창)	LIMITS Enter↵
메뉴	형식-도면 한계

명령: LIMITS Enter↵

모형 공간 한계 재설정:

왼쪽 아래 구석 지정 또는 [켜기(ON)/끄기(OFF)] <0,0> : Enter↵ <도면좌측 하단 설정>

오른쪽 위 구석 지정 <420,297> : 420,297 Enter↵ <도면우측 상단 설정>

■ 역T형 옹벽은 가로로 작도하기 때문에 420, 297로 입력함

---

② 도면을 1/40로 작도한 후 A3(420×297)-용지에 monochrome 으로 가로로 출력하여 제출한다.

4. 치수 유형 설정하기

필요한 축척별 도면 용도에 맞는 치수 유형을 새로 만들거나 수정한다.(축척 1/40로 요구하므로 도면을 40배하여 도면을 그리기 위해서 치수 유형을 조정한다.)

① 치수 스타일 관리자 대화창 실행 : 다음 중 한가지 방법으로 선택

Command(명령창)	ddim [Enter↵]
도구 아이콘	┗╋
메뉴	형식-치수 형식

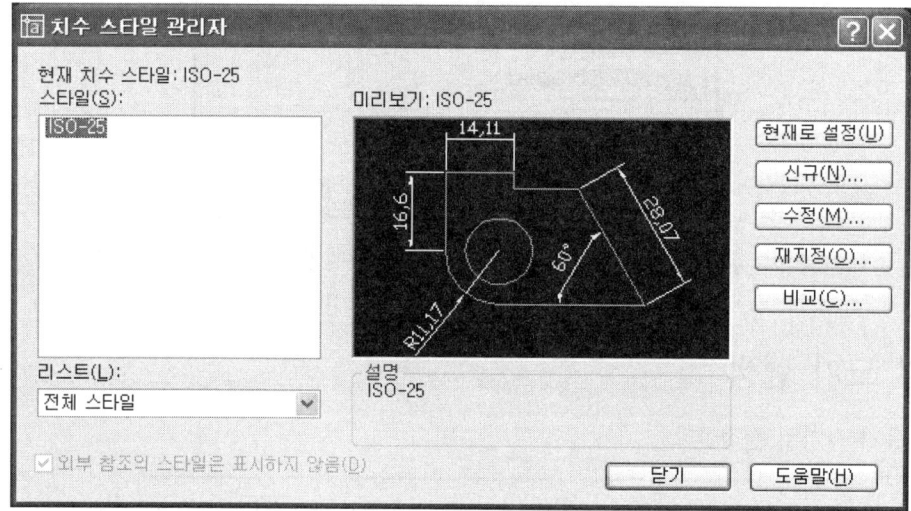

② 치수 스타일 관리자 대화창에서 신규 선택하여
　새 치수 스타일 작성 대화창에서 새 스타일 이름을 1111(사용자 임의로 변경가능)로 변경한 후 계속

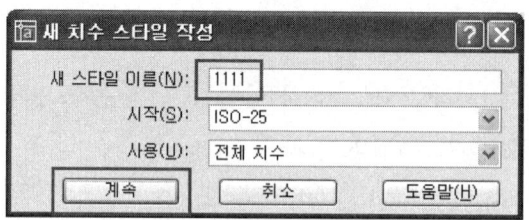

③ 새로운 치수 스타일 대화창의 선과 화살표 탭 선택
　㉠ 치수선 너머로 연장 : 1.25 ⇒ 1로 변경
　㉡ 원점에서 간격띄우기 : 0.63 ⇒ 2로 변경
　㉢ 화살표 크기 : 2.5 ⇒ 2로 변경

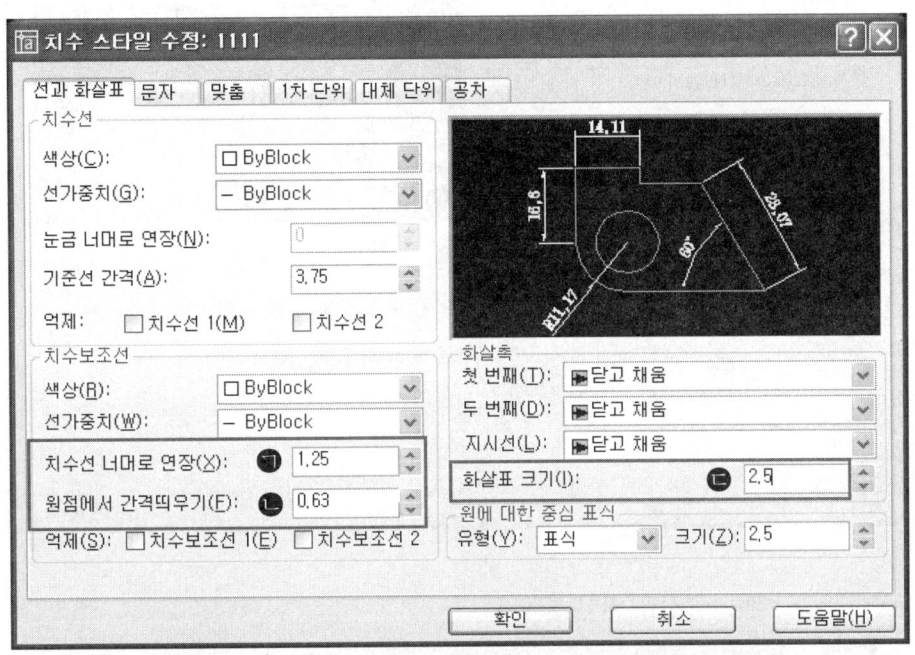

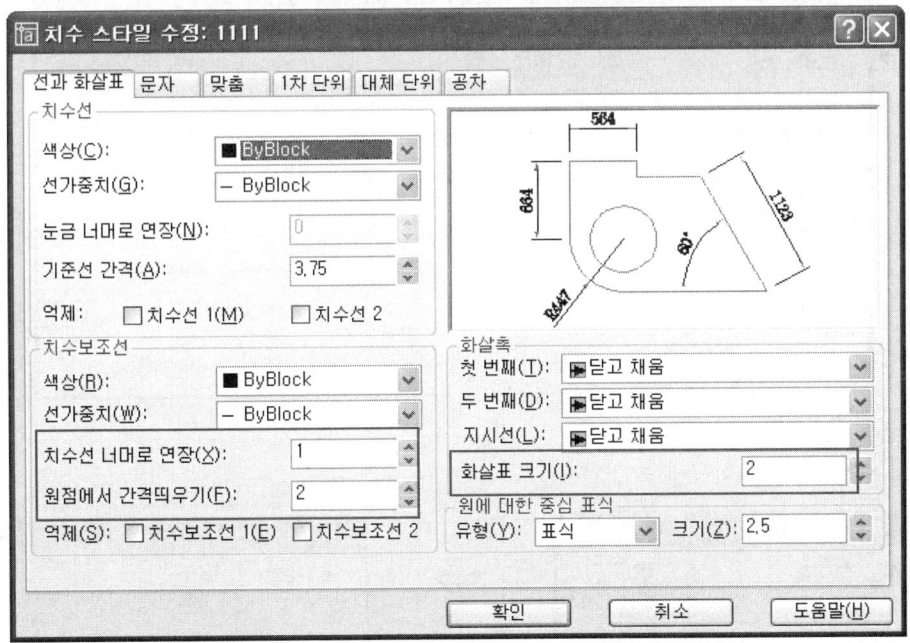

④ 새로운 치수 스타일 대화창의 문자 탭 선택-문자 스타일 변경창을 클릭

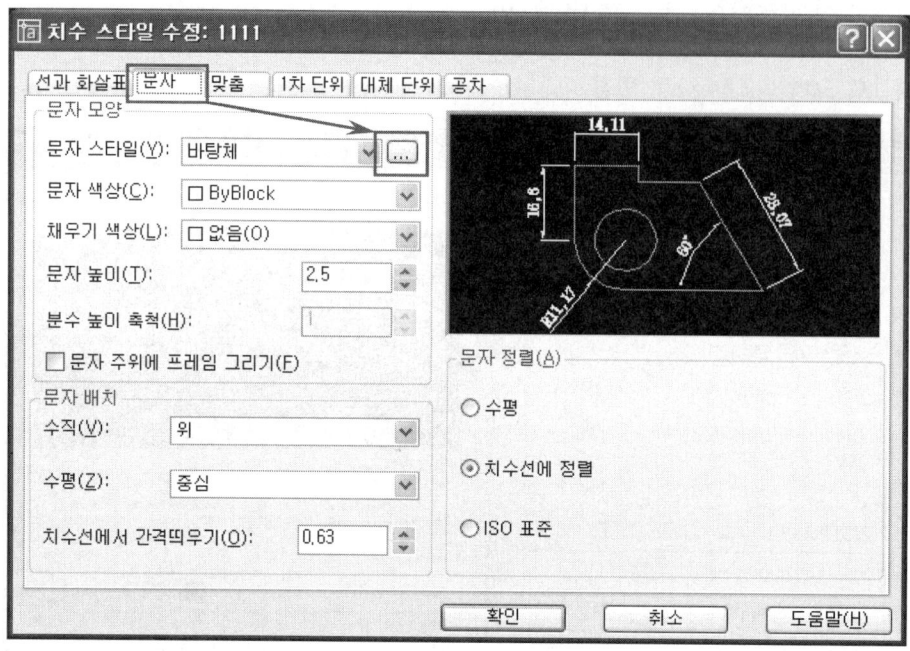

㉠ 큰 글꼴 사용 √ 해제 - 신규 버턴 클릭

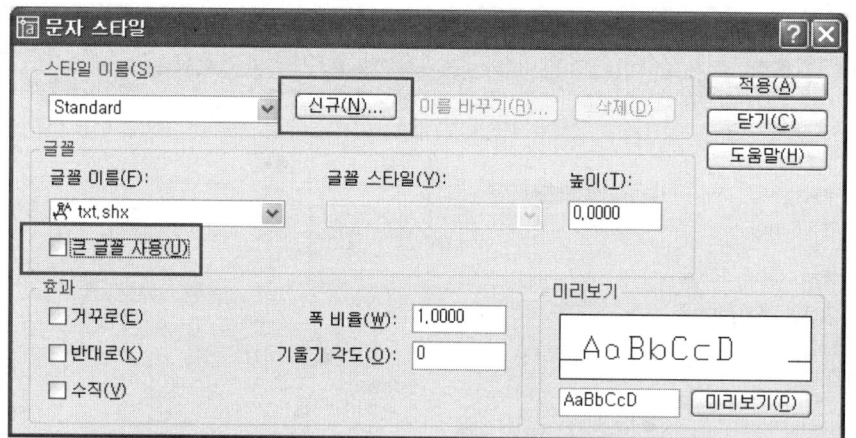

■ 스타일 이름 변경 - 바탕체 - 확인

■ 글꼴 이름 ⇒ 바탕체로 변경 ⇒ 적용 ⇒ 닫기

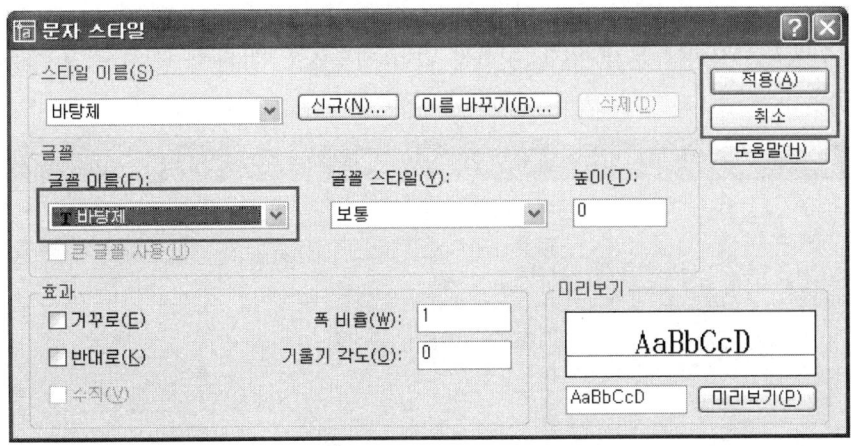

ⓒ 문자 스타일 : 바탕체, 문자 높이 2.5, 치수선에서 간격띄우기 : 1로 변경

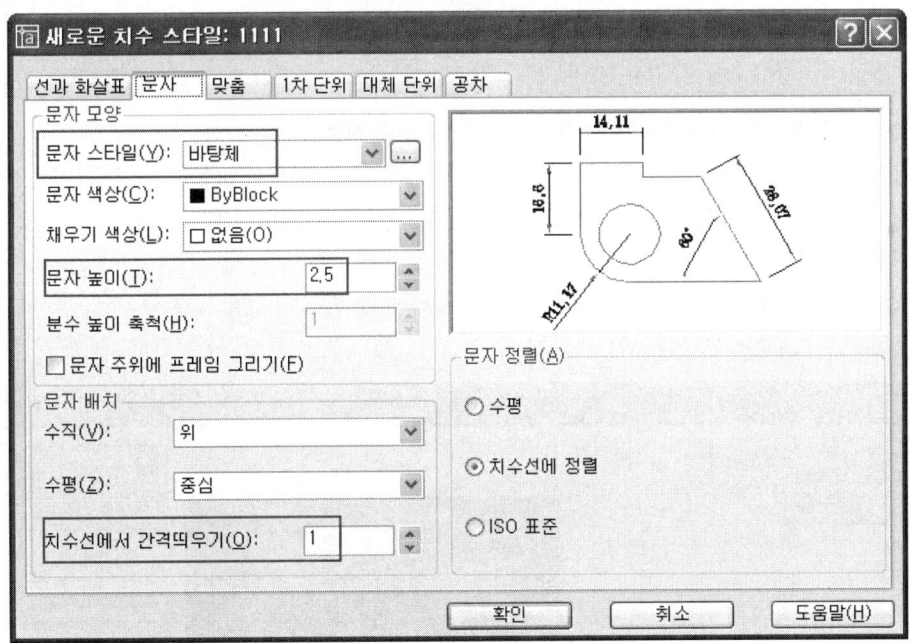

⑤ 새로운 치수 스타일 대화창의 맞춤 탭 선택

항상 치수보조선 사이에 문자 유지, 지시선 없이 치수선 위에 배치, 전체 축척 사용값을 40으로 변경-확인

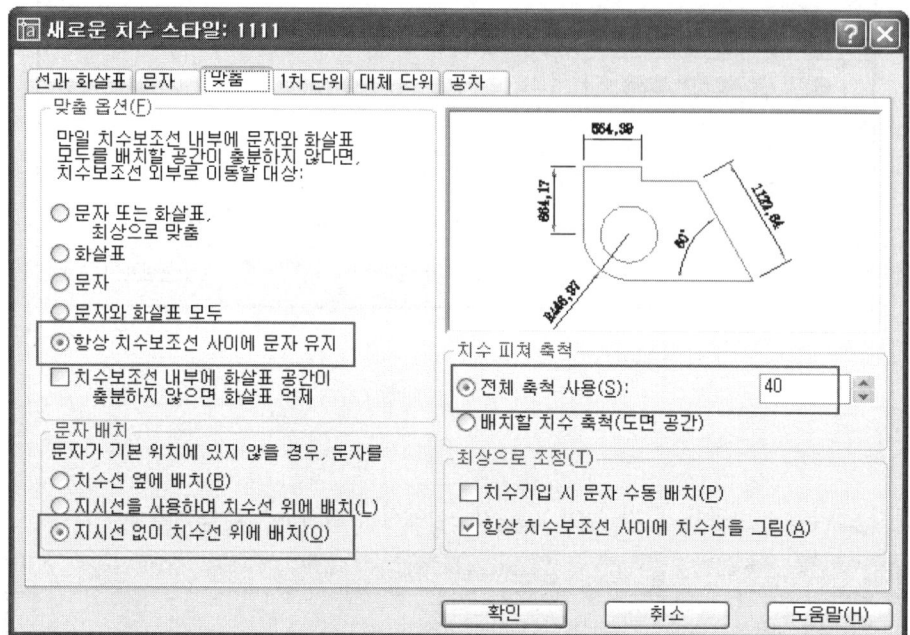

▣ 전산응용토목제도기능사 종목에서 실기 시험 조건이 축척을 1/40로 작도한 후

A3 용지로 출력하도록 되어 있으므로 작도전에 실시하는 환경설정에서 도면 크기를 A3 용지로 설정한 후 40배하여 도면을 작도함으로 모든 맞춤 상태를 40배로 한다.

▣ 맞춤 탭 까지만 설정한 후 이후는 생략하고 확인 클릭

▣ 치수 스타일 관리자 대화 상자가 나타나면 스타일 1111을 선택 - 현재로 설정 - 설명창에 1111 확인 - 닫기 하면 치수선 유형 설정이 종료됨

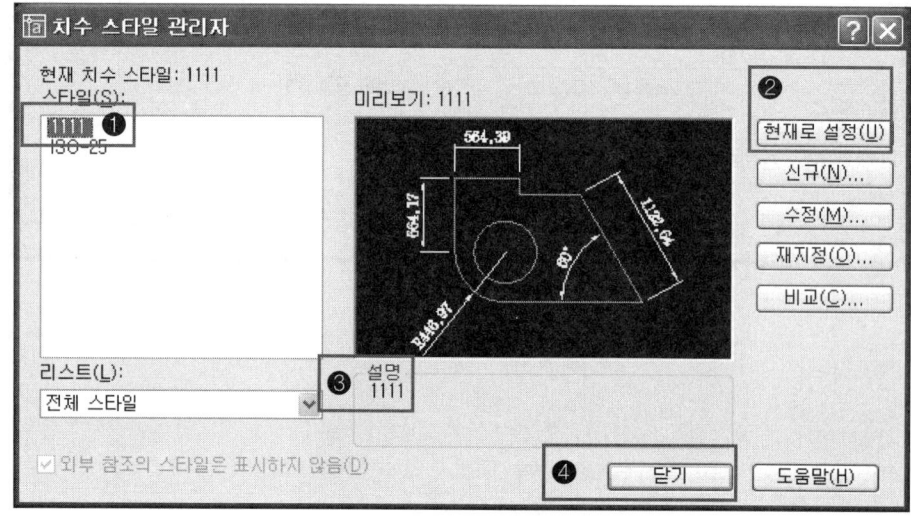

5. Viewres

① 철근 기호와 철근 단면을 그릴 때 다음과 같은 차이가 있다.

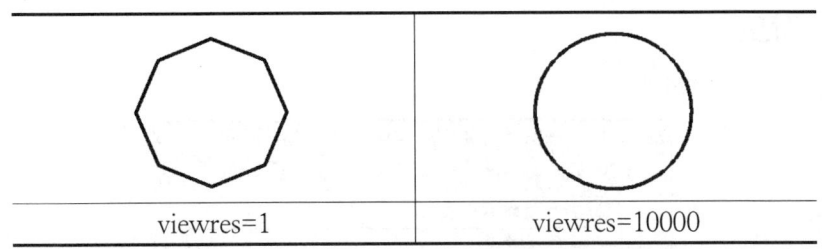

viewres=1　　　　　viewres=10000

```
명령: viewres Enter↵
고속 줌을 원하십니까? [예(Y)/아니오(N)] 〈Y〉: Enter↵
원 줌 퍼센트 입력 (1-20000) 〈1000〉: 10000 Enter↵ 〈사용자 임의로 지정〉
```

② 원 줌 퍼센트 입력 값은 1에서 20000까지 사용자 임의로 지정할 수 있다.

6. 상태 표시줄

① 직교
　㉠ ON : 커서가 수평이나 수직으로만 움직인다.
　㉡ OFF : 커서가 임의의 방향으로 움직인다.
② OSNAP : 도면작업에서 정확한 위치를 지정해야 할 때 사용되는 명령으로 객체스 냅이라 한다. 다음과 같이 √ 를 하고 작도하면 편리하다.

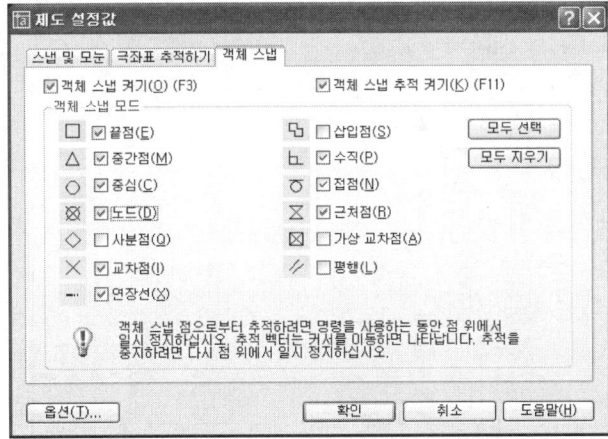

③ OTRACK : ON으로 설정한다.
■ 다른 부분은 필요에 따라 설정하면 된다.

2장 L형 옹벽구조도 그리기

1. 윤곽선 작도

① 윤곽선 Layer를 선택한다.

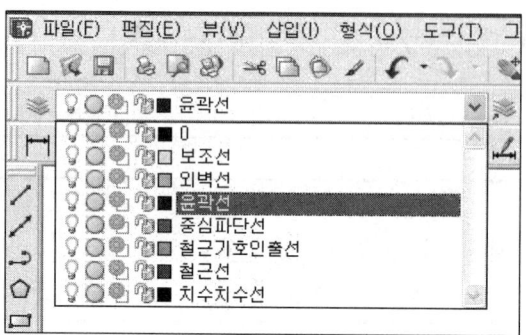

② 직사각형 그리는 명령을 이용하여 윤곽선을 그린다.

Command(명령창)	rectang Enter↵
도구 아이콘	▭
메뉴	그리기 - 직사각형

```
명령: RECTANG Enter↵
첫 번째 구석점 지정 또는 [모따기(C)/고도(E)/모깎기(F)/두께(T)/폭(W)]: 15,15 Enter↵
반대쪽 구석점 지정 또는 [치수(D)]: 405,282 Enter↵
```

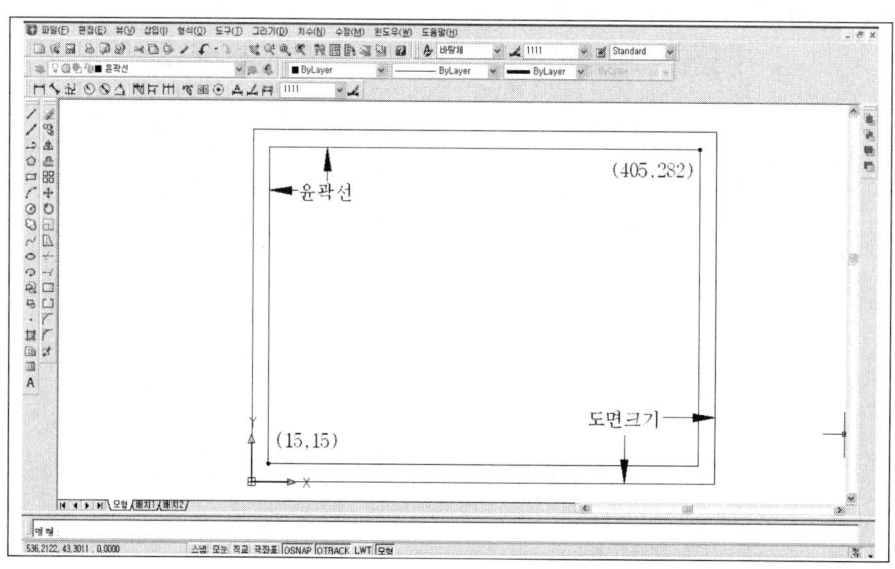

2. 표제란 작도

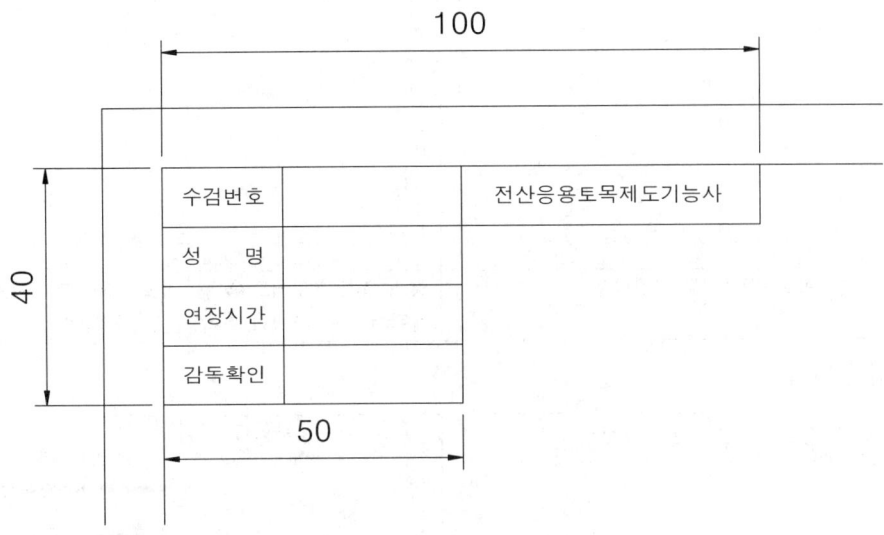

① 윤곽선 Layer 상태에서 좌측 상단에 1:1로 작성한다.
② 명령창 ZOOM [Enter↵] ⇒ A [Enter↵] (전체화면 보기)
③ LINE, OFFSET, TRIM, MTEXT, MOVE 명령어 활용

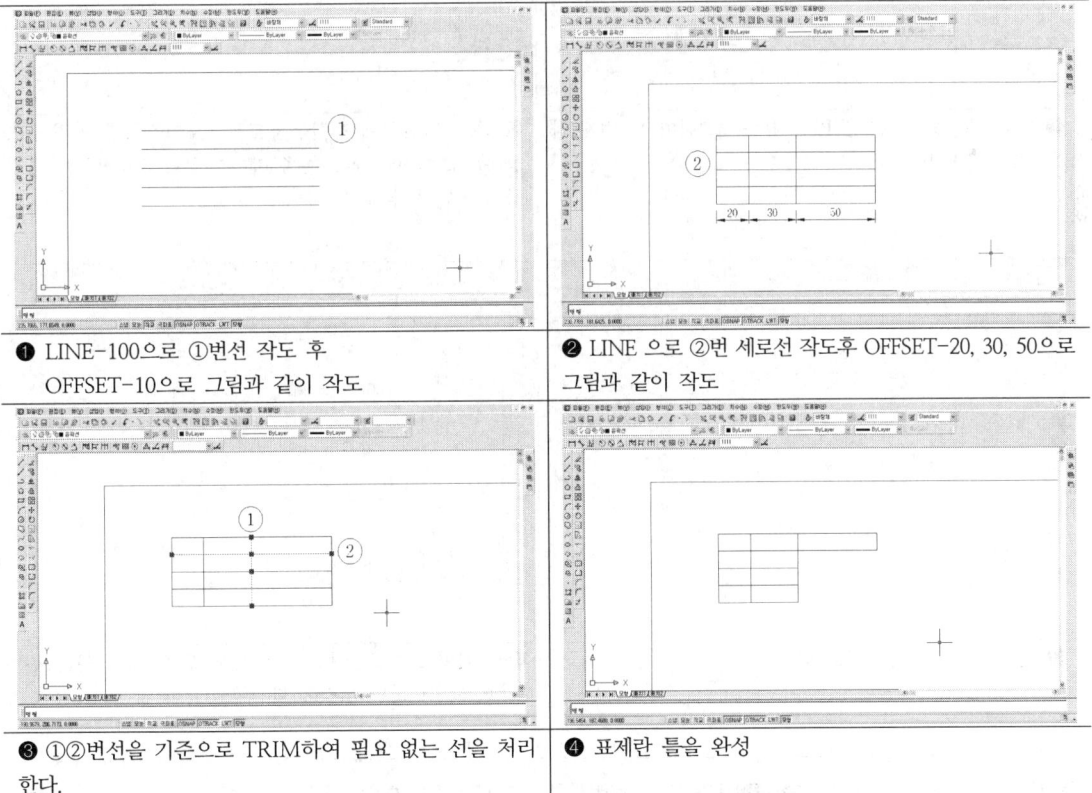

❶ LINE-100으로 ①번선 작도 후 OFFSET-10으로 그림과 같이 작도

❷ LINE 으로 ②번 세로선 작도후 OFFSET-20, 30, 50으로 그림과 같이 작도

❸ ①②번선을 기준으로 TRIM하여 필요 없는 선을 처리한다.

❹ 표제란 틀을 완성

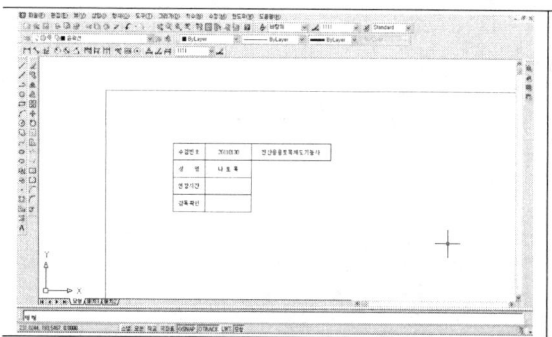

❺ MTEXT 명령어로 빈칸에 문자 입력

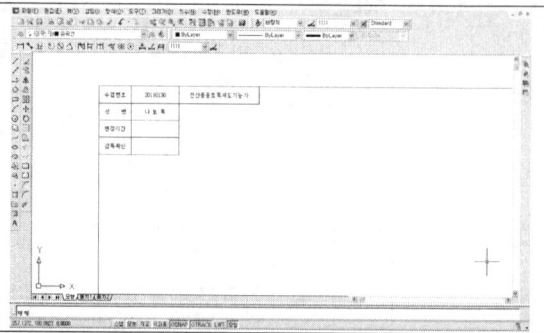

❻ MOVE 명령어로 ❺에서 작도한 표제란 전체를 선택해서 윤곽선 왼쪽 모서리로 이동하면 완성된다.

■ 문자 입력 방법

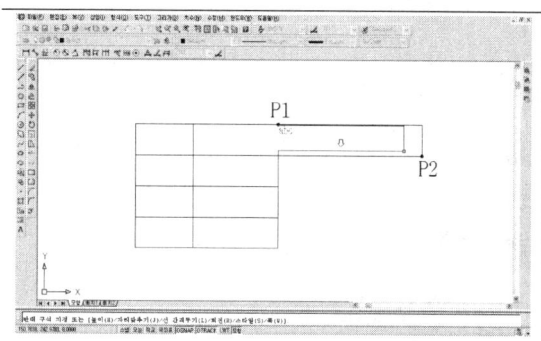

❶ MTEXT-첫 번째점은 P1클릭, 드래그하여 두 번째 점은 P2에 클릭한다.

❷ 문자 편집창에 전산응용토목제도기능사를 입력하고, 블록으로 설정한 후 오른쪽 마우스 클릭 자리맞추기-중간 중심 선택한 후 확인

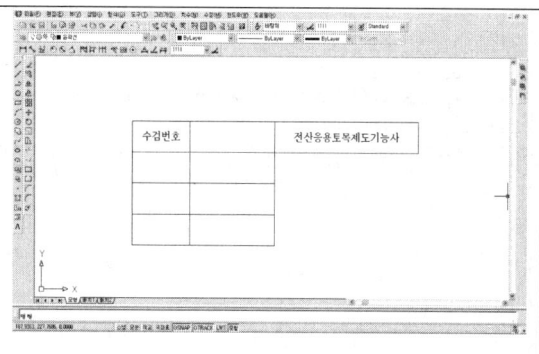

❸ 같은 방법으로 수검번호 입력

❹ 수검번호를 빈칸에 COPY한 후 수정하고자 하는 부분을 더블 클릭하면 수정을 할 수 있다.

■ COPY하여 수정 또는 ❶~❷번과 같은 방법 중 편리한 방법으로 연습을 한다.

3. 단면도 작도

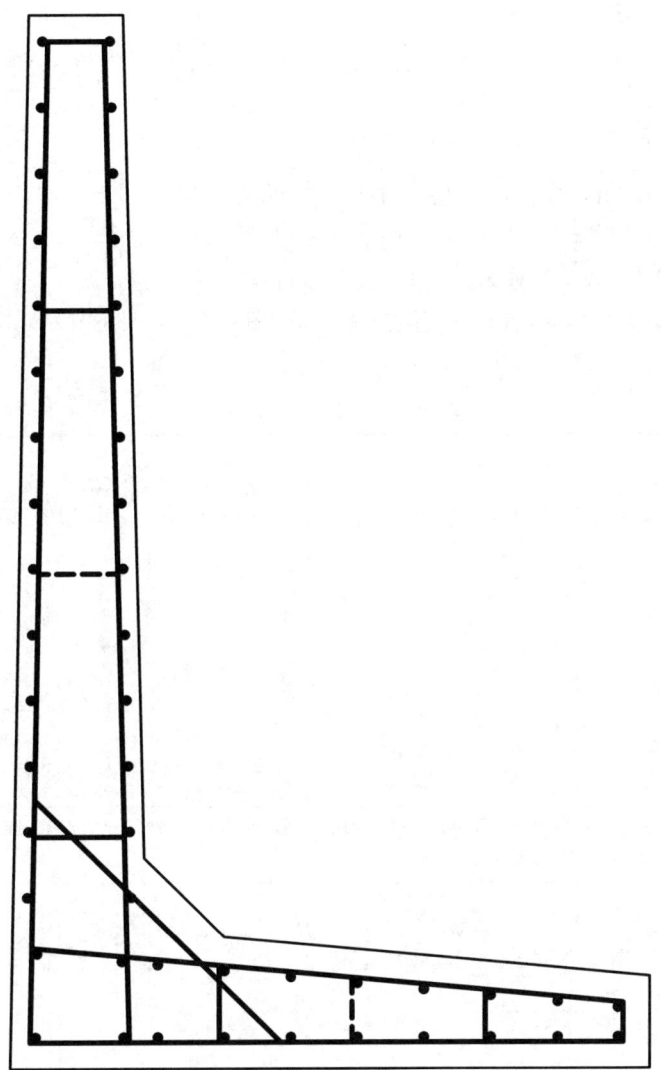

① 도면 작도는 실제 치수를 사용하므로 SCALE 명령을 사용하여 도면을 40배로 확대하여 작도한다.

명령: SCALE [Enter↵]
객체 선택: 반대 구석 지정: 17개를 찾음 〈도면을 약간 축소하여 전체를 선택〉
객체 선택: [Enter↵]
기준점 지정:〈윤곽선 왼쪽 아래 교점을 지정(15,15)〉
축척 비율 지정 또는 [참조(R)]: 40 [Enter↵]〈도면을 40배 확대〉
명령: ZOOM [Enter↵]〈도면이 너무 확대되어 한 눈에 들어오지 않음〉
윈도우 구석을 지정, 축척 비율 (nX 또는 nXP)을 입력, 또는
[전체(A)/중심(C)/동적(D)/범위(E)/이전(P)/축척(S)/윈도우(W)/객체(O)] 〈실시간〉: A [Enter↵]〈전체 도면이 나타나면서 작도할 공간이 파악됨〉
모형 재생성 중.

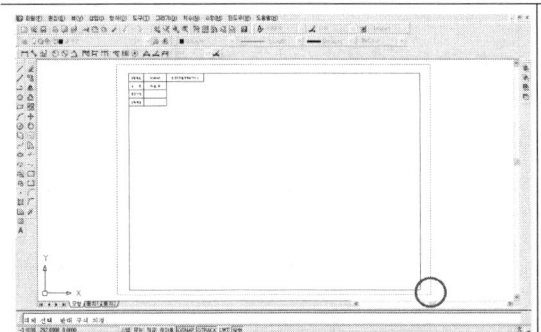

❶ SCALE-윤곽선 오른쪽 아래 바깥 ○ 부분에서 드래그 하여 왼쪽 위 바깥 부분까지 드래그 한다.

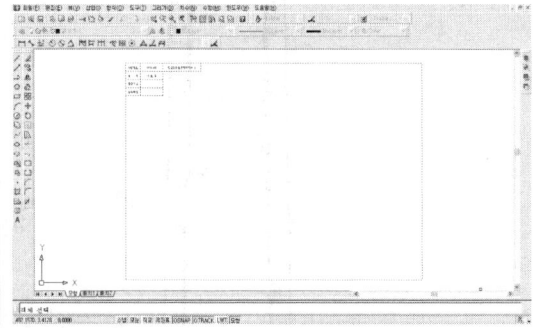

❷ 전체가 선택이 되면 점선으로 변한다.

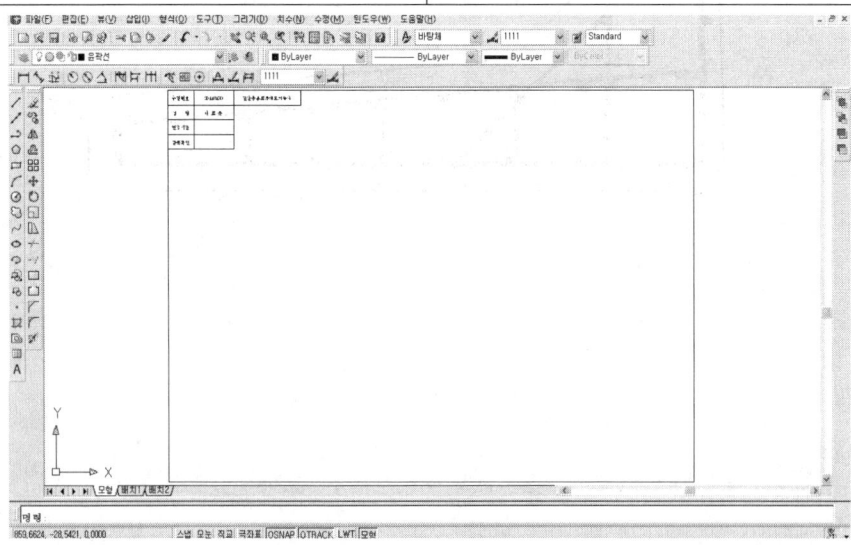

❸ 40배 한 후 ZOOM-A 하면 그림과 같이 되어 도면을 작도할 수 있는 화면이 나타난다.

② 단면도 외벽선 작도
　㉠ 외벽선 레이어 선택
　㉡ LINE 명령을 실행하여 외벽선을 작도한다.
　㉢ 좌표를 활용한 작도 방법

명령: LINE Enter↵
첫번째 점 지정: 〈아래 그림의 십자선 위치에 첫 번째 점을 설정 : 도면이 완성되었을 경우 전체적인 균형을 생각하여 첫 번째 위치를 설정 한다〉
■ 위치가 적당하지 않아서 균형이 맞질 않으면 MOVE 명령을 이용하여 변경함

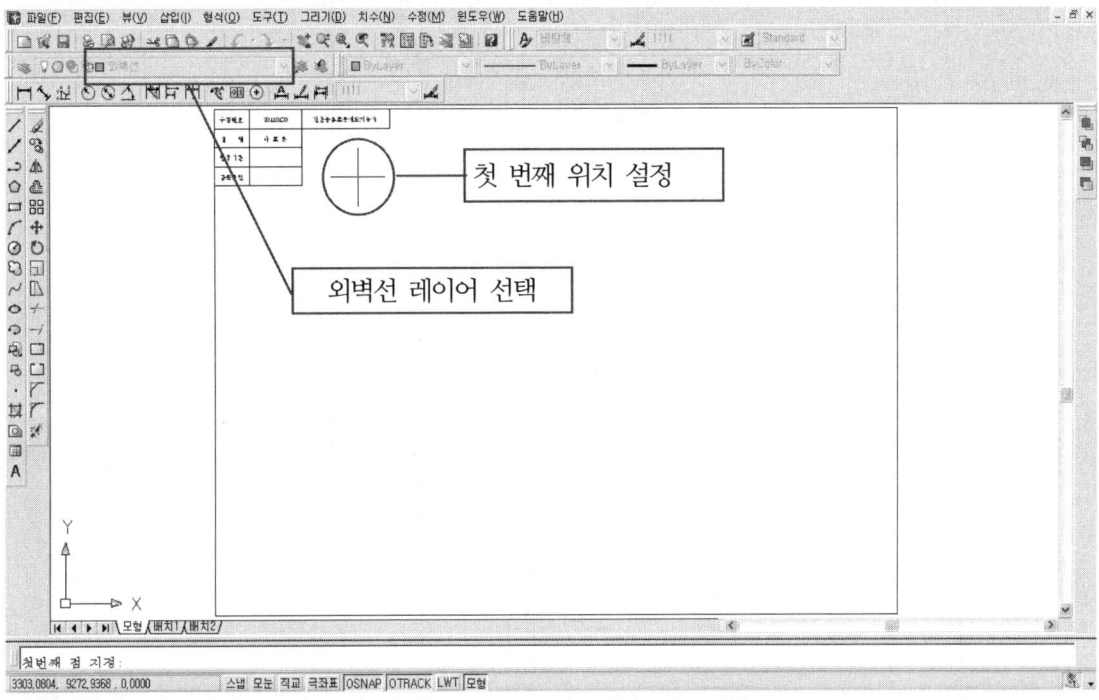

명령: LINE Enter↵
첫번째 점 지정:〈전체 도면의 균형을 고려하여 첫 번째 점 설정〉
다음 점 지정 또는 [명령 취소(U)]: 70 Enter↵ 〈커서를 오른쪽으로 향하고 70〉
다음 점 지정 또는 [명령 취소(U)]: 210 Enter↵ 〈커서를 오른쪽으로 향하고 210〉
다음 점 지정 또는 [닫기(C)/명령 취소(U)]: 70 Enter↵ 〈커서를 오른쪽으로 향하고 70〉
다음 점 지정 또는 [닫기(C)/명령 취소(U)]: @70,-3200 Enter↵
다음 점 지정 또는 [닫기(C)/명령 취소(U)]: @300,-300 Enter↵
다음 점 지정 또는 [닫기(C)/명령 취소(U)]: @1600,-150 Enter↵
다음 점 지정 또는 [닫기(C)/명령 취소(U)]: 100 Enter↵ 〈커서를 아래쪽으로 향하고 100〉
다음 점 지정 또는 [닫기(C)/명령 취소(U)]: 150 Enter↵ 〈커서를 아래쪽으로 향하고 150〉

다음 점 지정 또는 [닫기(C)/명령 취소(U)]: 100 [Enter↵] 〈커서를 아래쪽으로 향하고 100〉
다음 점 지정 또는 [닫기(C)/명령 취소(U)]: 2400 [Enter↵] 〈커서를 왼쪽으로 향하고 1630〉
다음 점 지정 또는 [닫기(C)/명령 취소(U)]: C [Enter↵]

■ ORTHO 기능이 ON된 상태에서 작도

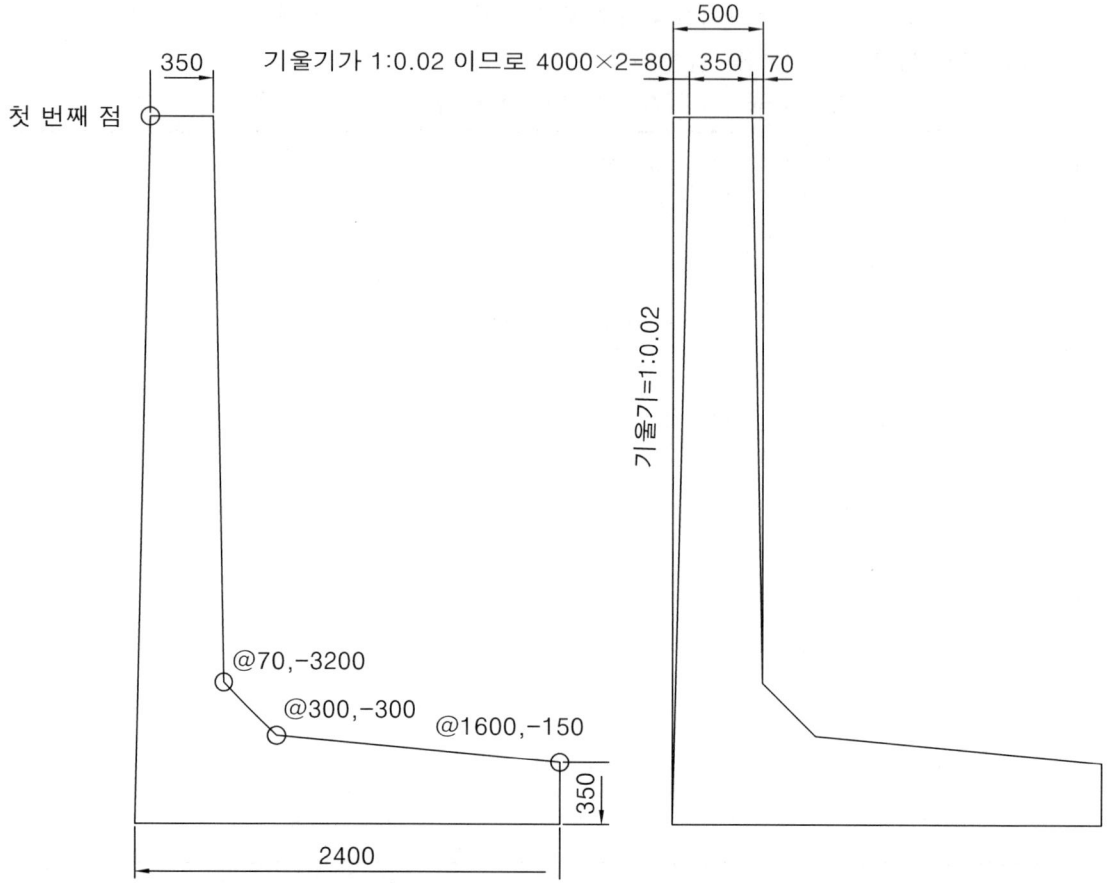

■ 벽체 상단의 350부분은 한 번에 작도하지 말고 70, 210, 70 선으로 구분하여 작도하고, 저판 오른쪽의 350부분은 100, 150, 100으로 구분하여 작도하면 치수 넣기와 철근 그리기(OFFSET) 편리하다.(구분하여 작도하여도 출력시에는 하나의 선으로 출력됨)

㉔ LINE과 보조선을 이용한 작도 방법(보조선 레이어 선택)

명령: LINE Enter↵
첫번째 점 지정: 〈아래 그림의 십자선 위치에 첫 번째 점을 설정 : 도면이 완성되었을 경우 전체적인 균형을 생각하여 첫 번째 위치를 설정 한다〉
■ 위치가 적당하지 않아서 균형이 맞질 않으면 MOVE 명령을 이용하여 변경함

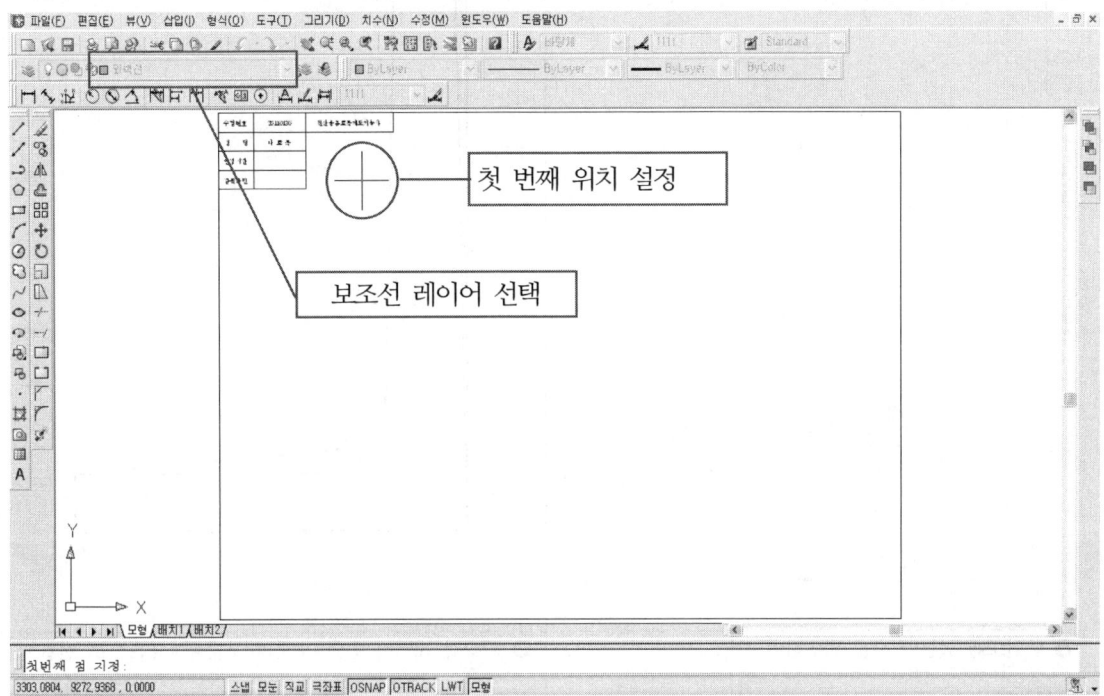

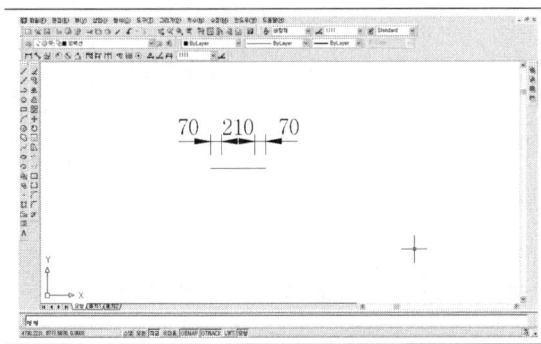	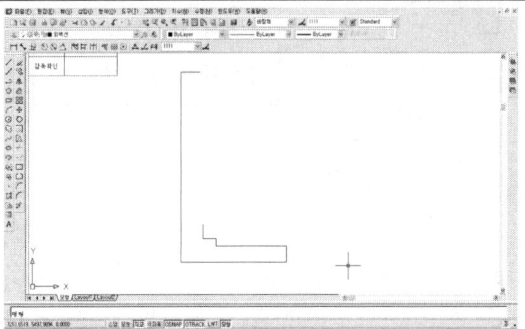
❶ 첫 번째 위치 클릭-직교 ON-마우스 오른쪽으로 끌어다 놓고 70 Enter↵, 210 Enter↵, 70 Enter↵ 하여 그림과 같이 단면도 위쪽 부분을 작도한다.(350으로 작도하지 말고 나누어서 작도 요망-치수 넣기와 철근선 OFFSET에 활용)	❷ 단면도의 모서리 위치를 잘 확인하여 LINE 명령으로 그림처럼 작도한다.(상세한 치수는 ❸에 표시됨)

■ 직교 기능이 ON된 상태에서 작도

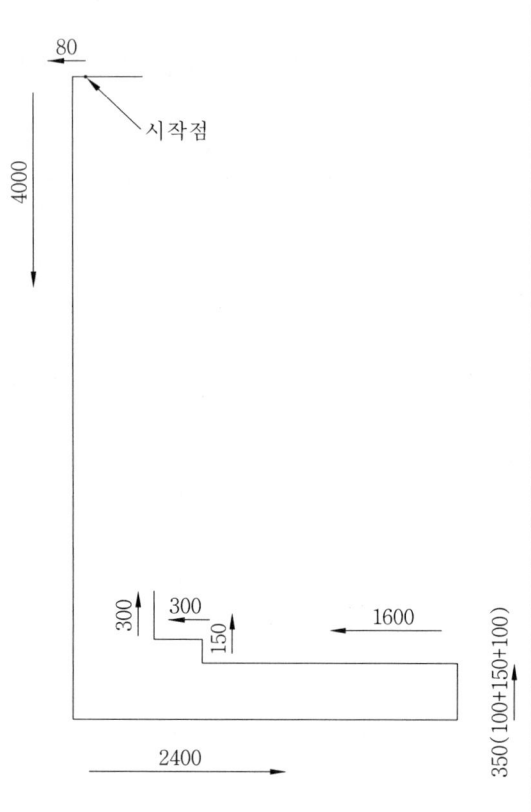

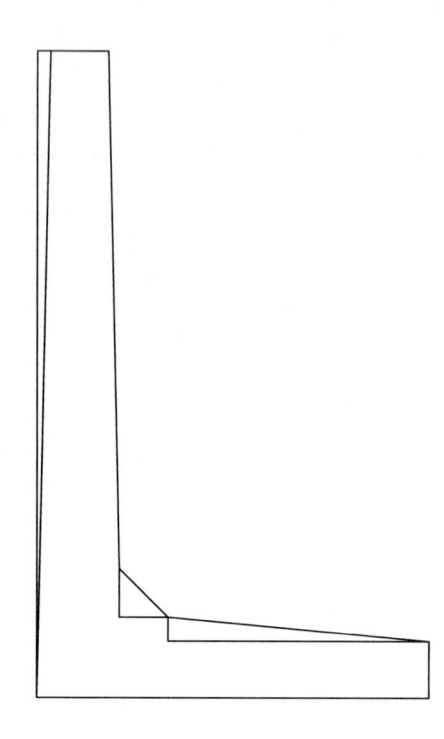

❸ 단면도에 있는 치수를 확인하여 작도

❹ 외벽선 레이어 선택-모서리 부분을 LINE으로 연결

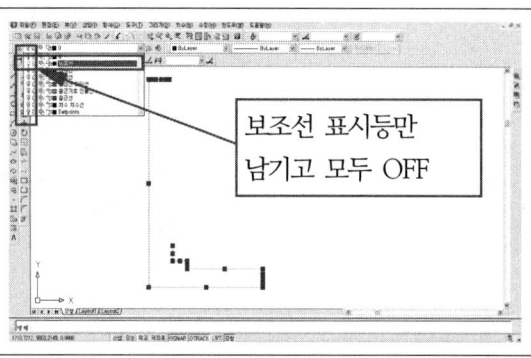

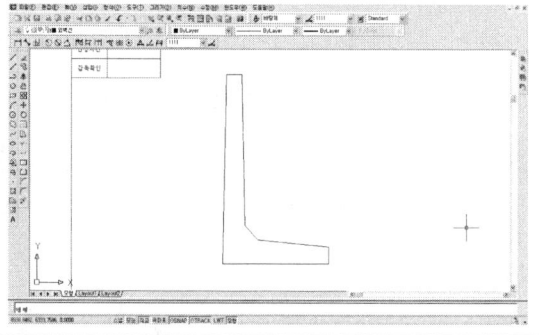

❺ 레이어층에서 보조선 표시등만 남기고 모든 표시등을 클릭 - 모두 OFF가 되면 도면에 보조선만 남는다 - 모두 선택하여 삭제

❻ 레이어층에서 OFF된 표시등을 전부 클릭-ON-화면에 마우스 클릭-단면도 외벽선 작도 완성

■ 좌표를 활용하여 작도하는 법과 비교하면 아주 단순한 작업으로 단면도 외벽선을 완성할 수 있다. 다소 복잡하다고 생각되면 간단한 방법을 선택하여 연습하도록 한다. 작도 방법과 작도 과정에는 정답이 없다.(최대한 신속하게 출제 도면과 같은 도면이 출력될 수 있도록 작도하는 연습이 필요하며, 토목제도 통칙에 따라서 작도한다.)

③ 일반도 외벽선 작도
　㉠ 단면도를 복사하여 일반도를 작도한다.

명령: COPY Enter↵
객체 선택: 반대 구석 지정: 11개를 찾음〈단면도 전체 선택〉
객체 선택: Enter↵
기준점 또는 변위 지정: 변위의 두번째 점 지정 또는 〈변위로 첫번째 점 사용〉:〈단면도 오른쪽 아래 모서리 부분을 선택하여 일반도가 위치할 지점으로 드래그〉
변위의 두번째 점 지정: Esc

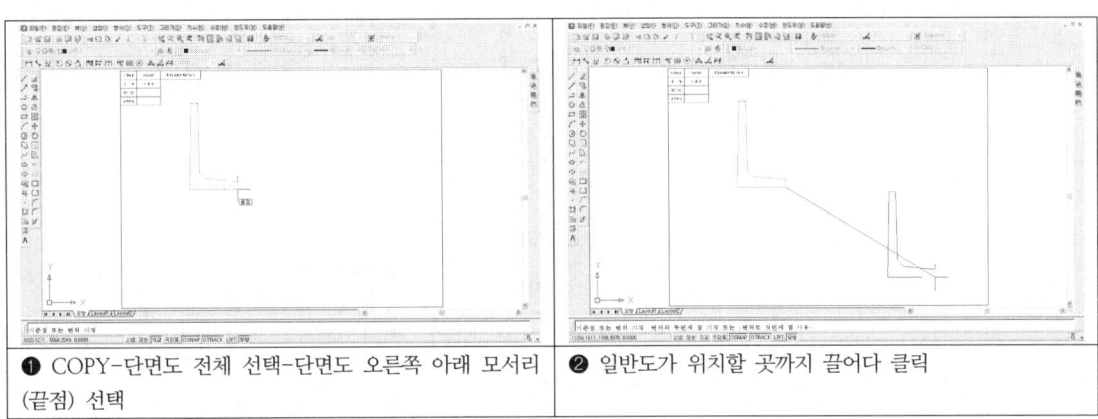

❶ COPY-단면도 전체 선택-단면도 오른쪽 아래 모서리 (끝점) 선택 | ❷ 일반도가 위치할 곳까지 끌어다 클릭

　㉡ 복사한 단면도를 0.4배하여 일반도를 작도한다.

명령: SCALE Enter↵
객체 선택: 반대 구석 지정: 11개를 찾음〈일반도 외벽선 전체 선택〉
객체 선택: Enter↵
기준점 지정:〈일반도 오른쪽 아래 모서리(끝점) 부분을 선택〉
축척 비율 지정 또는 [참조(R)]: 0.4 Enter↵ 〈단면도 크기를 0.4배 줄인다〉

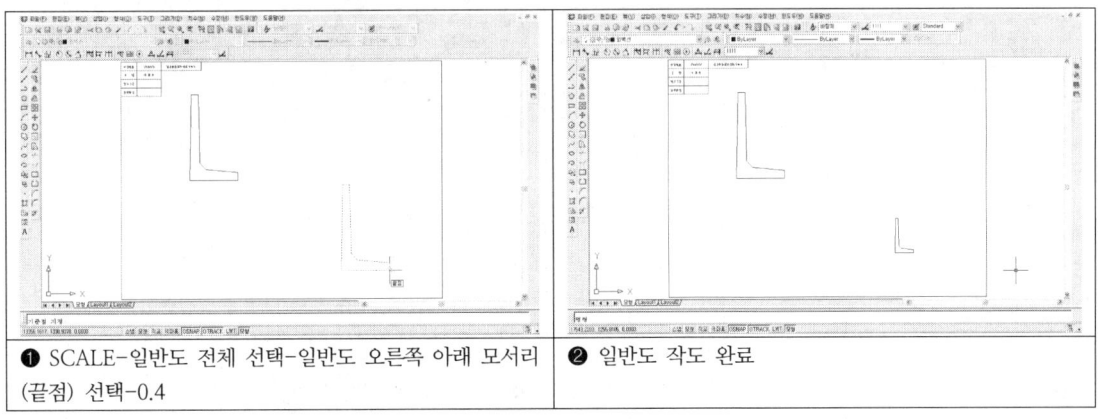

❶ SCALE-일반도 전체 선택-일반도 오른쪽 아래 모서리 (끝점) 선택-0.4 | ❷ 일반도 작도 완료

④ 단면도의 철근선 작도(OFFSET, EXTEND, TRIM 명령 실행)
  ㉠ OFFSET : 선택한 대상물과 새로운 대상물이 지정된 거리만큼 떨어진 위치에 작도된다.(거리 지정, 통과점(T)옵션 활용)

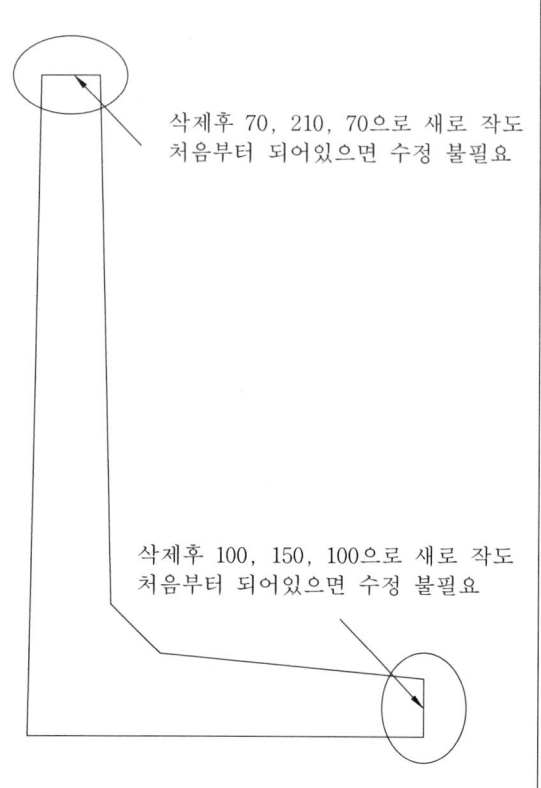

❶ OFFSET을 활용하여 철근선을 작도하기 위하여 표시된 부분을 새로이 작도한다.(처음부터 구분하여 작도하는 연습을 하면 편리하다.)

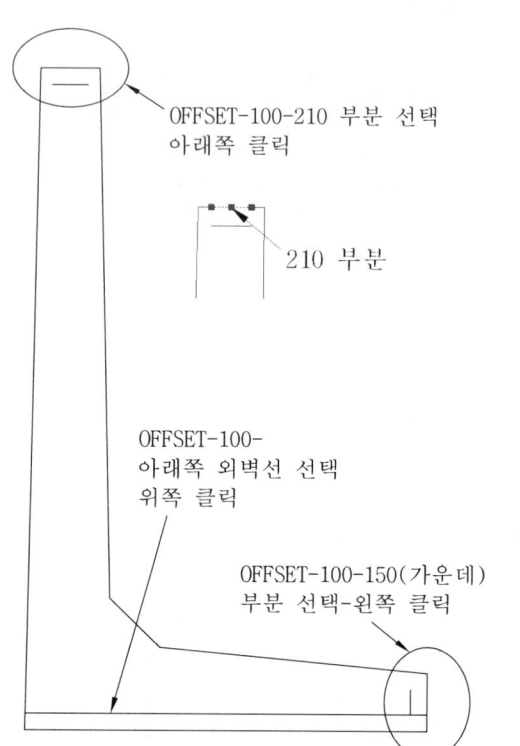

❷ 단면도 외벽선을 기준으로 OFFSET-100-그림과 같이 작도한다.

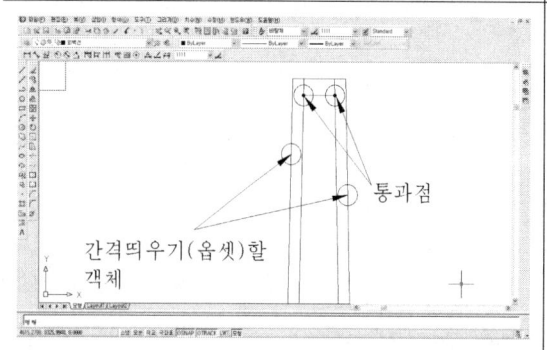

❸ OFFSET-T-간격띄우기(옵셋)할 객체 선택-통과점을 클릭 하여 그림과 같이 작도한다.

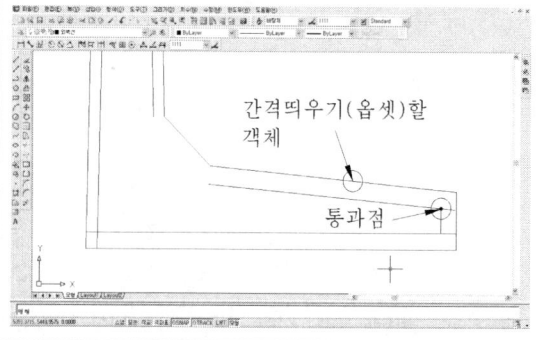

❹ OFFSET-T-간격띄우기(옵셋)할 객체 선택-통과점을 클릭 하여 그림과 같이 작도한다.

ⓒ Extend : 길이가 짧은 대상물을 선택한 경계선까지 늘이는데 사용

```
명령: EXTEND [Enter↵]
현재 설정값: 투영= UCS 모서리=없음
경계 모서리 선택 ...
객체 선택: [Enter↵] 1개를 찾음〈연장 경계선 선택〉
객체 선택:〈연장할 객체 선택〉
〈반복〉
```

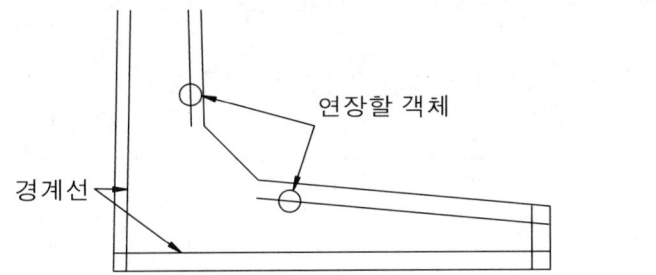
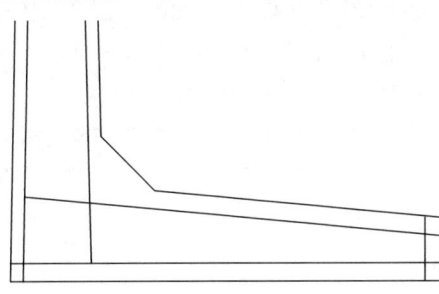

■ EXTEND-경계선 2곳 선택 [Enter↵]-연장할 객체 차례대로 선택

ⓒ Trim : 대상물의 길이를 경계에 의해 잘라내는 명령

```
명령: TRIM [Enter↵]
현재 설정값: 투영=UCS 모서리=없음 절단 모서리 선택 ...
객체 선택: 1개를 찾음〈경계 선택〉
객체 선택: [Enter↵]
자르기할 객체 선택 또는 연장을 위한 shift+선택  또는 [투영(P)/모서리(E)/명령
취소(U)]: 〈자르기 할 객체 선택〉
자르기할 객체 선택 또는 연장을 위한 shift+선택  또는 [투영(P)/모서리(E)/명령
취소(U)]: 〈자르기 할 객체 선택〉
자르기할 객체 선택 또는 연장을 위한 shift+선택  또는 [투영(P)/모서리(E)/명령
취소(U)]: 〈자르기 할 객체 선택〉〈반복〉
```

▣ TRIM-경계선 선택(점선으로 변경) [Enter↵]-자르기 할 객체(●표시된 부분)를 순서대로 선택한다.

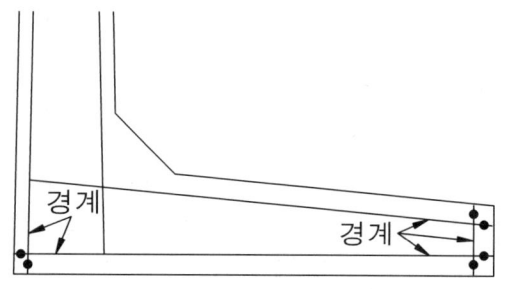
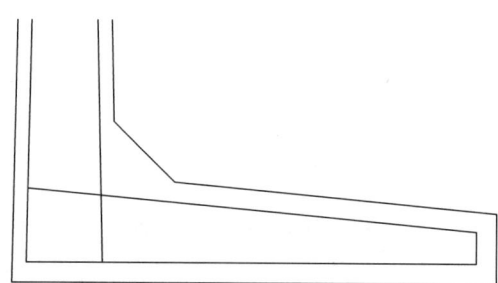

▣ TRIM-경계선 선택(점선으로 변경) [Enter↵]-자르기 할 객체(●표시된 부분)를 순서대로 선택한다.

▣ 자르기 또는 연장할 객체를 마우스로 클릭 - 파란색 포인트로 선택된다 - 자르기 또는 연장할 쪽의 파란색 포인트를 선택하면 붉은색으로 변한다 - 붉은색 포인트를 클릭하여 자르기 또는 연장할 곳까지 드래그 한다.(TRIM과 EXTEND와 같은 효과)

ⓔ 헌치 부분 철근 작도

Ⓗ D16 철근

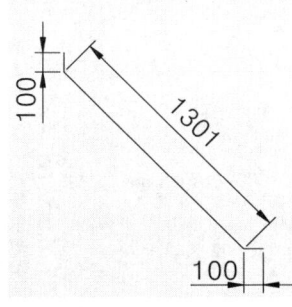 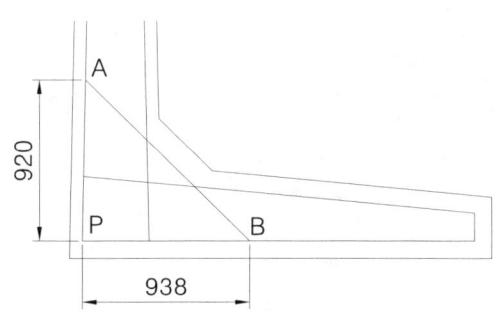

■ P점에서 수직으로 920(A점), 수평으로 938(B점)을 연결 한다.

■ Ⓗ D16 철근의 수직과 수평 길이 계산

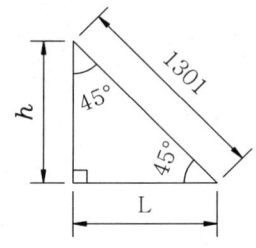 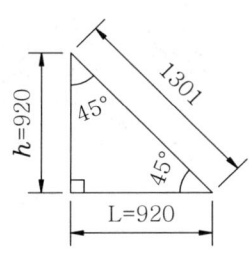 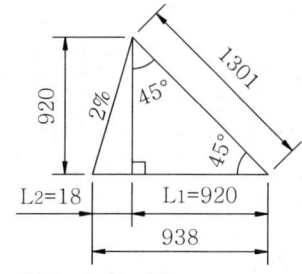

$h = 1301 \times \sin 45° = 920$
$L = 1301 \times \cos 45° = 920$

$L_2 = 920 \times 0.02 = 18$
∴ 헌치 부분의 수평 길이
  $= L_1 + L_2 = 920 + 18 = 938$

ⓓ 철근선을 모두 선택하여 철근선 Layer로 변경

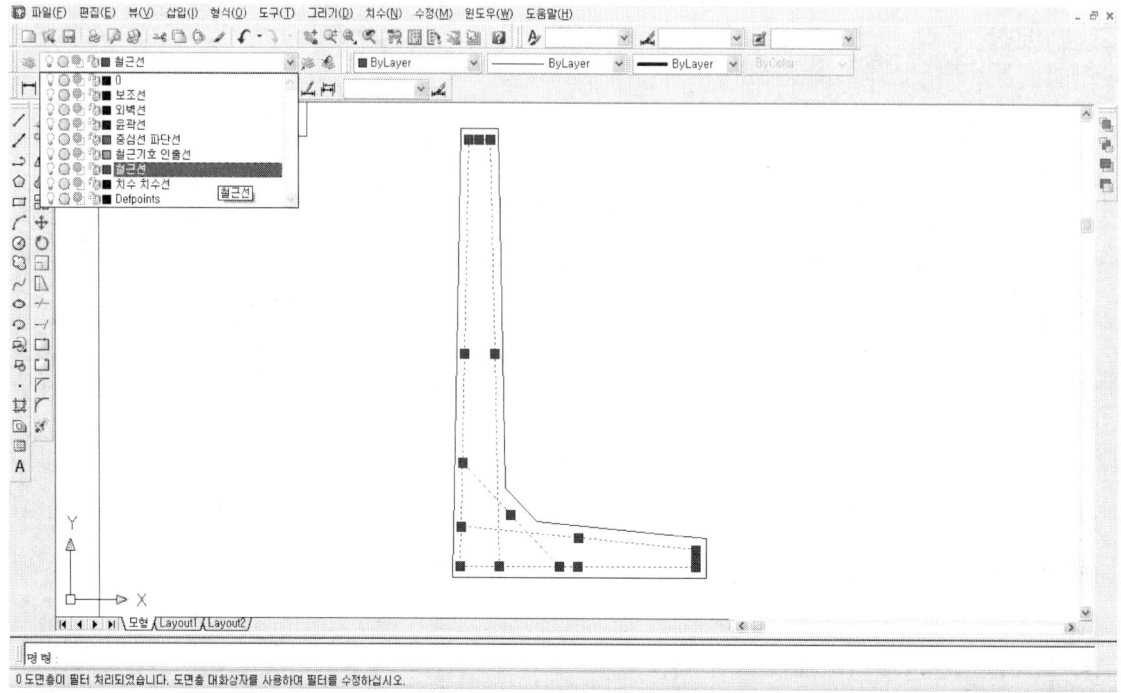

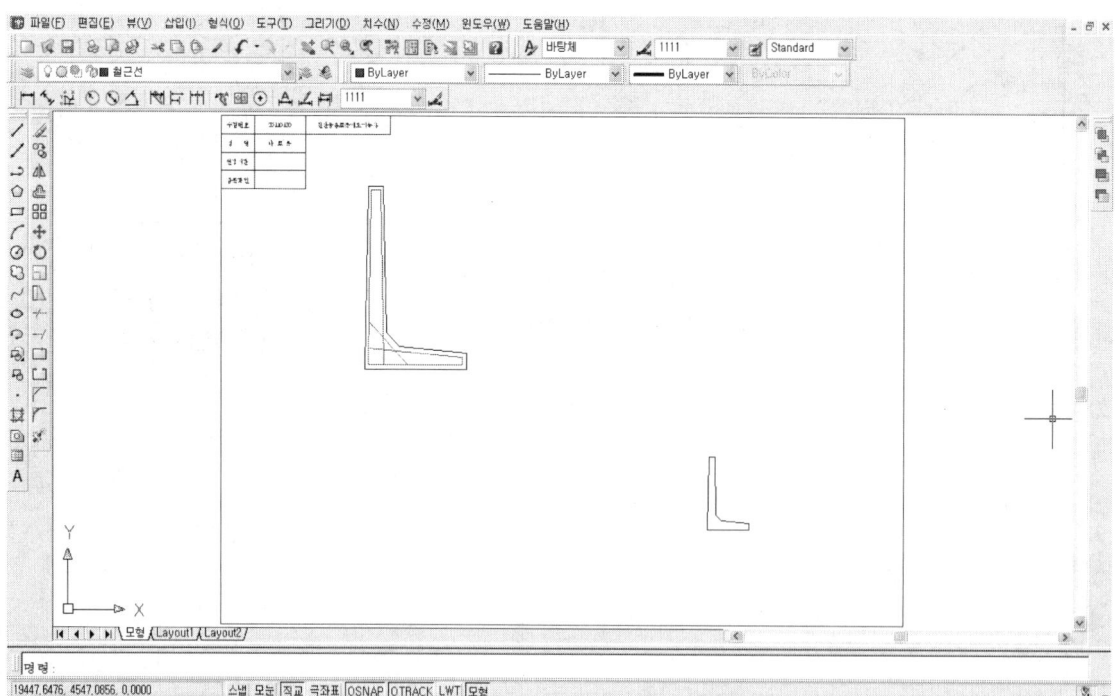

⑤ 단면도의 철근 단면 그리기(DONUT, OFFSET 명령 실행)
  ㉠ 보조선 Layer 선택하여 점철근이 위치할 보조선을 단면도의 철근선을 기준으로(OFFSET=20)
     작도한다.

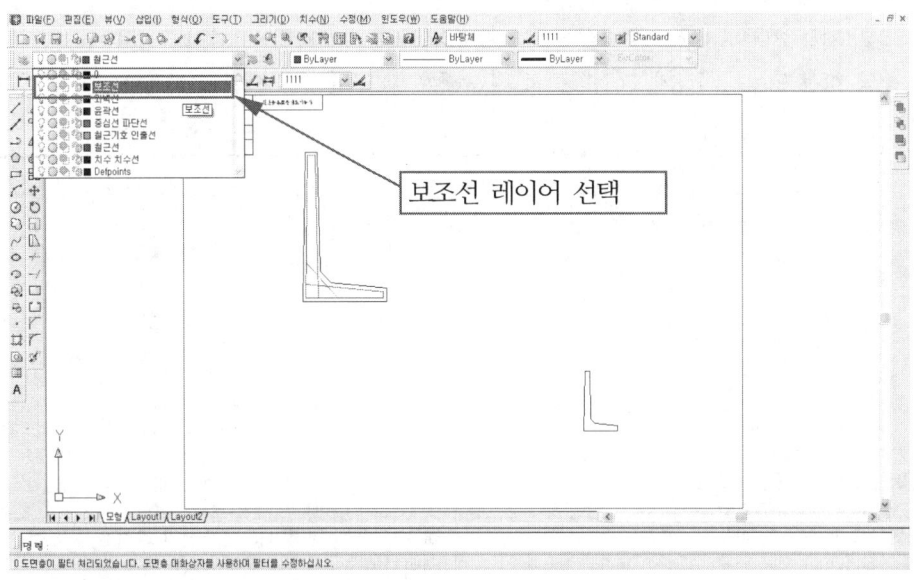

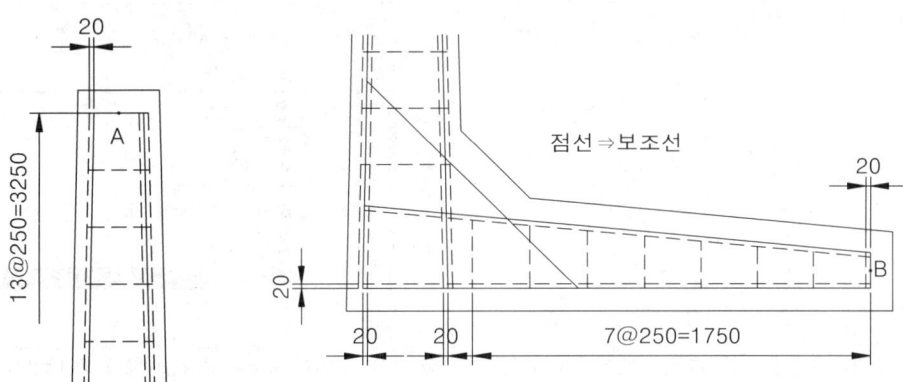

■ 보조선 색상을 노란색으로 설정한다.
■ 단면도의 철근선을 기준으로 20만큼 OFFSET한 후 모두 선택하여 보조선 Layer로 변경한다. ⇒ 철근
  단면을 작도한 후 보조선 Layer만 선택하여 삭제하기 편리하다.
■ ⒲ D13 , ⒡ D13 철근 간격은 벽체와 저판을 참고하여 작도한다.
  (OFFSET, EXTEND, TRIM, 보조선을 적절히 활용한다.)
  ☞ 13@250 : A선을 기준으로 OFFSET=250(또는 ARRAY 명령을 활용)
  ☞ 7@250 : B선을 기준으로 OFFSET=250
■ 교차점에 점철근을 넣기 때문에 보조선끼리 반드시 교차하도록 한다.

ⓒ 철근선 레이어로 변경 : DONUT 명령어로 철근 단면을 작도한다.

```
명령: DONUT Enter↵
도넛의 내부 지름 지정 〈0.0000〉:0 Enter↵
도넛의 외부 지름 지정 〈40.0000〉:40 Enter↵ 〈출력시 1mm로 표시됨〉
도넛의 중심 지정 또는 〈나가기〉:〈점철근을 표시해야 할 곳에 보조선의 교차점을 확인하면서 클릭〉
〈반복〉
```

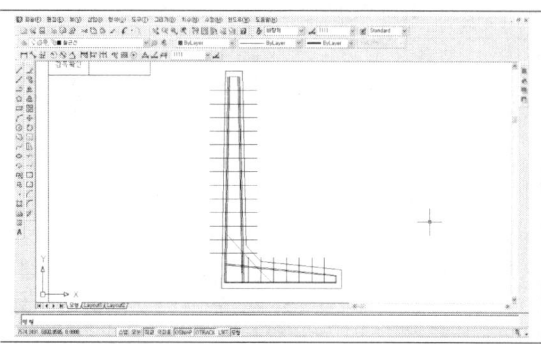

❶ 점철근을 넣을 보조선 작도

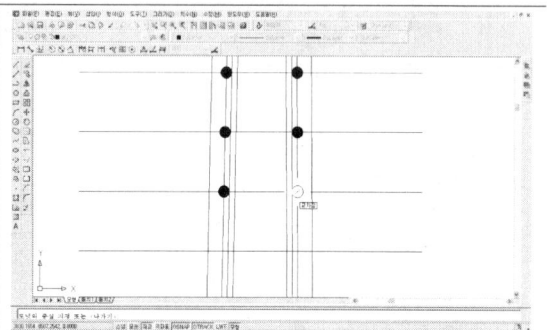

❷ DONUT 명령어로 보조선의 교차점에 점철근을 정확히 위치시킨다.

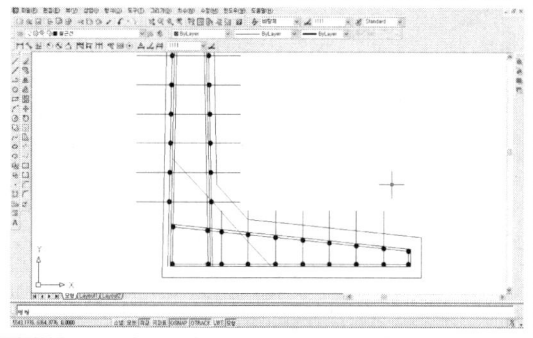

❸ 도면상에 있는 점철근을 확인하면서 빠짐없이 작도한다.

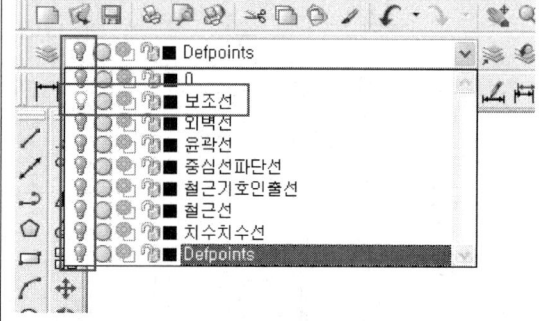

❹ 레이어창에서 보조선 표시등만 남기고 나머지 클릭하면 표시등이 OFF가 된다.-화면상에 보조선만 나타남

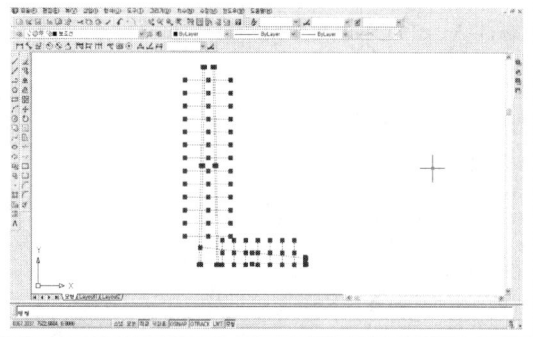

❺ 보조선을 전부 선택하여 삭제-레이어창에서 OFF된 표시등을 클릭하여 ON-화면에서 클릭

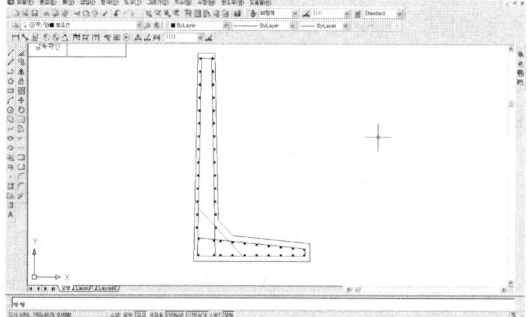

❻ 점철근 작도 완성 도면

⑥ 스페이서 철근 배열(OFFSET, LINE, CHPROP 명령 실행)
  ㉠ LINE 또는 OFFSET 명령을 실행하여 벽체와 저판에 있는 스페이서 철근을 작도
  ㉡ 스페이서 철근(①, ②,) 속성 변경(CHPROP)

```
명령: CHPROP Enter↵
객체 선택: 1개를 찾음〈①번선 선택〉
객체 선택: 1개를 찾음, 총 2〈②번선 선택〉
객체 선택: Enter↵
변경할 특성 입력
[색상(C)/도면층(LA)/선종류(LT)/선종류축척(S)/선가중치(LW)/두께(T)]: LT Enter↵
새로운 선종류 이름 입력 〈ByLayer〉: HIDDEN Enter↵
변경할 특성 입력
[색상(C)/도면층(LA)/선종류(LT)/선종류축척(S)/선가중치(LW)/두께(T)]: S Enter↵
새로운 선종류 축척을(를) 지정 〈1.0000〉: 300 Enter↵ 〈도면과 비슷하게 임의값으로 조정〉
변경할 특성 입력
[색상(C)/도면층(LA)/선종류(LT)/선종류축척(S)/선가중치(LW)/두께(T)]: Enter↵
```

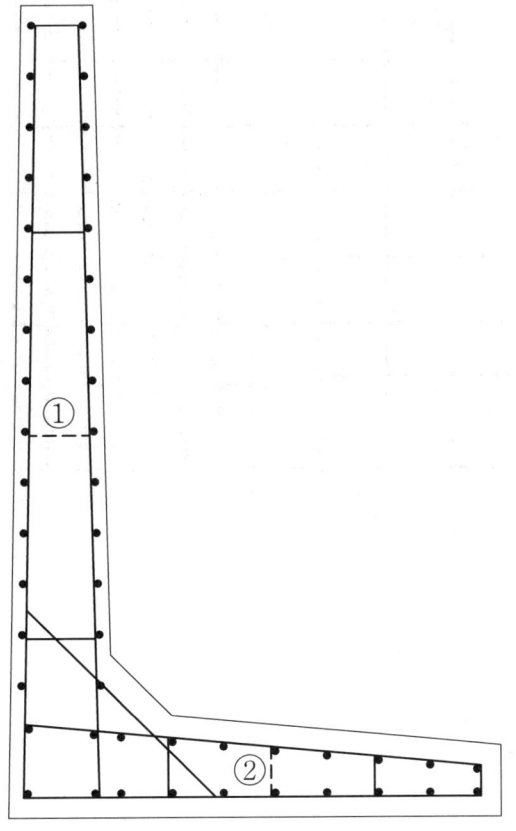

4. 벽체 작도

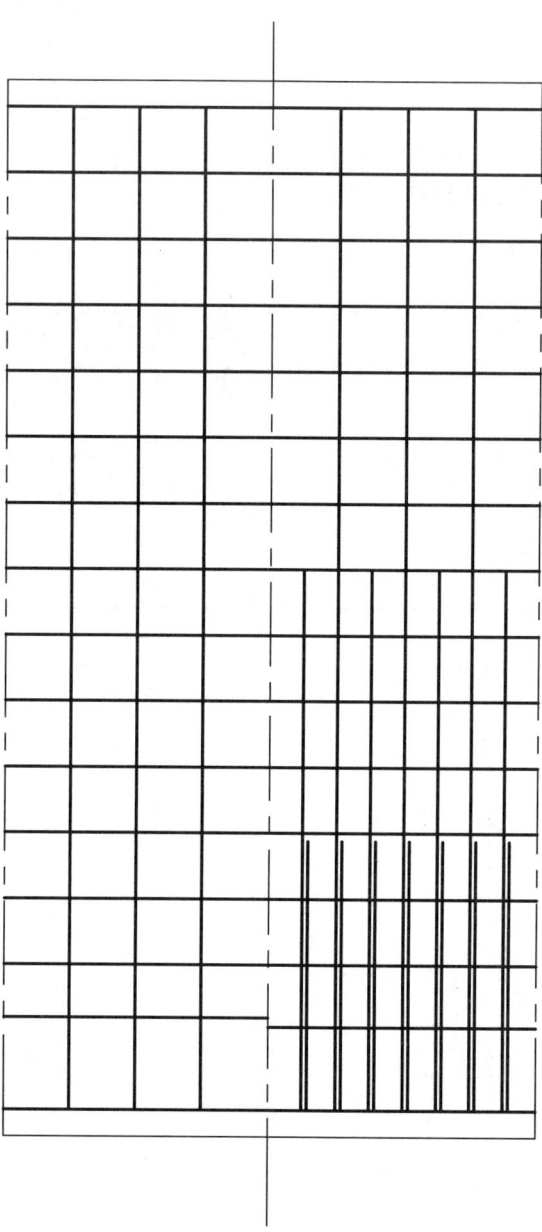

① 외벽선 작도(LINE 명령 실행)
  ㉠ 철근선 Layer 선택
  ㉡ LINE 명령 실행 - 단면도 오른쪽 위 모서리에 십자 커서를 가져다 놓고 오른쪽으로 이동하여 추적선(OTRACK-ON)상의 임의의 위치에 첫 번째 점(①)을 결정

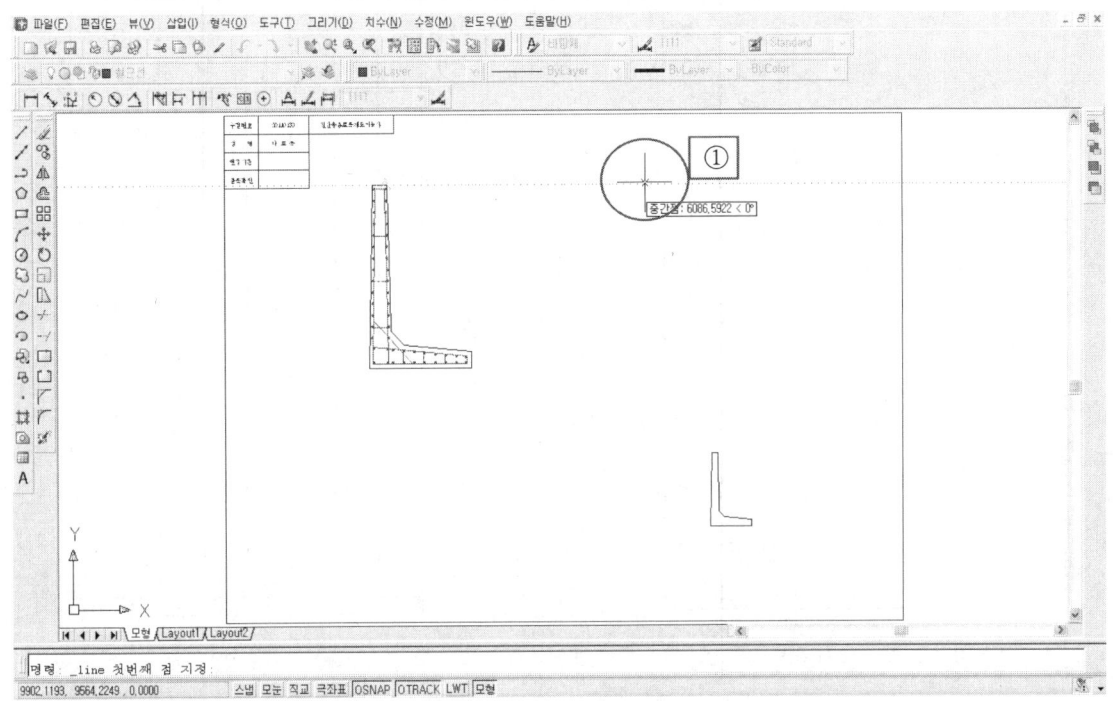

명령: LINE [Enter↵]
첫번째 점 지정:①번 위치에 클릭
다음 점 지정 또는 [명령 취소(U)]: 1000 [Enter↵] 〈커서를 오른쪽으로 향하고 1000〉
다음 점 지정 또는 [명령 취소(U)]: 1000 [Enter↵] 〈커서를 오른쪽으로 향하고 1000〉
다음 점 지정 또는 [닫기(C)/명령 취소(U)]: 4000 [Enter↵] 〈커서를 아래쪽으로 향하고 4600〉
다음 점 지정 또는 [닫기(C)/명령 취소(U)]: 1000 [Enter↵] 〈커서를 왼쪽으로 향하고 1000〉
다음 점 지정 또는 [닫기(C)/명령 취소(U)]: 1000 [Enter↵] 〈커서를 왼쪽으로 향하고 1000〉
다음 점 지정 또는 [닫기(C)/명령 취소(U)]: C [Enter↵]

■ 직교 ON으로 설정

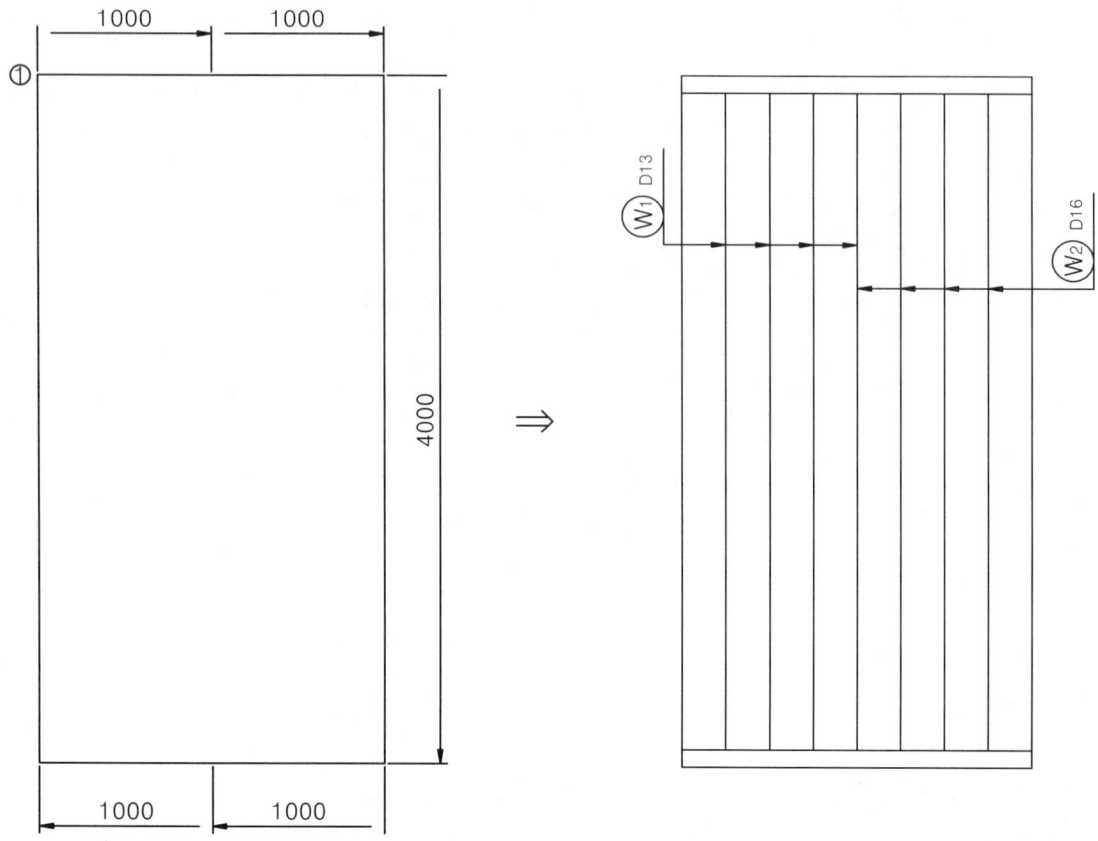

② Ⓦ₁ D13 , Ⓦ₂ D16 철근선 작도(OFFSET, TRIM 명령 실행)

㉠ AB선을 기준으로 아래 방향으로 OFFSET 100 하여 CD선을 작도한다.
(아래쪽도 같은 방법)

㉡ AC선을 기준으로 오른쪽 방향으로 OFFSET 250하여 EG선을 작도한다.

㉢ CD선을 경계로 TRIM 명령으로 EF선을 자르기 한다.(아래쪽도 같은 방법)

㉣ FG선을 기준으로 오른쪽 방향으로 OFFSET 250하여 철근선을 작도한다.

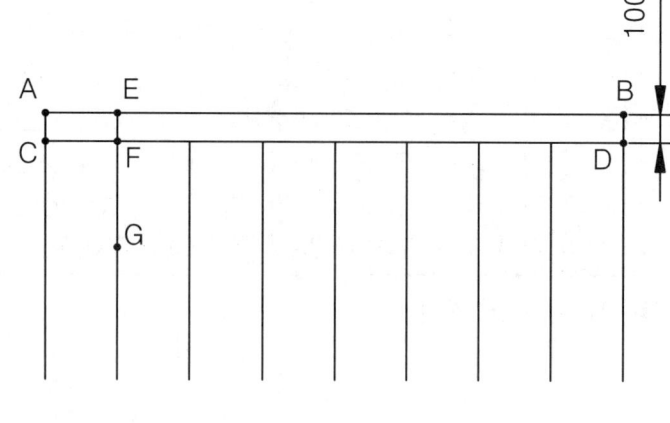

[위 오른쪽 그림의 상부 상세도]

■ TRIM할 선 선택-파란색 포인트-TRIM할 쪽을 마우스 클릭-붉은색 포인트로 변하면 드래그하여 기준선까지 끌고 가면 수정할 수 있다.-연장할 경우에도 활용)

③ Ⓦ3 D16 철근선 작도(OFFSET, TRIM 명령 실행)
  ㉠ Ⓦ2 D16 철근 AB를 기준으로 오른쪽으로 OFFSET=125
  ㉡ BC를 기준으로 위쪽으로 2050 되는 위치에 보조선을 그리고 TRIM 명령으로 ○표시 부분을 자르기 한다.
  ㉢ 작도 된 Ⓦ3 D16 철근선을 오른쪽으로 OFFSET=250 하여 오른쪽 그림과 같이 작도 한다.
    (Ⓦ2 D16 철근과 겹쳐지는 부분은 작도할 필요가 없다.)

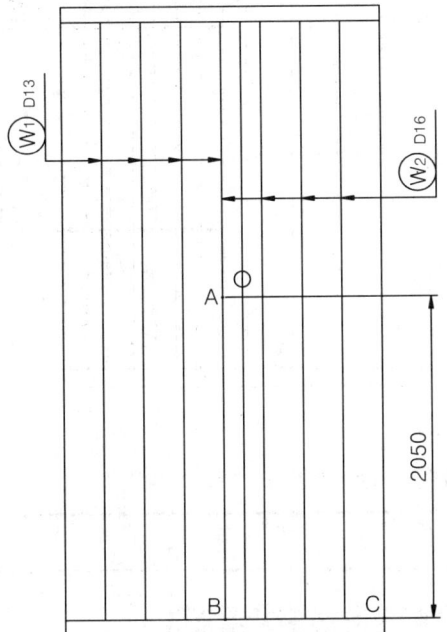 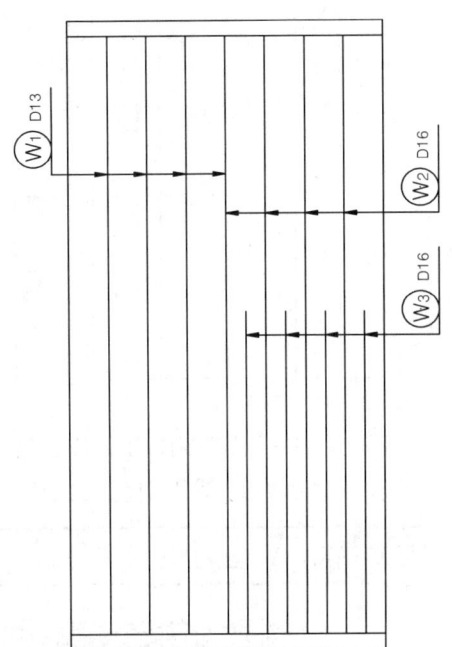

④ Ⓗ D16 철근선 작도(OFFSET, TRIM 명령 실행)
■ Ⓗ D16 철근의 수직 길이 계산

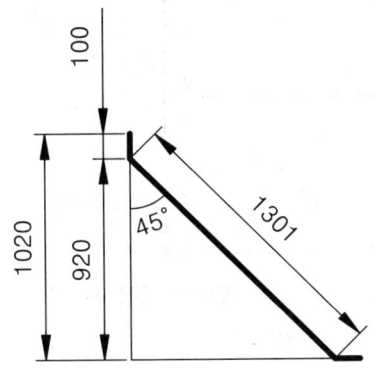

Ⓗ D16 철근의 수직 길이=(1301×sin45°)+100=1020

㉠ ⓦ₃ D16 철근 AB를 기준으로 오른쪽으로 OFFSET=20
㉡ BC를 기준으로 위쪽으로 1020되는 위치에 보조선을 그리고 TRIM 명령으로 윗부분을 자르기 한다.
㉢ 작도 된 ⒽD16 철근선을 오른쪽으로 OFFSET=125 하여 오른쪽 그림과 같이 작도 한다.

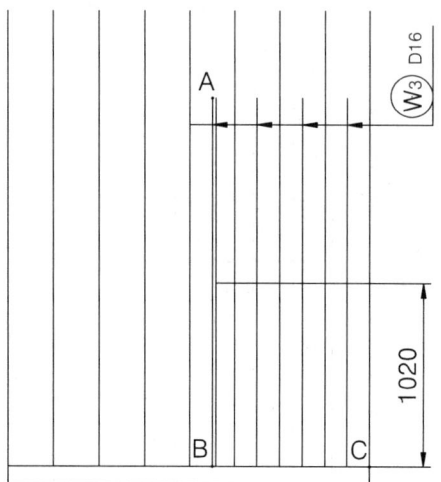
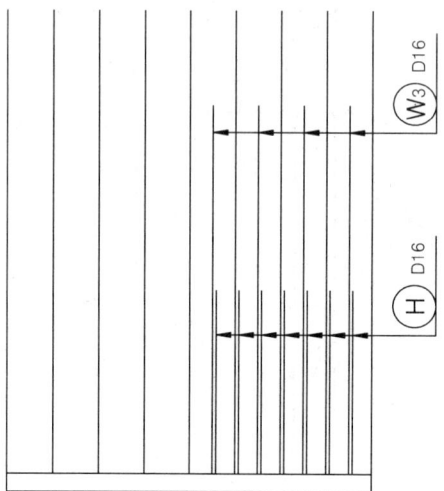

⑤ ⓦ₄ D13 철근선 작도(OFFSET, ARRAY 명령 실행)
  ㉠ AB, BC 철근선을 기준으로 ARRAY 명령어로 작도한다.(다음 페이지 그림 참고)

명령: ARRAY [Enter↵]

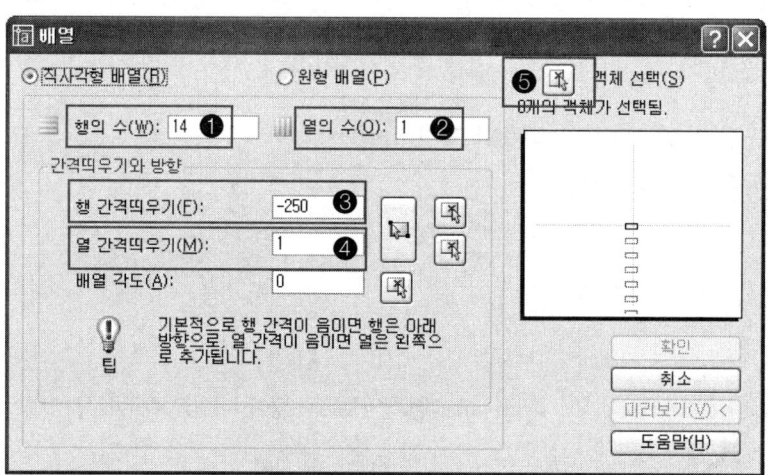

배열 대화창에서 ❶ 행의 수: 14, ❷ 열의 수: 1, ❸ 행 간격띄우기: -250, ❹ 열 간격띄우기: 1로 수정 - ❺ 객체 선택을 클릭 - 도면상의 AB와 BC를 선택 [Enter↵] - 확인
㉡ 나머지 부분은 도면을 참고로 하여 OFFSET 작도한다.

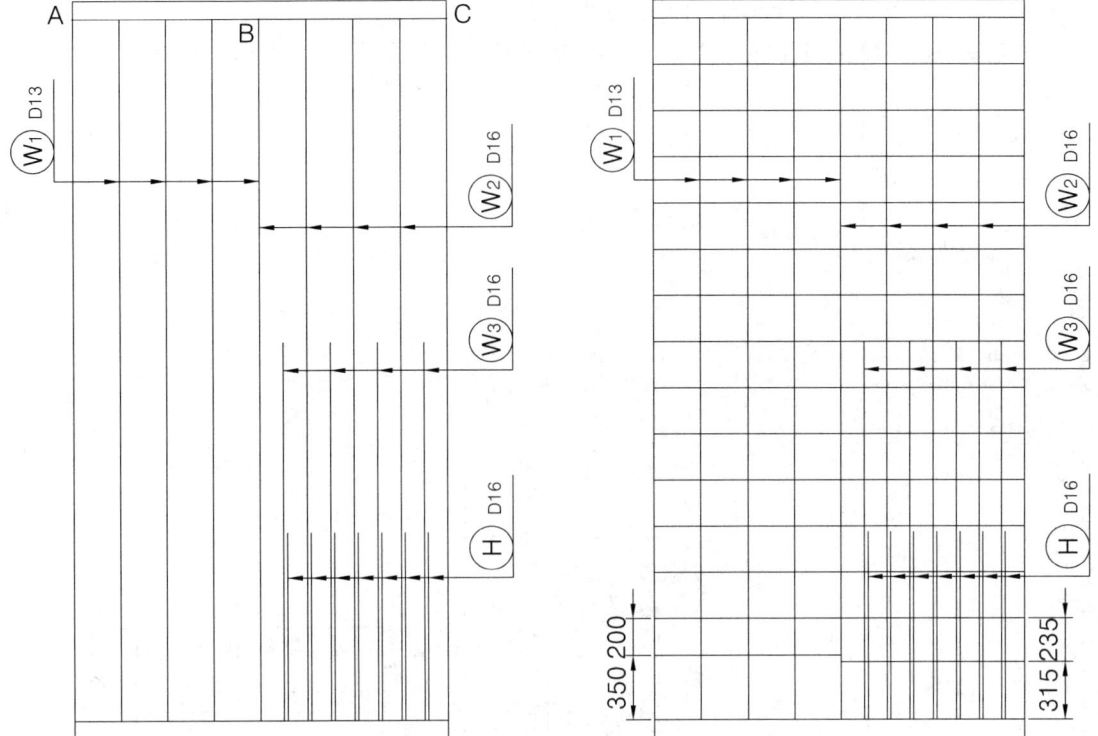

⑥ ⓢ₁ D13 철근선 작도(OFFSET, TRIM 명령 실행)
㉠ 가로, 세로 70인 삼각형을 작도하여 삼각형 빗변 AB를 COPY하여 붙여 넣는다.

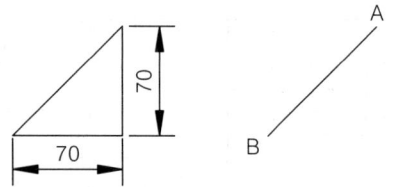

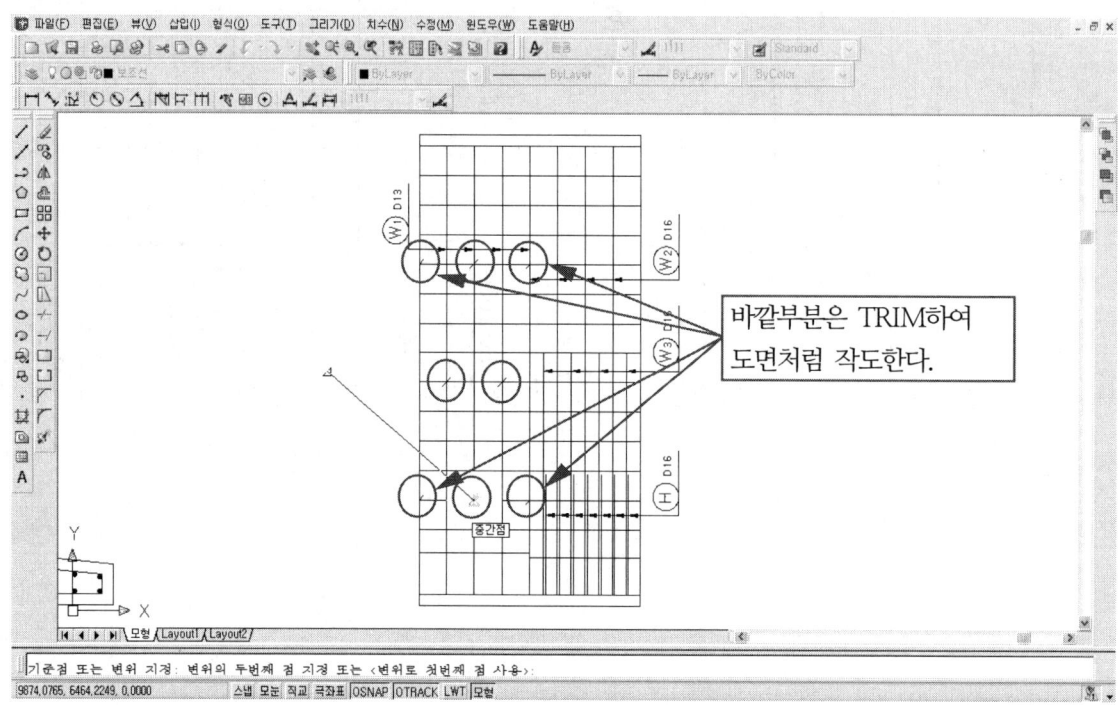

⑦ 중심선 속성 변경(CHPROP 명령 실행)

```
명령: CHPROP [Enter↵]
객체 선택: 1개를 찾음〈중심선으로 변경할 ①번 선 선택〉
객체 선택: 1개를 찾음, 총 2〈중심선으로 변경할 ②번 선 선택〉
객체 선택: 1개를 찾음, 총 3〈중심선으로 변경할 ③번 선 선택〉
객체 선택: [Enter↵]
변경할 특성 입력
[색상(C)/도면층(LA)/선종류(LT)/선종류축척(S)/선가중치(LW)/두께(T)]: LT [Enter↵]
새로운 선종류 이름 입력 〈ByLayer〉: CENTER [Enter↵]
변경할 특성 입력
[색상(C)/도면층(LA)/선종류(LT)/선종류축척(S)/선가중치(LW)/두께(T)]: S [Enter↵]
새로운 선종류 축척을(를) 지정 〈1.0000〉: 10 [Enter↵]
변경할 특성 입력
[색상(C)/도면층(LA)/선종류(LT)/선종류축척(S)/선가중치(LW)/두께(T)]: [Enter↵]
```

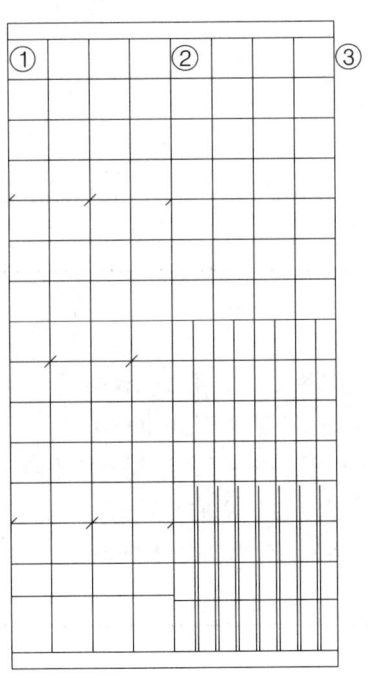 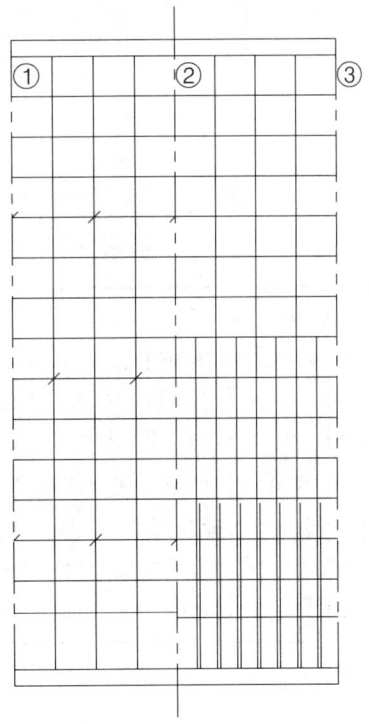

㉠ 중심선 ①, ②, ③을 선택하여 중심선 Layer로 변경
㉡ 중심선 ②번은 선택하여 양쪽에서 연장하여 도면과 같이 작도한다.
㉢ 벽체의 맨 위쪽 선과 아래쪽 선은 선택하여 외벽선 Layer로 변경

5. 저판 작도

① 외벽선 작도(LINE 명령 실행)
　㉠ 철근선 Layer 선택
　㉡ LINE 명령 실행 – 단면도 왼쪽 아래 모서리에 십자 커서를 가져다 놓고 아래쪽으로 이동하여 추적선(OTRACK-ON)상의 임의의 위치에 첫 번째 점(①)을 결정

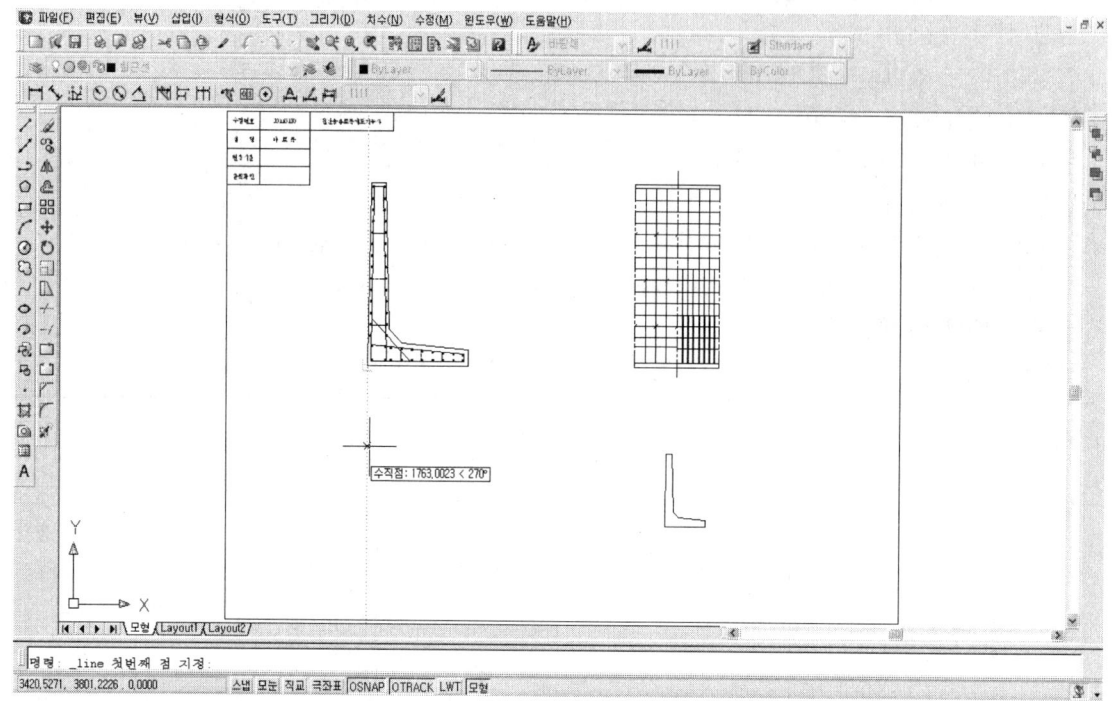

명령: LINE [Enter↵]
첫번째 점 지정:①번 위치에 클릭
다음 점 지정 또는 [명령 취소(U)]: 2400 [Enter↵]〈커서를 오른쪽으로 향하고 3760〉
다음 점 지정 또는 [명령 취소(U)]: 1000 [Enter↵]〈커서를 아래쪽으로 향하고 1000〉
다음 점 지정 또는 [닫기(C)/명령 취소(U)]: 1000 [Enter↵]〈커서를 아래쪽으로 향하고 1000〉
다음 점 지정 또는 [닫기(C)/명령 취소(U)]: 2400〈커서를 왼쪽으로 향하고 3760〉
다음 점 지정 또는 [닫기(C)/명령 취소(U)]: 1000〈커서를 위쪽으로 향하고 1000〉
다음 점 지정 또는 [닫기(C)/명령 취소(U)]: C [Enter↵]

■ 직교 ON으로 설정

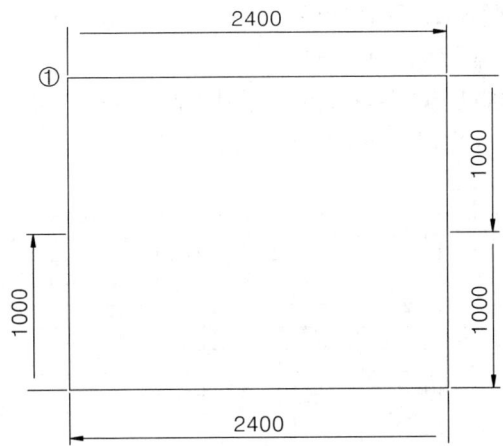

② Ⓕ₃ D13 철근선 작도(OFFSET, TRIM 명령 실행)
  ㉠ AB선을 기준으로 상면의 Ⓕ₃ D13 철근선 작도
  ㉡ BC선을 기준으로 하면의 Ⓕ₃ D13 철근선 작도

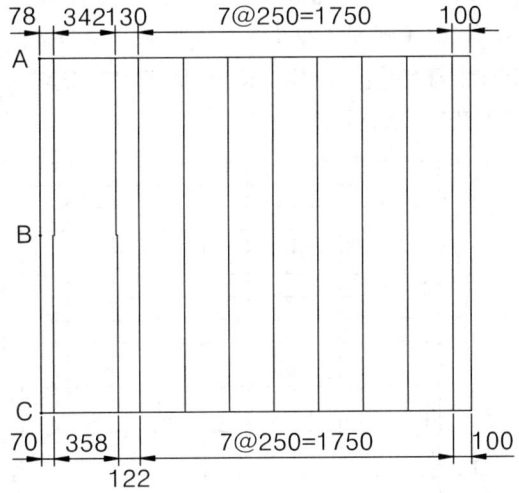

③ Ⓕ1 D16 철근선 작도(OFFSET, TRIM 명령 실행)
　㉠ AB선을 기준으로 아래쪽으로 OFFSET=125
　㉡ AC선과 BD선을 경계로 ●부분을 TRIM 명령으로 자르기 한다.
　㉢ OFFSET=125로 CD까지 작도한다.

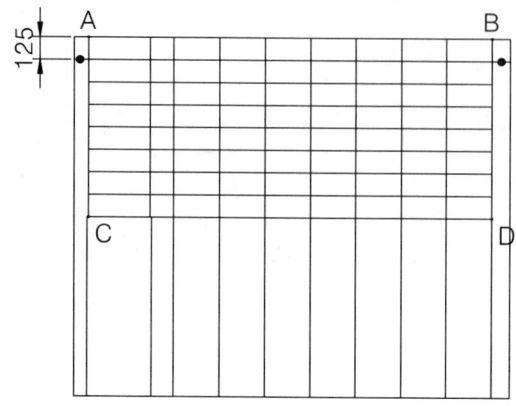

④ Ⓕ2 D16 철근선 작도(OFFSET, TRIM 명령 실행)
　㉠ AB선을 기준으로 위쪽으로 OFFSET=250
　㉡ AC선과 BD선을 경계로 ●부분을 TRIM 명령으로 자르기 한다.
　㉢ OFFSET=250으로 CD까지 작도한다.

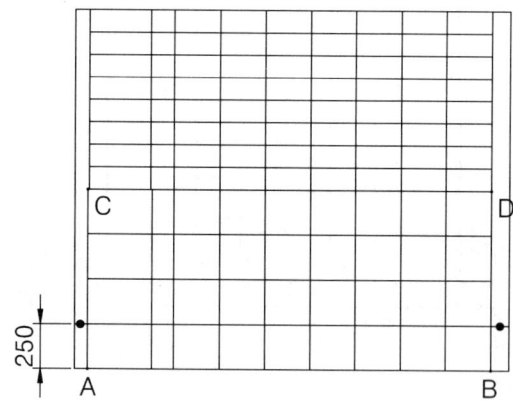

⑤ Ⓢ2 D13 철근선 작도(OFFSET, TRIM 명령 실행)
  ㉠ AB선을 기준으로 왼쪽으로 OFFSET=20
  ㉡ CD선, EF선, GH선을 경계로 점선 부분을 TRIM 명령으로 자르기 한다.
  ㉢ 같은 방법으로 나머지 Ⓢ2 D13 철근선을 작도한다.

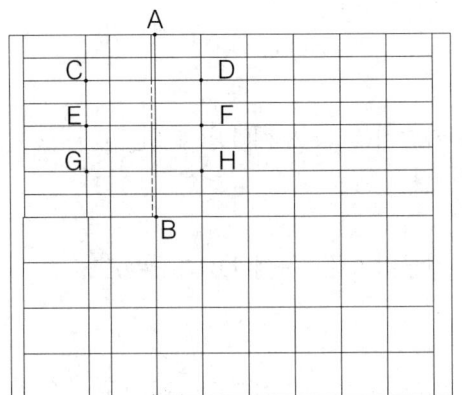
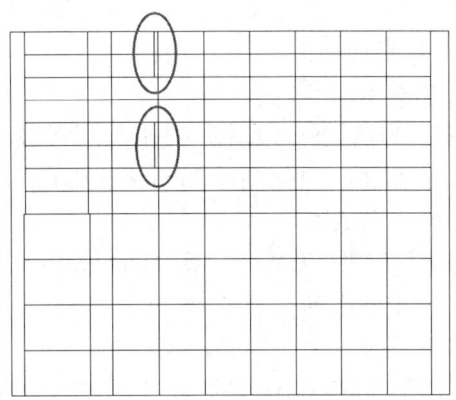

■ $\overline{12}$, $\overline{34}$, $\overline{56}$선을 기준으로 왼쪽으로 OFFSET 20 ⇒ TRIM [Enter↵] ⇒ CD선, EF선, GH선을 자르기할 경계로 선택 ⇒ 점선 부분을 클릭하여 자르기 한다.

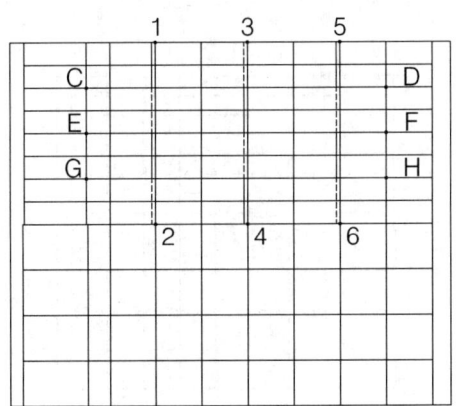
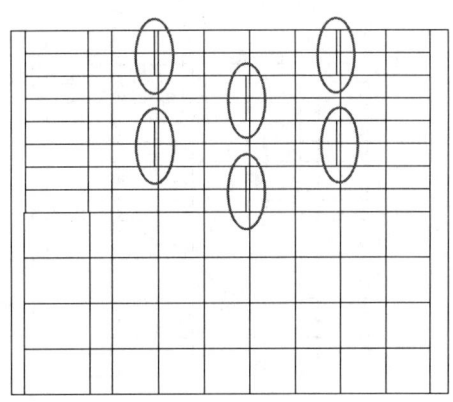

⑥ 중심선 속성 변경(CHPROP 명령 실행)

```
명령: CHPROP [Enter↵]
객체 선택: 1개를 찾음 〈중심선으로 변경할 ①번 선 선택〉
객체 선택: 1개를 찾음, 총 2 〈중심선으로 변경할 ②번 선 선택〉
객체 선택: 1개를 찾음, 총 3 〈중심선으로 변경할 ③번 선 선택〉
객체 선택: [Enter↵]
변경할 특성 입력
[색상(C)/도면층(LA)/선종류(LT)/선종류축척(S)/선가중치(LW)/두께(T)]: LT [Enter↵]
새로운 선종류 이름 입력 〈ByLayer〉: CENTER [Enter↵]
변경할 특성 입력
[색상(C)/도면층(LA)/선종류(LT)/선종류축척(S)/선가중치(LW)/두께(T)]: S [Enter↵]
새로운 선종류 축척을(를) 지정 〈1.0000〉: 10 [Enter↵]
변경할 특성 입력
[색상(C)/도면층(LA)/선종류(LT)/선종류축척(S)/선가중치(LW)/두께(T)]: [Enter↵]
```

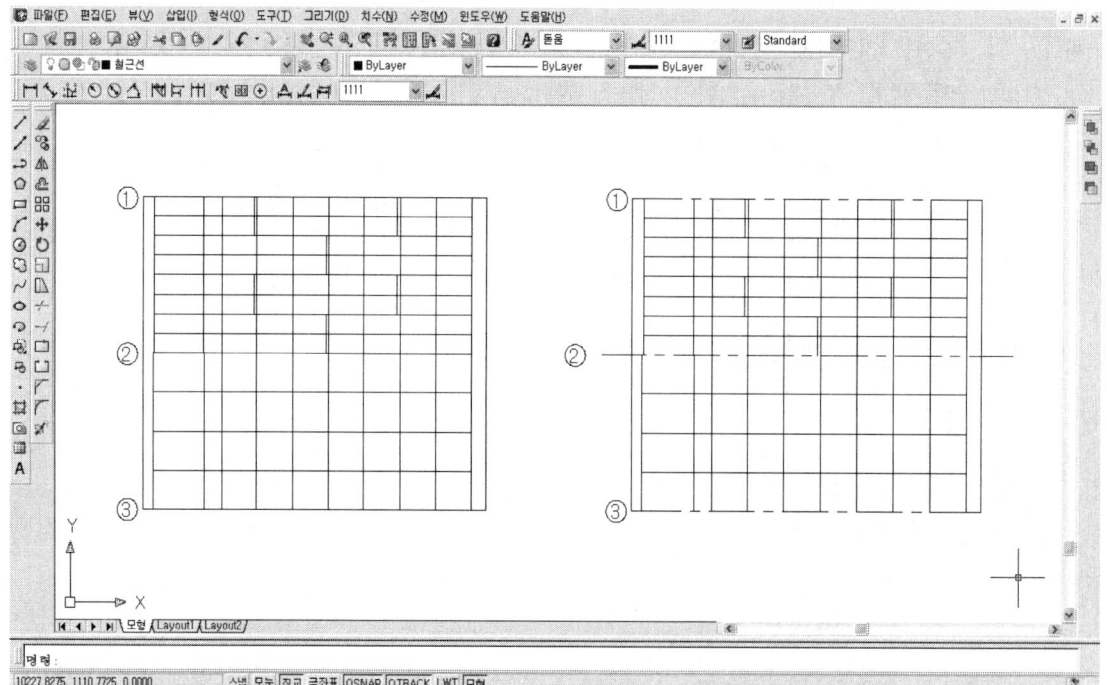

㉠ 중심선 ①, ②, ③을 선택하여 중심선 Layer로 변경
㉡ 중심선 ②번은 보조선을 활용하여 좌우로 EXTEND명령어로 연장하여 도면과 같이 작도한다.(중심선 선택-파란색 포인트-마우스로 선택-붉은색 포인트가 되면 좌, 우로 끌어서 적당한 크기로 연장하여도 된다.)
㉢ 저판의 맨 왼쪽 선과 오른쪽 선들은 선택하여 외벽선 Layer로 변경

6. 일반도 작도

① 외벽선 Layer 선택
② 지반 작도
　㉠ LINE 명령 – 일반도 왼쪽아래 모서리에서 왼쪽 방향의 추적선의 한 위치에서 첫번째 점을 선택

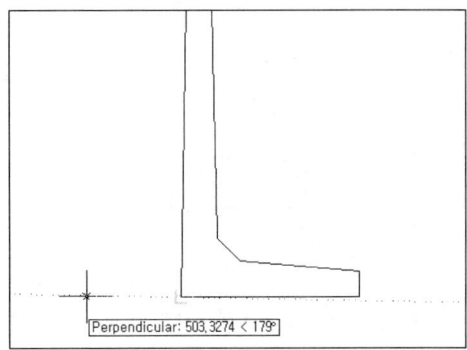

　㉡ 커서를 위쪽으로 한 다음 400 [Enter↵] ⇒ 커서를 오른쪽으로 한 다음 1000 [Enter↵] [Enter↵]

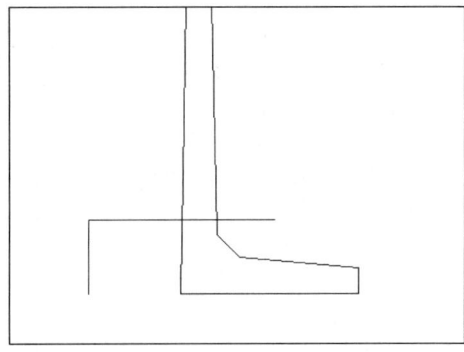

　㉢ 첫 번째 선 선택 ⇒ 삭제(Delete–[Delete])

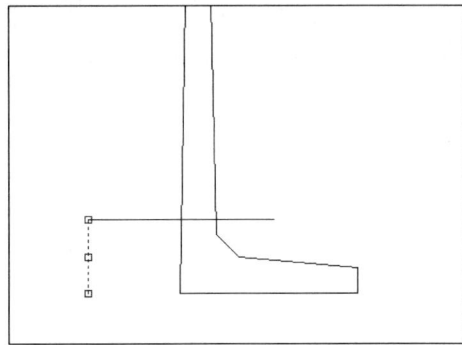

② TRIM 명령 실행 불필요한 부분 삭제

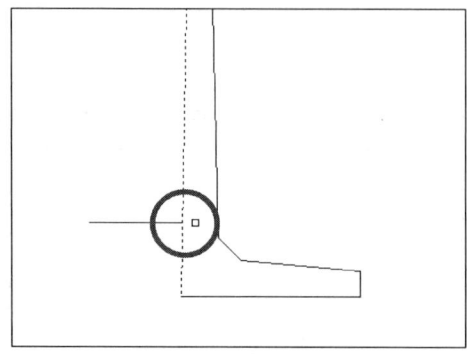

⑩ 오른쪽 위 모서리 부분 : LINE [Enter↵] ⇒ A점 선택 ⇒ 오른쪽으로 1000 [Enter↵]

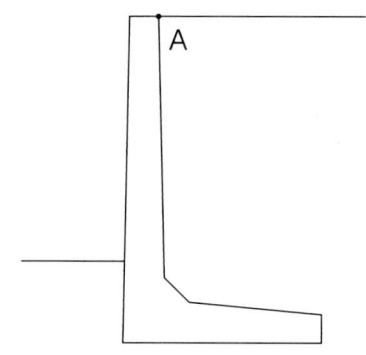

③ 지반 표시 작도
  ㉠ 지반 밑의 적당한 위치에 밑변70, 높이70 삼각형 작도 ⇒ 밑변, 높이 선택 ⇒ 삭제

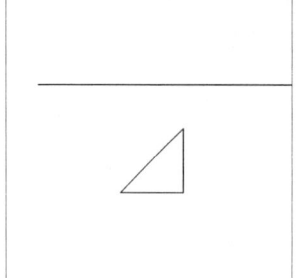 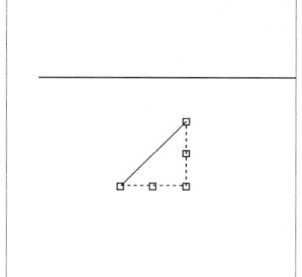 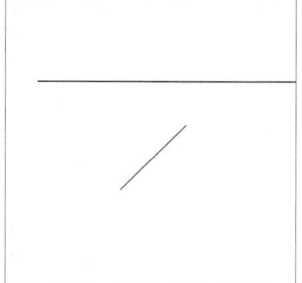

ⓒ COPY명령 실행 3개의 사선을 작도

명령: COPY [Enter↵]
객체 선택: 〈직교 켜기〉 1개를 찾음
객체 선택: [Enter↵]〈마우스를 오른쪽으로 끌어 놓는다〉
기준점 또는 변위 지정: 변위의 두번째 점 지정 또는 〈변위로 첫번째 점 사용〉: 30 [Enter↵]
변위의 두번째 점 지정: 60 [Enter↵]
변위의 두번째 점 지정: [Enter↵]

ⓒ MOVE활용 하여 다음과 같이 작도

명령: MOVE [Enter↵]
객체 선택: 반대 구석 지정: 3개를 찾음〈선 3개 선택〉
객체 선택: [Enter↵]
기준점 또는 변위 지정:〈①번 점 선택〉
변위의 두번째 점 지정 또는 〈변위로 첫번째 점 사용〉:〈직교 끄기〉〈이동하고자 하는 곳에서 마우스 클릭〉

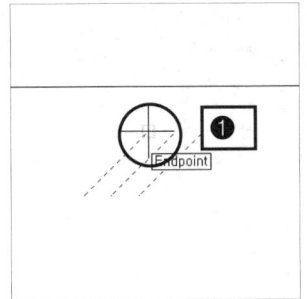 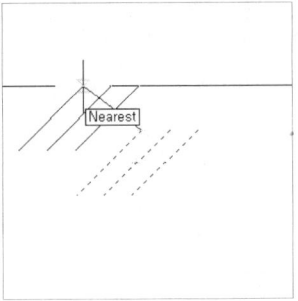 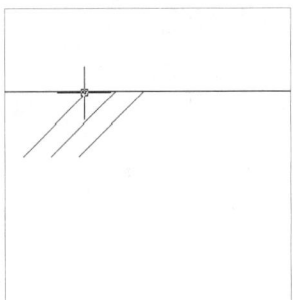

ⓔ COPY 명령 실행 다음과 같이 작도

명령: COPY [Enter↵]
객체 선택: 반대 구석 지정: 3개를 찾음〈선 3개 선택〉

객체 선택: Enter↵
기준점 또는 변위 지정: 변위의 두번째 점 지정 또는 〈변위로 첫번째 점 사용〉:
〈직교 켜기〉 120 Enter↵ 〈직교 ON하여 수평으로 복사〉
변위의 두번째 점 지정: 240 Enter↵
변위의 두번째 점 지정: 360 Enter↵ 〈오른쪽 여백을 보면서 적당하게 등간격으로 복사한다.〉
변위의 두번째 점 지정: 480 Enter↵
변위의 두번째 점 지정: Enter↵

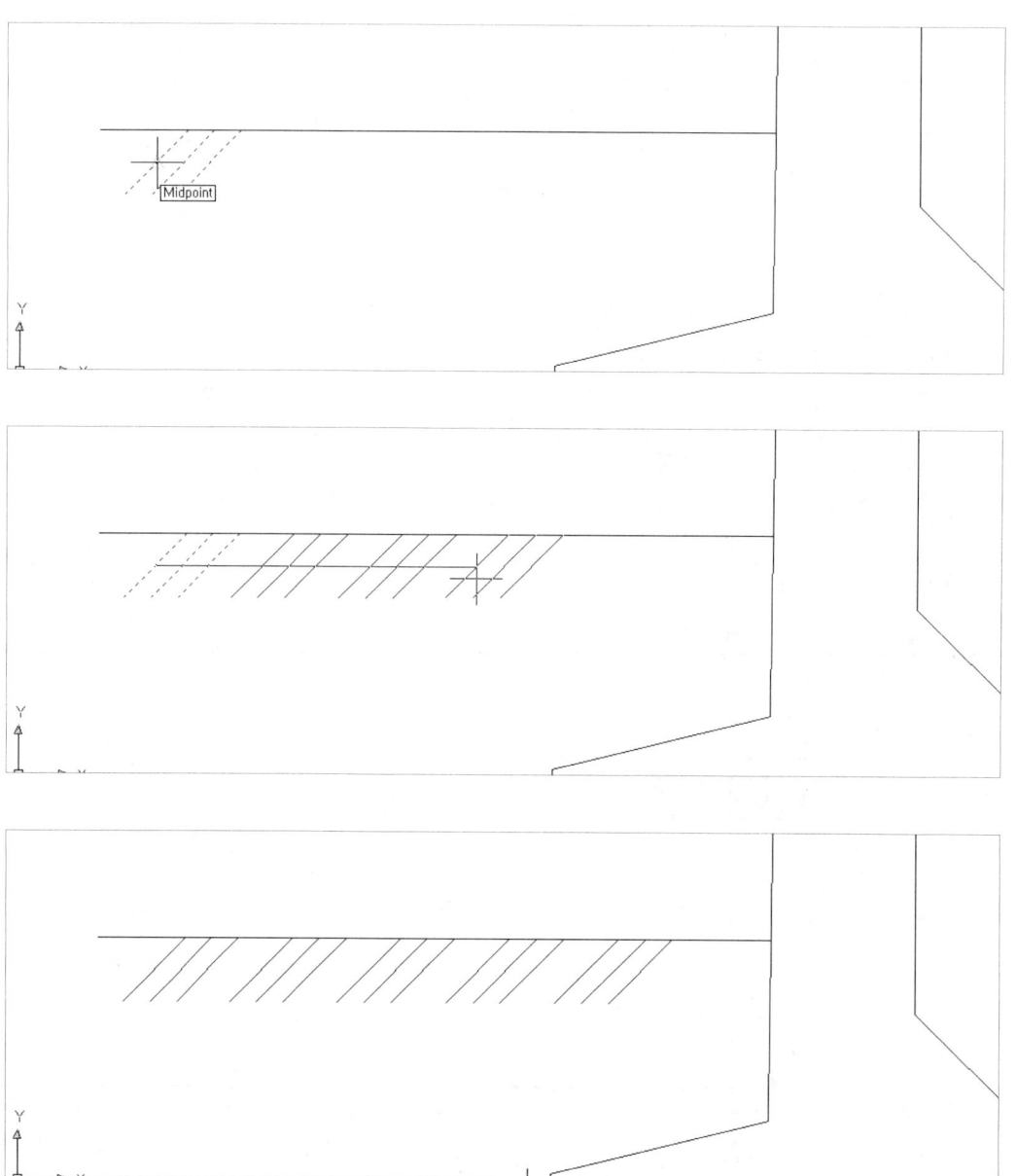

■ Ⅱ. L형 옹벽 97

㉮ 지반 위의 적당한 위치에 밑변70, 높이70 삼각형 작도 ⇒ 밑변, 높이 선택 ⇒ 삭제

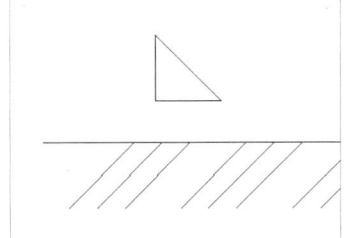 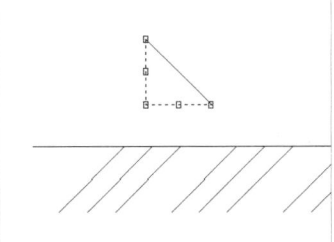 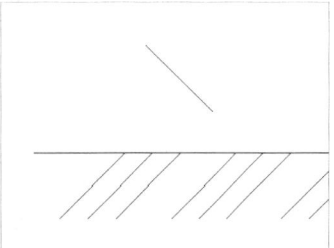

㉯ COPY명령 실행 3개의 사선을 작도

명령: COPY [Enter↵]
객체 선택: 〈직교 켜기〉 1개를 찾음
객체 선택: [Enter↵]〈마우스를 오른쪽으로 끌어 놓는다〉
기준점 또는 변위 지정: 변위의 두번째 점 지정 또는 〈변위로 첫번째 점 사용〉: 30 [Enter↵]
변위의 두번째 점 지정: 60 [Enter↵]
변위의 두번째 점 지정: [Enter↵]

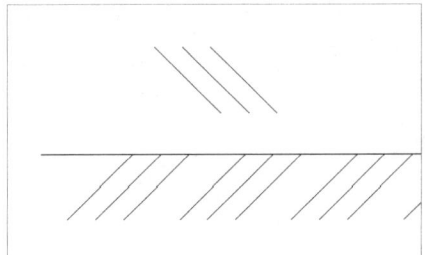

㉰ MOVE 활용 하여 다음과 같이 작도

명령: MOVE [Enter↵]
객체 선택: 반대 구석 지정: 3개를 찾음〈선 3개 선택〉
객체 선택: [Enter↵]
기준점 또는 변위 지정:〈①번 점 선택〉
변위의 두번째 점 지정 또는 〈변위로 첫번째 점 사용〉:〈직교 끄기〉〈이동하고자 하는 곳에서 마우스 클릭〉

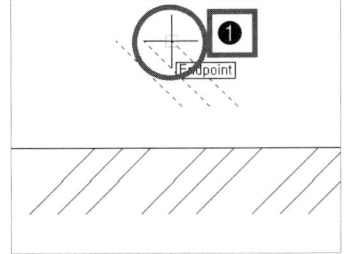 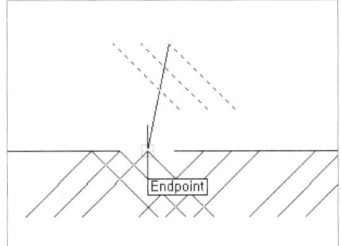 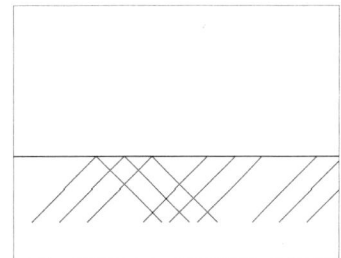

◎ TRIM 명령 실행 불필요한 부분 삭제

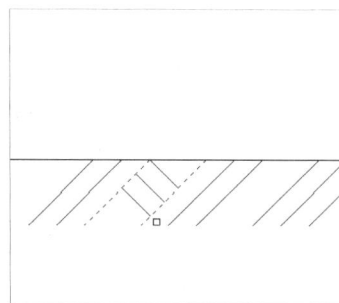

㋧ COPY 명령 실행하여 다음과 같이 작도

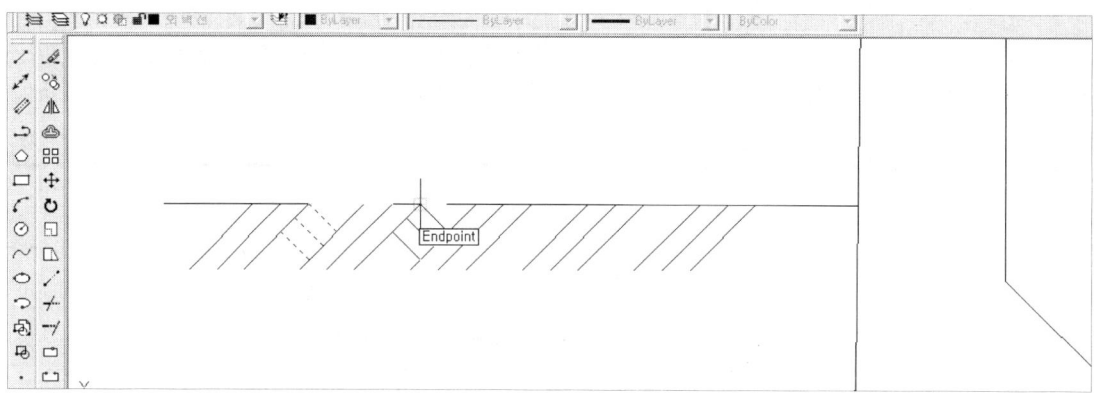

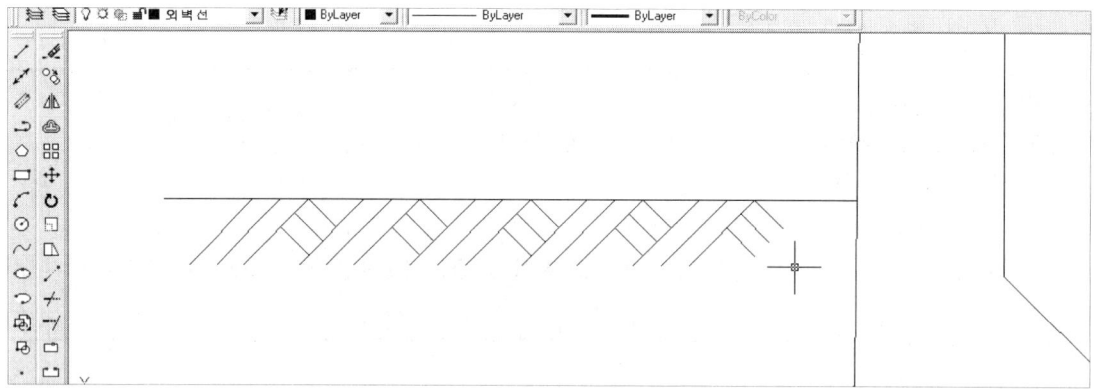

㋚ 보조선(OFFSET-50 활용)을 작도⇒불필요한 부분은 TRIM으로 삭제⇒보조선 삭제

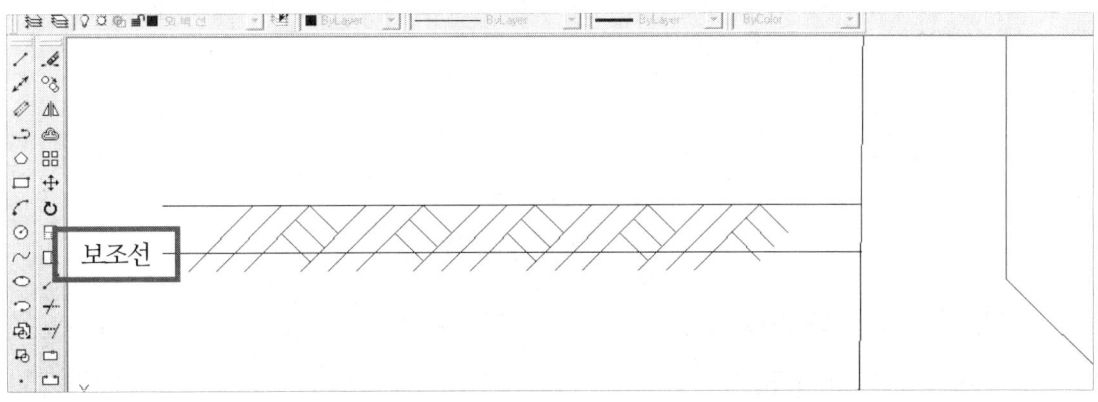

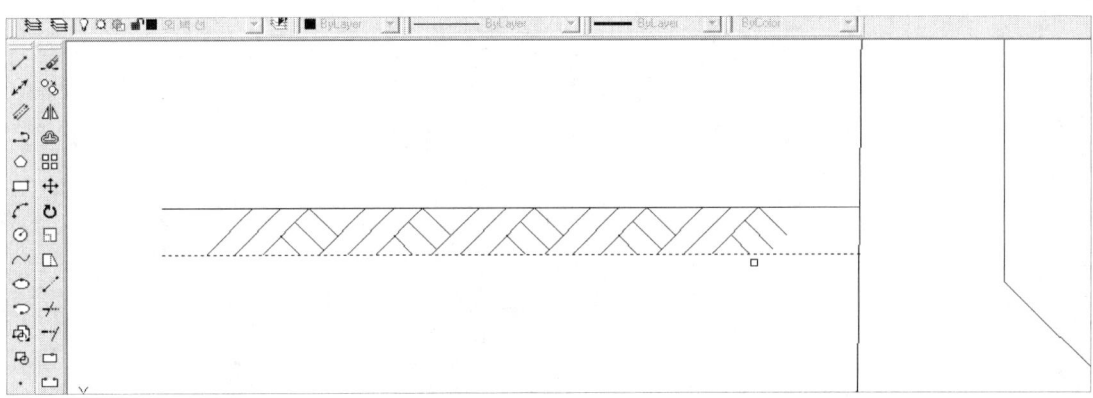

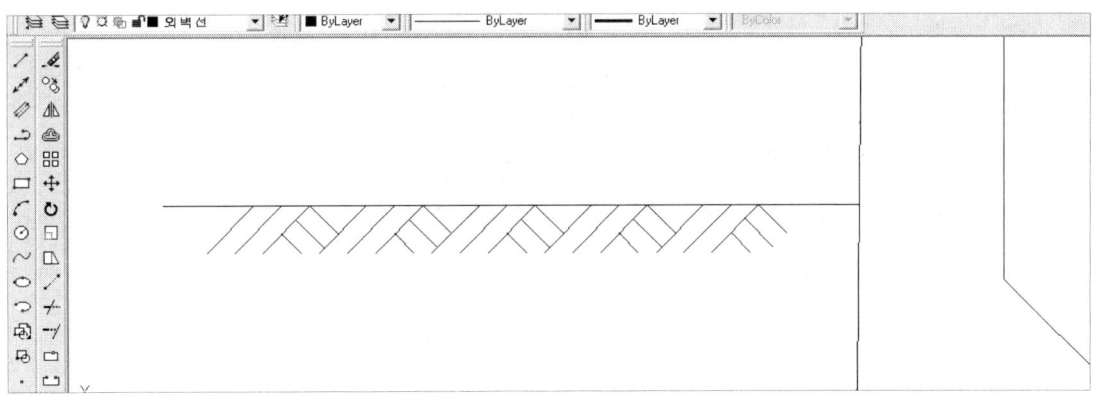

㉢ COPY 명령 실행⇒지반 표시 모두 선택⇒①위치 클릭⇒오른쪽 윗 부분에 붙여 넣기⇒ROTATE

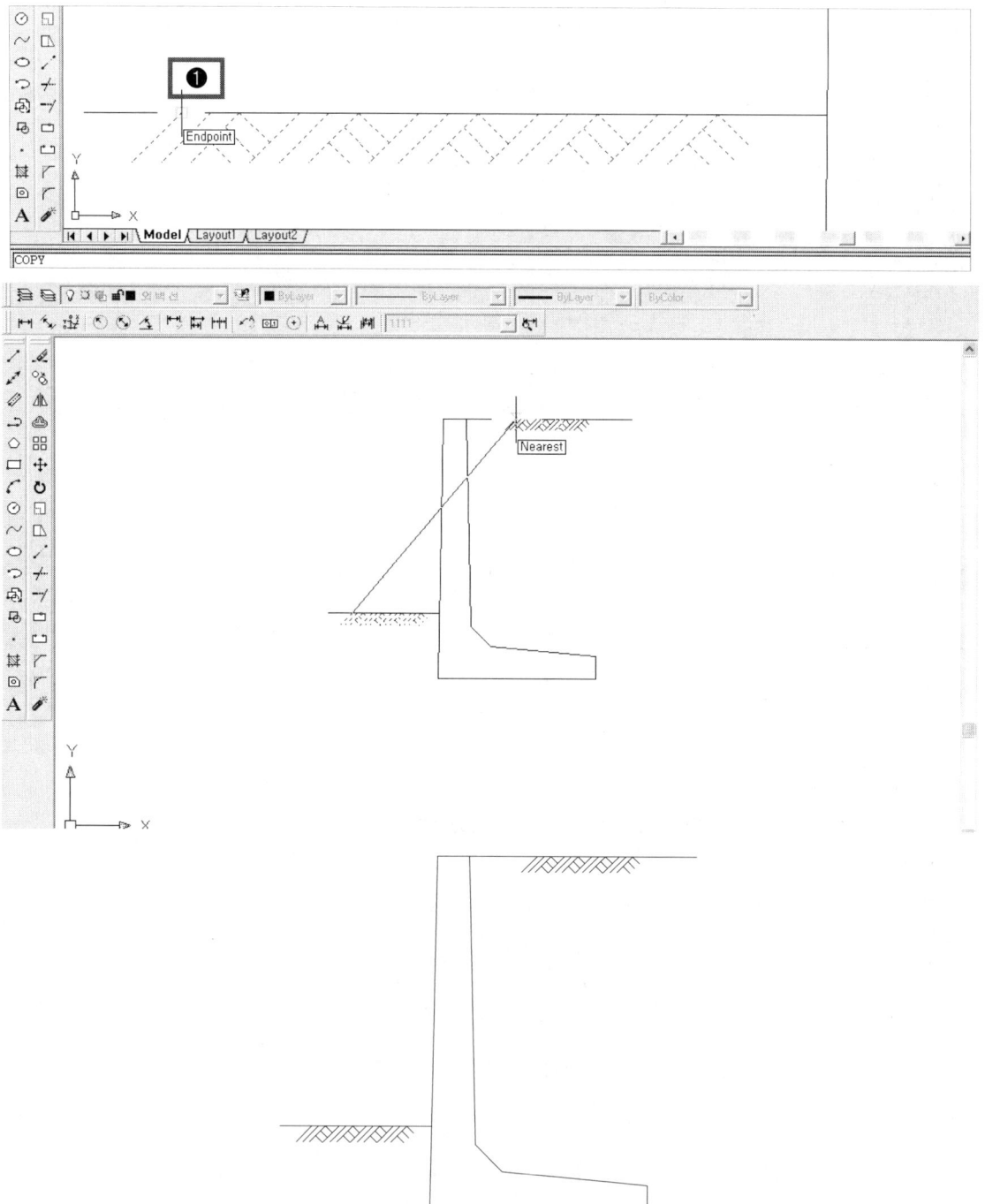

■ 지반표시는 여러 가지 방법으로 작도 할 수 있다.

7. 철근 기호의 작도

① 철근기호 인출선 Layer 선택
② 철근기호를 작도할 인출선 및 보조선 작도(LINE, OFFSET, EXTEND, TRIM 명령 실행)
■ 수평, 수직선인 경우 ORTHO ⇒ ON을 활용하고, 헌치 부분의 경우는 ORTHO ⇒ OFF
■ OTRACK ⇒ ON을 활용하여 인출선 끝부분을 맞추어 작도하도록 한다.

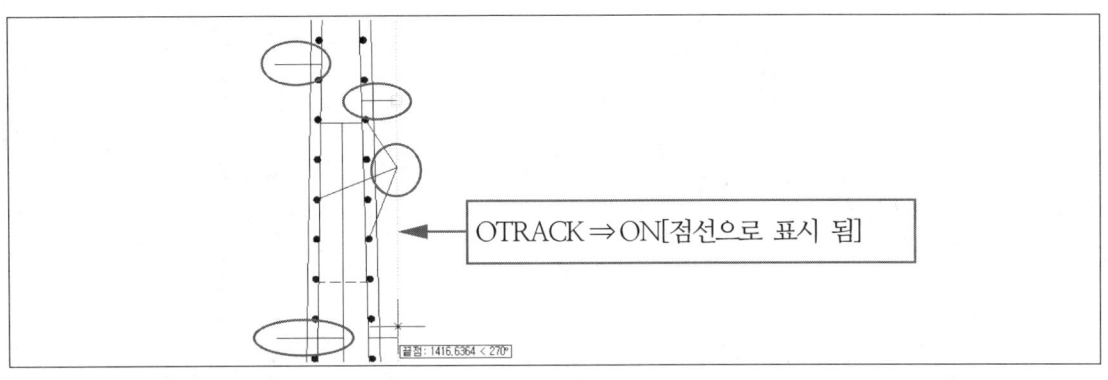

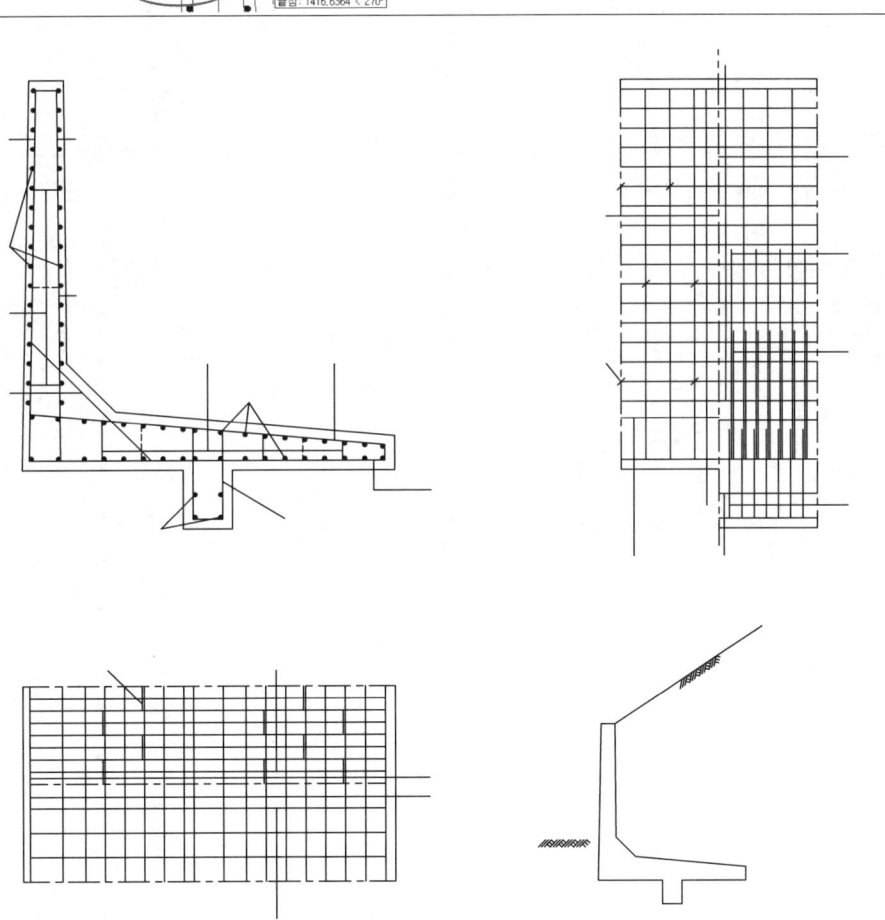

③ 인출선 보조선에 화살표 작도
  ㉠ 선형 치수 클릭 하여 수평과 수직으로 임의 치수선을 작도

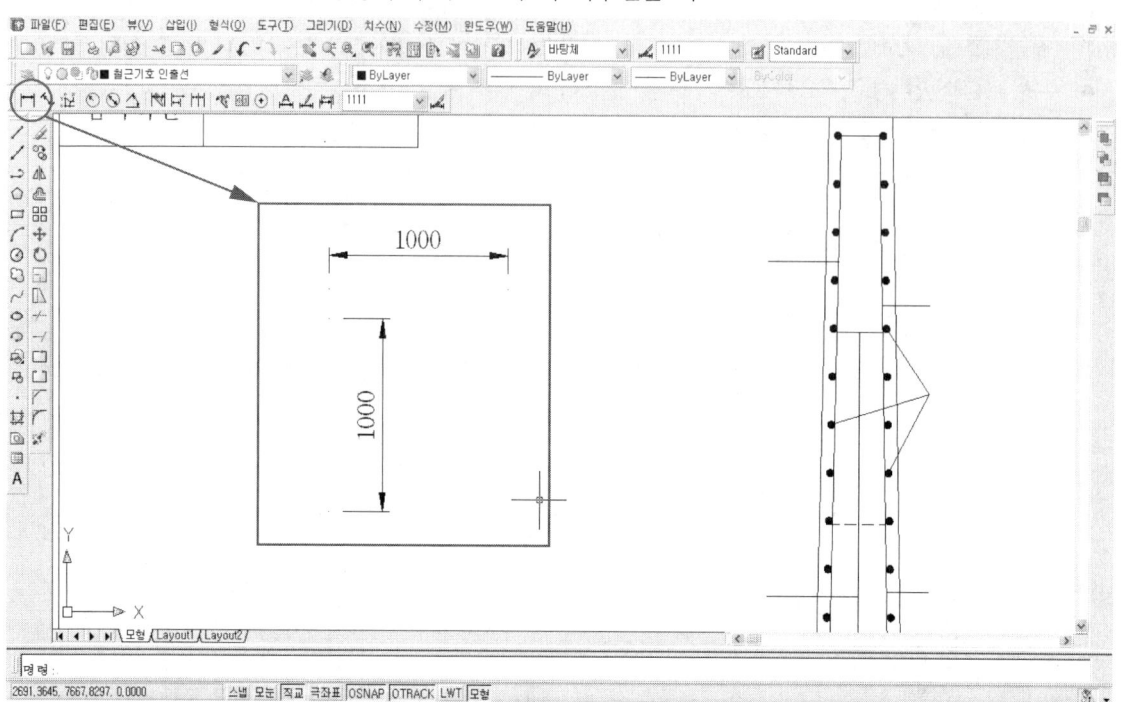

  ㉡ 분해 아이콘 클릭 하여 치수선을 선택 Enter↵ - 치수선이 각각의 객체로 분해

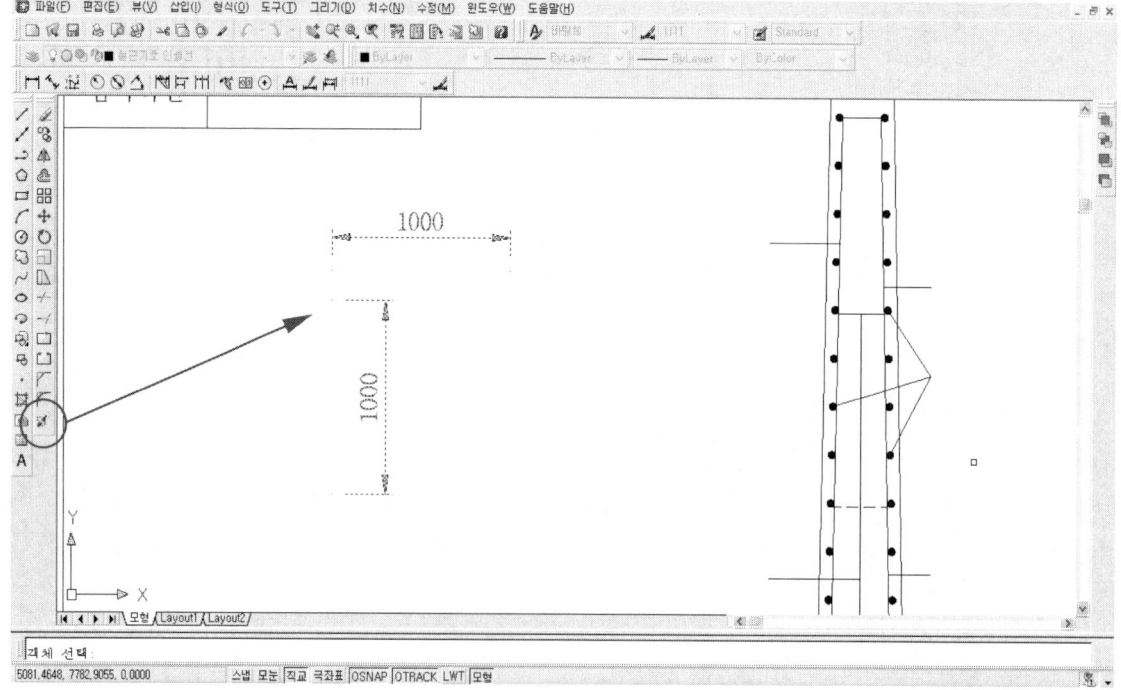

ⓒ COPY `Enter↵` ⇒ 화살표 객체 선택(상하 좌우 중 필요한 객체) ⇒ `Enter↵` ⇒ 화살표 끝부분 선택
⇒ 복사할 곳에 작도(경사진 곳은 ROTATE 명령 실행)

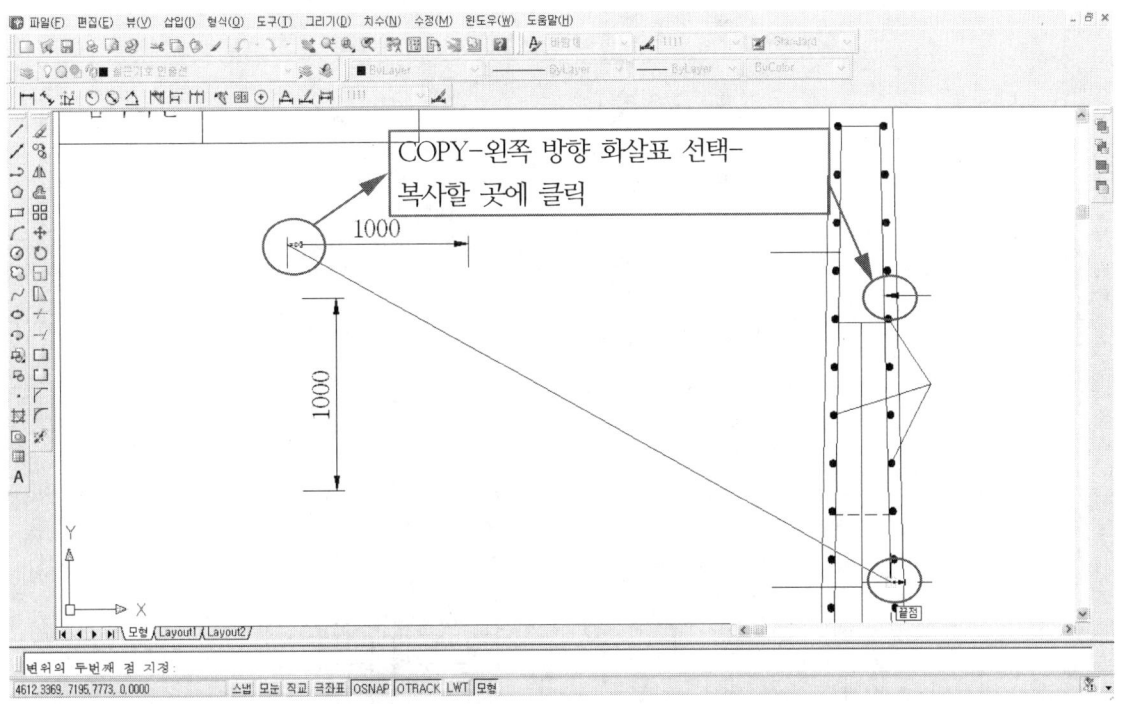

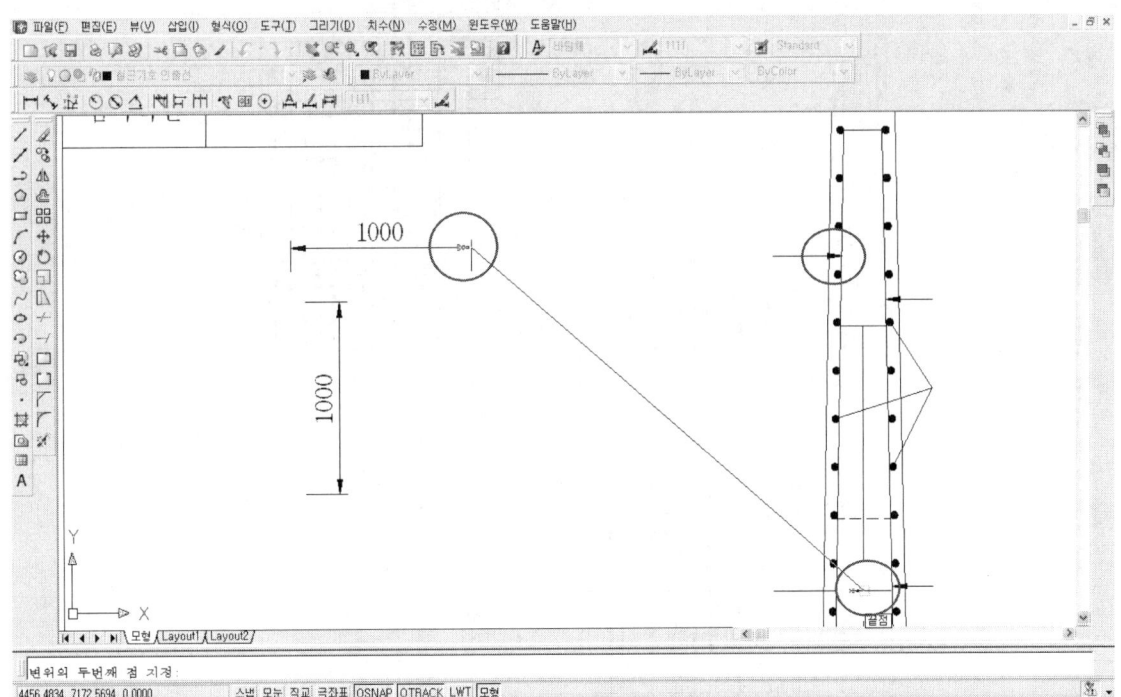

ⓔ ROTATE [Enter↵] ⇒ 화살표 선택 [Enter↵] ⇒ 화살표 끝부분 선택 ⇒ 필요한 만큼 회전

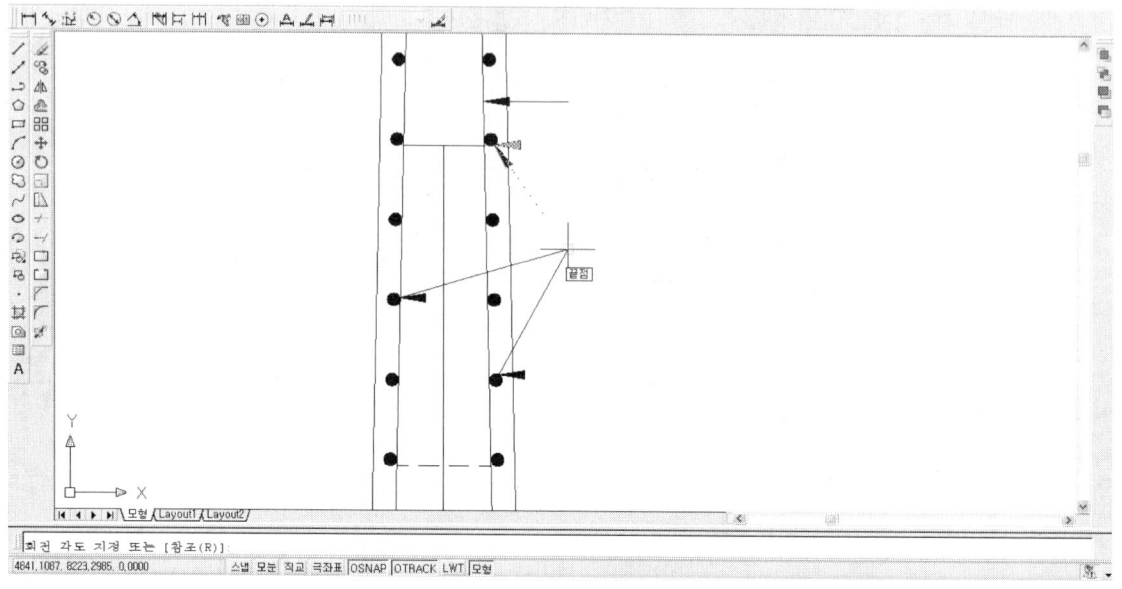

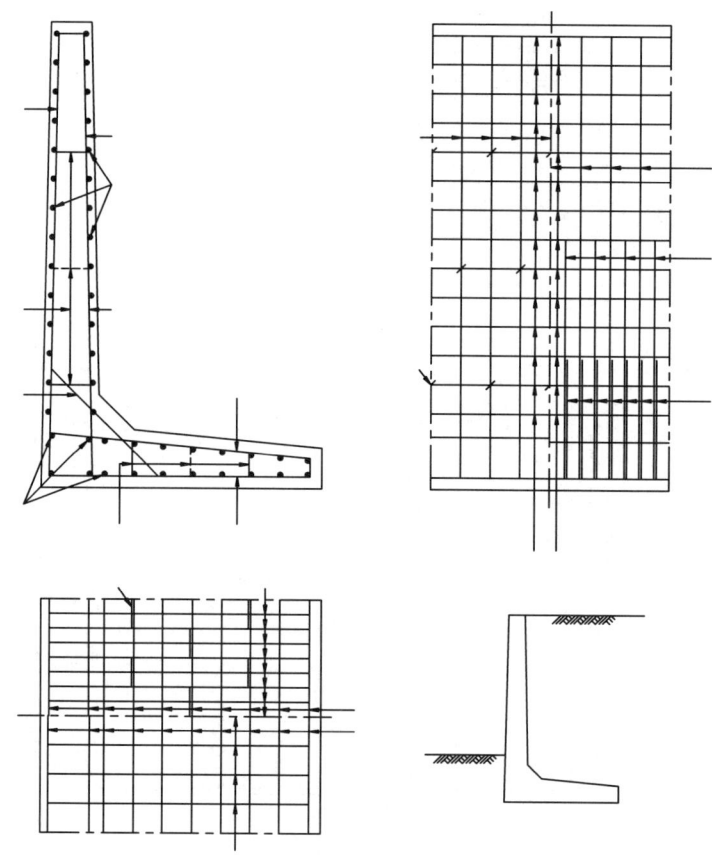

④ 철근 기호 작도(MTEXT 명령 실행)

　㉠ 명령: MTEXT [Enter↵] 또는 아이콘 **A** 을 클릭
　㉡ 다중행 문자가 입력될 영역의 첫 번째 점의 위치를 입력할 위치에 클릭한다.
　㉢ 문자가 입력될 영역을 다음 그림과 같이 드래그한다.

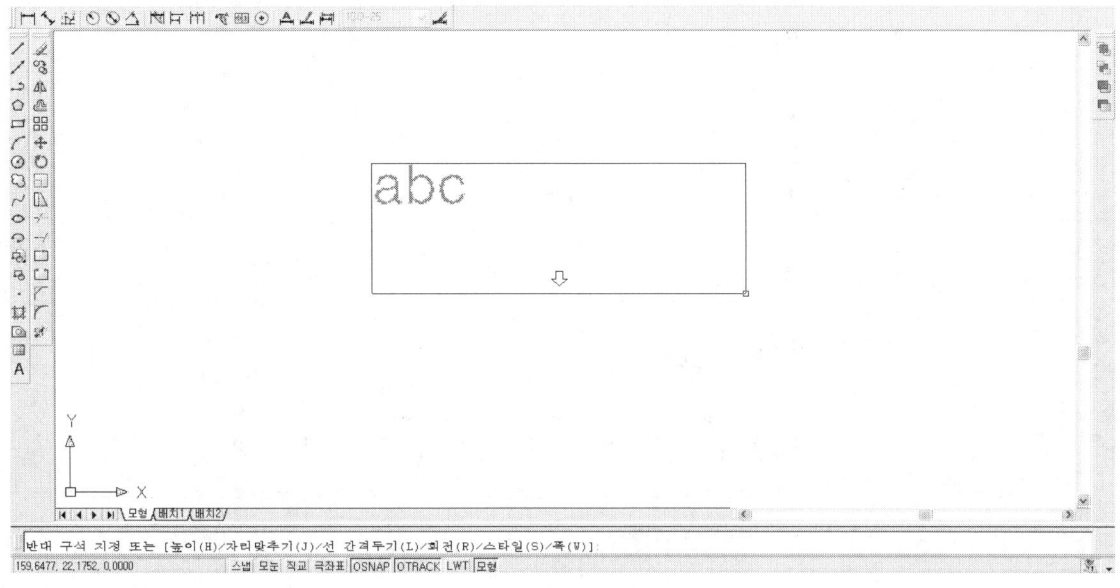

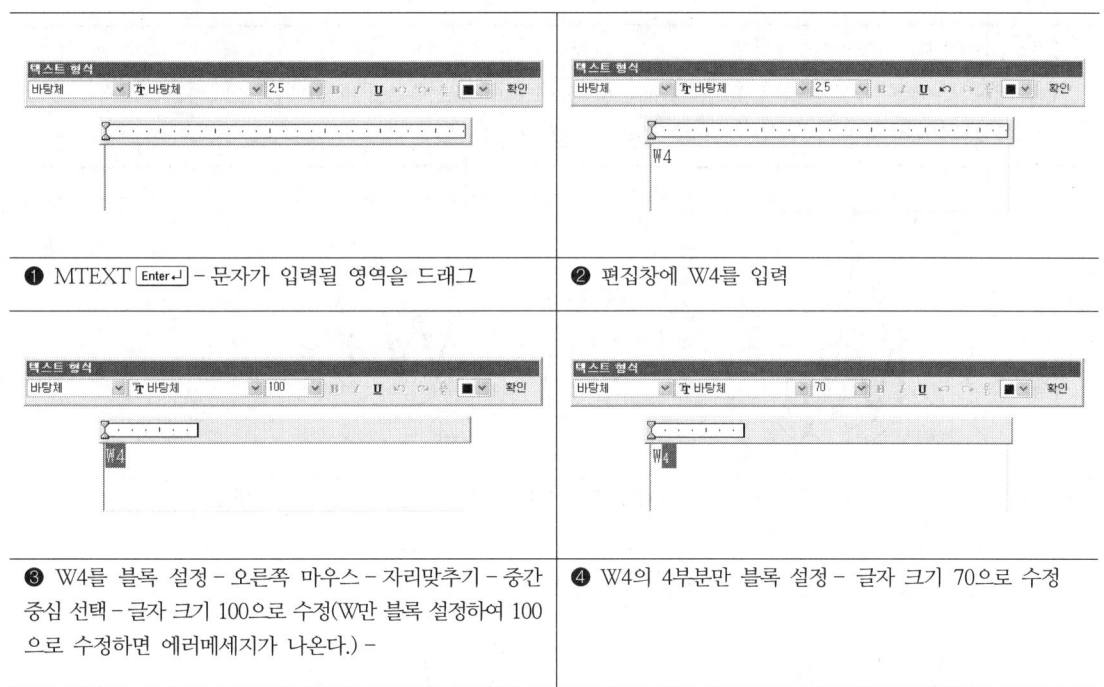

❶ MTEXT [Enter↵] - 문자가 입력될 영역을 드래그

❷ 편집창에 W4를 입력

❸ W4를 블록 설정 - 오른쪽 마우스 - 자리맞추기 - 중간 중심 선택 - 글자 크기 100으로 수정(W만 블록 설정하여 100으로 수정하면 에러메세지가 나온다.) -

❹ W4의 4부분만 블록 설정 - 글자 크기 70으로 수정

ㄹ) 다음 그림과 같이 문자가 입력된다.

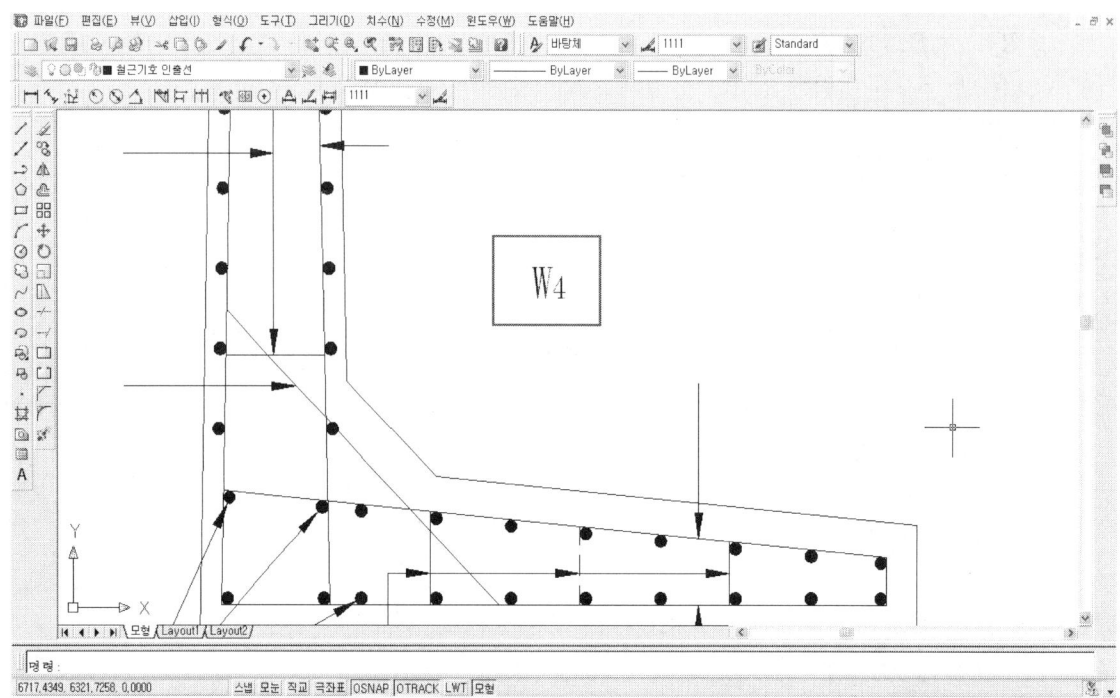

ㅁ) 원삽입(CIRCLE 명령 실행)

명령: CIRCLE [Enter↵]
원에 대한 중심점 지정 또는 [3P/2P/Ttr(접선 접선 반지름)]:〈중심점 선택〉
원의 반지름 지정 또는 [지름(D)]:〈알맞은 크기로 조정후 클릭〉

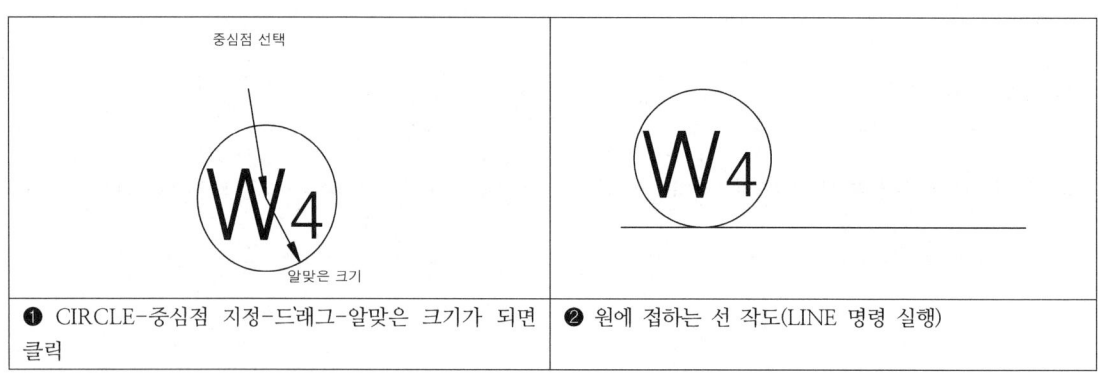

ㅂ) W4를 COPY 하여 D로 변경하고 문자 크기를 70으로 작도

◎ COPY [Enter↵] ⇒ 작도한 철근 기호를 전체 복사하여 필요한 곳에 붙여 넣고 철근 명칭과 크기를 더블 클릭 하여 편집창에서 원하는 명칭으로 수정 입력한다

■ COPY [Enter↵] ⇒ 철근 기호 선택 ⇒ [Enter↵] ⇒ 왼쪽 끝 부분 선택(또는 오른쪽 끝부분 선택)

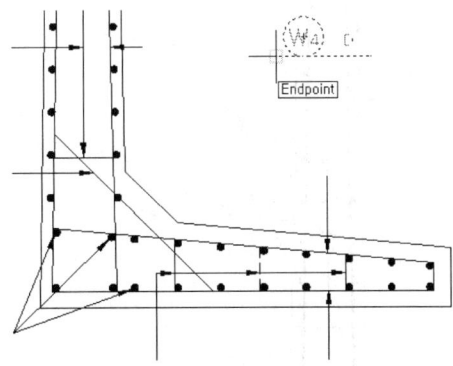

■ 인출선 끝에 결합시킨다.

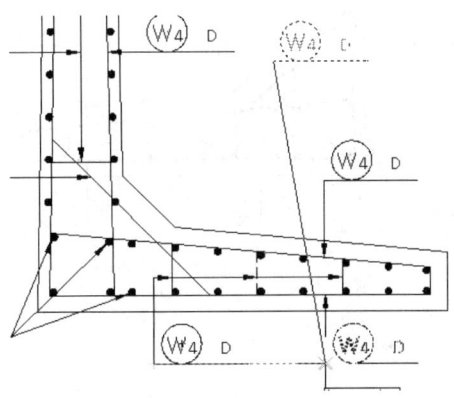

■ 문자 부분을 더블 클릭하여 명칭과 치수를 변경한다.

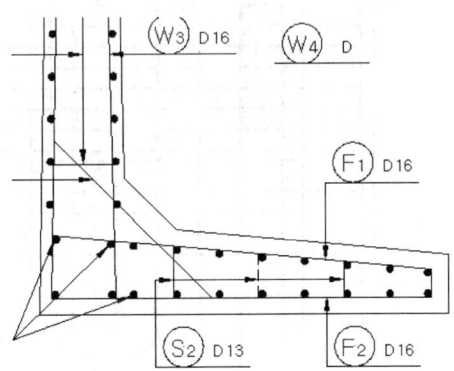

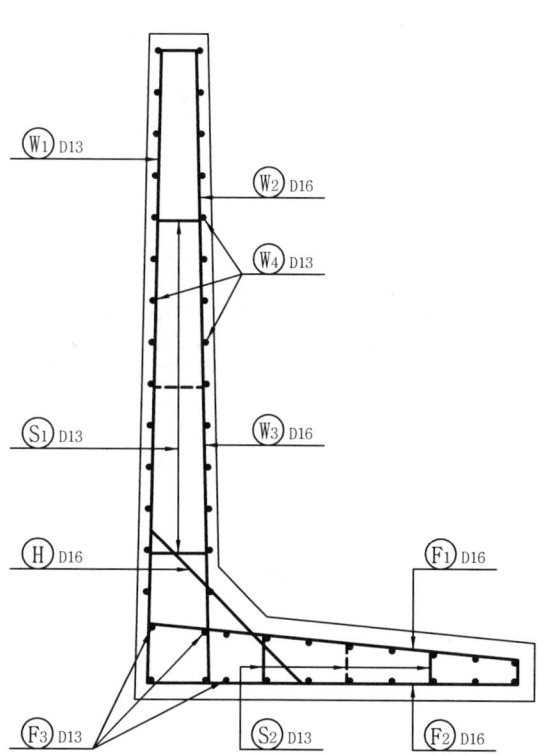
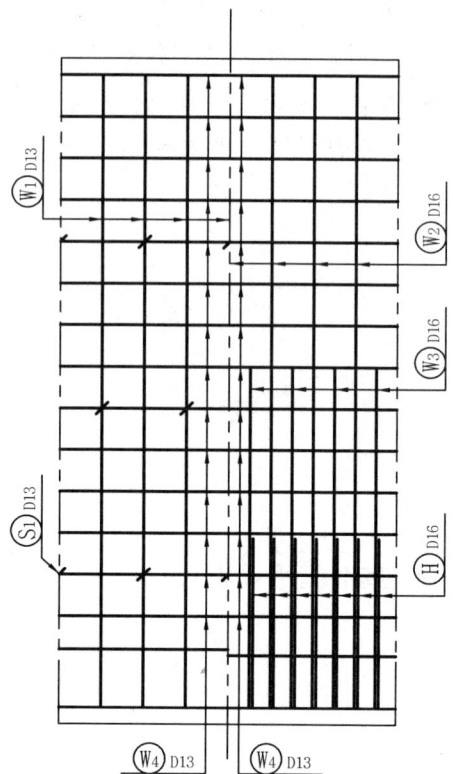
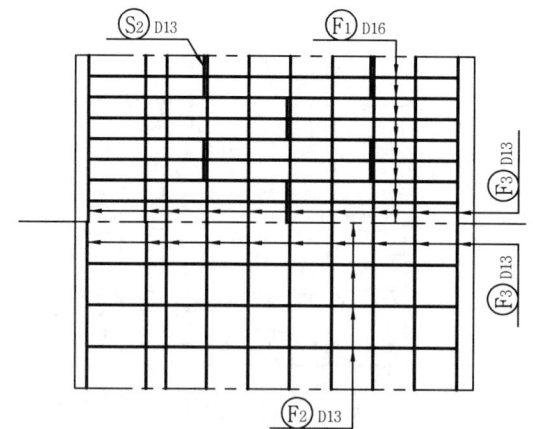
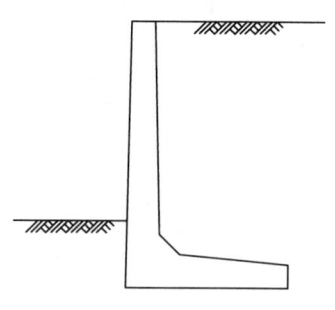

8. 치수 넣기

① 치수 치수선 Layer 선택
② 선형 치수 와 치수기입 계속하기, 분해를 활용 하여 치수 기입
　㉠ 두 점 사이의 치수 넣기

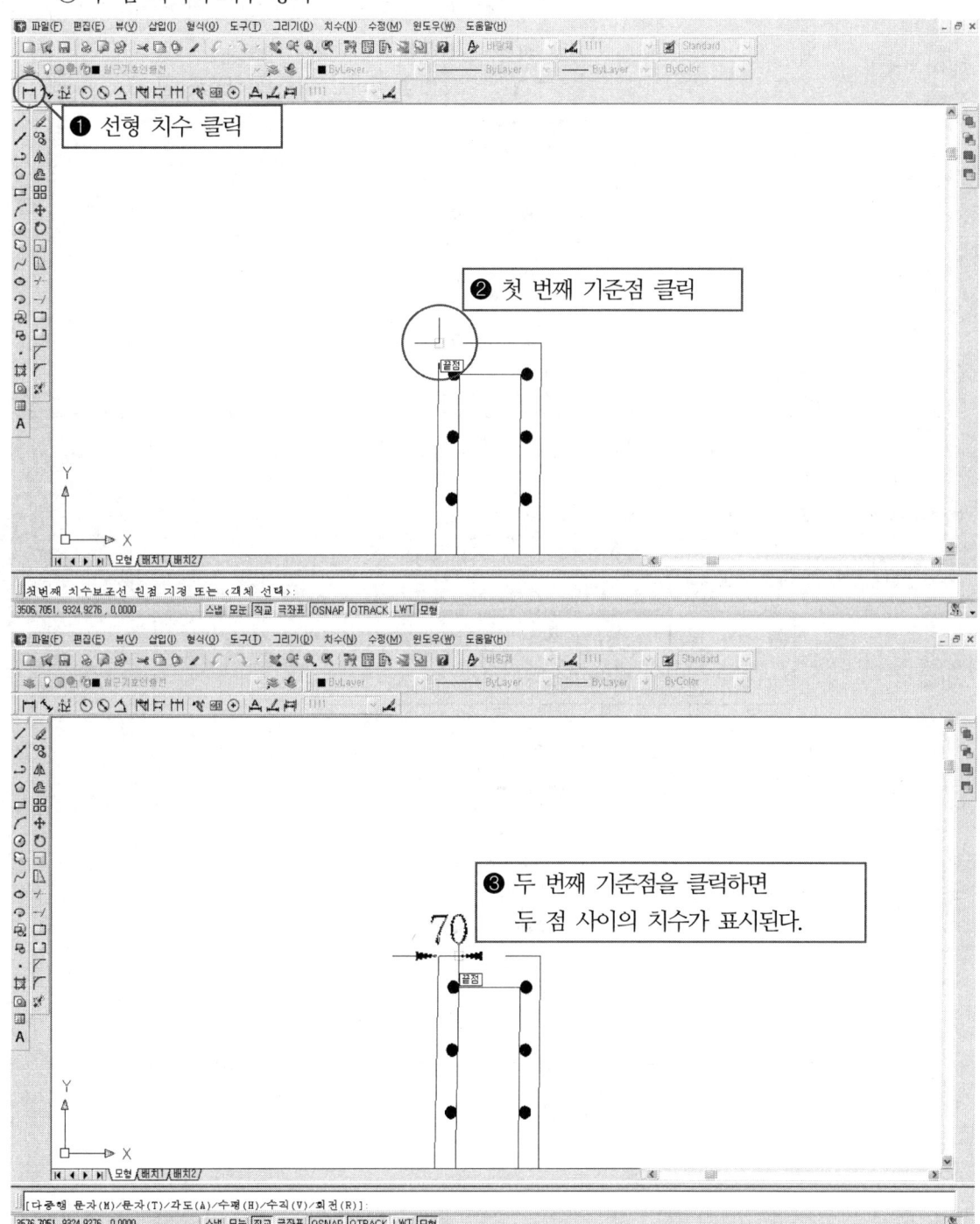

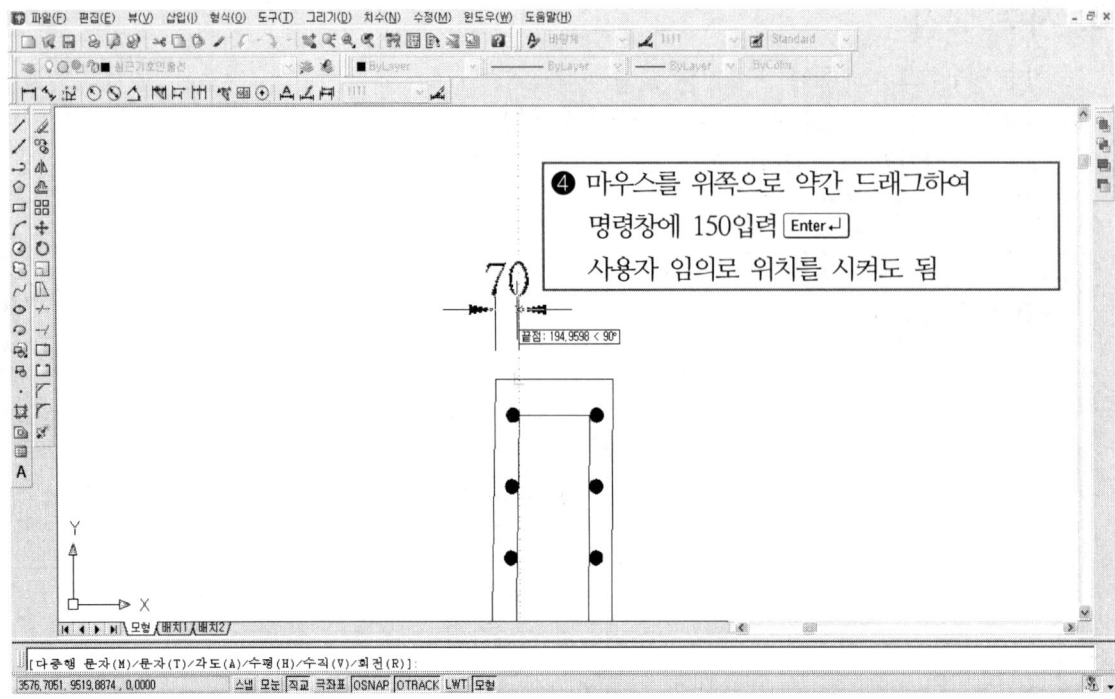

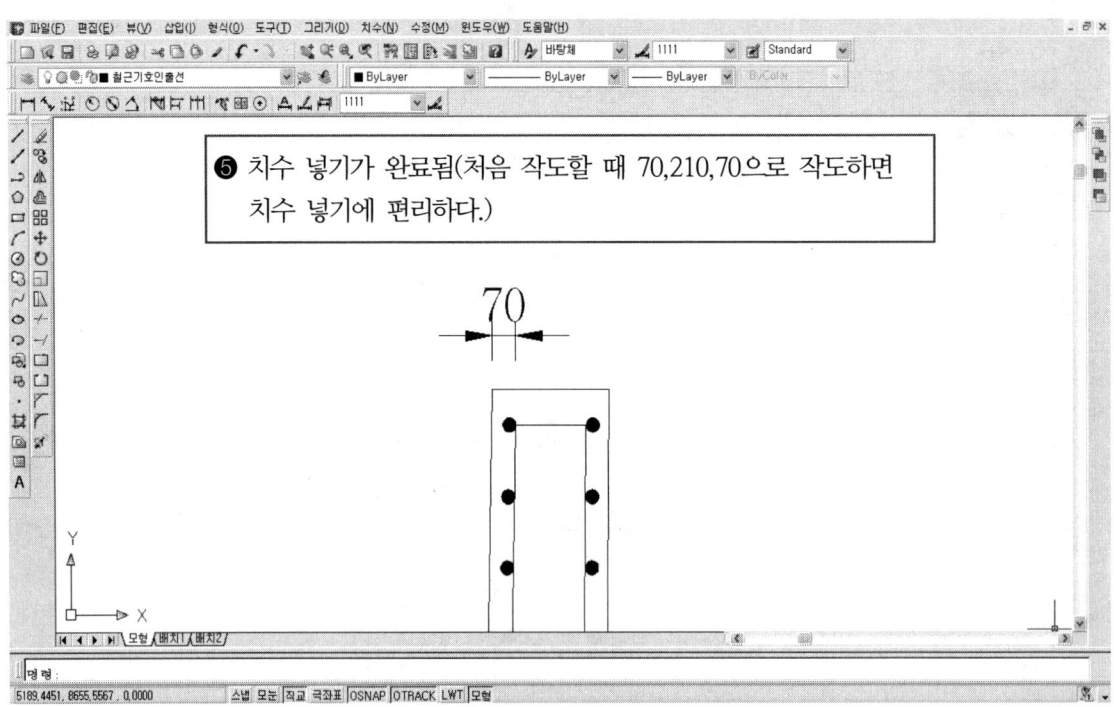

ⓛ 연속 치수 넣기(반드시 두 점사이의 치수 넣기를 실행한 직후에 사용)
■ 치수 70을 넣고, 210, 70을 차례대로 넣기 할 때 첫 번째 70을 넣고 난 직후에 바로 실행하여야 한다.
 (직후가 아닌 경우는 치수기입 계속하기 클릭-70치수 클릭-이후 동일함)

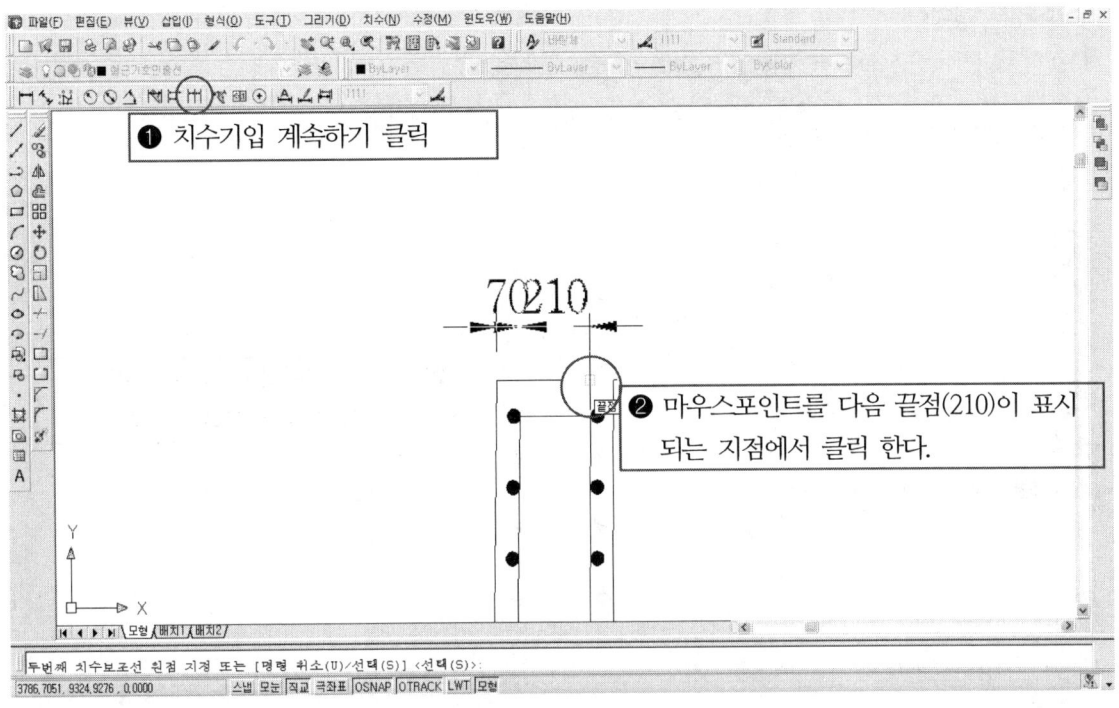

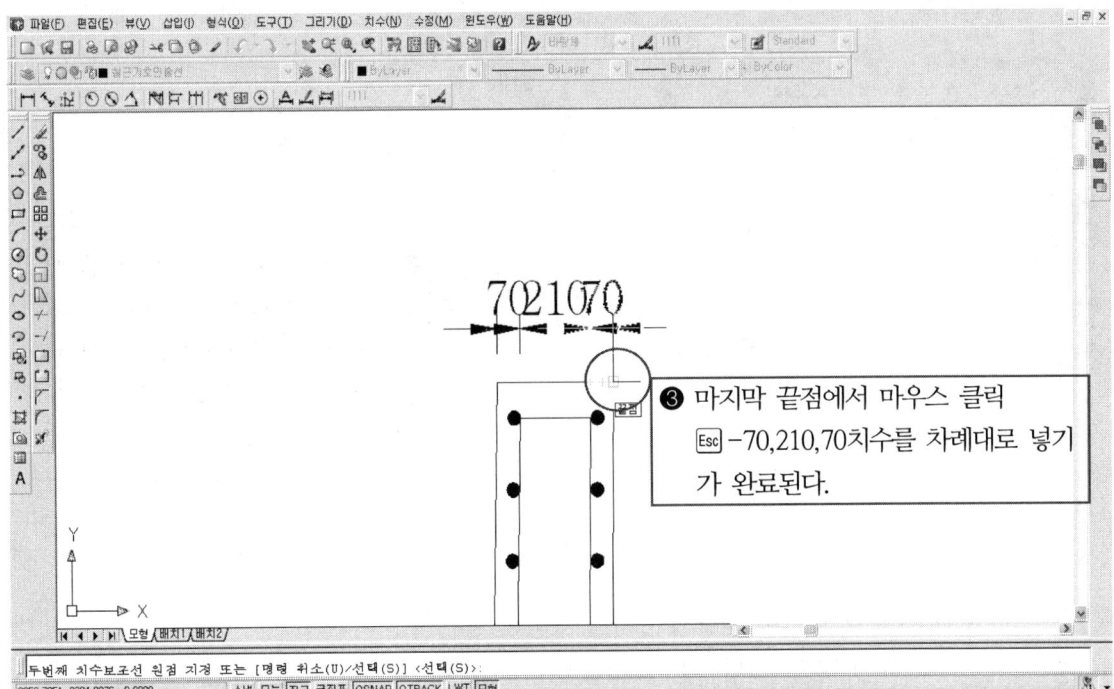

■ 좁은 구역에서 치수를 넣으면 겹쳐지므로 도면처럼 위치를 편집할 필요가 있을 때 분해 명령을 활용하여 위치 변경(MOVE)과 치수값을 클릭하여 변경할 수 있다.

■ 분해(EXPLODE) : 하나의 도면요소를 분해하여 각각의 도면요소로 분해하여 편집이 가능하게 만들어주는 명령어

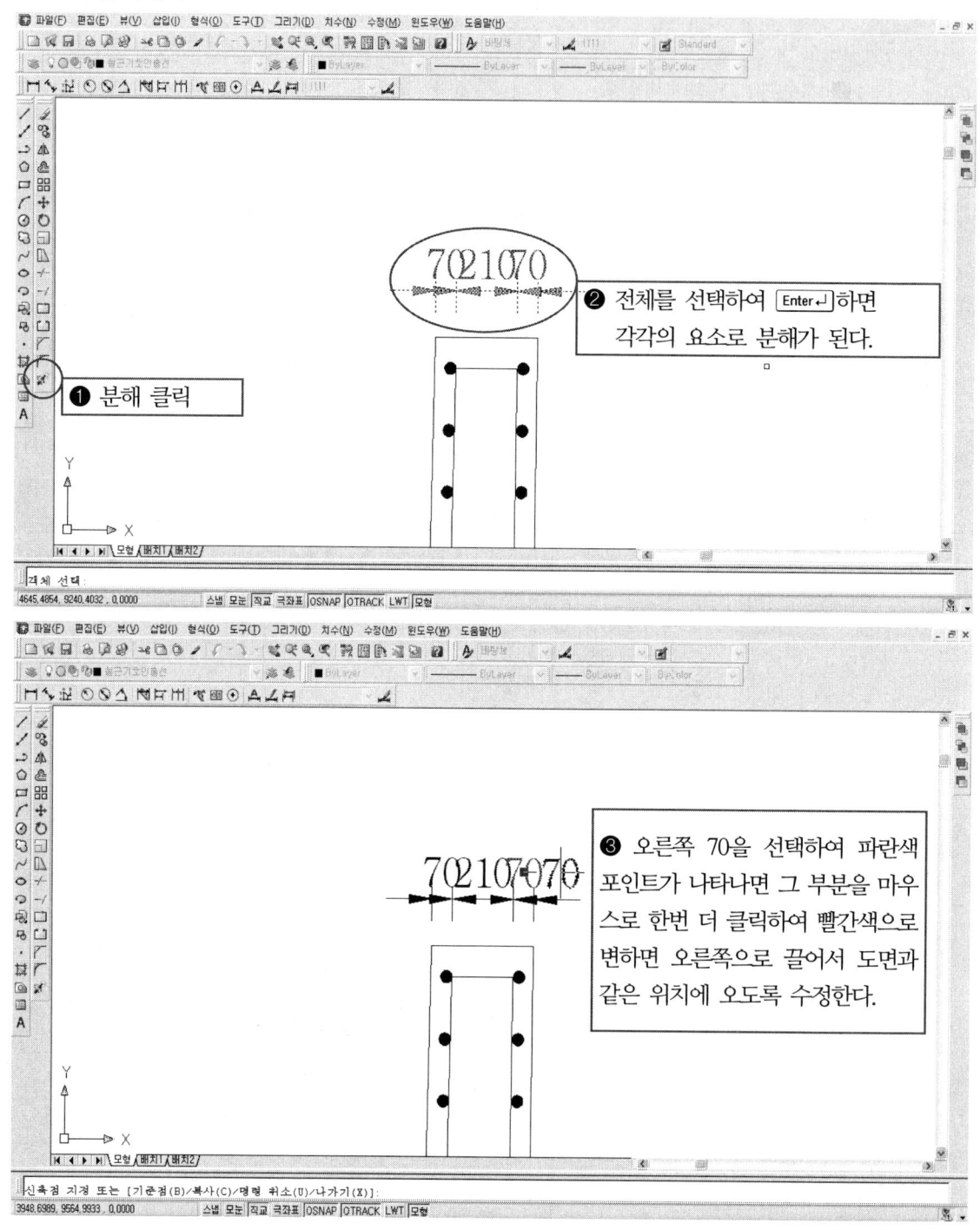

■ 왼쪽의 70부분도 동일한 방법으로 이동을 시키고 필요 없는 화살표는 삭제 한 후 선형 치수를 선택하여 350부분의 치수 넣기를 한다.

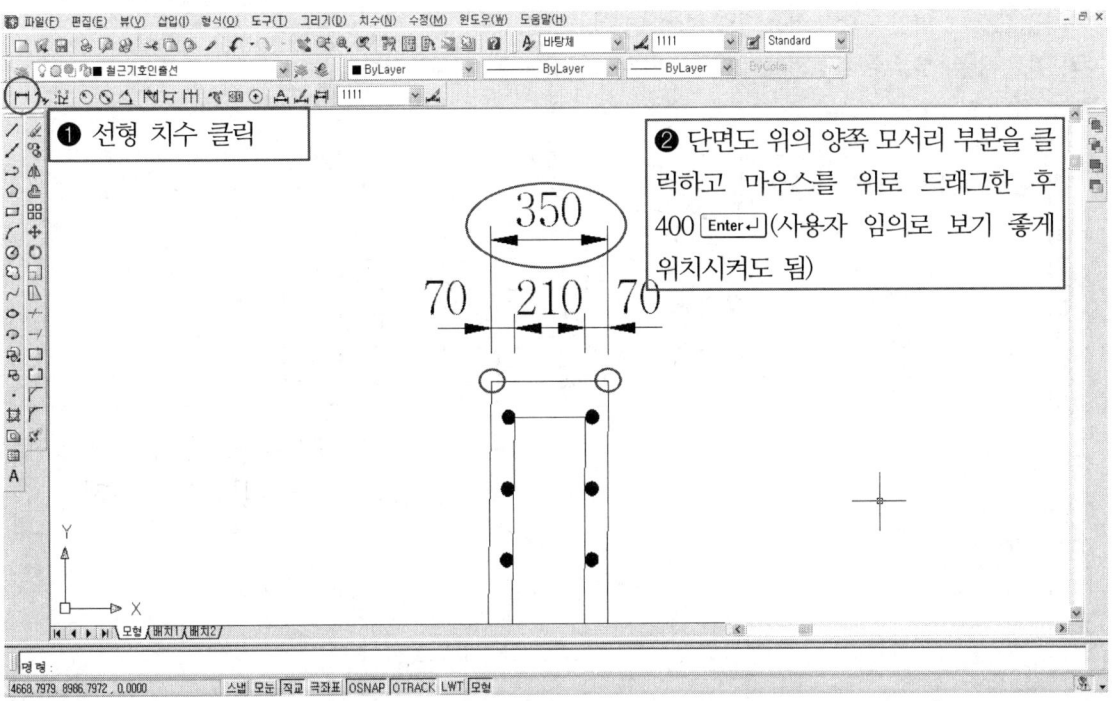

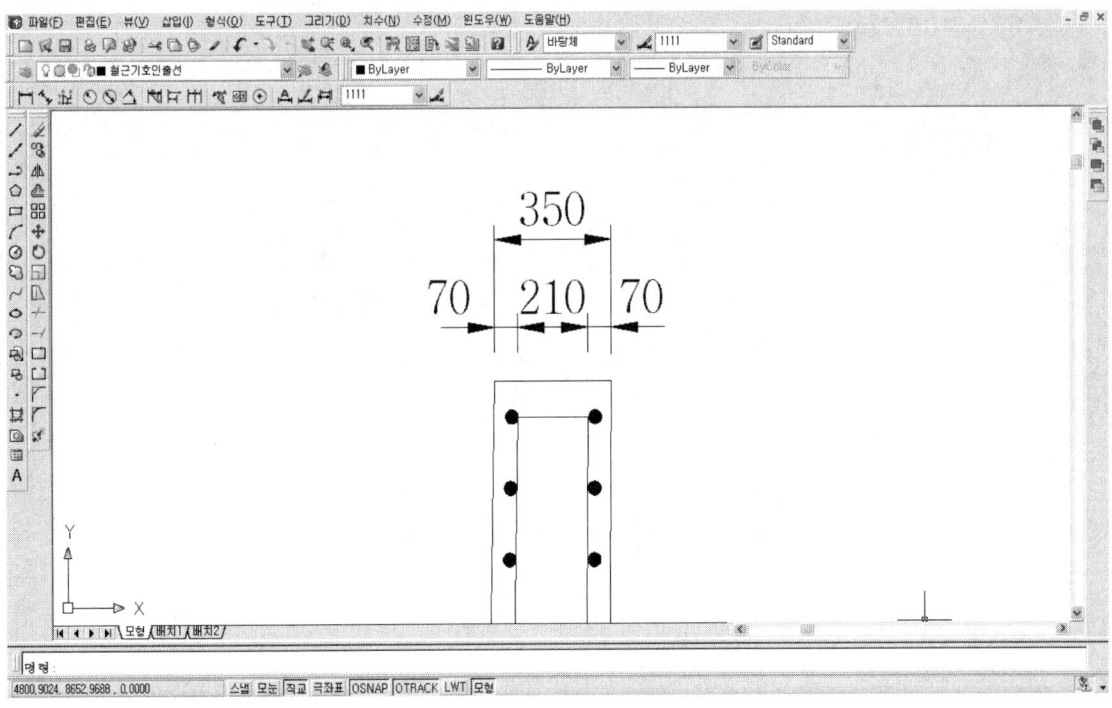

■ 치수 보조선을 연장할 필요가 있을 때는 연장할 객체를 분해한 후 선택⇒파란색 포인트로 선택된 것을 확인⇒한번 더 선택⇒빨간색으로 변경되면 마우스로 적당한 위치까지 연장하면 된다.[또는 EXTEND 명령과 보조선을 활용하여 연장]

■ 필요 없는 부분은 보조선과 TRIM 명령을 실행하여 자르기 한다.

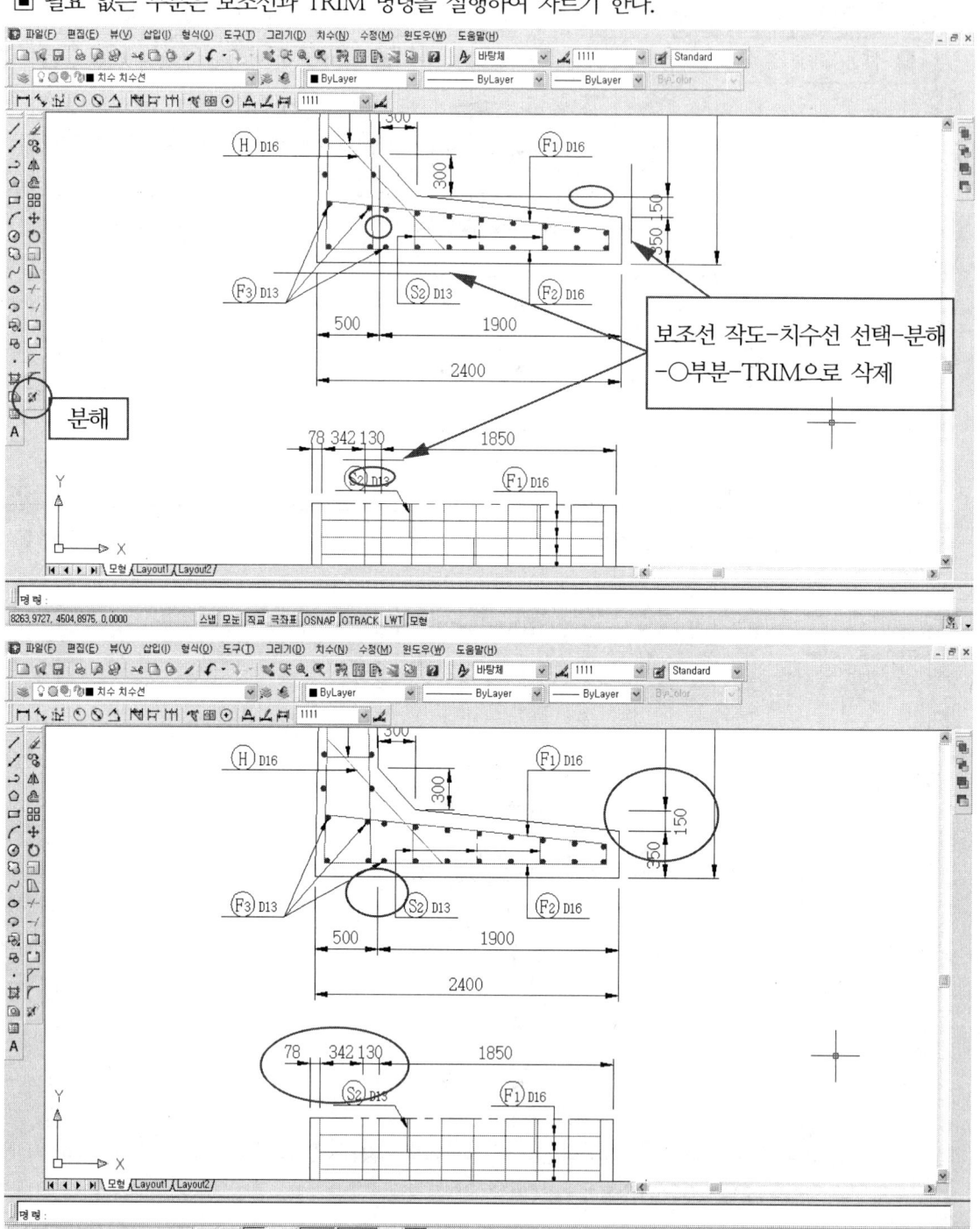

ⓒ 동일한 방법으로 치수선을 작도하고 수정한다.

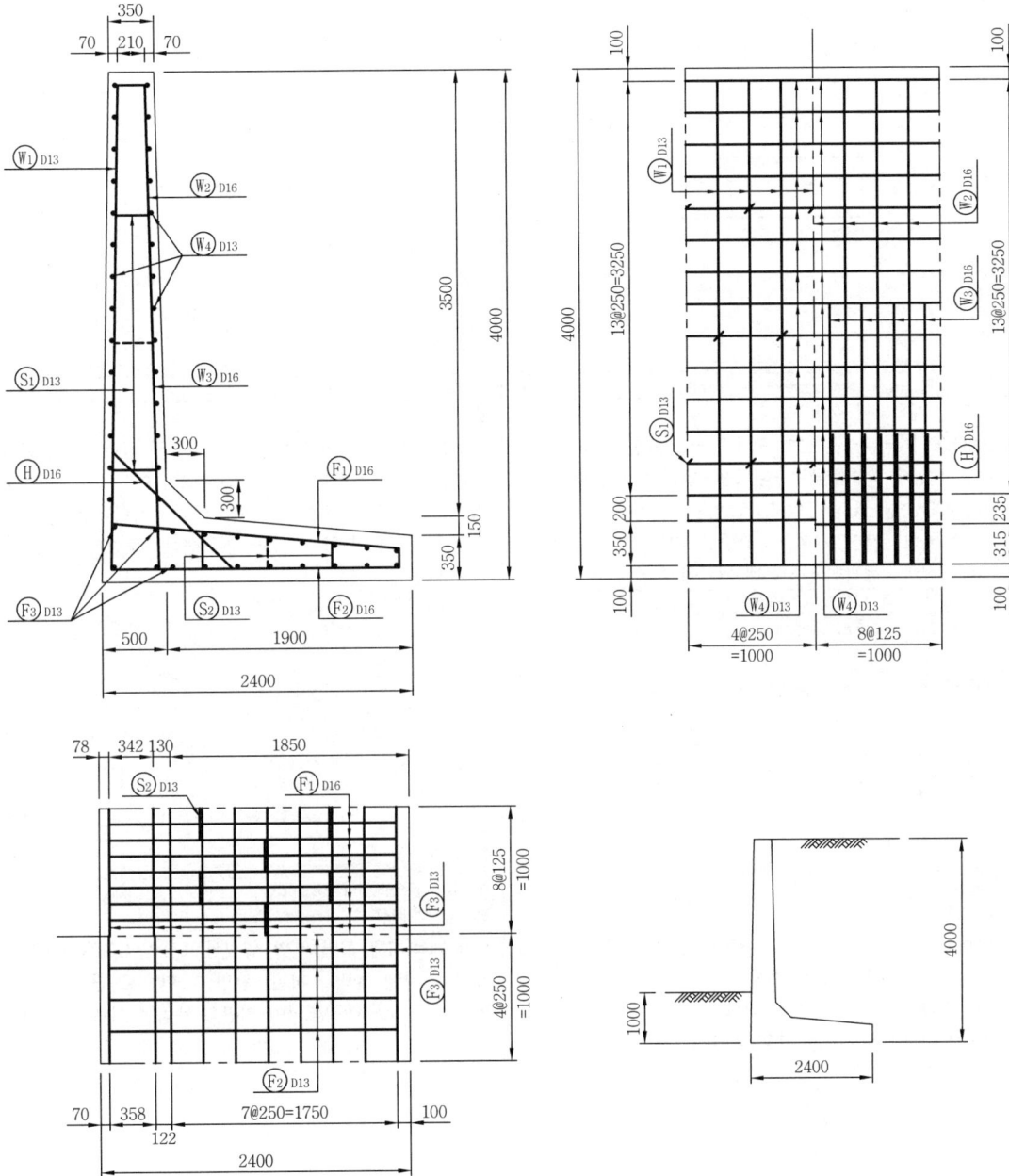

9. 제목 표시

① 치수 치수선 Layer 선택
② 제목 표시(TEXT, COPY, MOVE 명령 실행)

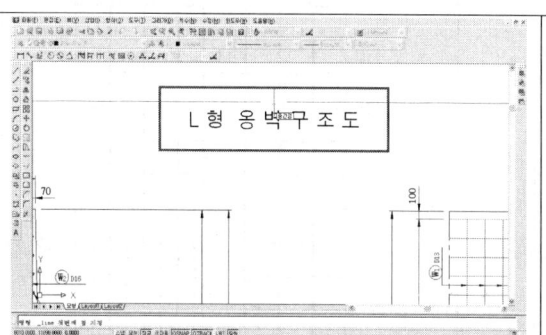

❶ 도면 제목(L형 옹벽구조도)

　MTEXT Enter↲ - 첫 번째 구석 지정(윤곽선의 중앙점 부근) - 두 번째 구석점 클릭 - 편집창 - 글자 유형:돋움 - 글자 크기:200 수정 - L형 옹벽구조도 입력 - 블록설정 - 오른쪽 마우스 클릭 - 자리맞추기 - 중간중심 선택 - 확인 - MOVE - 제목 선택 - 윤곽선의 가운데 위치에 이동시킨다.

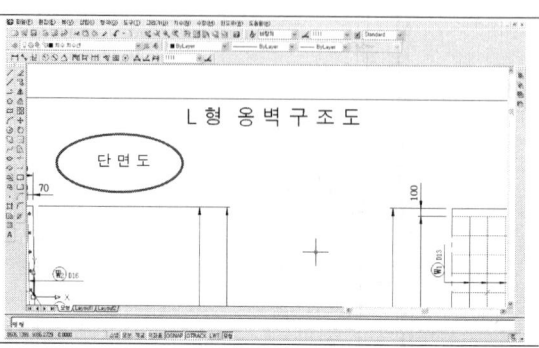

❷ 단면도 제목

　MTEXT Enter↲ - 첫 번째 구석 지정 - 두 번째 구석점 클릭 - 편집창 - 글자 유형:돋움 - 글자 크기:150 수정 - 단면도 입력 - 블록설정 - 오른쪽 마우스 클릭 - 자리맞추기 - 중간중심 선택 - 확인 - MOVE - 제목 선택 - 도면과 비슷한 위치로 이동

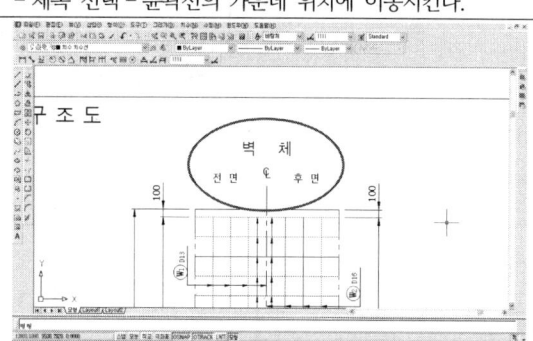

❸ 벽체 제목

벽체 ⇒ 단면도 복사(COPY - 단면도 선택 - 기준점 - 벽체 제목위치에 클릭) ⇒ 편집 수정
전면, 후면 ⇒ 돋움, 150으로 작도
중심선표시 ⇒ C, L(돋움, 150)을 작도하여 겹친다.

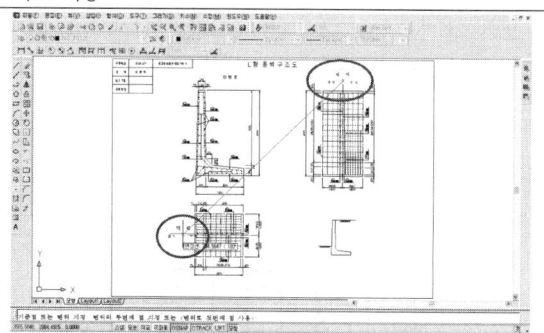

❹ 저판 제목

벽체 제목(벽체, 전면, 후면, 중심선 표시)을 COPY - 저판의 제목 위치에 클릭 - 저판, 상면, 하면으로 편집 수정 - ROTATE 90-MOVE하여 저판의 제목 위치로 이동한다.

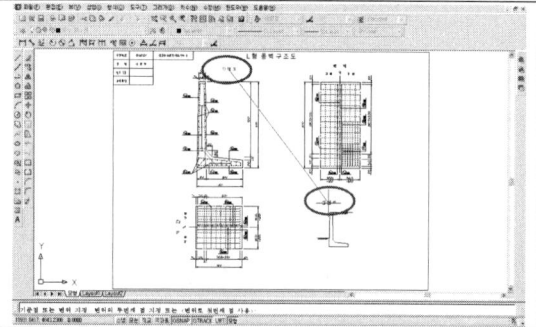

❺ 일반도 : COPY-단면도-일반도로 편집 수정

중심선표시 ⇒ C, L(돋움, 150)을 작도하여 겹친다.
C와 L을 작도하여 L을 C와 겹쳐지도록 이동⇒MOVE 명령 실행⇒중심선 위쪽으로 이동

③ 일반도 경사도 표시
   COPY Enter↵ ⇒ 치수 4000을 경사도 표시할 곳에 COPY ⇒ 1:0.02 수정

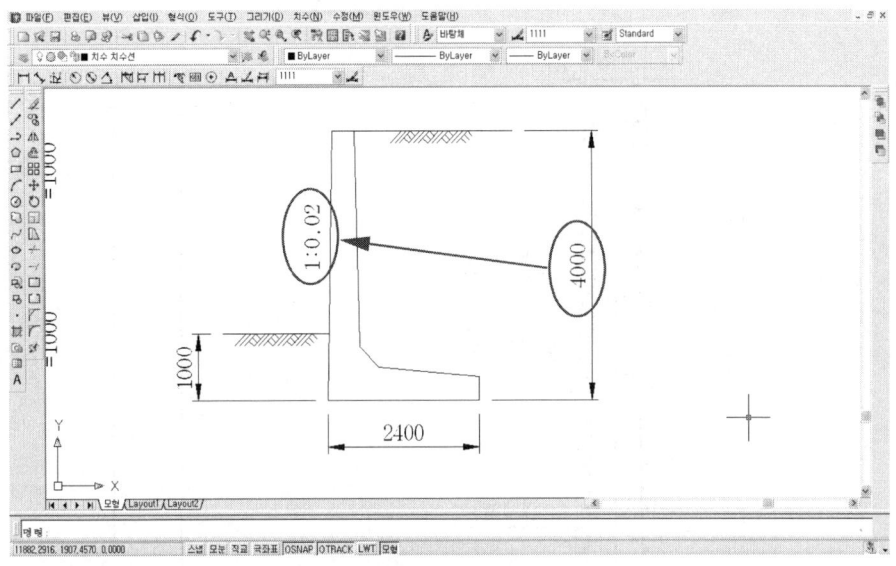

■ 지정된 파일 이름으로 저장한 후 수시로 저장하면서 작도 한다.

■ 전체 도면

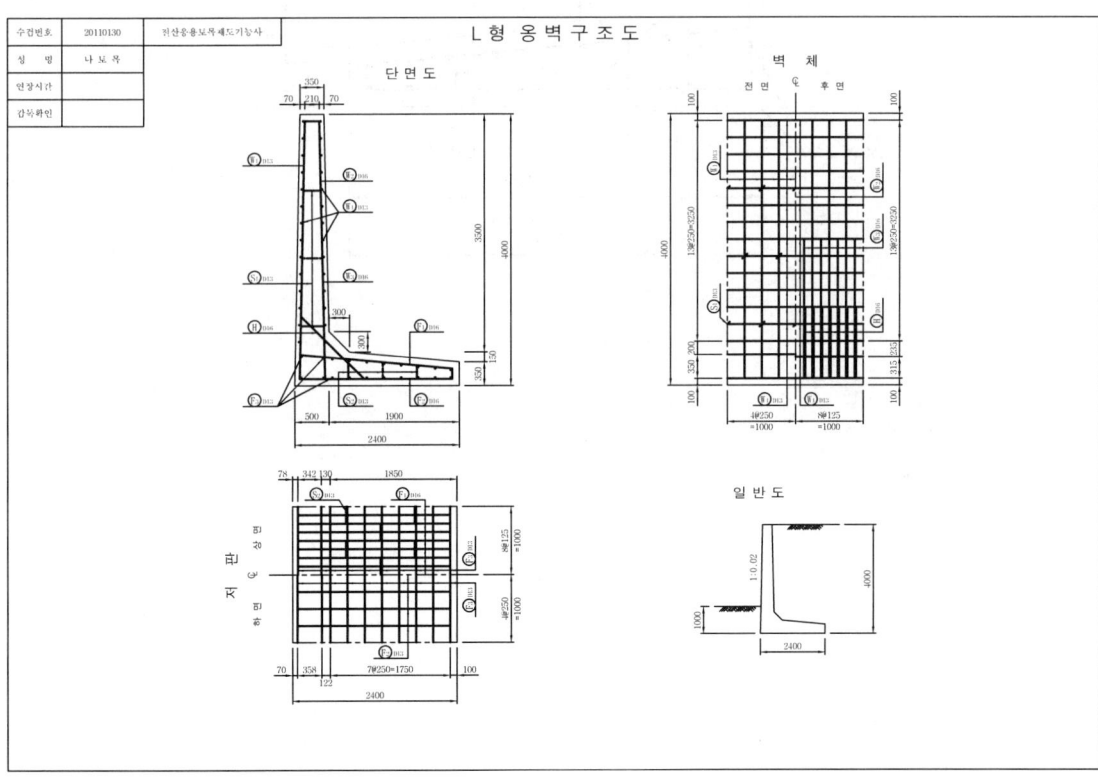

■ 단면도

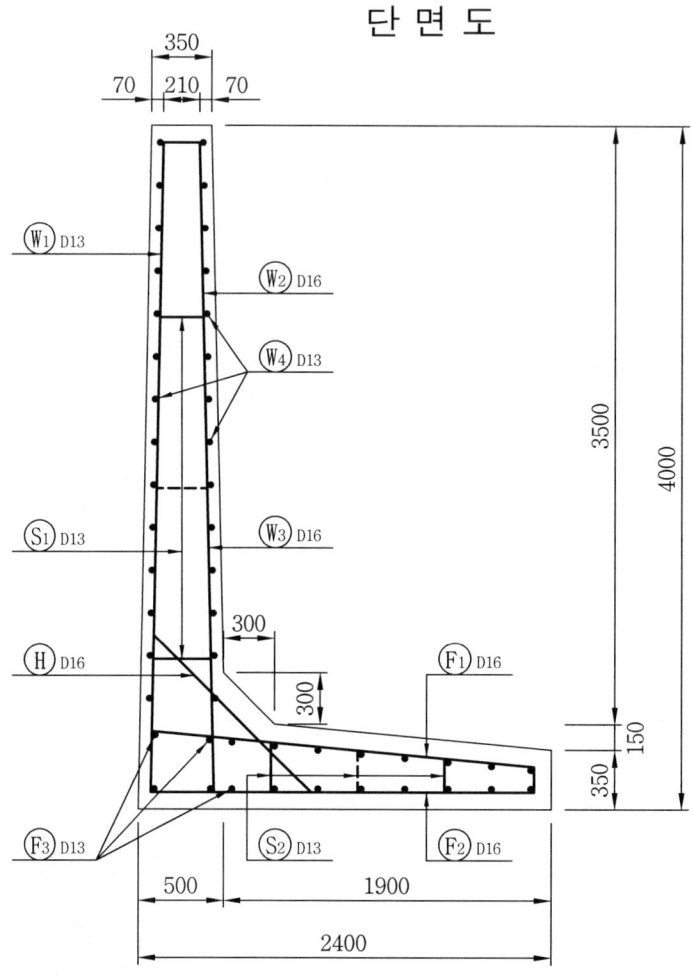

■ 벽체

벽 체

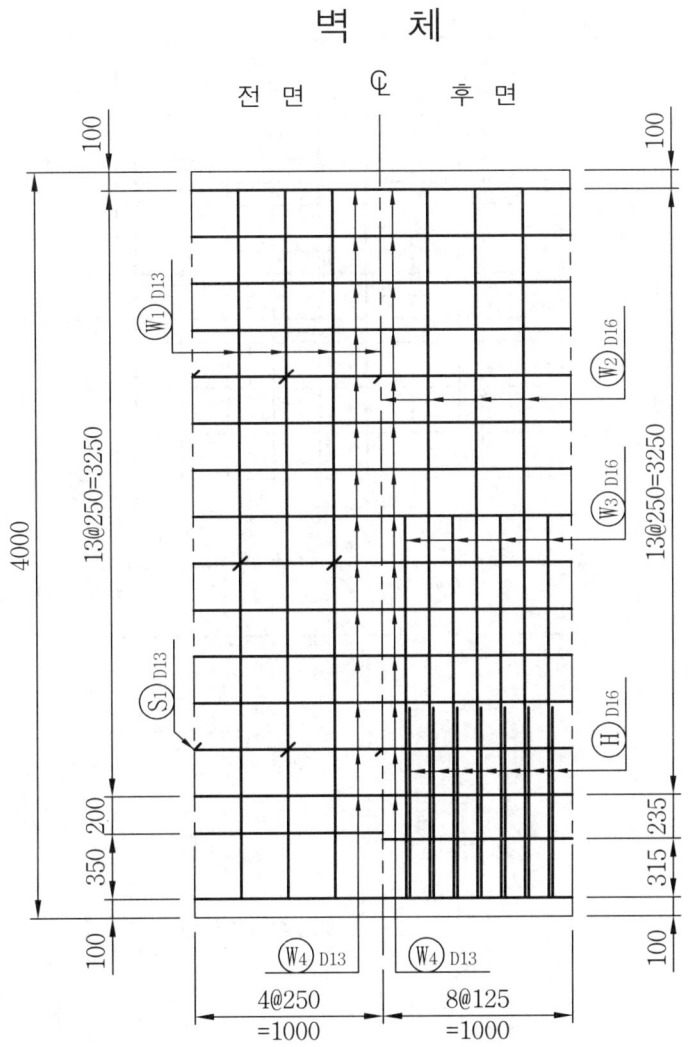

◼ 저 판

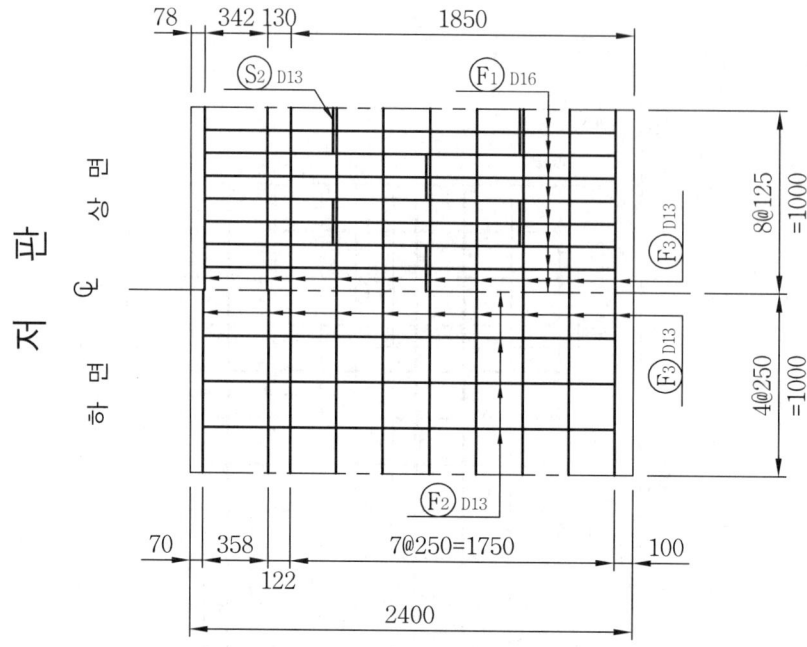

◼ 일반도

일 반 도

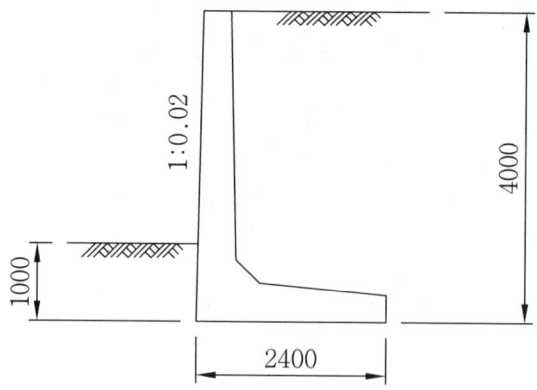

10. 철근 상세도

① 도면(1) ⇒ 단면도, 벽체, 저판, 일반도 완성 도면 ⇒ 새 이름으로 저장(수험번호-1)
② 수험번호-1을 한번 더 새이름으로 저장(수험번호-2)한 다음 표제란, 큰 제목, 철근 기호 1개 정도만을 남겨 놓고 모든 객체를 선택하여 지우고 저장(수험번호-2)하고 이 도면에 철근 상세도를 작도한다.

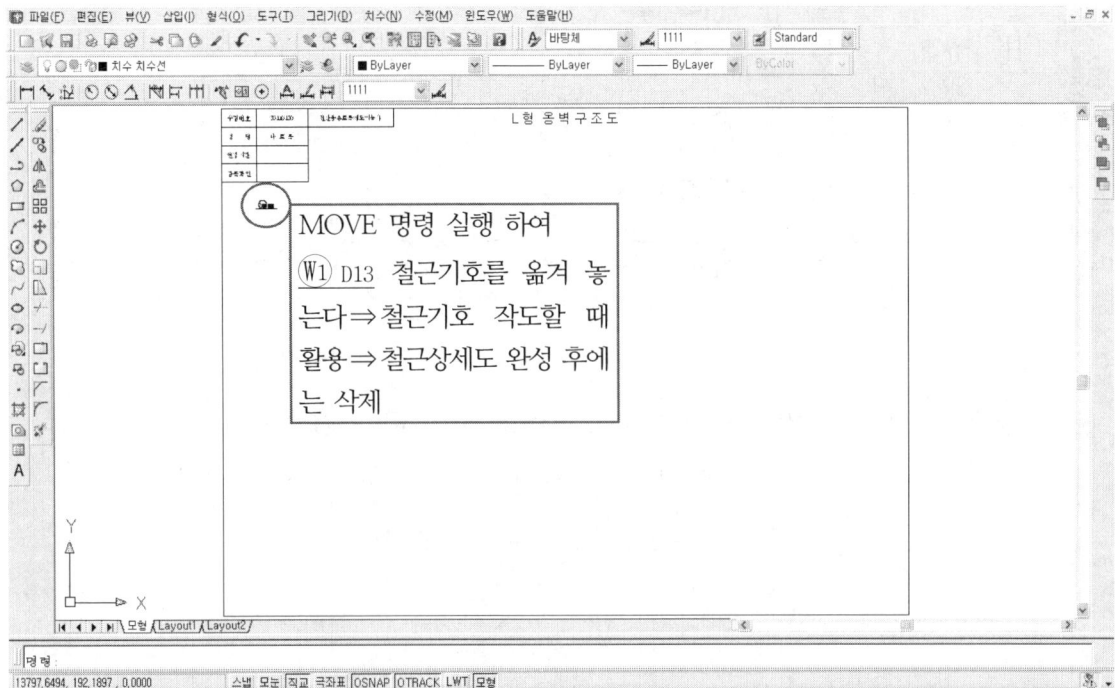

③ Ⓦ1 D13, Ⓦ2 D16, Ⓦ3 D16, Ⓦ4 D13, Ⓕ2 D16, Ⓕ3 D13, Ⓢ1 D13, Ⓢ2 D13 철근상세도는 LINE 명령 실행하여 도면의 알맞은 위치에 배치하여 작도한다.

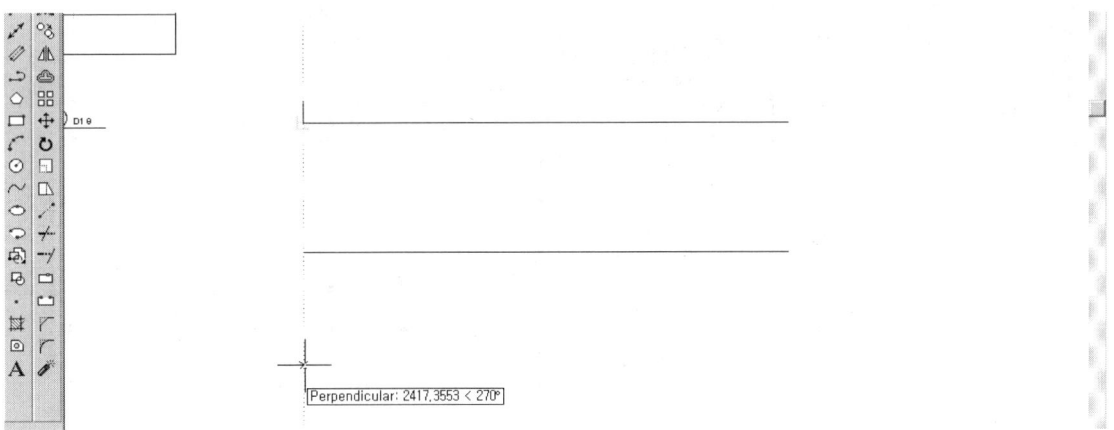

④ Ⓗ D16, Ⓕ1 D16 철근상세도 작도

㉠ Ⓗ D16 철근상세도 작도

도면(1)에서 Ⓗ D16 객체 선택[점선 부분 선택] ⇒ [Ctrl]+C ⇒ 도면(2)에 [Ctrl]+V ⇒ 알맞은 위치에 작도

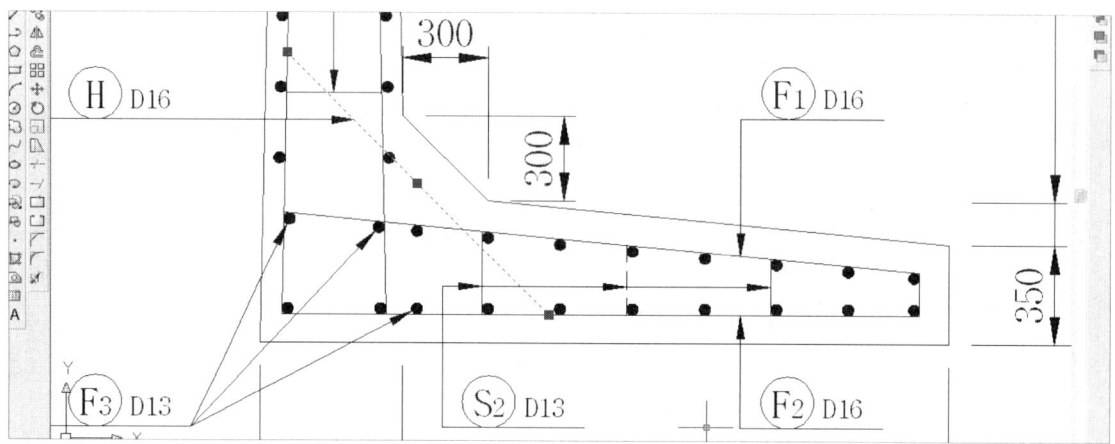

■ 끝부분에서 철근선 레이어를 선택하고 LINE 명령으로 100 [Enter↵] 작도 한다.

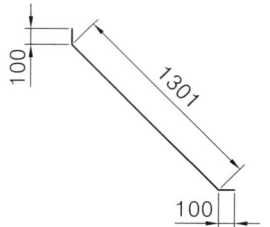

㉡ Ⓕ1 D16 철근상세도 작도

ⓐ 도면(1)에서 Ⓕ1 D16 객체 선택[점선 부분 선택] ⇒ [Ctrl]+C ⇒ 도면(2)에 [Ctrl]+V ⇒ 알맞은 위치에 작도

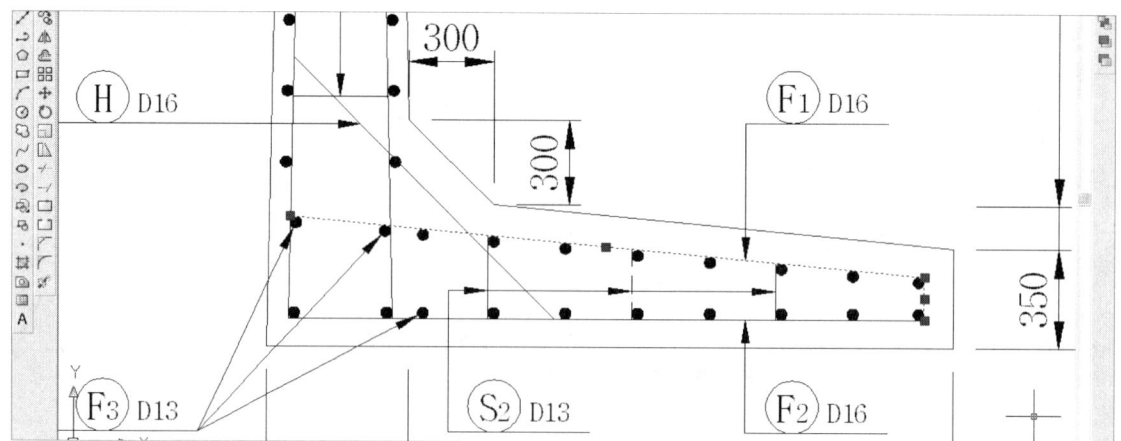

ⓑ Ⓕ1 D16 철근상세도 치수 수정 : 도면 (1)에서 복사한 치수 2229부분을 분해 후 2240으로 수정)

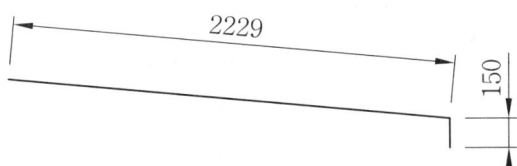

ⓒ 왼쪽 끝 부분에서 아래쪽으로 LINE-366작도

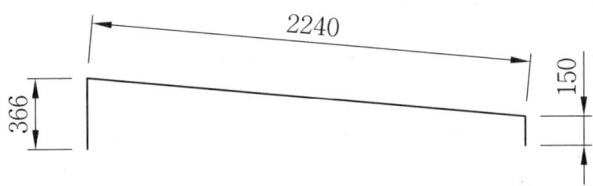

⇒ 작도하는 과정과 방법에 따라 오차가 발생할 수 있으나 채점에는 크게 영향이 없는 듯 함.

⑤ Ⓦ1 D13 철근 기호를 이용하여 각 철근의 기호가 작도 될 위치에 COPY 명령을 실행하여 작도하고 수정한다.

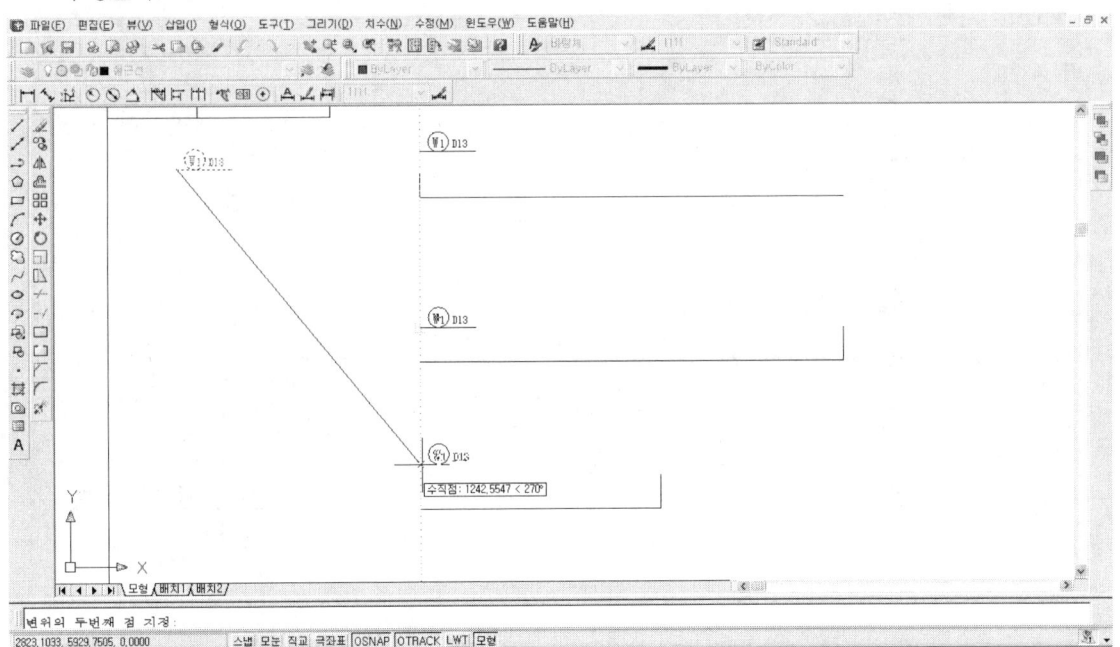

⑥ 치수 치수선 Layer를 선택하고 치수를 기입하고 수정한다.

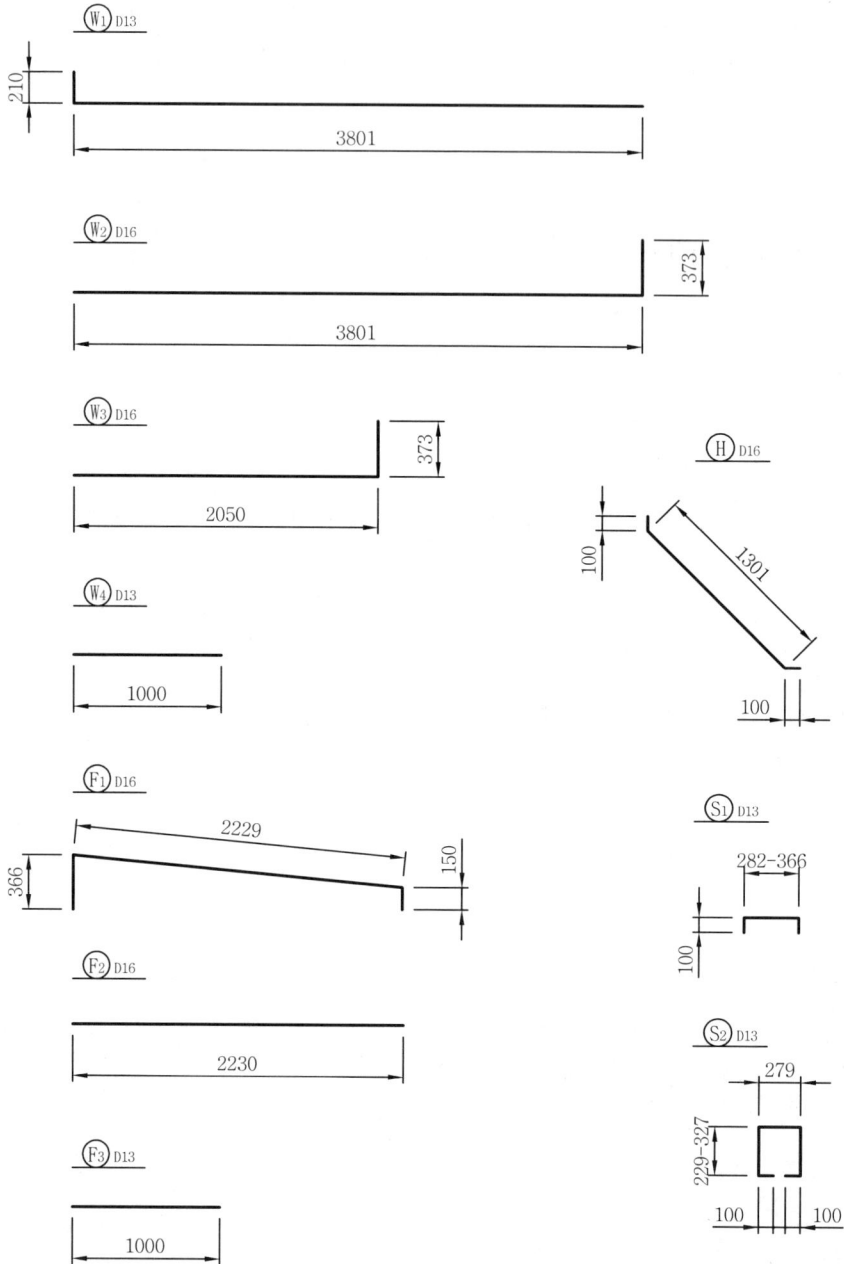

⑦ 큰 제목 밑 부분에 철근상세도(문자 크기=180) 제목 작도

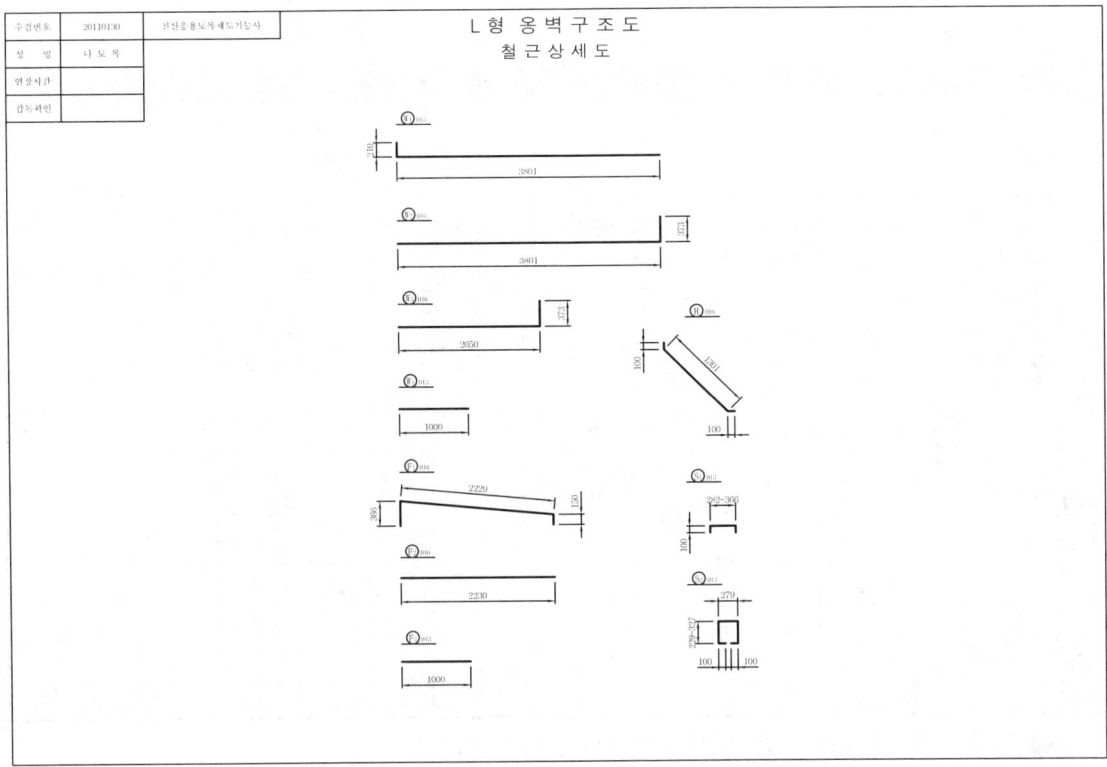

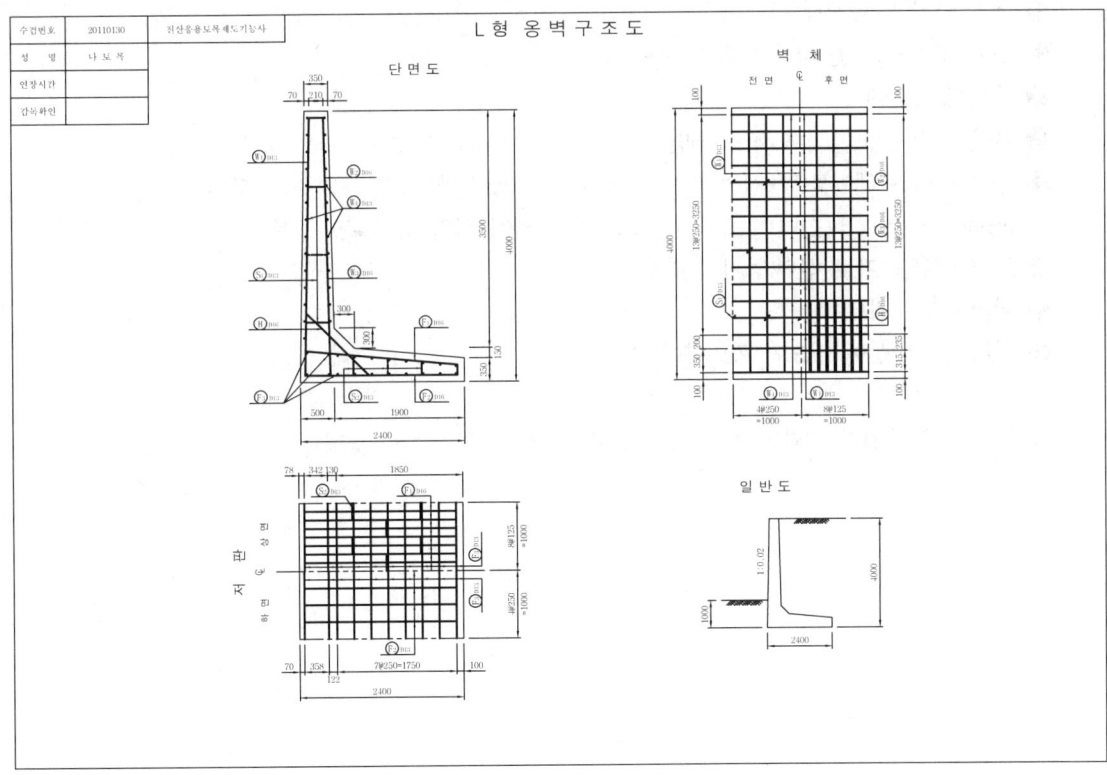

11. 도면의 출력(CAD 2005)

① 파일-플롯

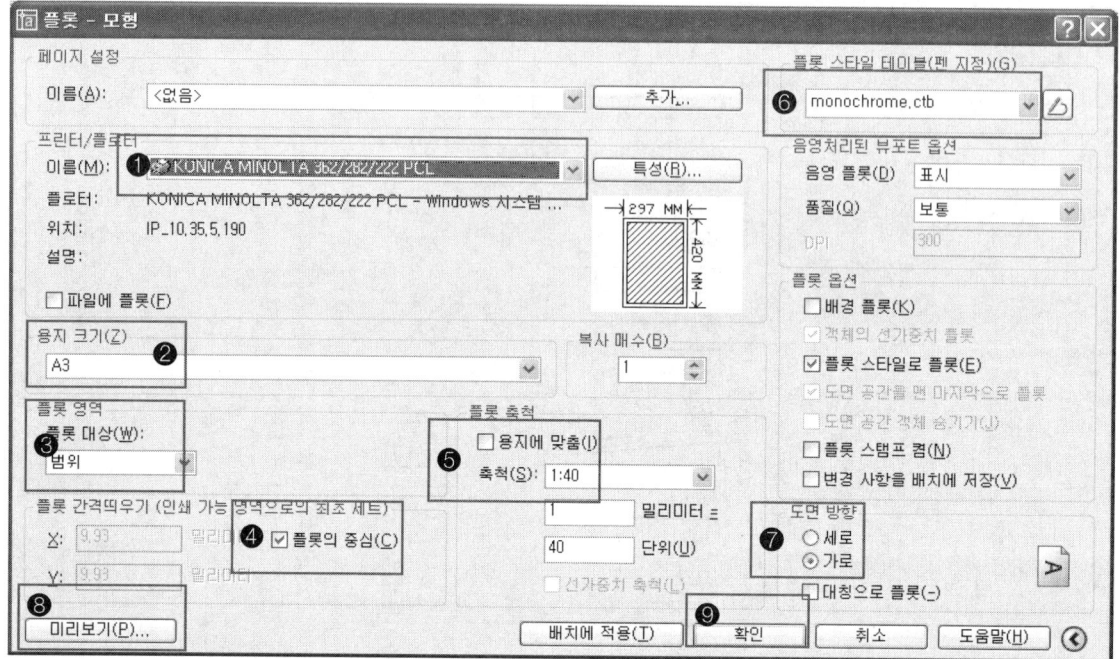

❶ 프린터/플로터 이름 : 컴퓨터에 연결되어 있는 프린터 선택
❷ 용지 크기 : A3선택
❸ 플롯 영역의 플롯 대상 : 범위 선택
❹ 플롯의 중심에 √
❺ 플롯 축척 : 도면 작도시 40배인 경우-1:40, 50배인 경우-1:50을 선택
❻ 플롯 스타일 테이블(펜 지정) : monochrome.ctb(선택)-요구 사항이 있을 때
   monochrome.ctb(선택) : 선의 진하고 연함 없이 선의 굵기로만 구분
❼ 도면 방향 : 가로 선택(암거의 경우는 세로)
❽ 미리보기 : 검토
❾ 미리보기 이상이 없으면 확인하여 출력

② 도면(1)과 도면(2)를 위와 같은 방법으로 출력한다.

Ⅲ. 역T형 옹벽

1장 환경설정

2장 역T형 옹벽구조도 그리기

역T형 옹벽

1장 환경 설정

1. 선의 굵기 및 선의 색 지정

선굵기	색 상(color)	용 도
0.7mm	파란색(5-Blue)	윤곽선
0.4mm	빨간색(1-Red)	철근선
0.3mm	하늘색(4-Cyan)	외벽선
0.2mm	선홍색(6-Magenta)	중심선, 파단선
0.2mm	초록색(3-Green)	철근기호, 인출선
0.15mm	흰 색(7-White)	치수, 치수선

① 도면층 특성 관리자 대화창 실행 : 다음 중 한 가지 방법으로 선택

Command(명령창)	layer
도구 아이콘	
메뉴	형식-도면층

■ 아이콘의 위치

② 도면층 특성 관리자 창이 활성화 되면 엔터를 7번 쳐서 도면층을 7개 만든다.

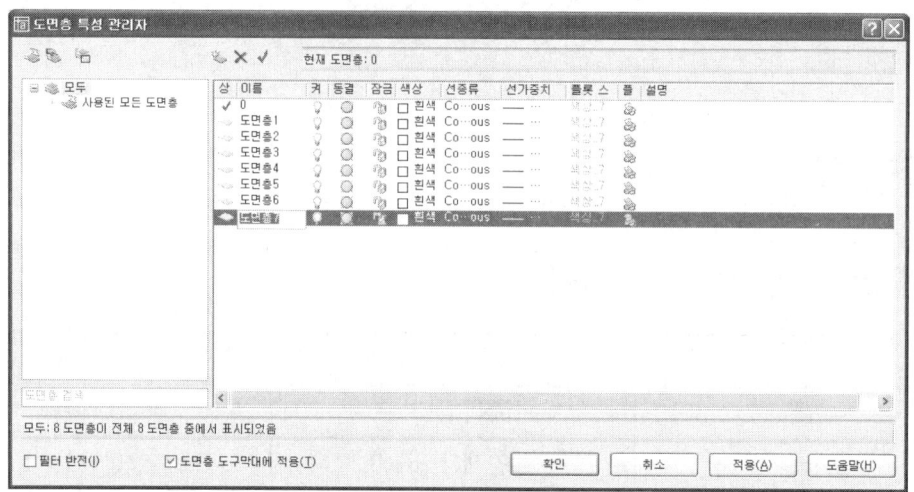

③ 도면층1을 클릭하여 윤곽선을 입력, 색상-파란색, 선종류-continuous,
선가중치-0.50mm으로 변경한 다. 철근선, 외벽선, 중심선 파단선, 철근기호 인출선, 치수 치수선 Layer도 같은 방법으로 각각 설정한 후 확인(보조선 Layer는 색상만 노란색으로 설정 함)

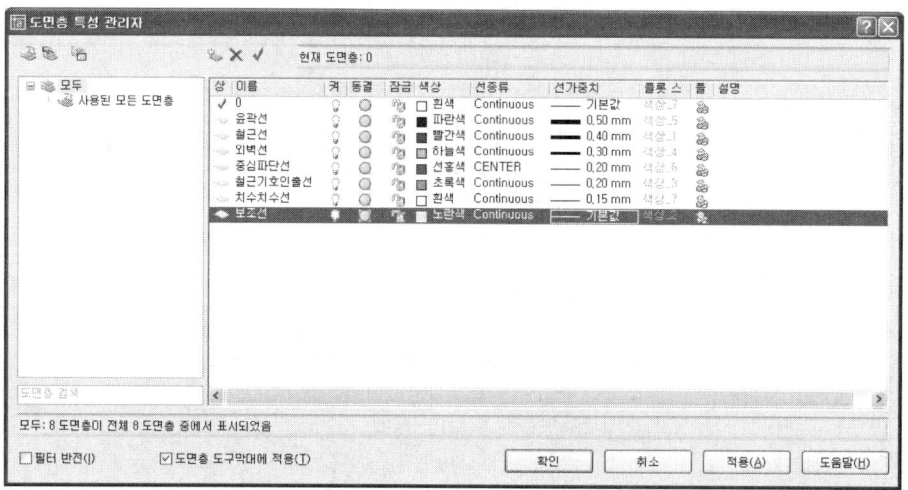

㉠ 도면층 특성 관리자 대화창에서 이름을 정의할 때, 〈 〉 : ? * = , 등과 같은 기호는 사용할 수 없음에 유의한다.
ⓐ 중심선, 파단선 → 중심선 파단선
ⓑ 철근기호, 인출선 → 철근기호 인출선
ⓒ 치수, 치수선 → 치수 치수선으로 정의한다.

ⓛ 중심선 파단선의 선종류 변경하기
ⓐ 중심선 파단선의 선종류의 continuous부분을 클릭

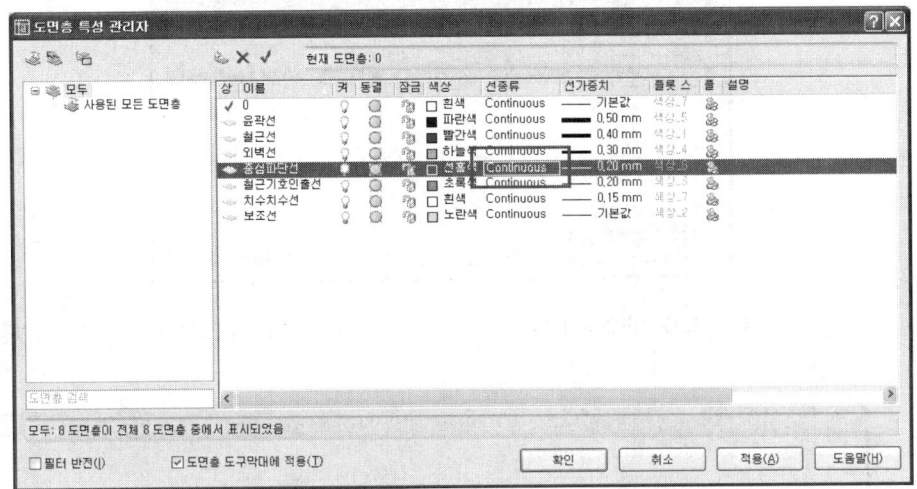

ⓑ 선종류 선택 대화창에서 로드(L) 선택

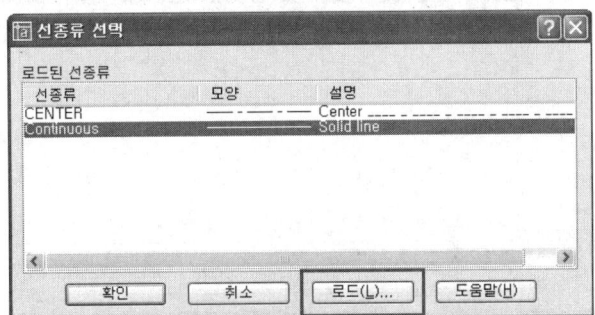

ⓒ 선종류 로드 또는 다시 로드 대화창에서 CENTER 선택후 확인

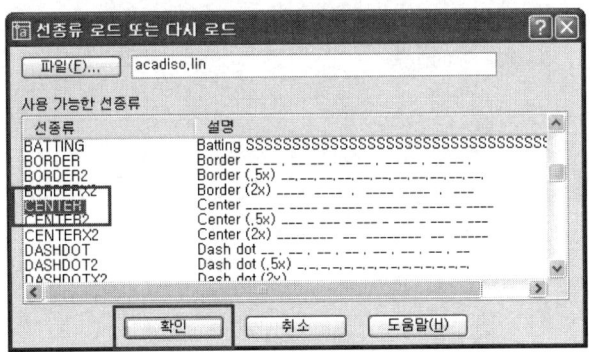

ⓓ 선종류 선택 대화창에서 CENTER 선택-확인

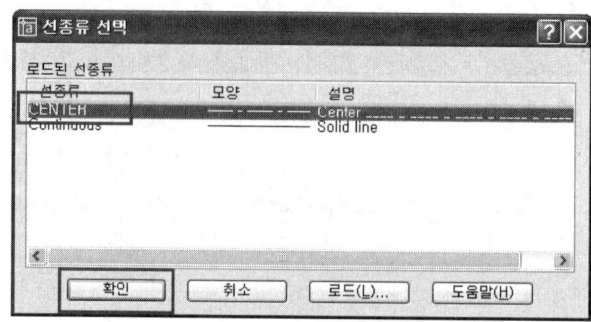

ⓔ 도면층 특성 관리자 대화창에 중심선 파단선의 선종류가 CENTER로 변경 되었음을 확인할 수 있다.

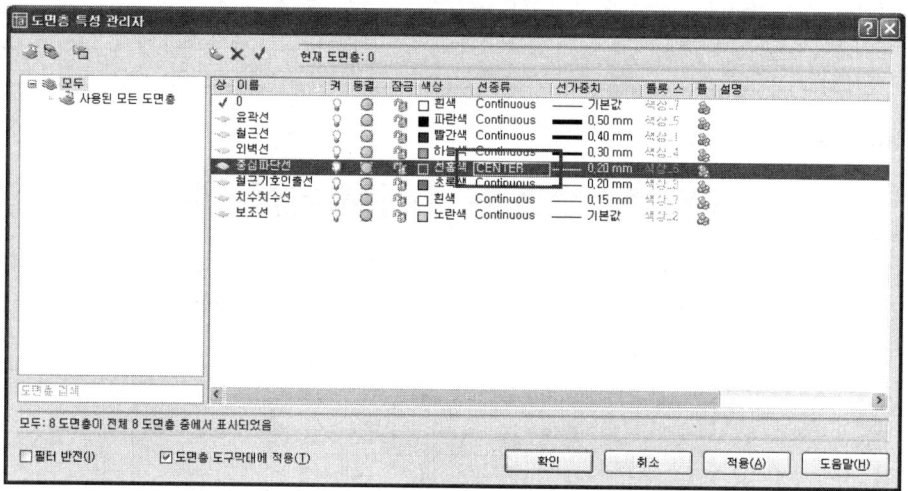

2. 단위 설정

① 도면 단위 대화창을 실행 : 다음 중 한가지 방법으로 선택

Command(명령창)	units [Enter↵]
메뉴	형식-단위

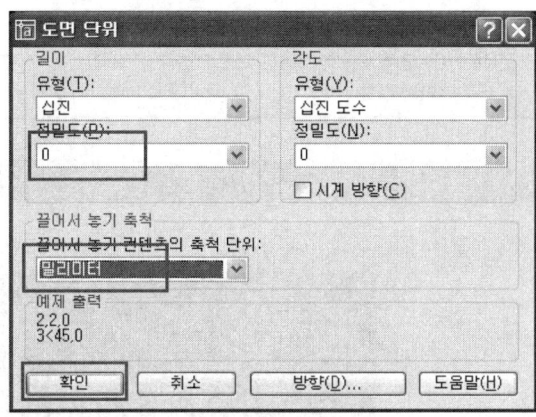

② 정밀도-0, 끌어서 놓기 축척-밀리미터 확인-단위가 mm로 설정된다.

3. 용지 크기 설정

① A3 용지 크기로 설정한다

Command(명령창)	LIMITS [Enter↵]
메뉴	형식-도면 한계

명령: LIMITS [Enter↵]

모형 공간 한계 재설정:

왼쪽 아래 구석 지정 또는 [켜기(ON)/끄기(OFF)] 〈0,0〉: [Enter↵] 〈도면좌측 하단 설정〉

오른쪽 위 구석 지정 〈420,297〉: 420,297 [Enter↵] 〈도면우측 상단 설정〉

■ 역T형 옹벽은 가로로 작도하기 때문에 420, 297로 입력함

② 도면을 1/40로 작도한 후 A3(420×297)용지에 monochrome 으로 가로로 출력하여 제출한다.

4. 치수 유형 설정하기

필요한 축척별 도면 용도에 맞는 치수 유형을 새로 만들거나 수정한다.(축척 1/40로 요구하므로 도면을 40배하여 도면을 그리기 위해서 치수 유형을 조정한다.)

① 치수 스타일 관리자 대화창 실행 : 다음 중 한가지 방법으로 선택

Command(명령창)	ddim [Enter↵]
도구 아이콘	
메뉴	형식-치수 형식

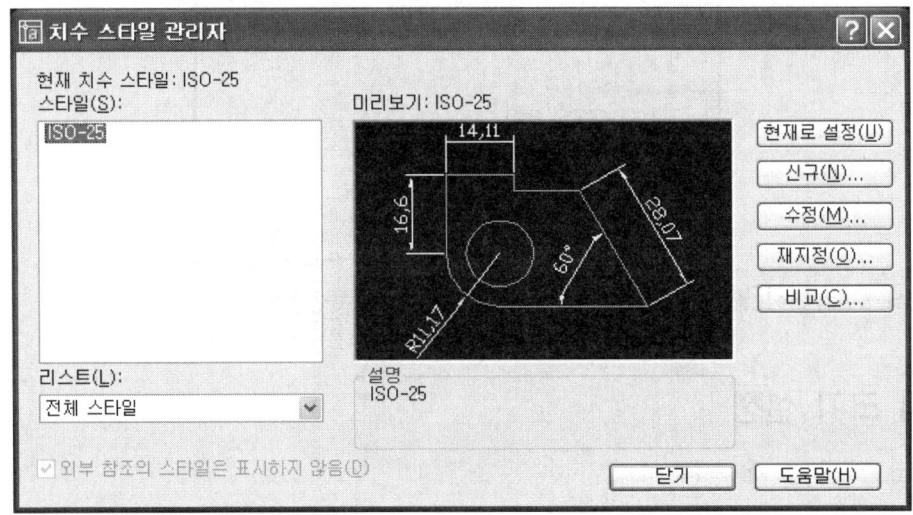

② 치수 스타일 관리자 대화창에서 신규 선택하여
  새 치수 스타일 작성 대화창에서 새 스타일 이름을 1111(사용자 임의로 변경가능)로 변경한 후 계속

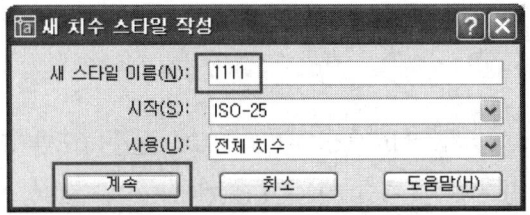

③ 새로운 치수 스타일 대화창의 선과 화살표 탭 선택
  ㉠ 치수선 너머로 연장 : 1.25 ⇒ 1로 변경
  ㉡ 원점에서 간격띄우기 : 0.63 ⇒ 2로 변경
  ㉢ 화살표 크기 : 2.5 ⇒ 2로 변경

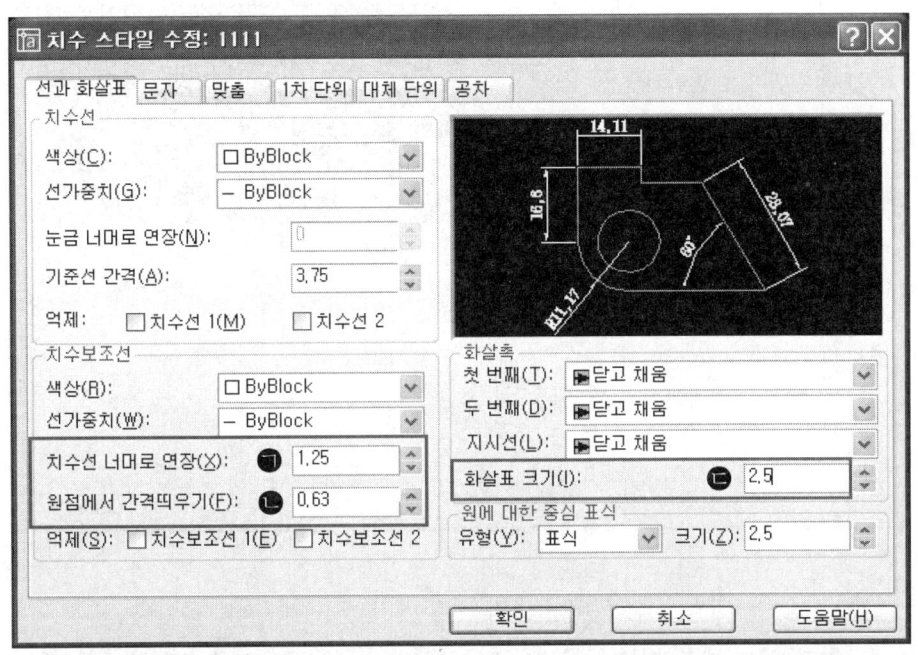

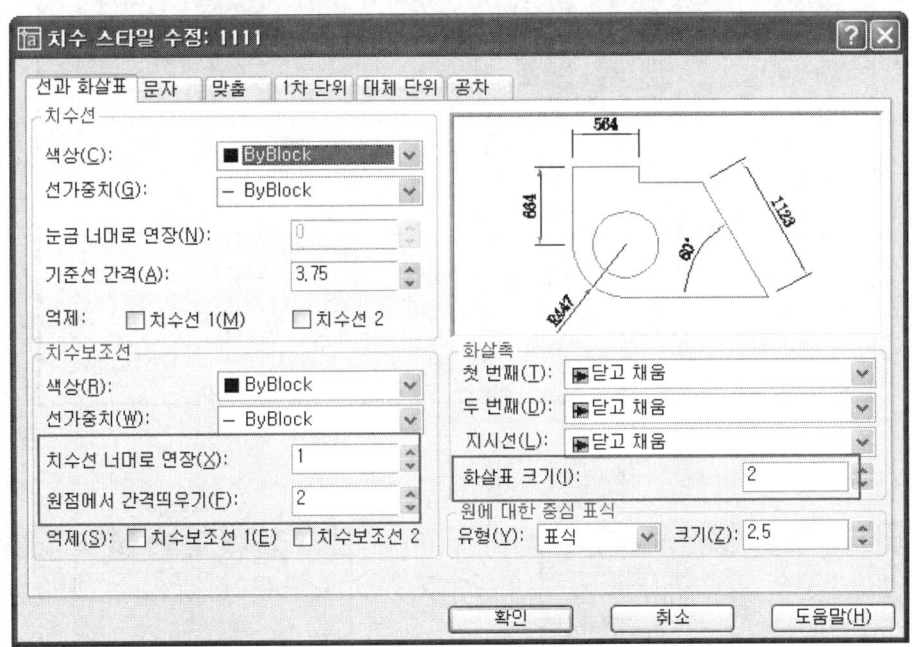

④ 새로운 치수 스타일 대화창의 문자 탭 선택-문자 스타일 변경창을 클릭

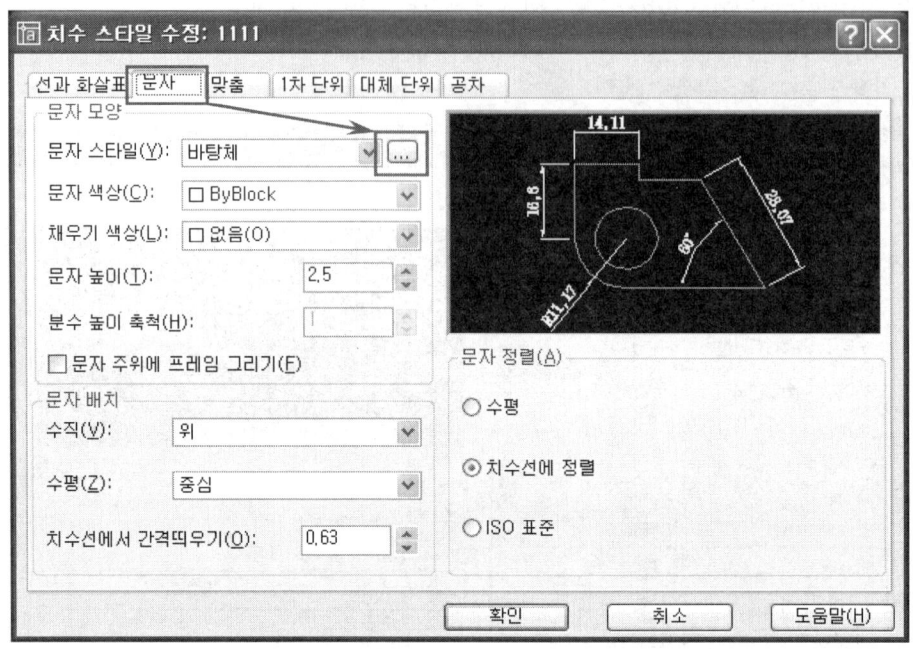

㉠ 큰 글꼴 사용 √ 해제 - 신규 버튼 클릭

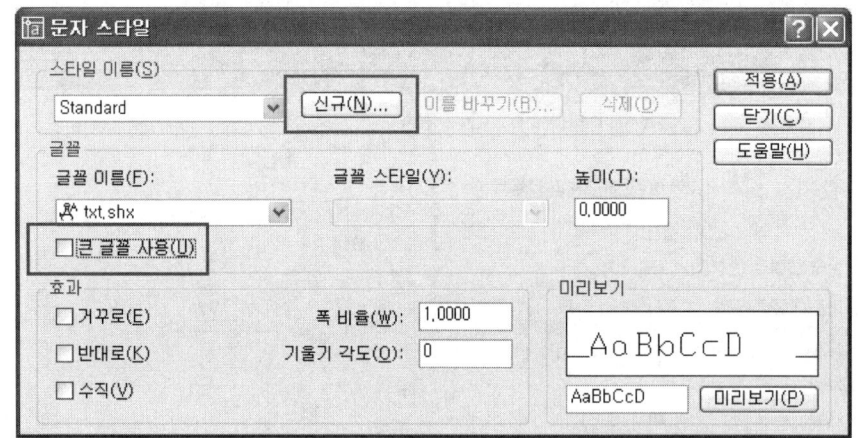

■ 스타일 이름 변경 - 바탕체 - 확인

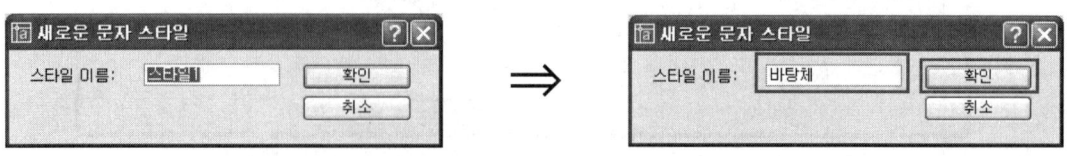

■ 글꼴 이름 ⇒ 바탕체로 변경 ⇒ 적용 ⇒ 닫기

■ Ⅲ. 역T형 옹벽   137

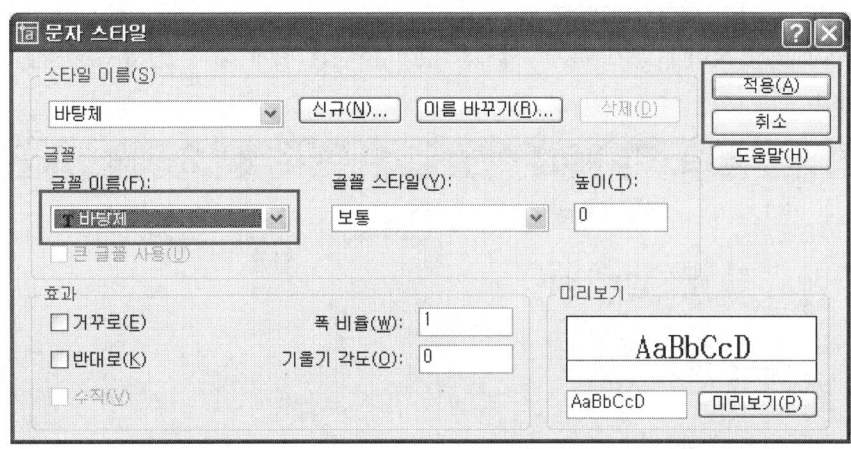

㉡ 문자 스타일 : 바탕체, 문자 높이 2.5, 치수선에서 간격띄우기 : 1로 변경

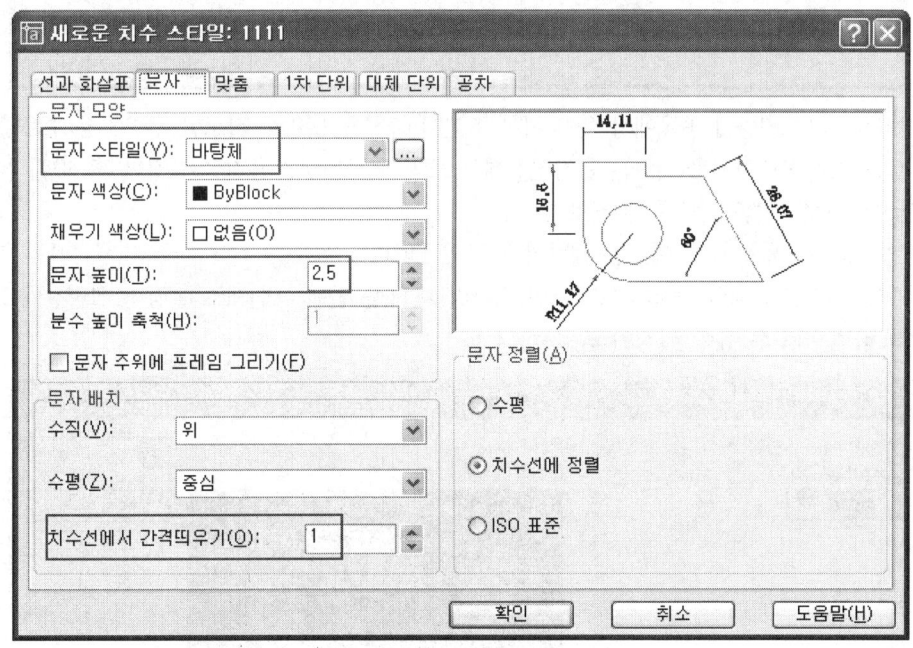

⑤ 새로운 치수 스타일 대화창의 맞춤 탭 선택
  항상 치수보조선 사이에 문자 유지, 지시선 없이 치수선 위에 배치, 전체 축척 사용값을 40으로 변경-확인

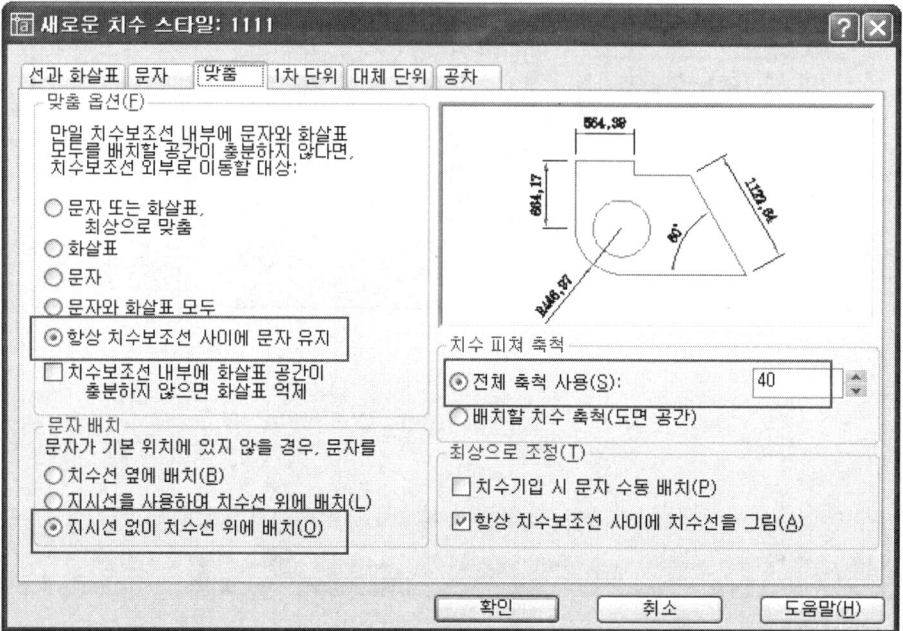

■ 전산응용토목제도기능사 종목에서 실기 시험 조건이 축척을 1/40로 작도한 후 A3 용지로 출력하도록 되어 있으므로 작도전에 실시하는 환경설정에서 도면 크기를 A3 용지로 설정한 후 40배하여 도면을 작도함으로 모든 맞춤 상태를 40배로 한다.
■ 맞춤 탭 까지만 설정한 후 이후는 생략하고 확인 클릭
■ 치수 스타일 관리자 대화 상자가 나타나면 스타일 1111을 선택 – 현재로 설정 – 설명창에 1111 확인 – 닫기 하면 치수선 유형 설정이 종료됨

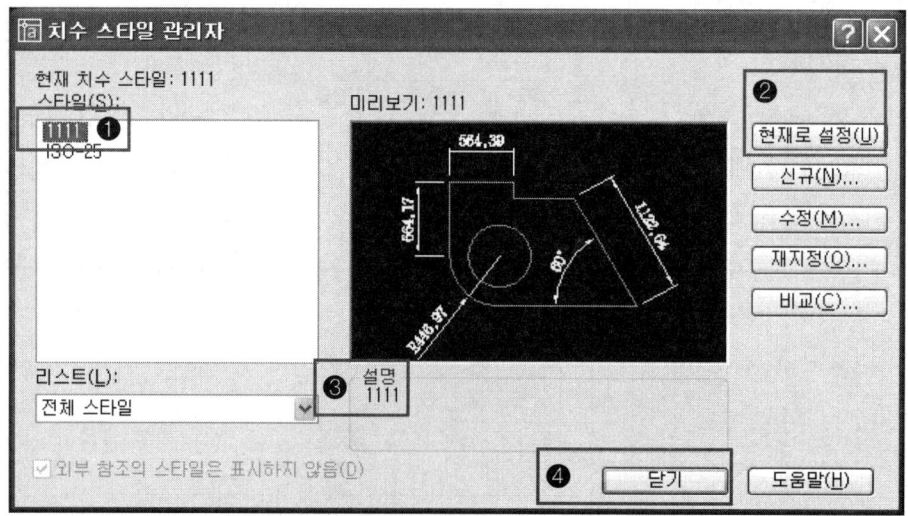

5. Viewres

① 철근 기호와 철근 단면을 그릴 때 다음과 같은 차이가 있다.

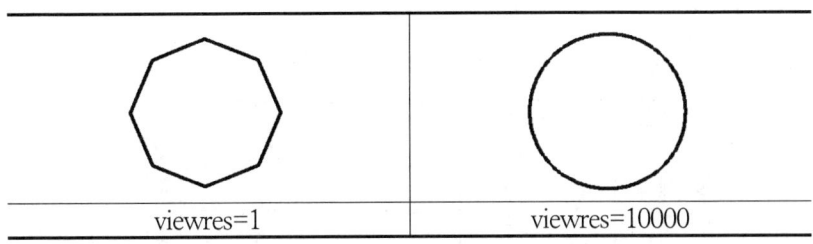

```
명령: viewres Enter↵
고속 줌을 원하십니까? [예(Y)/아니오(N)] <Y>: Enter↵
원 줌 퍼센트 입력 (1~20000) <1000>: 10000 Enter↵  <사용자 임의로 지정>
```

② 원 줌 퍼센트 입력 값은 1에서 20000까지 사용자 임의로 지정할 수 있다.

6. 상태 표시줄

① 직교
  ㉠ ON : 커서가 수평이나 수직으로만 움직인다.
  ㉡ OFF : 커서가 임의의 방향으로 움직인다.
② OSNAP : 도면작업에서 정확한 위치를 지정해야 할 때 사용되는 명령으로 객체스냅이라 한다. 다음과 같이 √ 를 하고 작도하면 편리하다.

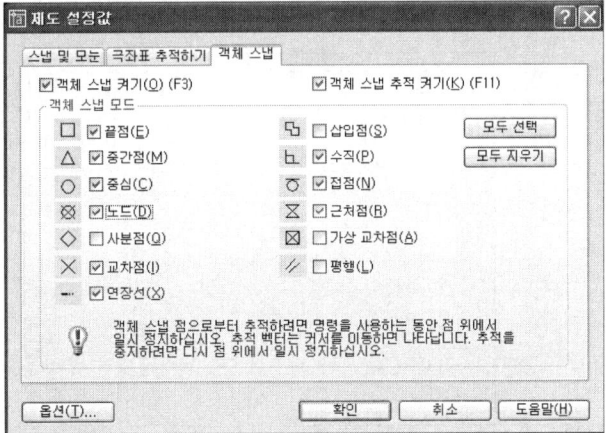

③ OTRACK : ON으로 설정한다.
■ 다른 부분은 필요에 따라 설정하면 된다.

2장 역T형 옹벽구조도 그리기

1. 윤곽선 작도

① 윤곽선 Layer를 선택한다.

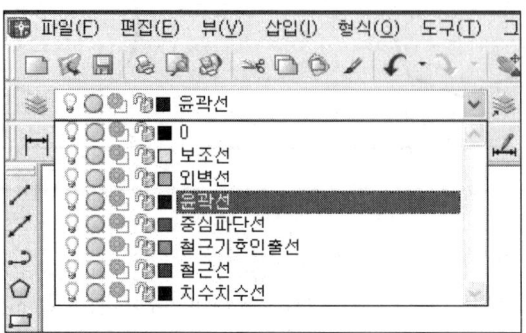

② 직사각형 그리는 명령을 이용하여 윤곽선을 그린다.

Command(명령창)	rectang Enter↵
도구 아이콘	▢
메뉴	그리기 - 직사각형

명령: RECTANG Enter↵
첫 번째 구석점 지정 또는 [모따기(C)/고도(E)/모깎기(F)/두께(T)/폭(W)]: 15,15 Enter↵
반대쪽 구석점 지정 또는 [치수(D)]: 405,282 Enter↵

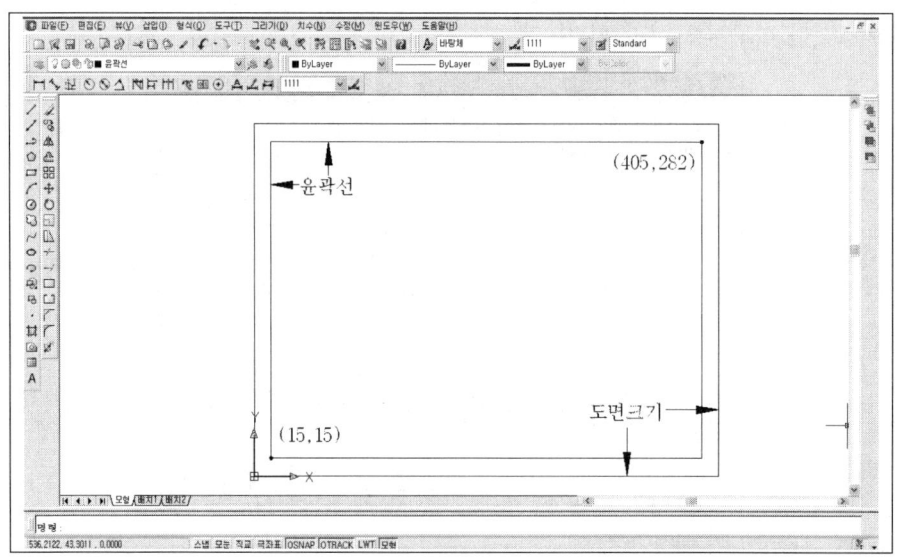

2. 표제란 작도

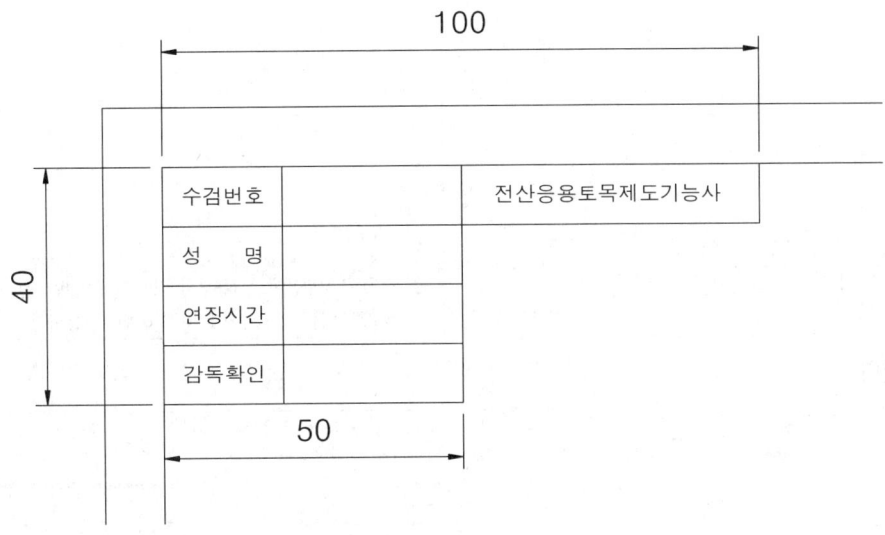

① 윤곽선 Layer 상태에서 좌측 상단에 1:1로 작성한다.
② 명령창 ZOOM Enter↵ ⇒ A Enter↵ (전체화면 보기)
③ LINE, OFFSET, TRIM, MTEXT, MOVE 명령어 활용

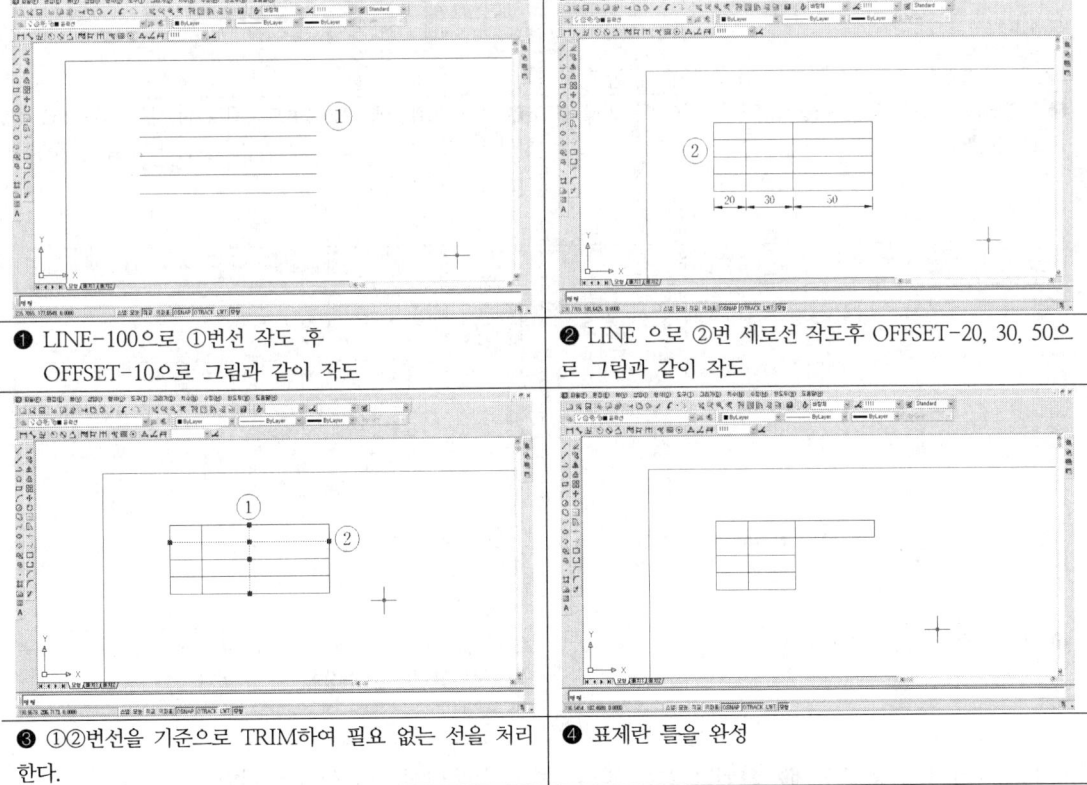

❶ LINE-100으로 ①번선 작도 후 OFFSET-10으로 그림과 같이 작도

❷ LINE 으로 ②번 세로선 작도후 OFFSET-20, 30, 50으로 그림과 같이 작도

❸ ①②번선을 기준으로 TRIM하여 필요 없는 선을 처리한다.

❹ 표제란 틀을 완성

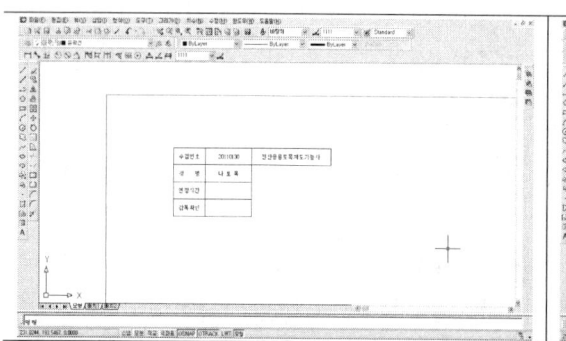

❺ MTEXT 명령어로 빈칸에 문자 입력

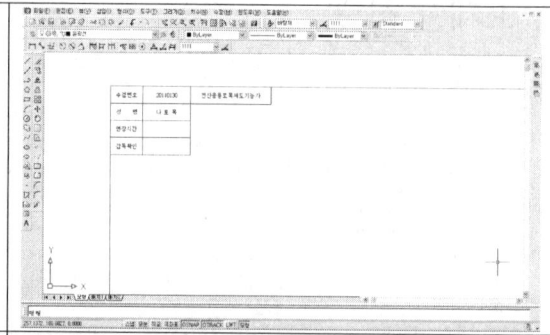

❻ MOVE 명령어로 ❺에서 작도한 표제란 전체를 선택해서 윤곽선 왼쪽 모서리로 이동하면 완성된다.

■ 문자 입력 방법

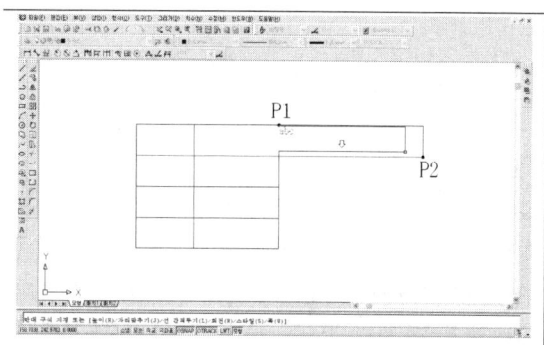

❶ MTEXT-첫 번째점은 P1클릭, 드래그하여 두 번째 점은 P2에 클릭한다.

❷ 문자 편집창에 전산응용토목제도기능사를 입력하고, 블록으로 설정한 후 오른쪽 마우스 클릭 자리맞추기-중간중심 선택한 후 확인

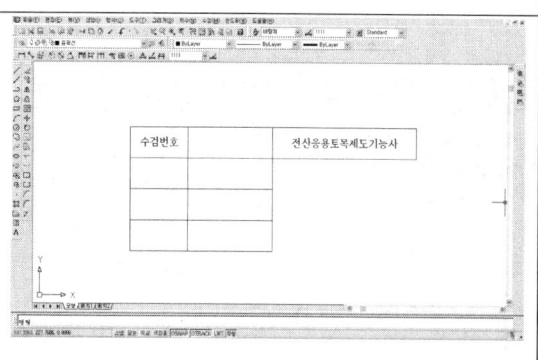

❸ 같은 방법으로 수검번호 입력

❹ 수검번호를 빈칸에 COPY한 후 수정하고자 하는 부분을 더블 클릭하면 수정을 할 수 있다.

■ COPY하여 수정 또는 ❶~❷번과 같은 방법 중 편리한 방법으로 연습을 한다.

3. 단면도 작도

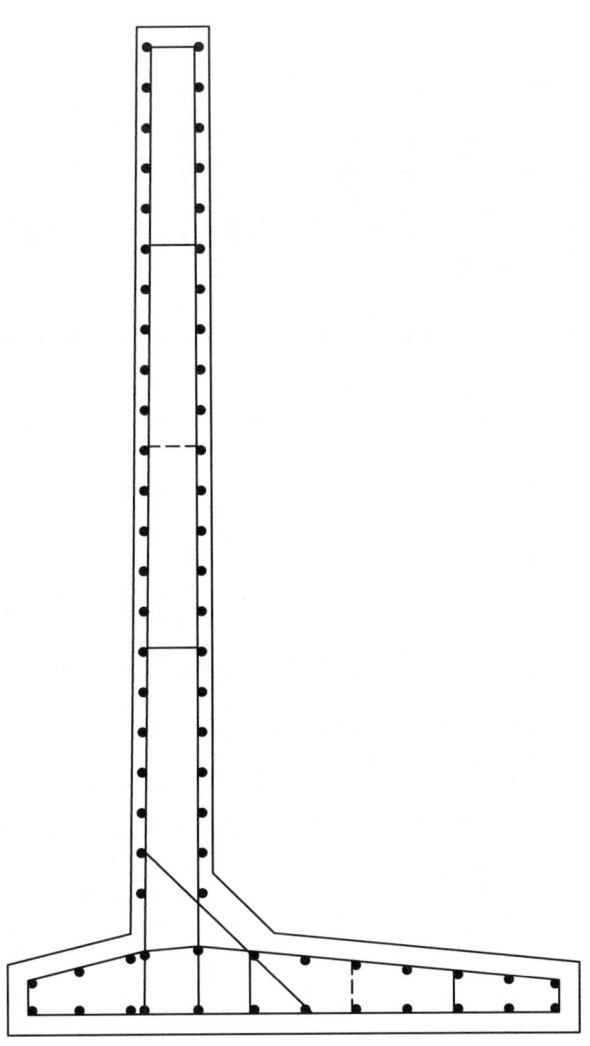

① 도면 작도는 실제 치수를 사용하므로 SCALE 명령을 사용하여 도면을 40배로 확대하여 작도한다.

명령: SCALE [Enter↵]
객체 선택: 반대 구석 지정: 17개를 찾음 〈도면을 약간 축소하여 전체를 선택〉
객체 선택: [Enter↵]
기준점 지정:〈윤곽선 왼쪽 아래 교점을 지정(15,15)〉
축척 비율 지정 또는 [참조(R)]: 40 [Enter↵] 〈도면을 40배 확대〉
명령: ZOOM [Enter↵] 〈도면이 너무 확대되어 한 눈에 들어오지 않음〉
윈도우 구석을 지정, 축척 비율 (nX 또는 nXP)을 입력, 또는
[전체(A)/중심(C)/동적(D)/범위(E)/이전(P)/축척(S)/윈도우(W)/객체(O)] 〈실시간〉: A [Enter↵] 〈전체 도면이 나타나면서 작도할 공간이 파악됨〉
모형 재생성 중.

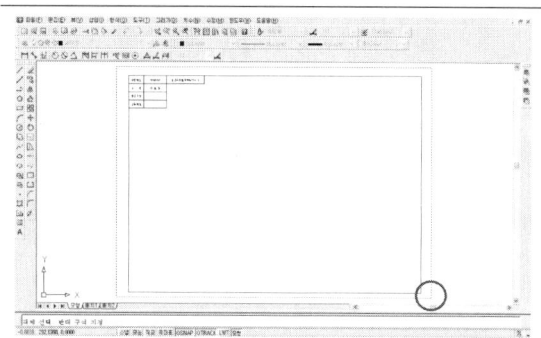
❶ SCALE-윤곽선 오른쪽 아래 바깥 ○ 부분에서 드래그 하여 왼쪽 위 바깥 부분까지 드래그 한다.

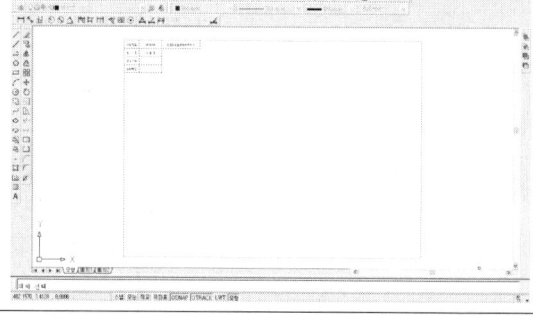
❷ 전체가 선택이 되면 점선으로 변한다.

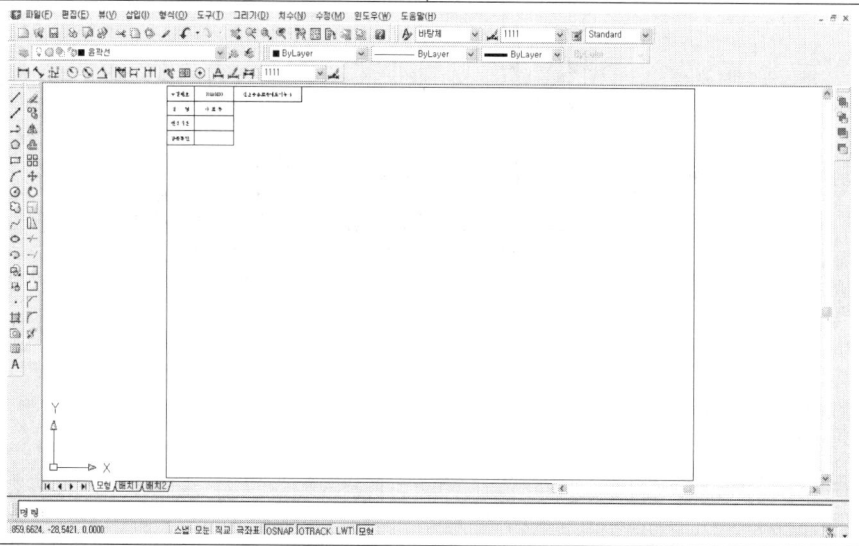
❸ 40배 한 후 ZOOM-A 하면 그림과 같이 되어 도면을 작도할 수 있는 화면이 나타난다.

② 단면도 외벽선 작도
　㉠ 외벽선 레이어 선택
　㉡ LINE 명령을 실행하여 외벽선을 작도한다.
　㉢ 좌표를 활용한 작도 방법

```
명령: LINE Enter↵
첫번째 점 지정: 〈아래 그림의 십자선 위치에 첫 번째 점을 설정 : 도면이 완성되었을 경우 전체적인
균형을 생각하여 첫 번째 위치를 설정 한다〉
■ 위치가 적당하지 않아서 균형이 맞질 않으면 MOVE 명령을 이용하여 변경함
```

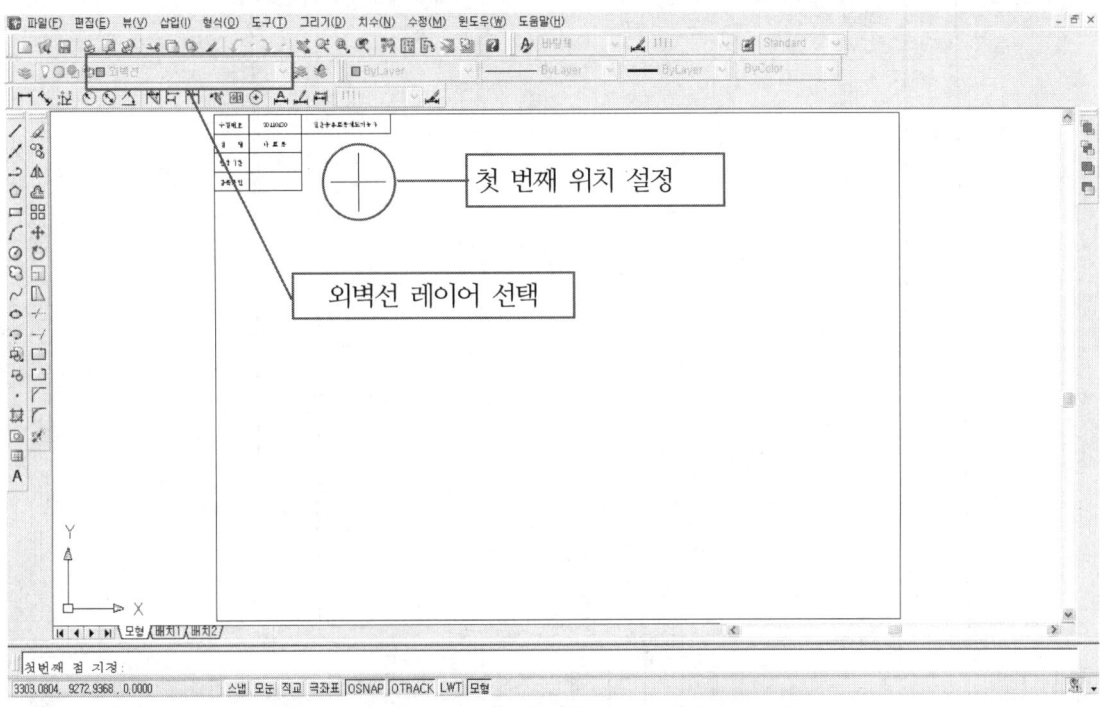

```
명령: LINE Enter↵
첫번째 점 지정:〈전체 도면의 균형을 고려하여 첫 번째 점 설정〉
다음 점 지정 또는 [명령 취소(U)]: 70 Enter↵ 〈커서를 오른쪽으로 향하고 70〉
다음 점 지정 또는 [명령 취소(U)]: 210 Enter↵ 〈커서를 오른쪽으로 향하고 210〉
다음 점 지정 또는 [닫기(C)/명령 취소(U)]: 70 Enter↵ 〈커서를 오른쪽으로 향하고 70〉
다음 점 지정 또는 [닫기(C)/명령 취소(U)]: @-40,-4200 Enter↵
다음 점 지정 또는 [닫기(C)/명령 취소(U)]: @300,-300 Enter↵
다음 점 지정 또는 [닫기(C)/명령 취소(U)]: @1500,-150 Enter↵
다음 점 지정 또는 [닫기(C)/명령 취소(U)]: 350 Enter↵ 〈커서를 아래쪽으로 향하고 350〉
다음 점 지정 또는 [닫기(C)/명령 취소(U)]: 2800 Enter↵ 〈커서를 왼쪽으로 향하고 2800〉
```

| 다음 점 지정 또는 [닫기(C)/명령 취소(U)]: 350 [Enter↵] ⟨커서를 위쪽으로 향하고 350⟩ |
| 다음 점 지정 또는 [닫기(C)/명령 취소(U)]: @600,150 [Enter↵] |
| 다음 점 지정 또는 [닫기(C)/명령 취소(U)]: C [Enter↵] |

▣ ORTHO 기능이 ON된 상태에서 작도

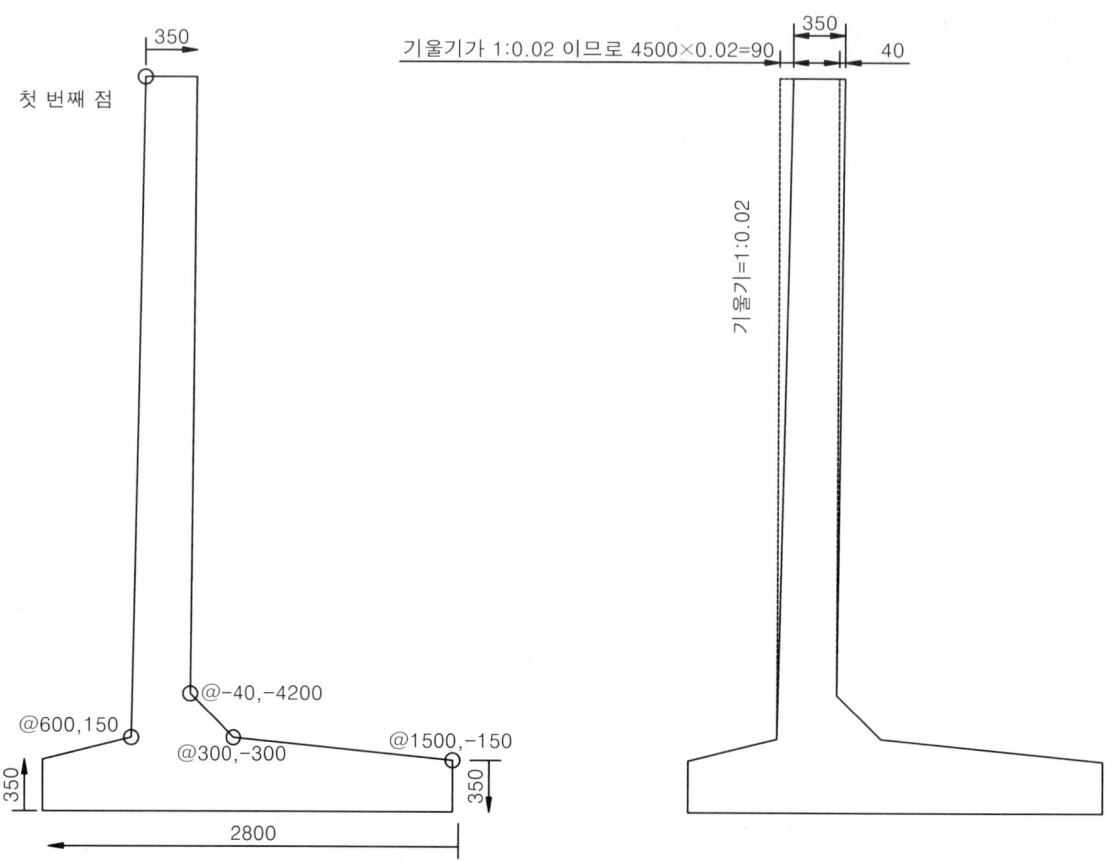

▣ 벽체 상단의 350부분은 한 번에 작도하지 말고 70, 210, 70 선으로 구분하여 작도하고, 저판 좌우의 350부분은 100, 150, 100으로 구분하여 작도하면 치수 넣기와 철근 그리기가(OFFSET) 편리하다. (구분하여 작도하여도 출력시에는 하나의 선으로 출력됨)

■ Ⅲ. 역T형 옹벽   147

ㄹ LINE과 보조선을 이용한 작도 방법(보조선 레이어 선택)

> 명령: LINE [Enter↵]
> 첫번째 점 지정: 〈아래 그림의 십자선 위치에 첫 번째 점을 설정 : 도면이 완성되었을 경우 전체적인 균형을 생각하여 첫 번째 위치를 설정 한다〉
> ■ 위치가 적당하지 않아서 균형이 맞질 않으면 MOVE 명령을 이용하여 변경함

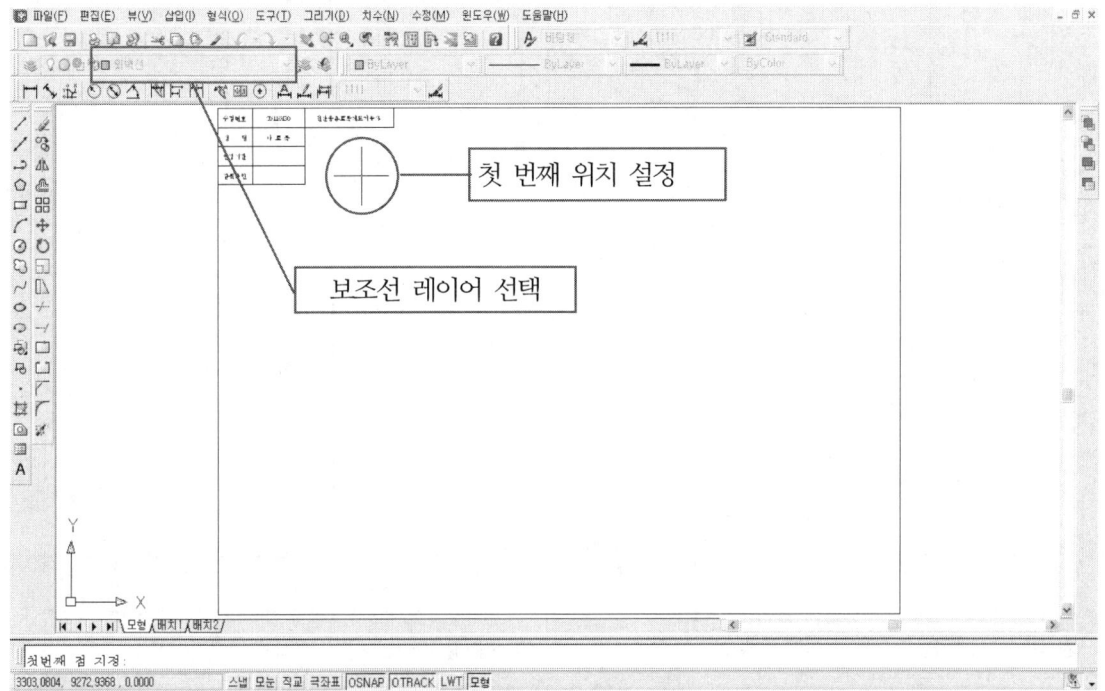

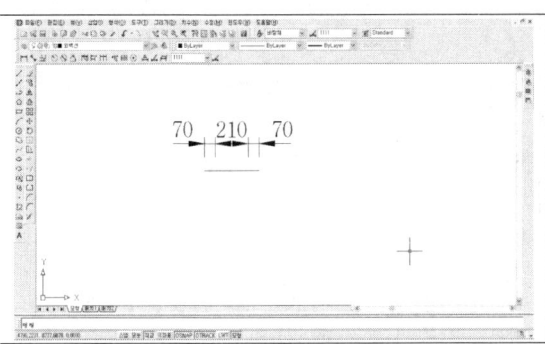

❶ 첫 번째 위치 클릭-직교 ON-마우스 오른쪽으로 끌어다 놓고 70 [Enter↵], 210 [Enter↵], 70 [Enter↵] 하여 그림과 같이 단면도 위쪽 부분을 작도한다.(350으로 작도하지 말고 나누어서 작도 요망-치수 넣기와 철근선 OFFSET에 활용)

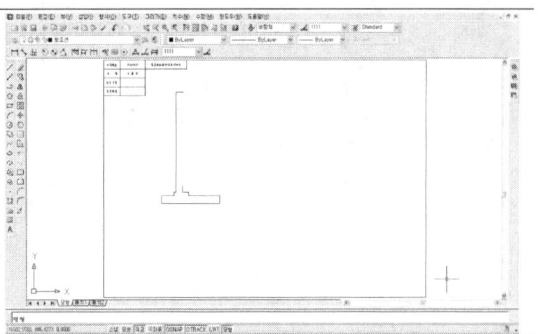

❷ 단면도의 모서리 위치를 잘 확인하여 LINE 명령으로 그림처럼 작도한다.(상세한 치수는 ❸에 표시됨)

■ 직교 기능이 ON된 상태에서 작도

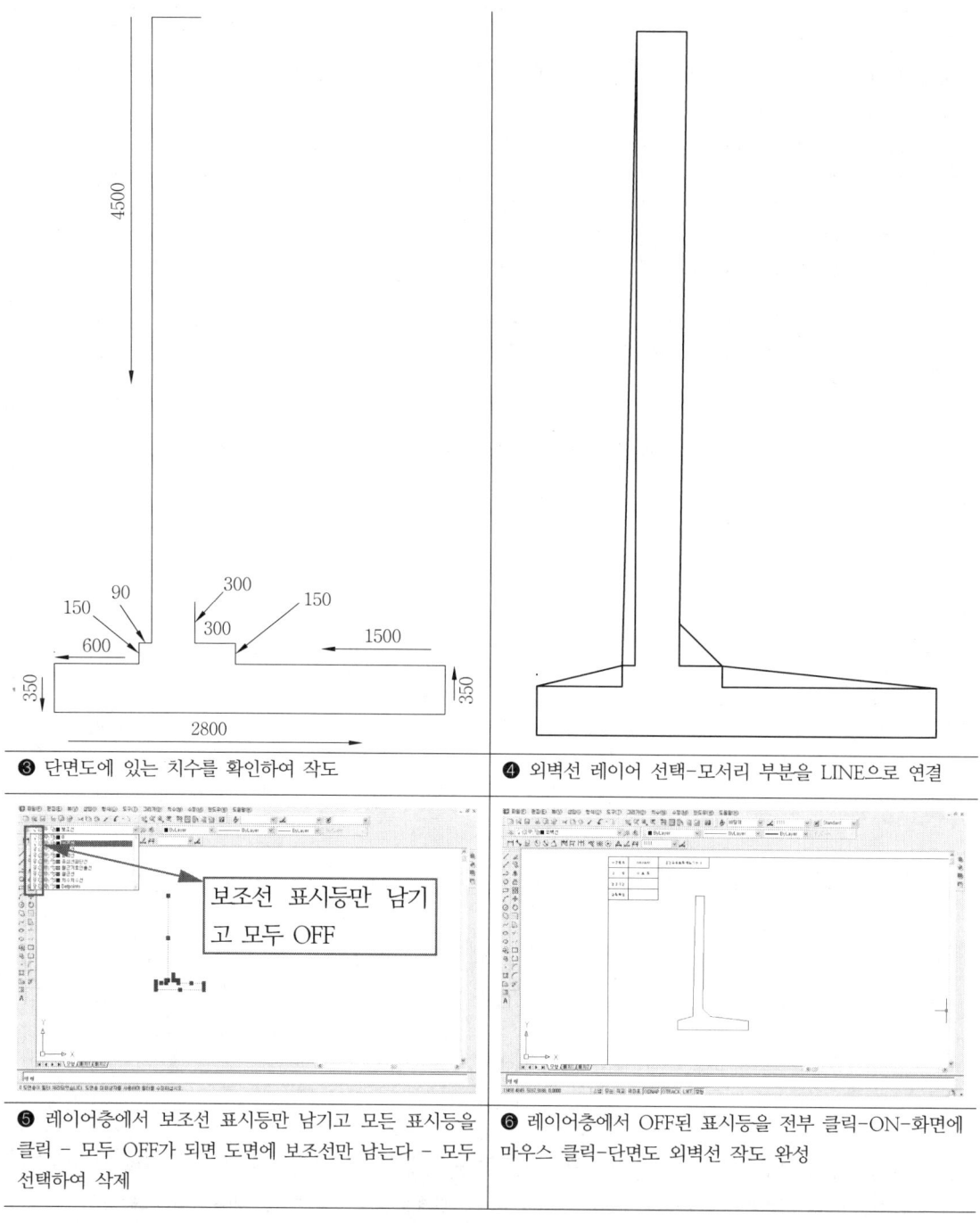

❸ 단면도에 있는 치수를 확인하여 작도	❹ 외벽선 레이어 선택-모서리 부분을 LINE으로 연결
❺ 레이어층에서 보조선 표시등만 남기고 모든 표시등을 클릭 - 모두 OFF가 되면 도면에 보조선만 남는다 - 모두 선택하여 삭제	❻ 레이어층에서 OFF된 표시등을 전부 클릭-ON-화면에 마우스 클릭-단면도 외벽선 작도 완성

■ 좌표를 활용하여 작도하는 법과 비교하면 아주 단순한 작업으로 단면도 외벽선을 완성할 수 있다. 다소 복잡하다고 생각되면 간단한 방법을 선택하여 연습하도록 한다. 작도 방법과 작도 과정에는 정답이 없다.(최대한 신속하게 출제 도면과 같은 도면이 출력될 수 있도록 작도하는 연습이 필요하며, 토목제도 통칙에 따라서 작도한다.)

③ 일반도 외벽선 작도
  ㉠ 단면도를 복사하여 일반도를 작도한다.

명령: COPY Enter↵

객체 선택: 반대 구석 지정: 11개를 찾음〈단면도 전체 선택〉

객체 선택: Enter↵

기준점 또는 변위 지정: 변위의 두번째 점 지정 또는 〈변위로 첫번째 점 사용〉:〈단면도 오른쪽 아래 모서리 부분을 선택하여 일반도가 위치할 지점으로 드래그〉

변위의 두번째 점 지정: Esc

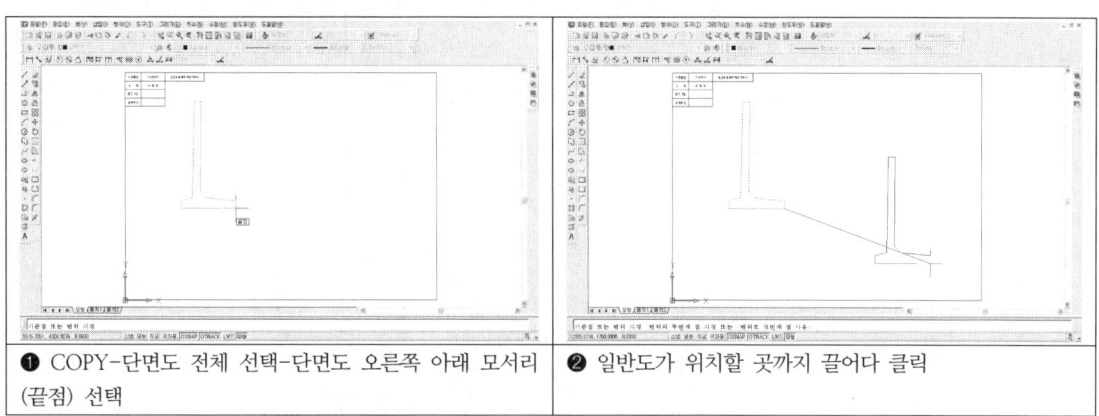

❶ COPY-단면도 전체 선택-단면도 오른쪽 아래 모서리 (끝점) 선택 | ❷ 일반도가 위치할 곳까지 끌어다 클릭

  ㉡ 복사한 단면도를 0.4배하여 일반도를 작도한다.

명령: SCALE Enter↵

객체 선택: 반대 구석 지정: 11개를 찾음〈일반도 외벽선 전체 선택〉

객체 선택: Enter↵

기준점 지정:〈일반도 오른쪽 아래 모서리(끝점) 부분을 선택〉

축척 비율 지정 또는 [참조(R)]: 0.4 Enter↵〈단면도 크기를 0.4배 줄인다〉

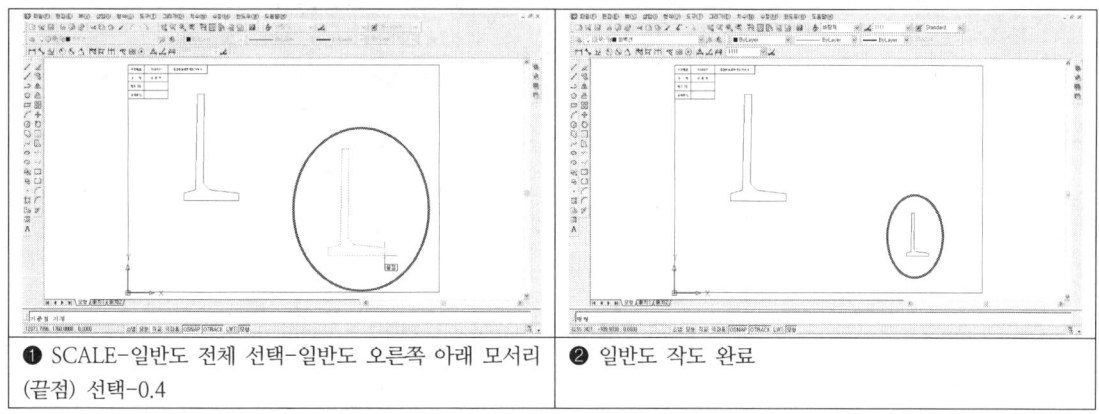

❶ SCALE-일반도 전체 선택-일반도 오른쪽 아래 모서리 (끝점) 선택-0.4 | ❷ 일반도 작도 완료

④ 단면도의 철근선 작도(OFFSET, EXTEND, TRIM 명령 실행)
  ㉠ OFFSET : 선택한 대상물과 새로운 대상물이 지정된 거리만큼 떨어진 위치에 작도된다.
    (거리 지정, 통과점(T)옵션 활용)

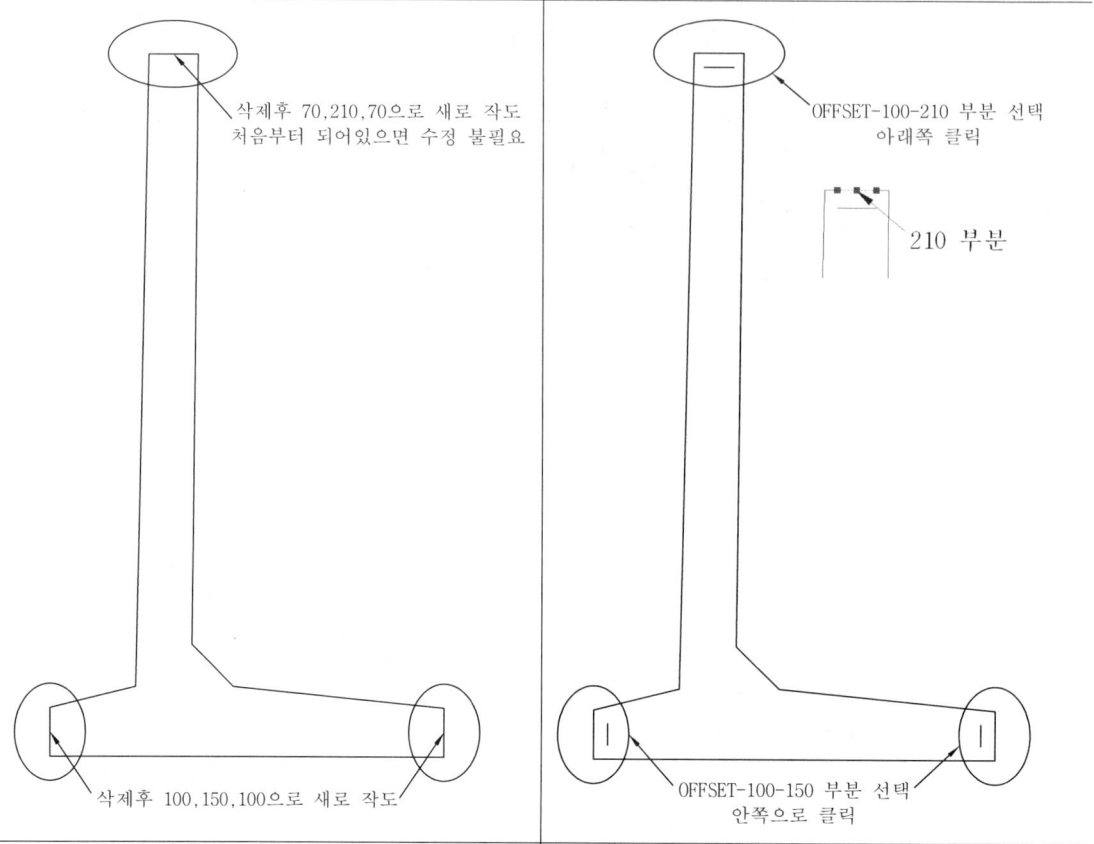

❶ OFFSET을 활용하여 철근선을 작도하기 위하여 표시된 부분을 새로이 작도한다.(처음부터 구분하여 작도하는 연습을 하면 편리하다.)

❷ 단면도 외벽선을 기준으로 OFFSET-100-그림과 같이 작도한다.

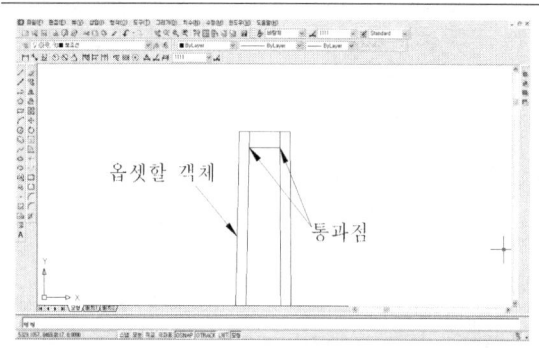

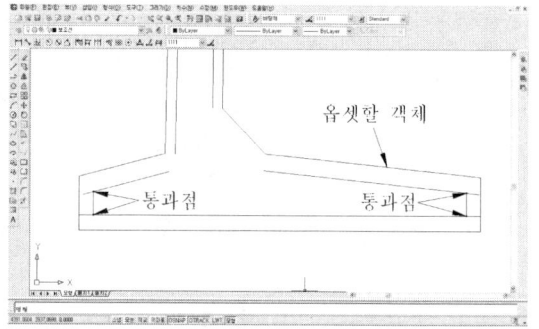

❸ OFFSET-T-옵셋할 객체 선택-통과점을 클릭 하여 그림과 같이 작도한다.

❹ OFFSET-T-옵셋할 객체 선택-통과점을 클릭 하여 그림과 같이 작도한다.

ⓒ Extend : 길이가 짧은 대상물을 선택한 경계선까지 늘이는데 사용

```
명령: EXTEND Enter↵
현재 설정값: 투영= UCS 모서리=없음
경계 모서리 선택 ...
객체 선택: Enter↵ 1개를 찾음 〈연장 경계선 선택〉
객체 선택: 〈연장할 객체 선택〉
〈반복〉
```

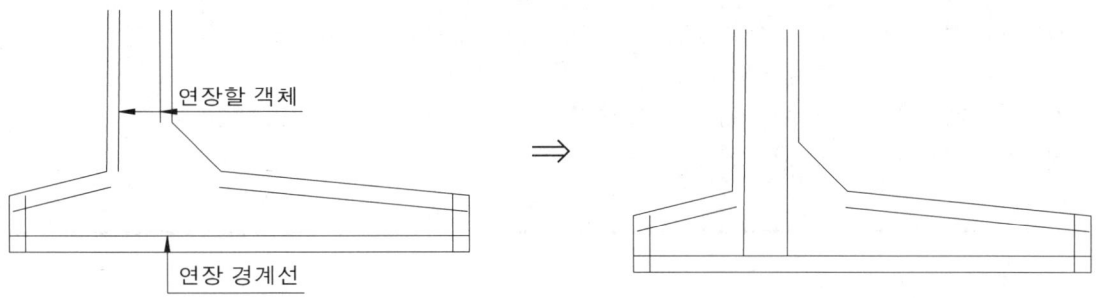

■ 연장 경계선 1곳을 설정하고 Enter↵한 후 연장할 객체를 각각 클릭한다.

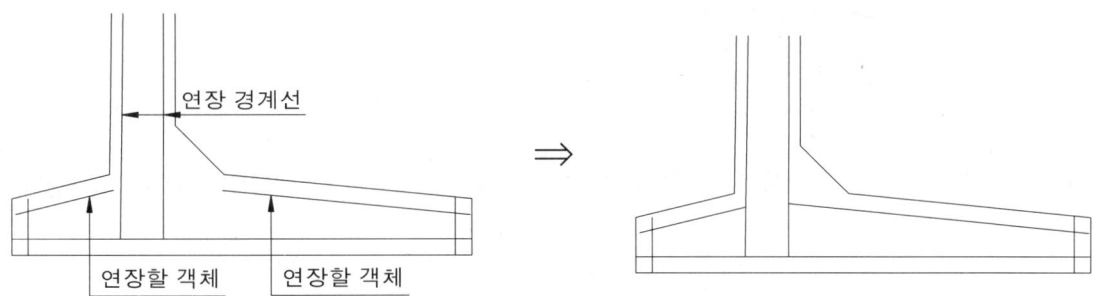

■ 연장 경계선 2곳을 설정하고 Enter↵한 후 연장할 객체를 각각 클릭한다.

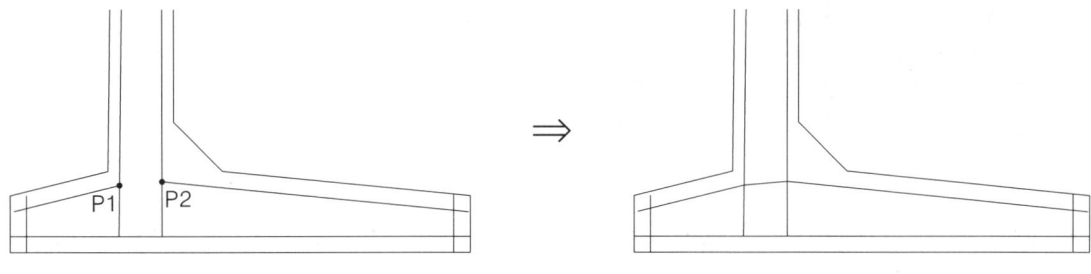

■ P1과 P2는 LINE 명령어로 연결

ⓒ Trim : 대상물의 길이를 경계에 의해 잘라내는 명령

```
명령: TRIM [Enter↵]
현재 설정값: 투영=UCS 모서리=없음
절단 모서리 선택 ...
객체 선택: 1개를 찾음〈경계 선택〉
객체 선택: [Enter↵]
자르기할 객체 선택 또는 연장을 위한 shift+선택   또는 [투영(P)/모서리(E)/명령
취소(U)]: 〈자르기 할 객체 선택〉
자르기할 객체 선택 또는 연장을 위한 shift+선택   또는 [투영(P)/모서리(E)/명령
취소(U)]: 〈자르기 할 객체 선택〉
자르기할 객체 선택 또는 연장을 위한 shift+선택   또는 [투영(P)/모서리(E)/명령
취소(U)]: 〈자르기 할 객체 선택〉
〈반복〉
```

■ 경계선 3곳을 선택하여 점선으로 변경이 되면 [Enter↵]한 후 자르기 할 객체를 순서대로 선택한다.

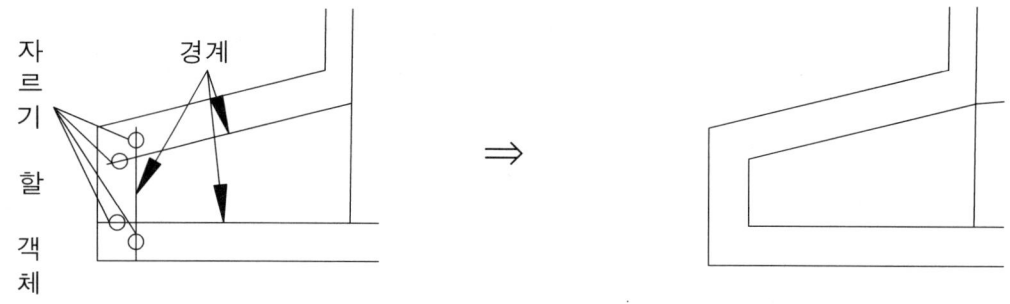

■ 경계선 3곳을 선택하여 점선으로 변경이 되면 [Enter↵]한 후 자르기 할 객체를 순서대로 선택한다.

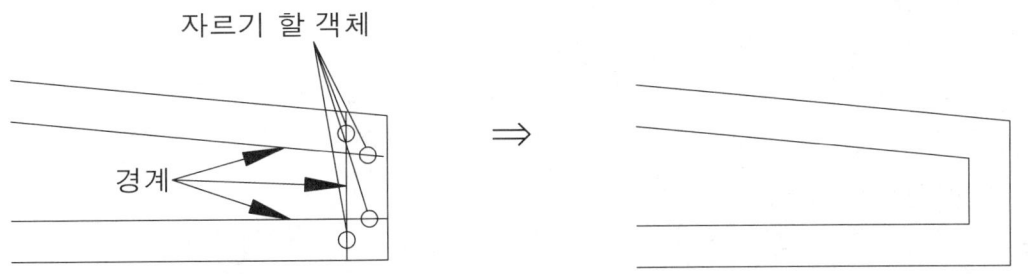

▣ 경계선 3곳을 선택하여 점선으로 변경이 되면 [Enter↵]한 후 자르기 할 객체를 순서대로 선택한다.

㉣ 헌치 부분 철근 작도

Ⓗ D16 철근

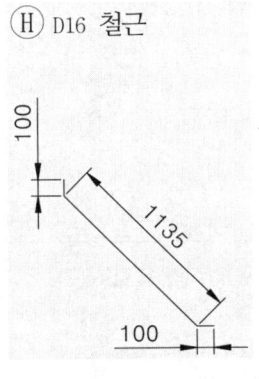

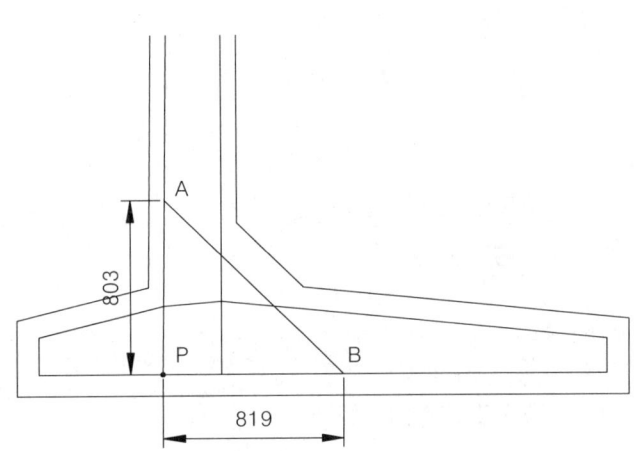

▣ P점에서 수직으로 802.6(A점), 수평으로 818.6(B점)을 연결 한다.(정밀도가 0으로 되어 있기 때문에 화면상에서는 정수만 표시된다. 작도시에는 소수자리까지 입력요망)

▣ Ⓗ D16 철근의 수직과 수평 길이 계산

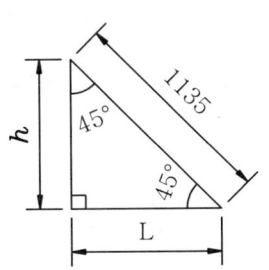 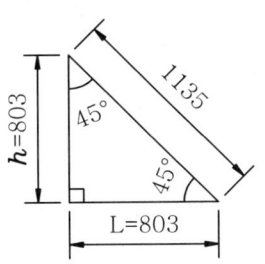 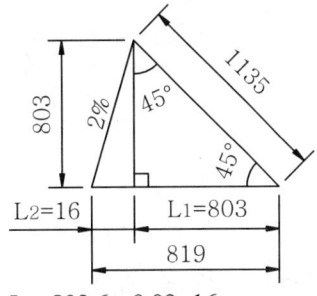

$h = 1135 \times \sin 45° = 802.6$
$L = 1135 \times \cos 45° = 802.6$

$L_2 = 802.6 \times 0.02 = 16$
∴ 헌치 부분의 수평 길이
 $= L_1 + L_2 = 802.6 + 16 = 818.6$

ⓓ 철근선을 모두 선택하여 철근선 Layer로 변경

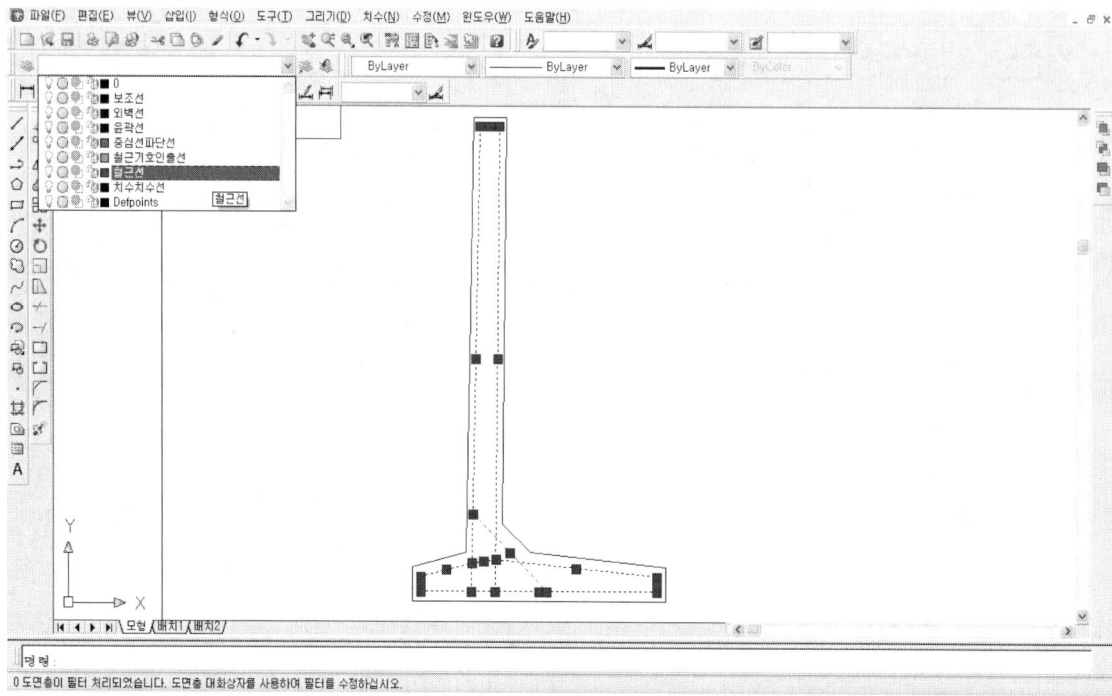

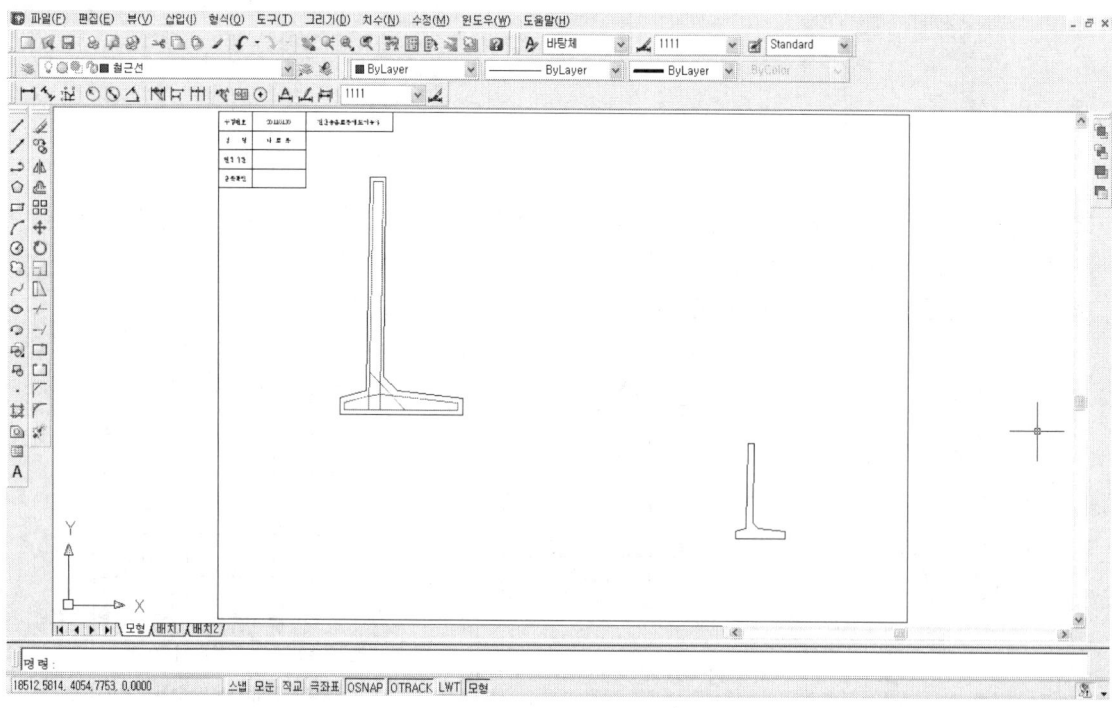

⑤ 단면도의 철근 단면 그리기(DONUT, OFFSET 명령 실행)
  ㉠ 보조선 Layer 선택하여 점철근이 위치할 보조선을 단면도의 철근선을 기준으로 (OFFSET=20) 작도한다.

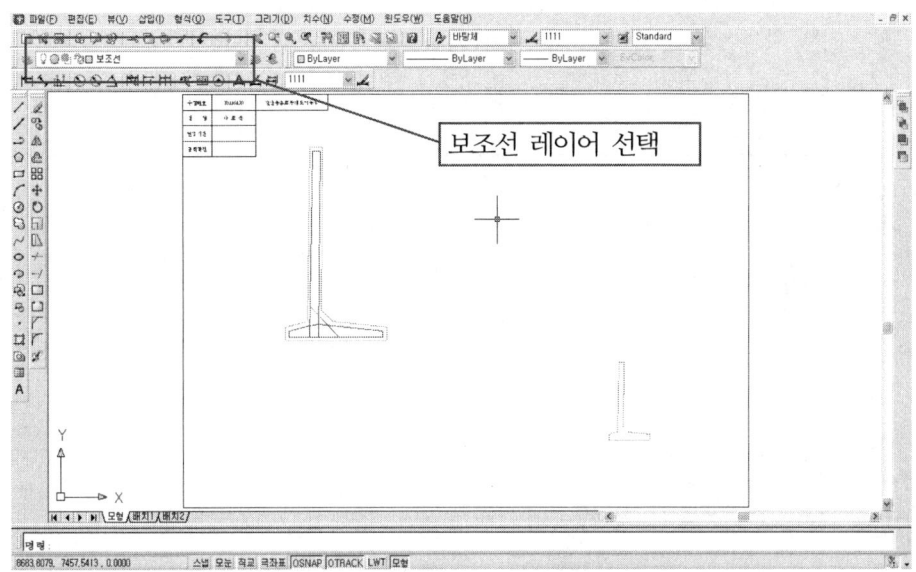

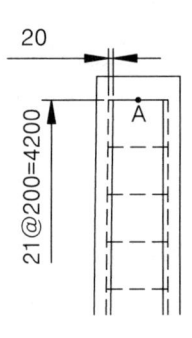
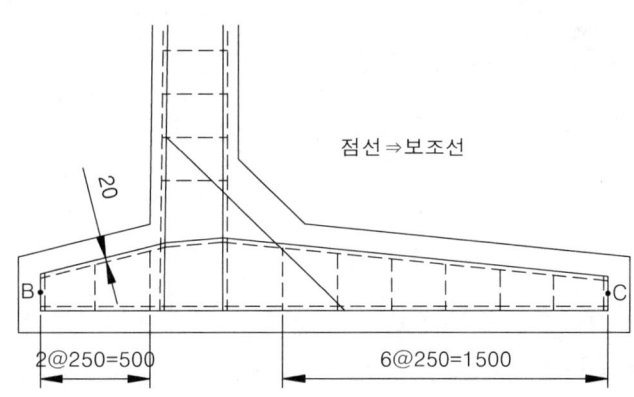

■ 보조선 색상을 노란색으로 설정한다.
■ 단면도의 철근선을 기준으로 20만큼 OFFSET한 후 모두 선택하여 보조선 Layer로 변경한다. ⇒ 철근 단면을 작도한 후 보조선 Layer만 선택하여 삭제하기 편리하다.
■ ⓦ4 D13, ⓕ5 D13 철근 간격은 벽체와 저판을 참고하여 작도한다.
  (OFFSET, EXTEND, TRIM, 보조선을 적절히 활용한다.)
  ☞ 21@200 : A선을 기준으로 OFFSET=200(또는 ARRAY 명령을 활용)
  ☞ 2@250 : B선을 기준으로 OFFSET=250
  ☞ 6@250 : C선을 기준으로 OFFSET=250
■ 교차점에 점철근을 넣기 때문에 보조선끼리 반드시 교차하도록 한다.

ⓒ 철근선 레이어로 변경 : DONUT 명령어로 철근 단면을 작도한다.

```
명령: DONUT Enter↵
도넛의 내부 지름 지정 〈0.0000〉:0 Enter↵
도넛의 외부 지름 지정 〈40.0000〉:40 Enter↵〈출력시 1mm로 표시됨〉
도넛의 중심 지정 또는 〈나가기〉:〈점철근을 표시해야 할 곳에 보조선의 교차점을 확인하면서 클릭〉
〈반복〉
```

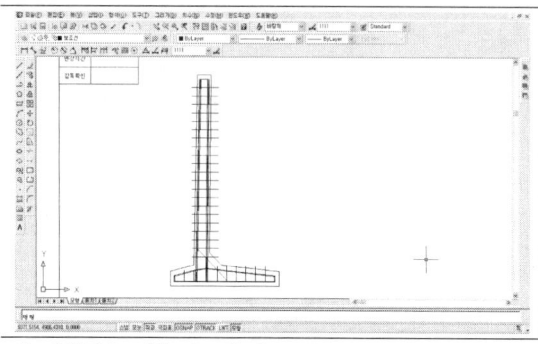

❶ 점철근을 넣을 보조선 작도

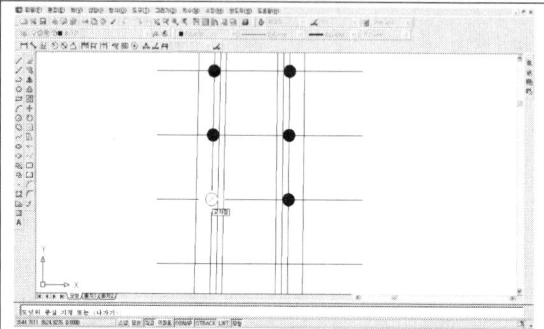

❷ DONUT 명령어로 보조선의 교차점에 점철근을 정확히 위치시킨다.

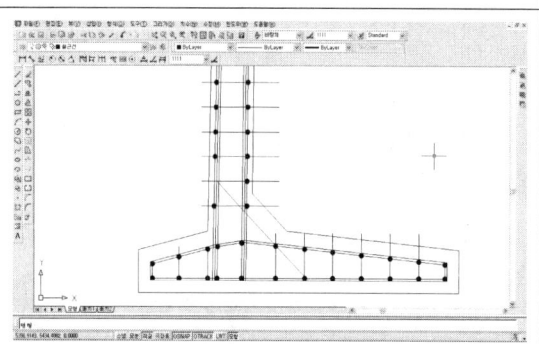

❸ 도면상에 있는 점철근을 확인하면서 빠짐없이 작도한다.

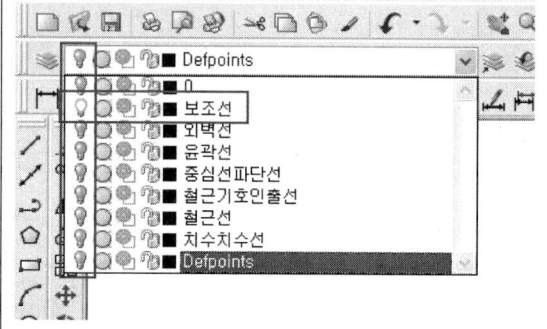

❹ 레이어창에서 보조선 표시등만 남기고 나머지 클릭하면 표시등이 OFF가 된다.-화면상에 보조선만 나타남

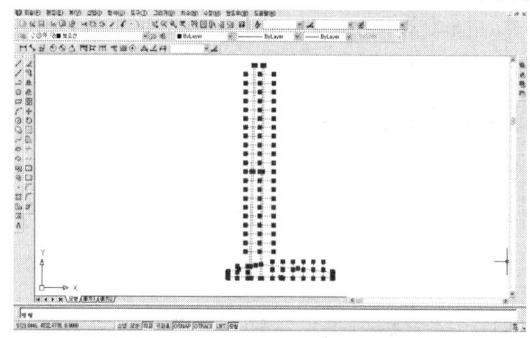

❺ 보조선을 전부 선택하여 삭제-레이어창에서 OFF된 표시등을 클릭하여 ON-화면에서 클릭

❻ 점철근 작도 완성 도면

⑥ 스페이서 철근 배열(OFFSET, LINE, CHPROP 명령 실행)
  ㉠ LINE 또는 OFFSET 명령을 실행하여 벽체와 저판에 있는 스페이서 철근을 작도
  ㉡ 3개중 가운데 있는 스페이서 철근(①,②) 속성 변경(CHPROP)

```
명령: CHPROP Enter↵
객체 선택: 1개를 찾음〈①번선 선택〉
객체 선택: 1개를 찾음, 총 2〈②번선 선택〉
객체 선택: Enter↵
변경할 특성 입력
[색상(C)/도면층(LA)/선종류(LT)/선종류축척(S)/선가중치(LW)/두께(T)]: LT Enter↵
새로운 선종류 이름 입력 〈ByLayer〉: HIDDEN Enter↵
변경할 특성 입력
[색상(C)/도면층(LA)/선종류(LT)/선종류축척(S)/선가중치(LW)/두께(T)]: S Enter↵
새로운 선종류 축척을(를) 지정 〈1.0000〉: 300 Enter↵ 〈도면과 비슷하게 임의값으로 조정〉
변경할 특성 입력
[색상(C)/도면층(LA)/선종류(LT)/선종류축척(S)/선가중치(LW)/두께(T)]: Enter↵
```

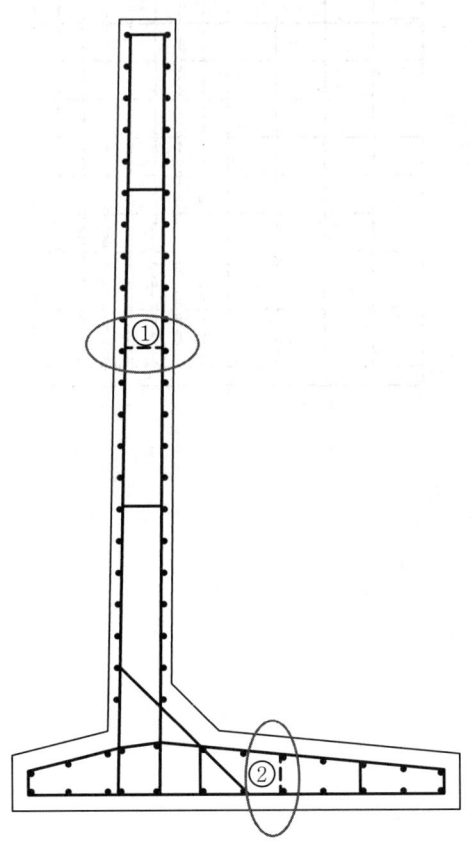

4. 벽체 작도

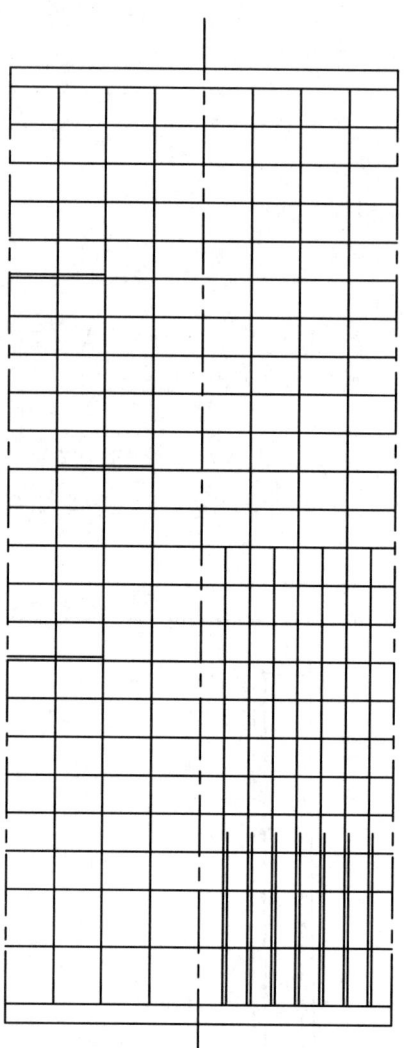

① 외벽선 작도(LINE 명령 실행)
  ㉠ 철근선 Layer 선택
  ㉡ LINE 명령 실행 - 단면도 오른쪽 위 모서리에 십자 커서를 가져다 놓고 오른쪽으로 이동하여 추적선(OTRACK-ON)상의 임의의 위치에 첫 번째 점(①) 을 결정

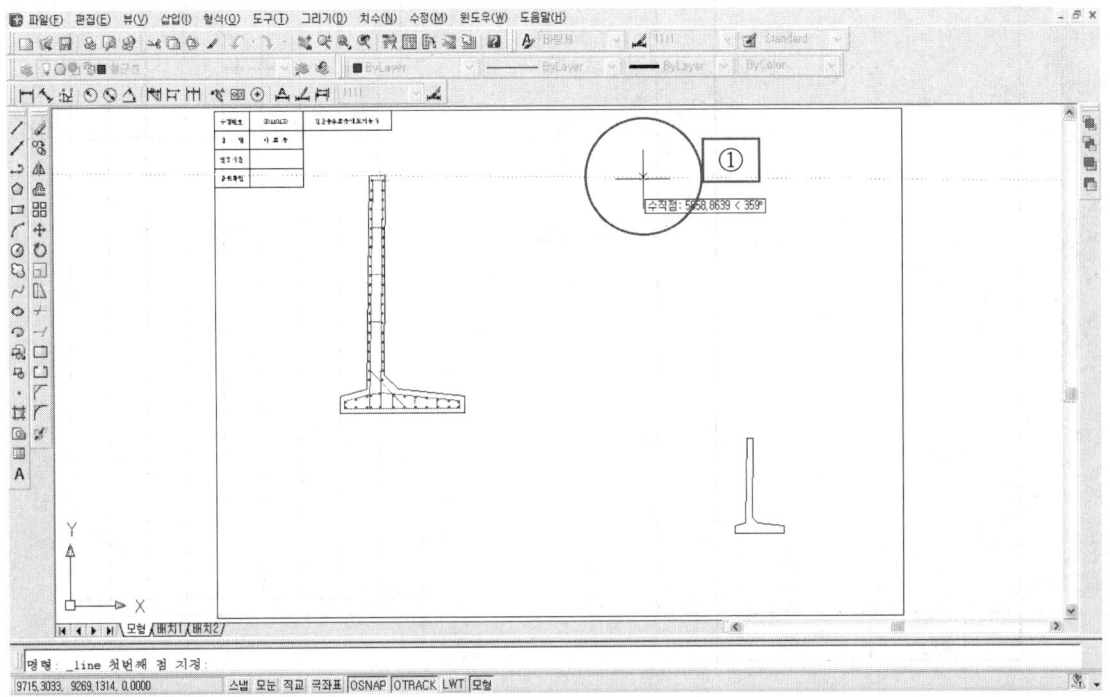

명령:LINE [Enter↵]
첫번째 점 지정:①번 위치에 클릭
다음 점 지정 또는 [명령 취소(U)]: 1000 [Enter↵] 〈커서를 오른쪽으로 향하고 1000〉
다음 점 지정 또는 [명령 취소(U)]: 1000 [Enter↵] 〈커서를 오른쪽으로 향하고 1000〉
다음 점 지정 또는 [닫기(C)/명령 취소(U)]: 5000 [Enter↵] 〈커서를 아래쪽으로 향하고 5000〉
다음 점 지정 또는 [닫기(C)/명령 취소(U)]: 1000 [Enter↵] 〈커서를 왼쪽으로 향하고 1000〉
다음 점 지정 또는 [닫기(C)/명령 취소(U)]: 1000 [Enter↵] 〈커서를 왼쪽으로 향하고 1000〉
다음 점 지정 또는 [닫기(C)/명령 취소(U)]: C [Enter↵]

■ 직교 ON으로 설정

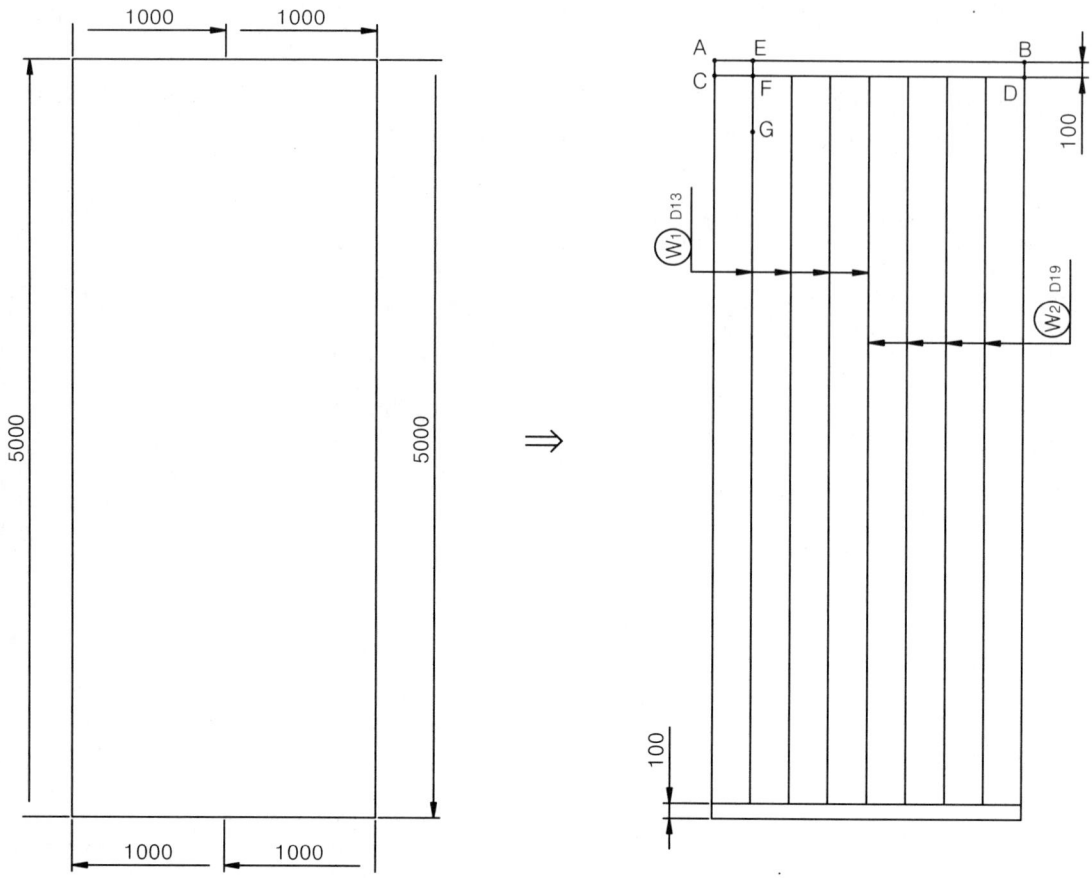

② Ⓦ₁ D13 , Ⓦ₂ D19 철근선 작도(OFFSET, TRIM 명령 실행)

    ㉠ AB선을 기준으로 아래 방향으로 OFFSET 100 하여 CD선을 작도한다.
       (아래쪽도 같은 방법)
    ㉡ AC선을 기준으로 오른쪽 방향으로 OFFSET 250하여 EG선을 작도한다.
    ㉢ CD선을 경계로 TRIM 명령으로 EF선을 자르기 한다.
       (아래쪽도 같은 방법)
    ㉣ FG선을 기준으로 오른쪽 방향으로 OFFSET 250하여 철근선을 작도한다.

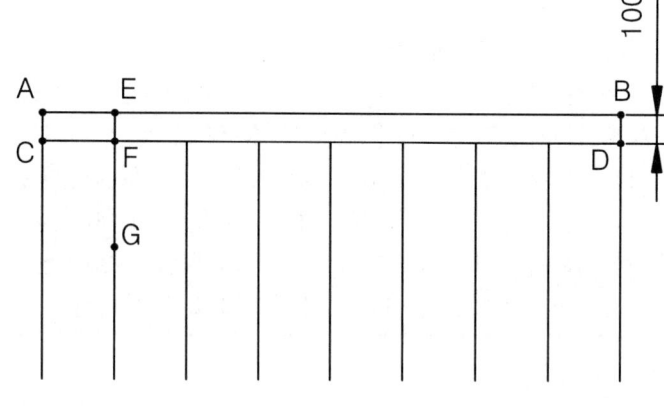

[위 오른쪽 그림의 상부 상세도]

■ TRIM할 선 선택-파란색 포인트 – TRIM할 쪽을 마우스 클릭 – 붉은색 포인트로 변하면 드래그하여 기준선까지 끌고 가면 수정할 수 있다. – 연장할 경우에도 활용)

③ Ⓦ3 D19 철근선 작도(OFFSET, TRIM 명령 실행)
  ㉠ Ⓦ2 D19 철근 AB를 기준으로 오른쪽으로 OFFSET=125
  ㉡ BC를 기준으로 위쪽으로 2400 되는 위치에 보조선을 그리고 TRIM 명령으로 ○표시 부분을 자르기 한다.
  ㉢ 작도 된 Ⓦ3 D19 철근선을 오른쪽으로 OFFSET=250 하여 오른쪽 그림과 같이 작도한다.
    (Ⓦ2 D19 철근과 겹쳐지는 부분은 작도할 필요가 없다.)

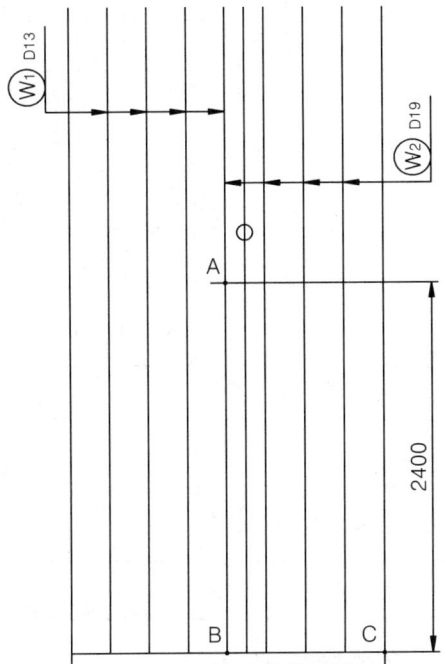 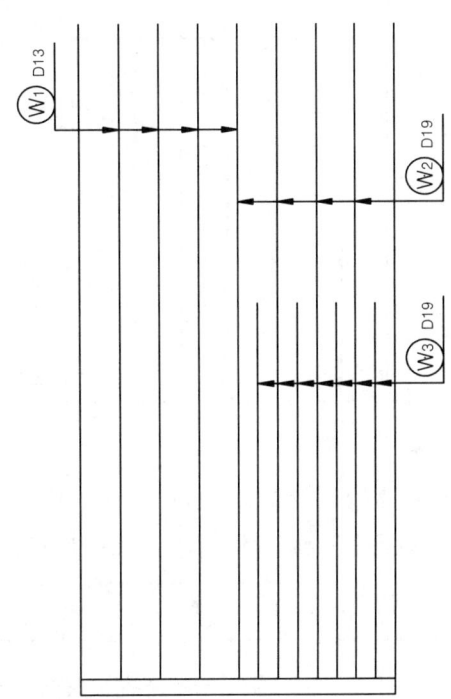

④ Ⓗ D16 철근선 작도(OFFSET, TRIM 명령 실행)
  ㉠ Ⓗ D16 철근의 수직 길이 계산

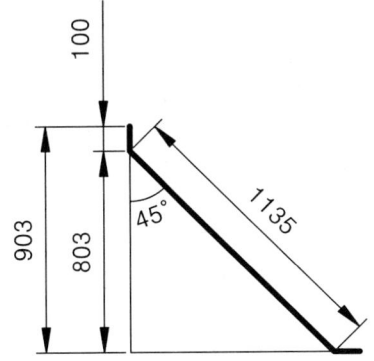

Ⓗ D16 철근의 수직 길이=$(1135 \times \sin 45°)+100=903$

ⓒ Ⓦ₃ D19 철근 AB를 기준으로 오른쪽으로 OFFSET=20
ⓒ BC를 기준으로 위쪽으로 903 되는 위치에 보조선을 그리고 TRIM 명령으로 윗 부분을 자르기 한다.
ⓔ 작도 된 Ⓗ D16 철근선을 오른쪽으로 OFFSET=125 하여 오른쪽 그림과 같이 작도한다.

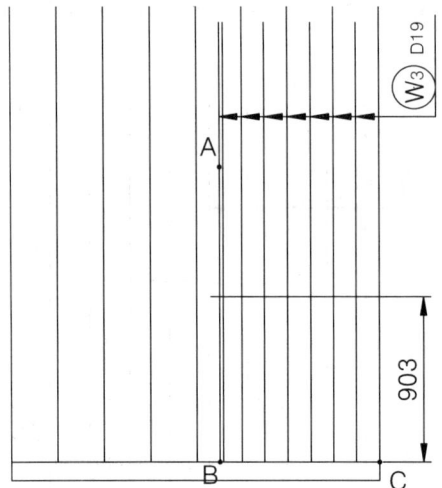 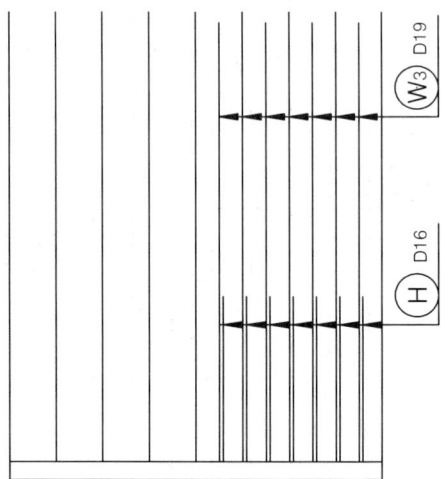

⑤ Ⓦ₄ D13 철근선 작도(OFFSET, ARRAY 명령 실행)
㉠ AB, BC 철근선을 기준으로 ARRAY 명령어로 작도한다.(다음 페이지 그림 참고)

명령: ARRAY [Enter↵]

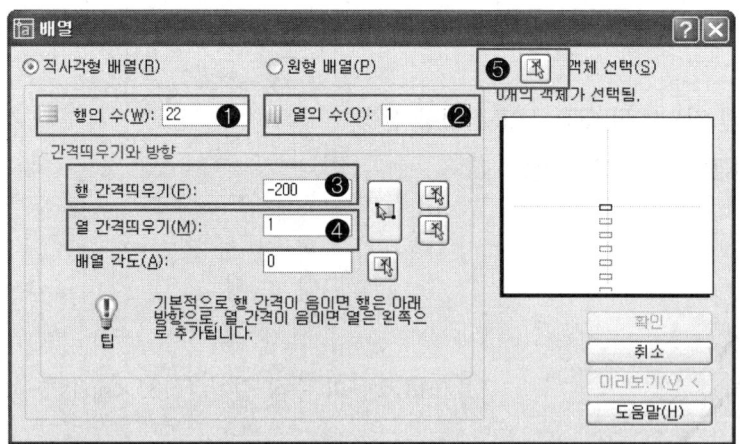

배열 대화창에서 ❶ 행의 수: 22, ❷ 열의 수: 1, ❸ 행 간격띄우기: -200, ❹ 열 간격띄우기: 1로 수정 - ❺ 객체 선택을 클릭 - 도면상의 AB와 BC를 선택 [Enter↵] - 확인
㉡ 나머지 부분은 OFFSET-300으로 작도한다.

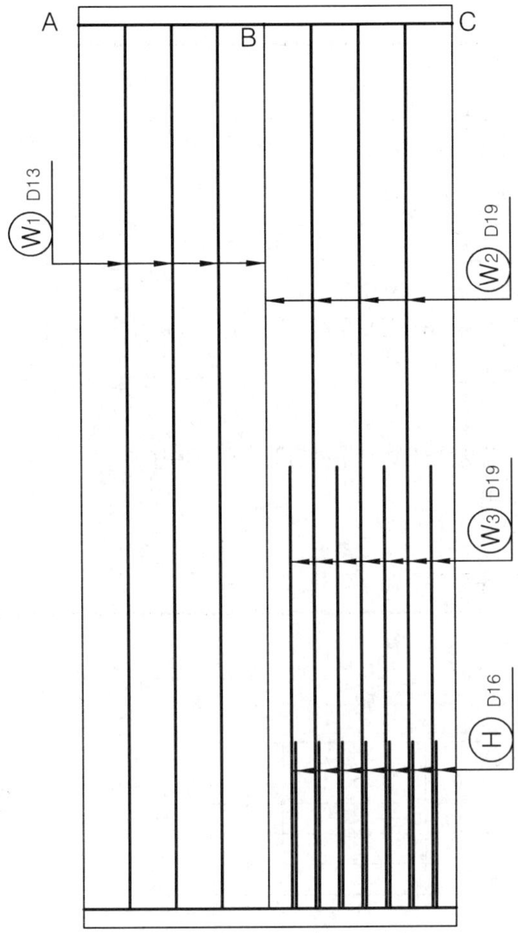

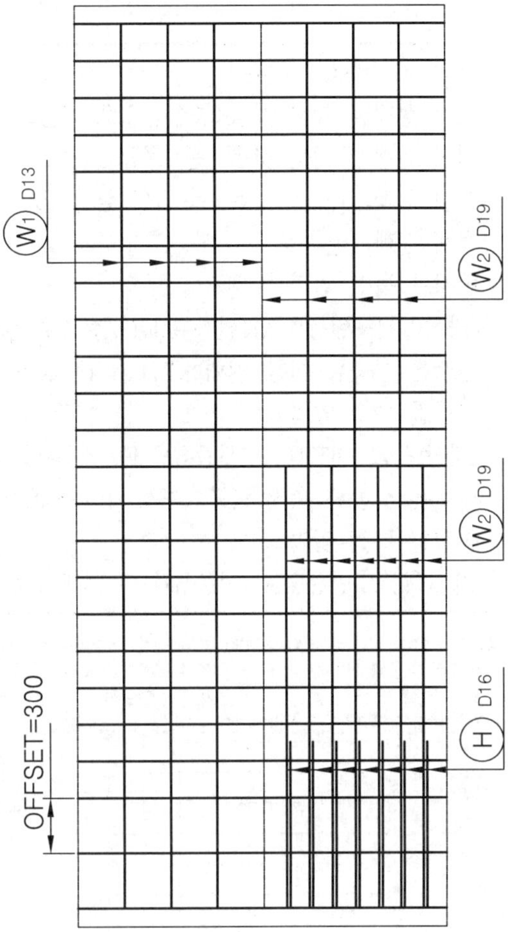

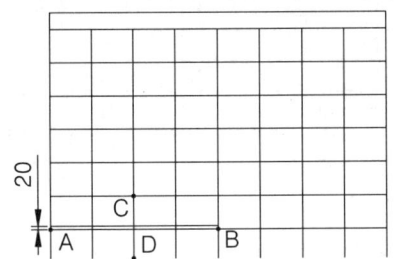
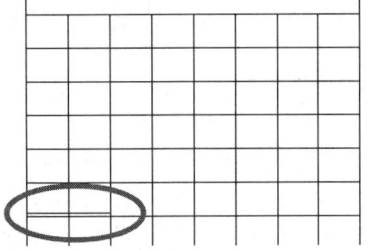

⑥ Ⓢ₁ D13 철근선 작도(OFFSET, TRIM 명령 실행)

㉠ Ⓦ₄ D13 철근선 AB를 기준으로 윗쪽으로 OFFSET=20

㉡ CD를 경계로 오른쪽 부분을 TRIM으로 자르기 한다.(AB선택-파란색 포인트-B점을 한번 더 클릭-붉은색 포인트로 변경이 되면 CD선까지 끌기를 하여도 된다.)

㉢ 아래 부분의 Ⓢ₁ D13 철근선도 같은 방법으로 작도한다.(Ⓢ₂ D13 철근선이 위치할 곳에 보조선을 작도 - ㉡에서 작도한 Ⓢ₂ D13 철근을 COPY하여 붙인다.)

⑦ 중심선 속성 변경(CHPROP 명령 실행)

명령: CHPROP [Enter↵]
객체 선택: 1개를 찾음〈중심선으로 변경할 ①번 선 선택〉
객체 선택: 1개를 찾음, 총 2〈중심선으로 변경할 ②번 선 선택〉
객체 선택: 1개를 찾음, 총 3〈중심선으로 변경할 ③번 선 선택〉
객체 선택: [Enter↵]
변경할 특성 입력
[색상(C)/도면층(LA)/선종류(LT)/선종류축척(S)/선가중치(LW)/두께(T)]: LT [Enter↵]
새로운 선종류 이름 입력 〈ByLayer〉: CENTER [Enter↵]
변경할 특성 입력
[색상(C)/도면층(LA)/선종류(LT)/선종류축척(S)/선가중치(LW)/두께(T)]: S [Enter↵]
새로운 선종류 축척을(를) 지정 〈1.0000〉: 10 [Enter↵]
변경할 특성 입력
[색상(C)/도면층(LA)/선종류(LT)/선종류축척(S)/선가중치(LW)/두께(T)]: [Enter↵]

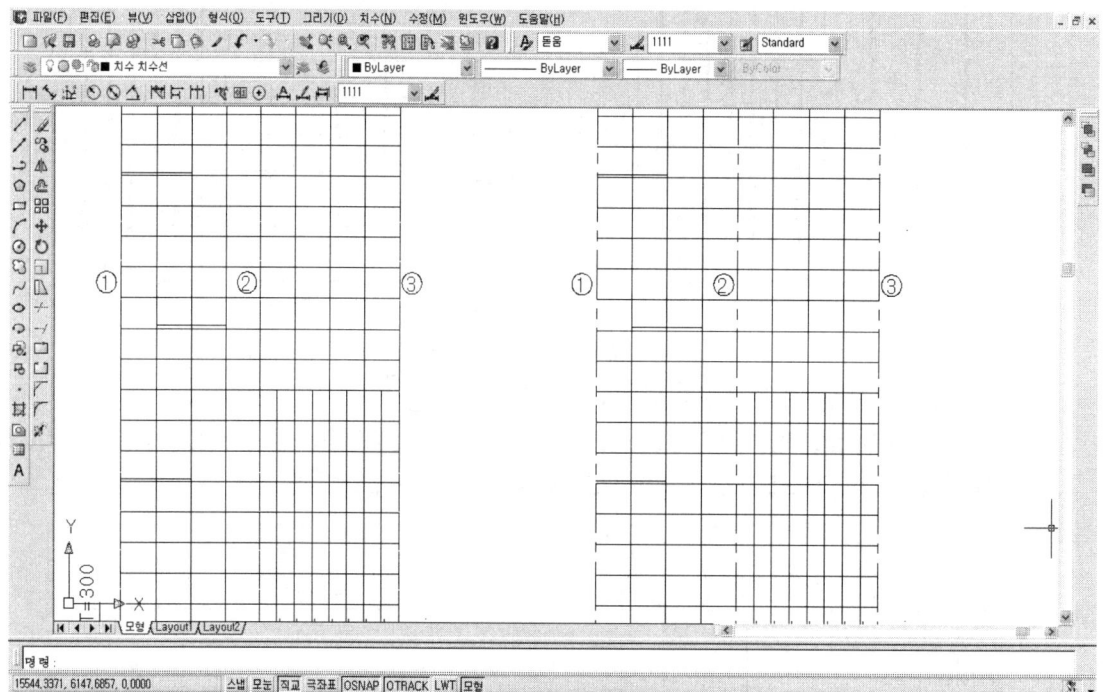

㉠ 중심선 ①, ②, ③을 선택하여 중심선 Layer로 변경
㉡ 중심선 ②번은 선택하여 양쪽에서 연장하여 도면과 같이 작도한다.
㉢ 벽체의 맨 위쪽 선과 아래쪽 선은 선택하여 외벽선 Layer로 변경

5. 저판 작도

① 외벽선 작도(LINE 명령 실행)
  ㉠ 철근선 Layer 선택
  ㉡ LINE 명령 실행 - 단면도 왼쪽 아래 모서리에 십자 커서를 가져다 놓고 아래쪽으로 이동하여 추적선(OTRACK-ON)상의 임의의 위치에 첫 번째 점(①)을 결정

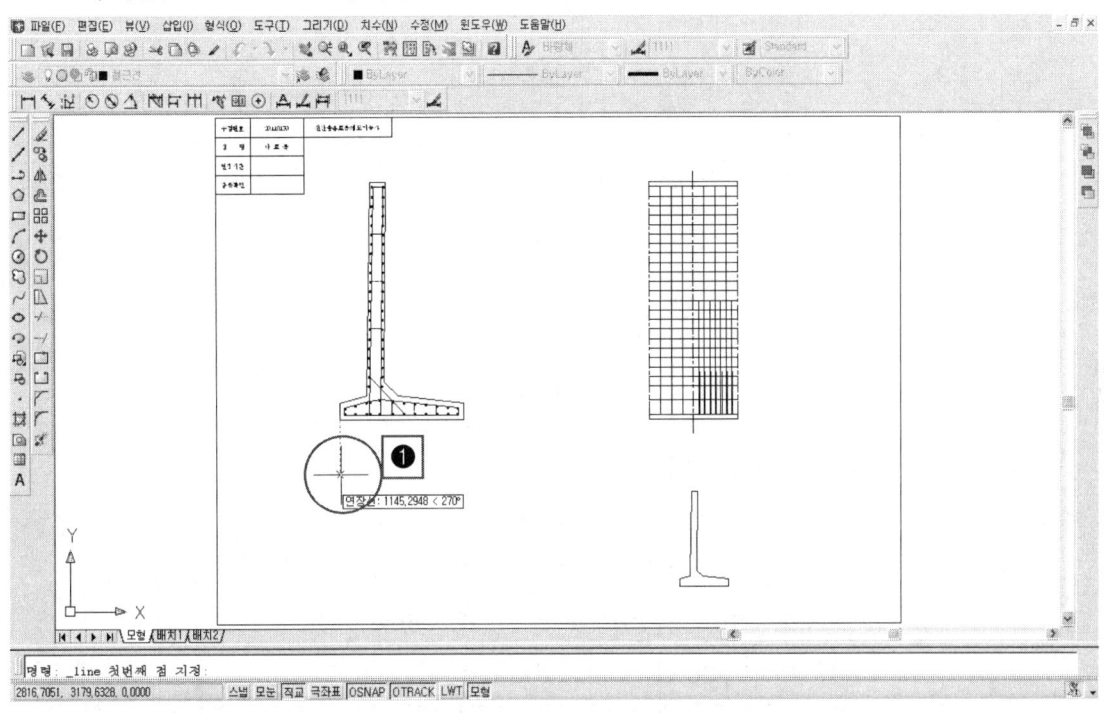

명령: LINE [Enter↵]
첫번째 점 지정:①번 위치에 클릭
다음 점 지정 또는 [명령 취소(U)]: 2800 [Enter↵] 〈커서를 오른쪽으로 향하고 2800〉
다음 점 지정 또는 [명령 취소(U)]: 1000 [Enter↵] 〈커서를 아래쪽으로 향하고 1000〉
다음 점 지정 또는 [닫기(C)/명령 취소(U)]: 1000 [Enter↵] 〈커서를 아래쪽으로 향하고 1000〉
다음 점 지정 또는 [닫기(C)/명령 취소(U)]: 2800 〈커서를 왼쪽으로 향하고 2800〉
다음 점 지정 또는 [닫기(C)/명령 취소(U)]: 1000 〈커서를 위쪽으로 향하고 1000〉
다음 점 지정 또는 [닫기(C)/명령 취소(U)]: C [Enter↵]

■ 직교 ON으로 설정

② F5 D13 철근선 작도(OFFSET, TRIM 명령 실행)
  ㉠ AB선을 기준으로 도면 치수와 같이 OFFSET하여 상면의 F5 D13 철근선 작도
  ㉡ BC선을 기준으로 도면 치수와 같이 OFFSET하여 하면의 F5 D13 철근선 작도

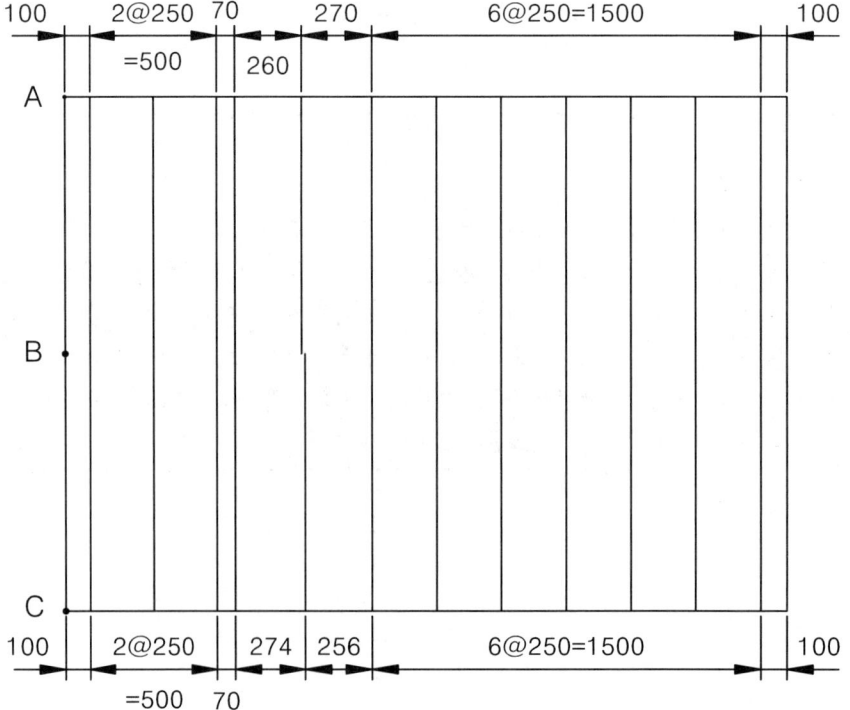

③ F2 D16 철근선 작도(OFFSET, TRIM 명령 실행)
  ㉠ AB선을 기준으로 아래쪽으로 OFFSET=125
  ㉡ AC선과 BD선을 경계로 ○부분을 TRIM 명령으로 자르기 한다.(TRIM할 선 선택 – 파란색 포인트–TRIM할 쪽을 마우스 클릭 – 붉은색 포인트로 변하면 드래그하여 기준선까지 끌고 가면 수정할 수 있다. – 연장할 경우에도 활용)
  ㉢ OFFSET=125로 CD까지 작도한다.

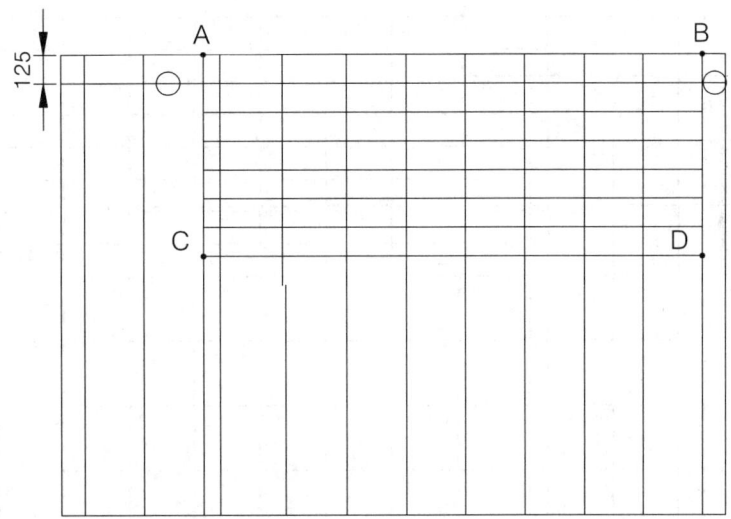

④ F3 D16 철근선 작도(OFFSET, TRIM 명령 실행)
  ㉠ AB선을 기준으로 위쪽으로 OFFSET=250
  ㉡ AC선과 BD선을 경계로 ○부분을 TRIM 명령으로 자르기 한다.(TRIM할 선 선택 – 파란색 포인트 – TRIM할 쪽을 마우스 클릭 – 붉은색 포인트로 변하면 드래그하여 기준선까지 끌고 가면 수정할 수 있다. – 연장할 경우에도 활용)
  ㉢ OFFSET=250으로 CD까지 작도한다.

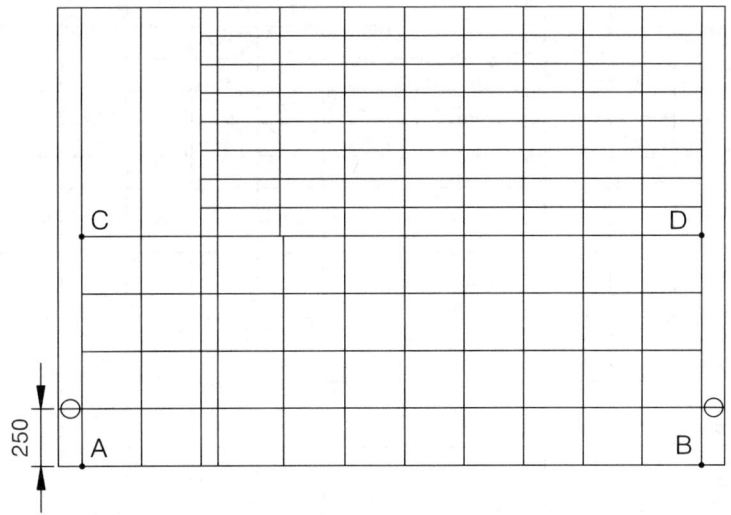

⑤ Ⓕ1 D16 철근선 작도(OFFSET, TRIM 명령 실행)
  ㉠ AB선을 기준으로 위쪽으로 OFFSET=270
  ㉡ CD선을 경계로 오른쪽 부분(점선)을 TRIM 명령으로 자르기 한다.(선택하여 마우스로 끌어서 길이를 조절하여도 된다.)
  ㉢ OFFSET=250으로 나머지 Ⓕ1 D16 철근선을 작도한다.

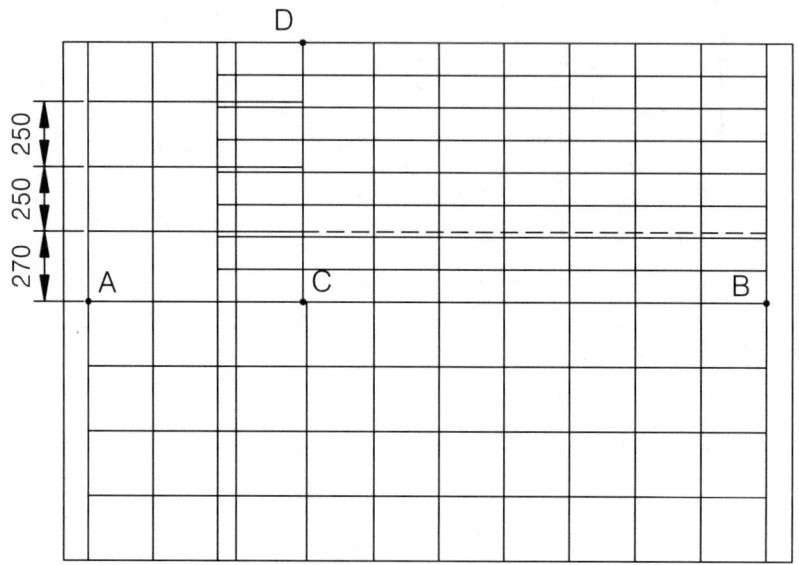

⑥ Ⓕ4 D16 철근선 작도(OFFSET, TRIM 명령 실행)
  ㉠ AB선을 기준으로 아래쪽으로 OFFSET=125
  ㉡ CD선을 경계로 오른쪽 부분(점선)을 TRIM 명령으로 자르기 한다.(선택하여 마우스로 끌어서 길이를 조절하여도 된다.)
  ㉢ OFFSET=250으로 나머지 Ⓕ4 D16 철근선을 작도한다.

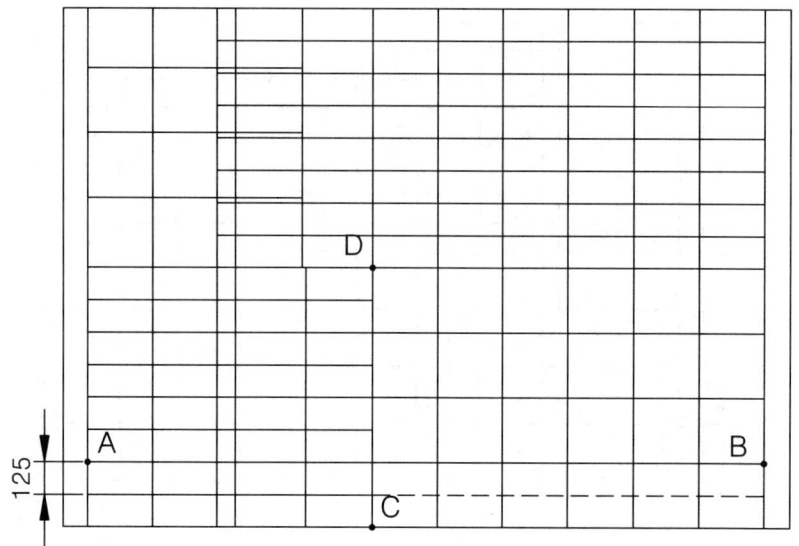

⑦ Ⓢ2 D13 철근선 작도(OFFSET, TRIM 명령 실행)
  ㉠ 11, 22, 33선을 기준으로 왼쪽으로 OFFSET 20
  ㉡ TRIM [Enter↵] ⇒ AA, BB, CC선을 자르기할 경계로 선택
  ㉢ 점선 부분을 클릭하여 자르기 한다.

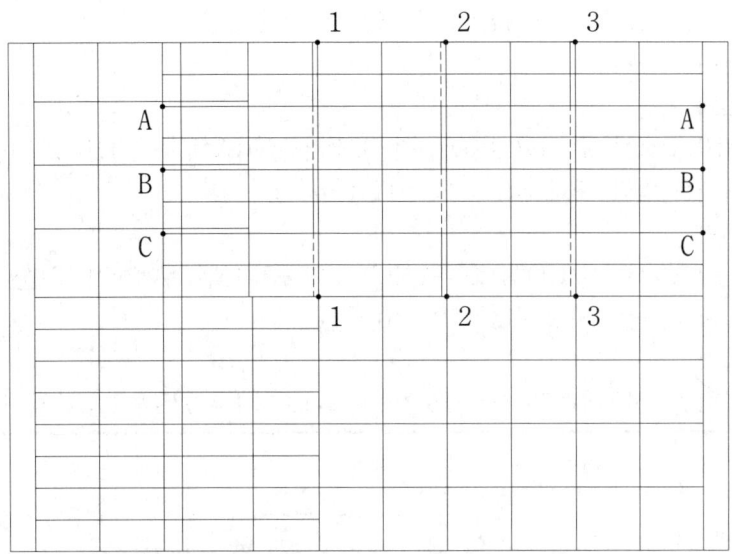

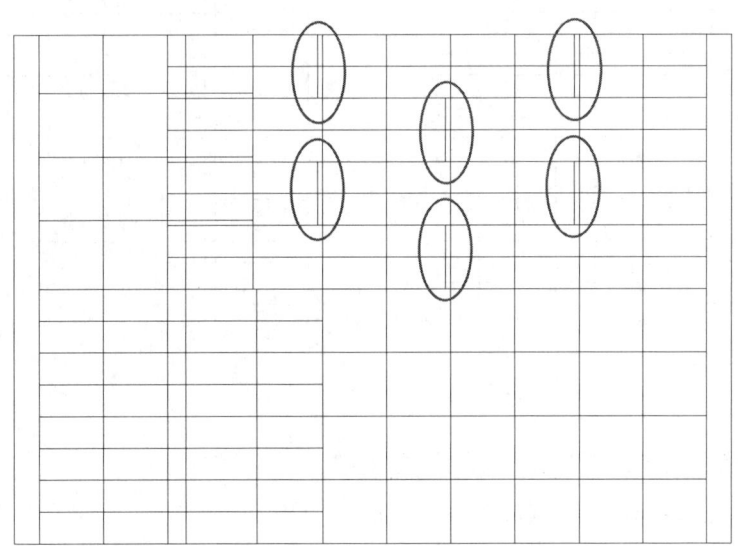

⑧ 중심선 속성 변경(CHPROP 명령 실행)

명령: CHPROP [Enter↵]
객체 선택: 1개를 찾음 〈중심선으로 변경할 ①번 선 선택〉
객체 선택: 1개를 찾음, 총 2 〈중심선으로 변경할 ②번 선 선택〉
객체 선택: 1개를 찾음, 총 3 〈중심선으로 변경할 ③번 선 선택〉
객체 선택: [Enter↵]
변경할 특성 입력
[색상(C)/도면층(LA)/선종류(LT)/선종류축척(S)/선가중치(LW)/두께(T)]: LT [Enter↵]
새로운 선종류 이름 입력 〈ByLayer〉: CENTER [Enter↵]
변경할 특성 입력
[색상(C)/도면층(LA)/선종류(LT)/선종류축척(S)/선가중치(LW)/두께(T)]: S [Enter↵]
새로운 선종류 축척을(를) 지정 〈1.0000〉: 10 [Enter↵]
변경할 특성 입력
[색상(C)/도면층(LA)/선종류(LT)/선종류축척(S)/선가중치(LW)/두께(T)]: [Enter↵]

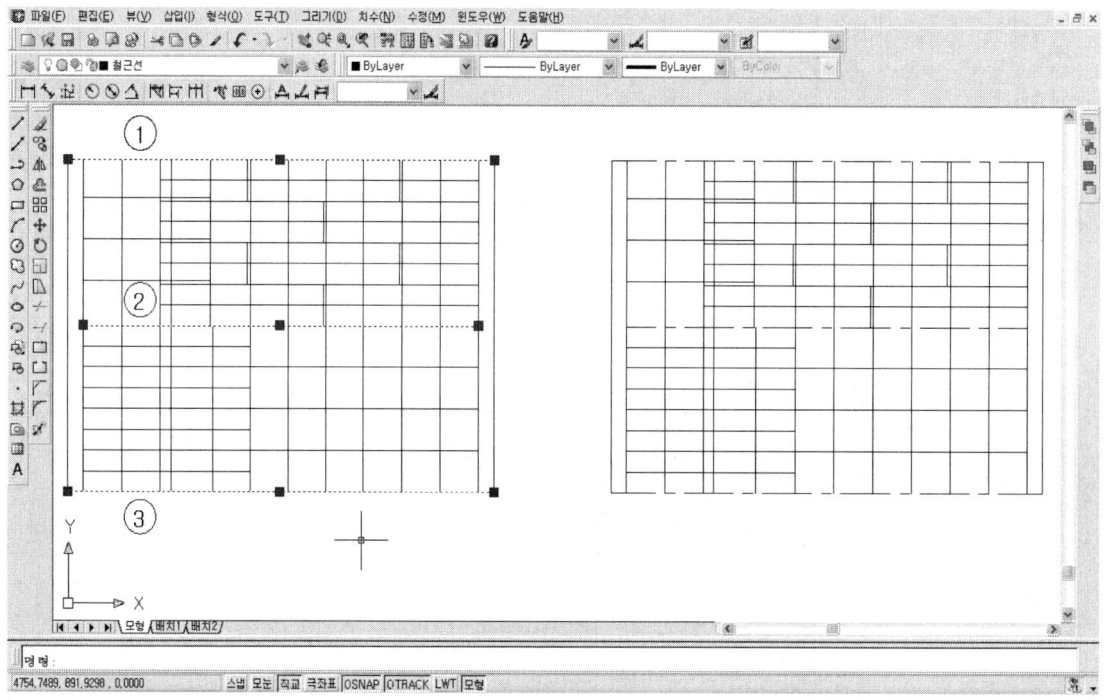

㉠ 중심선 ①, ②, ③을 선택하여 중심선 Layer로 변경
㉡ 중심선 ②번은 보조선을 활용하여 좌우로 EXTEND명령어로 연장하여 도면과 같이 작도한다.
  (선을 선택하여 좌우 끝을 마우스로 선택, 끌어서 연장하여도 된다.)
㉢ 맨 왼쪽 선과 오른쪽 선은 선택하여 외벽선 LAYER로 변경

6. 일반도 작도

① 외벽선 Layer 선택
② 지반 작도
　㉠ LINE 명령 - 일반도 왼쪽아래 모서리에서 왼쪽 방향의 추적선의 한 위치에서 첫번째 점을 선택

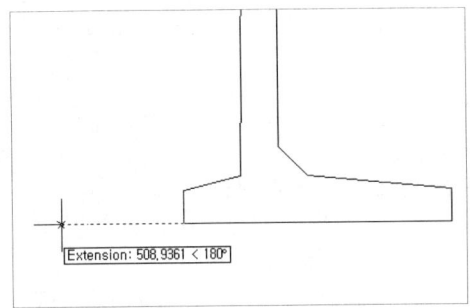

　㉡ 커서를 위쪽으로 한 다음 400 [Enter↵] - 커서를 오른쪽으로 한 다음 1000 [Enter↵][Enter↵]

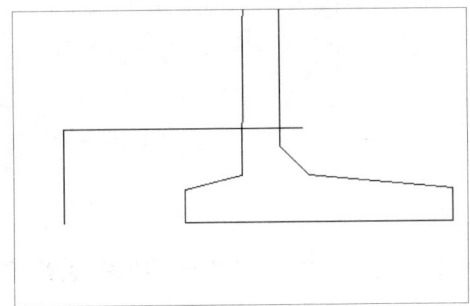

　㉢ 첫 번째 선 선택⇒삭제(Delete- [Delete])

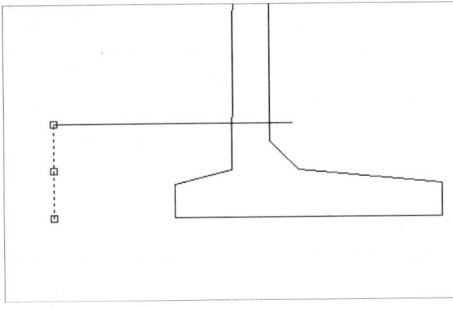

ㄹ TRIM 명령 실행 불필요한 부분 삭제

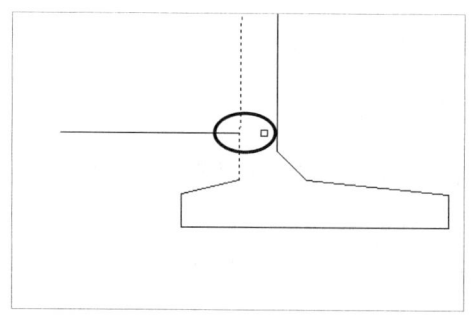

ㅁ 오른쪽 위 모서리 부분은 Line 명령으로 작도

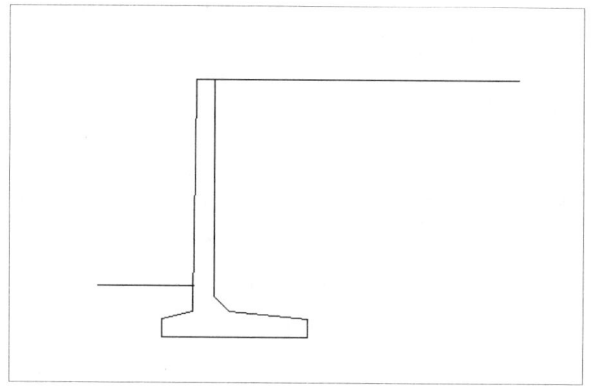

③ 지반 표시 작도
  ㉠ 지반 밑의 적당한 위치에 밑변70, 높이70 삼각형 작도⇒밑변, 높이 선택⇒삭제

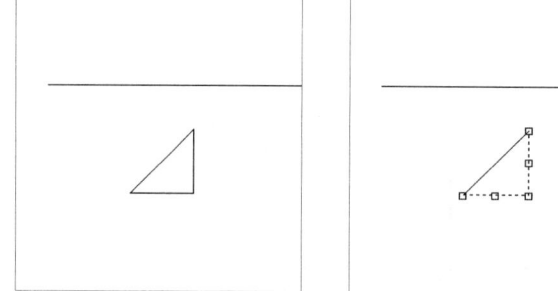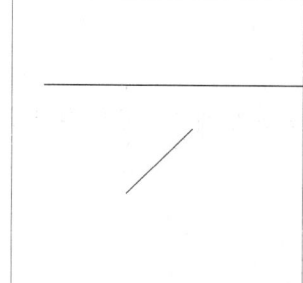

  ㉡ COPY명령 실행 3개의 사선을 작도

| 명령: COPY Enter↵ |
| 객체 선택: 〈직교 켜기〉 1개를 찾음 |
| 객체 선택: Enter↵ 〈마우스를 오른쪽으로 끌어 놓는다〉 |
| 기준점 또는 변위 지정: 변위의 두번째 점 지정 또는 〈변위로 첫번째 점 사용〉: 30 Enter↵ |

변위의 두번째 점 지정: 60 `Enter↵`
변위의 두번째 점 지정: `Enter↵`

ⓒ MOVE활용 하여 다음과 같이 작도

명령: MOVE `Enter↵`
객체 선택: 반대 구석 지정: 3개를 찾음〈선 3개 선택〉
객체 선택: `Enter↵`
기준점 또는 변위 지정:〈①번 점 선택〉
변위의 두번째 점 지정 또는 〈변위로 첫번째 점 사용〉:〈직교 끄기〉〈이동하고자 하는 곳에서 마우스 클릭〉

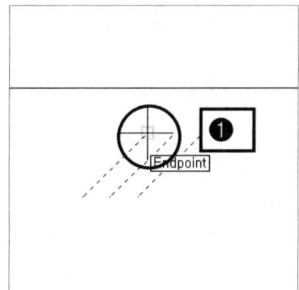 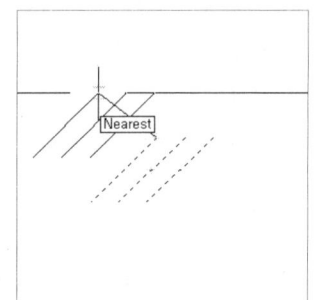 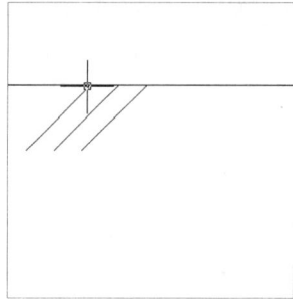

ⓔ COPY 명령 실행 다음과 같이 작도

명령: COPY `Enter↵`
객체 선택: 반대 구석 지정: 3개를 찾음〈선 3개 선택〉
객체 선택: `Enter↵`
기준점 또는 변위 지정: 변위의 두번째 점 지정 또는 〈변위로 첫번째 점 사용〉:
〈직교 켜기〉 120 `Enter↵` 〈직교 ON하여 수평으로 복사〉
변위의 두번째 점 지정: 240 `Enter↵`
변위의 두번째 점 지정: 360 `Enter↵` 〈오른쪽 여백을 보면서 적당하게 등간격으로 복사한다.〉

변위의 두번째 점 지정: 480 [Enter↵]
변위의 두번째 점 지정: [Enter↵]

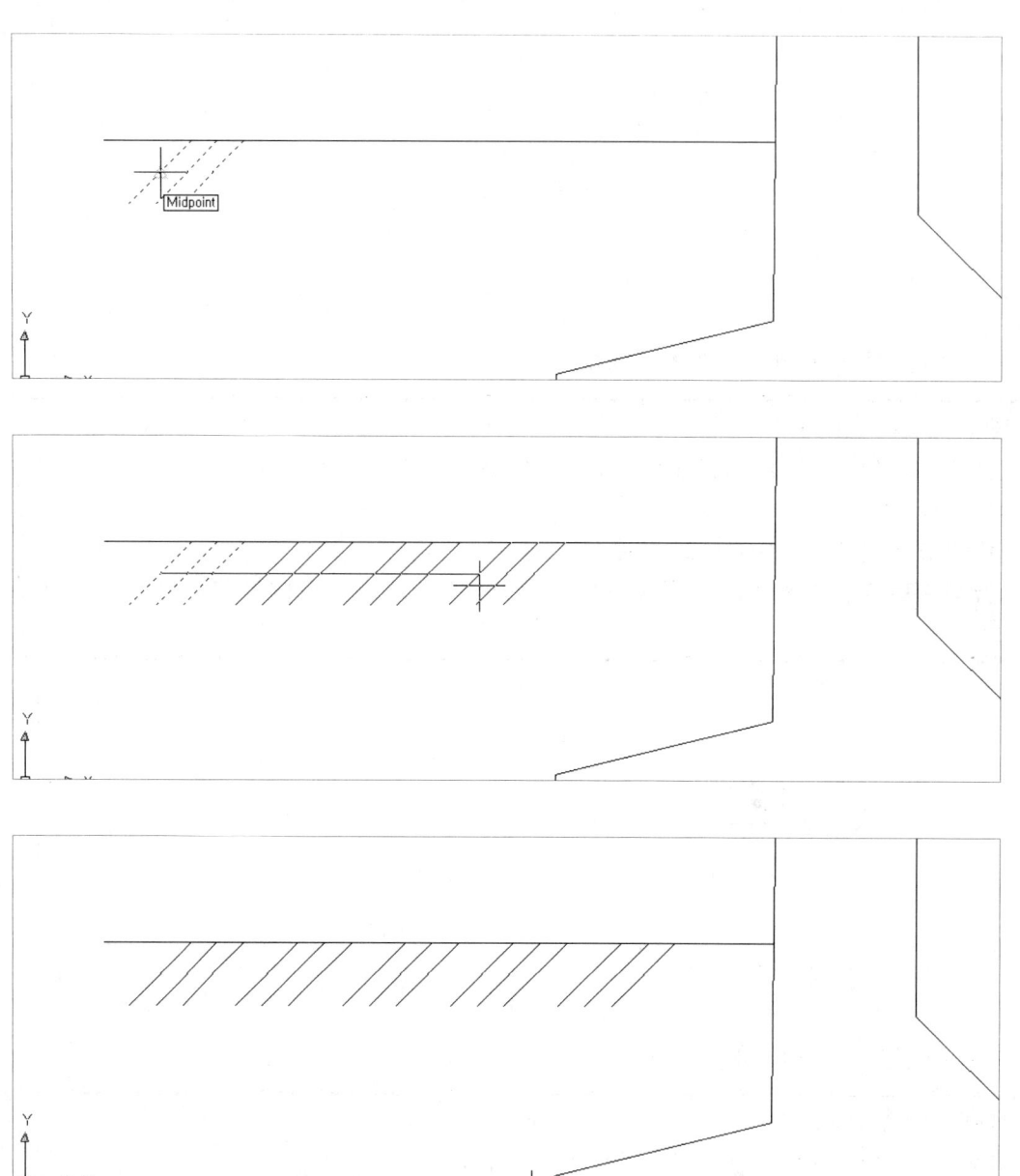

■ Ⅲ. 역T형 옹벽 175

⑩ 지반 위의 적당한 위치에 밑변70, 높이70 삼각형 작도 ⇒ 밑변, 높이 선택 ⇒ 삭제

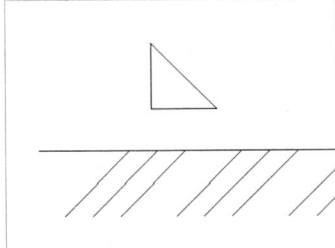 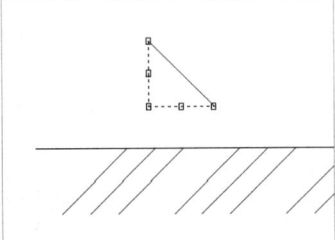 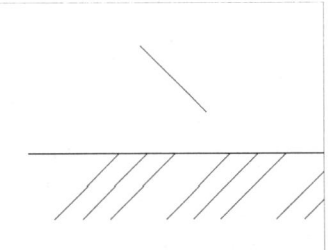

ⓑ COPY명령 실행 3개의 사선을 작도

명령: COPY [Enter↵]
객체 선택: 〈직교 켜기〉 1개를 찾음
객체 선택: [Enter↵] 〈마우스를 오른쪽으로 끌어 놓는다〉
기준점 또는 변위 지정: 변위의 두번째 점 지정 또는 〈변위로 첫번째 점 사용〉: 30 [Enter↵]
변위의 두번째 점 지정: 60 [Enter↵]
변위의 두번째 점 지정: [Enter↵]

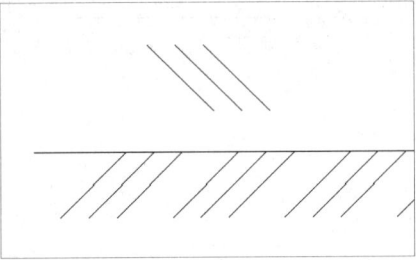

ⓢ MOVE 활용 하여 다음과 같이 작도

명령: MOVE [Enter↵]
객체 선택: 반대 구석 지정: 3개를 찾음〈선 3개 선택〉
객체 선택: [Enter↵]
기준점 또는 변위 지정:〈①번 점 선택〉
변위의 두번째 점 지정 또는 〈변위로 첫번째 점 사용〉:〈직교 끄기〉〈이동하고자 하는 곳에서 마우스 클릭〉

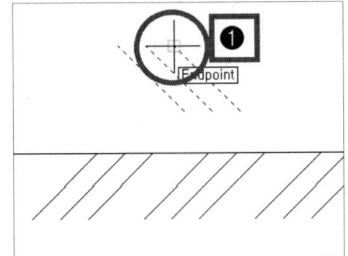 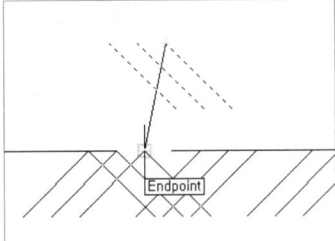 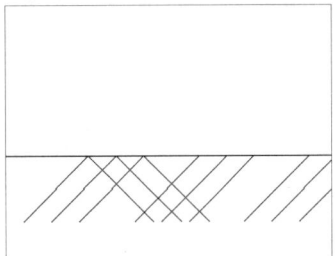

◎ TRIM 명령 실행 불필요한 부분 삭제

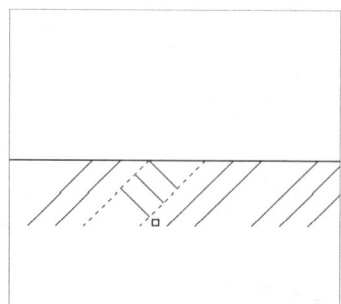

㉧ COPY 명령 실행하여 다음과 같이 작도

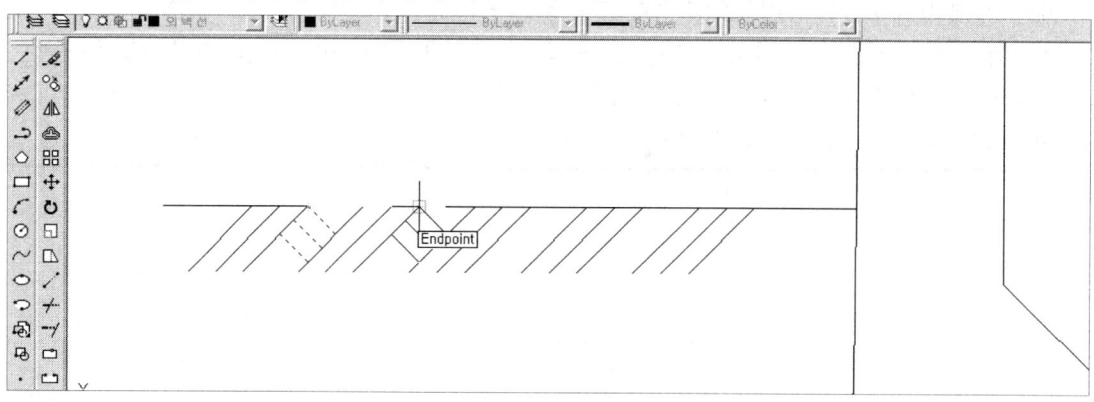

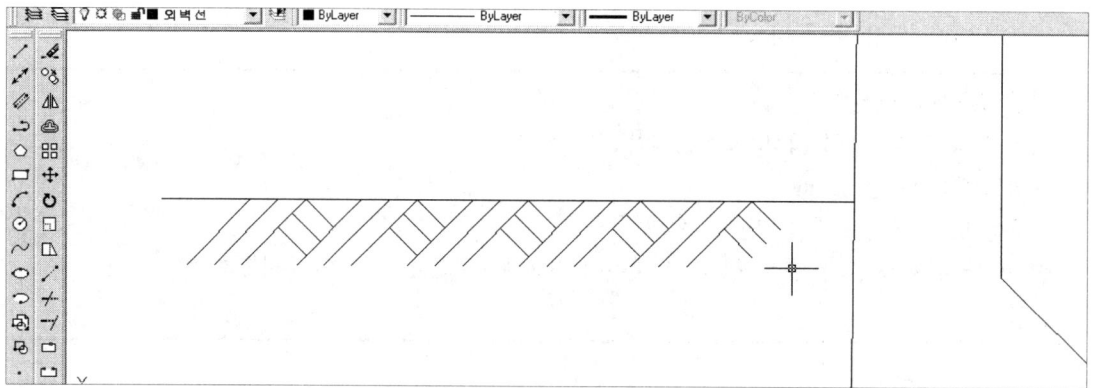

㉜ 보조선(OFFSET-50 활용)을 작도 ⇒ 불필요한 부분은 TRIM으로 삭제 ⇒ 보조선 삭제

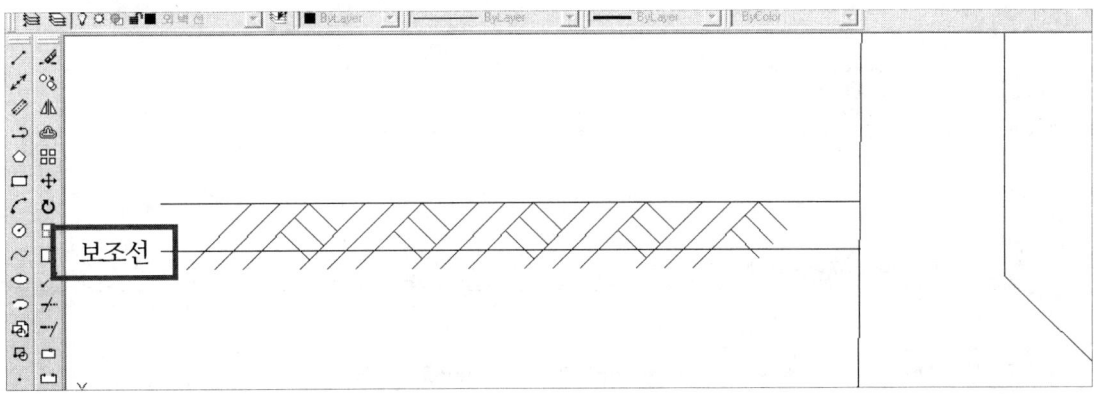

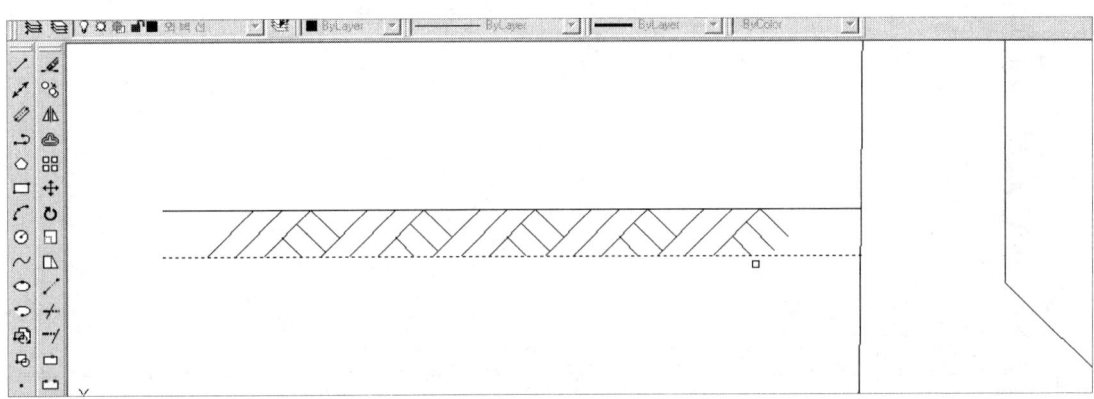

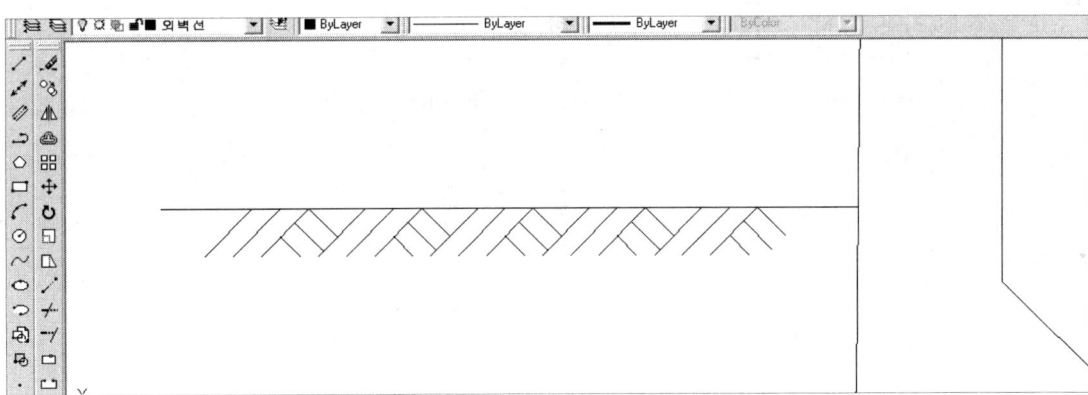

㉢ COPY 명령 실행 ⇒ 지반 표시 모두 선택 ⇒ ①위치 클릭 ⇒ 오른쪽 윗 부분에 2번 붙여넣기

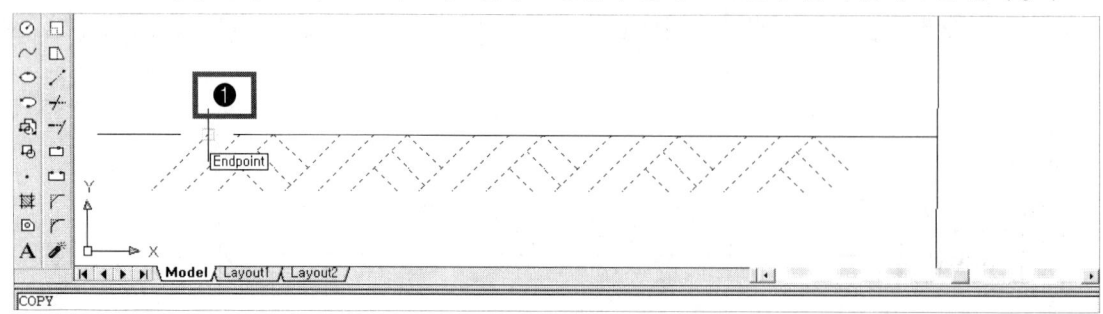

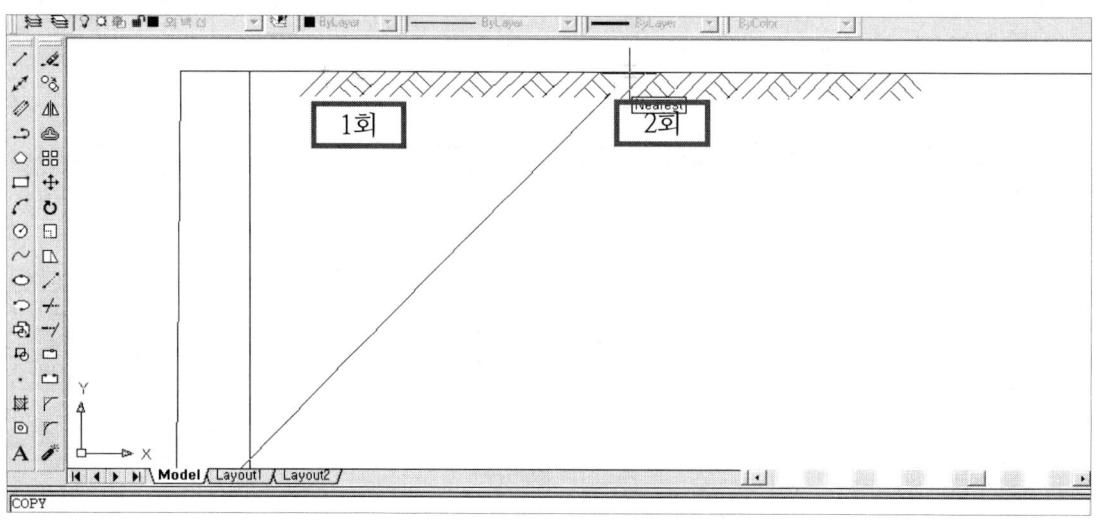

■ 지반표시는 여러 가지 방법으로 작도 할 수 있다.

㉣ 응력도 작도(LINE, OFFSET, TRIM 명령 실행)

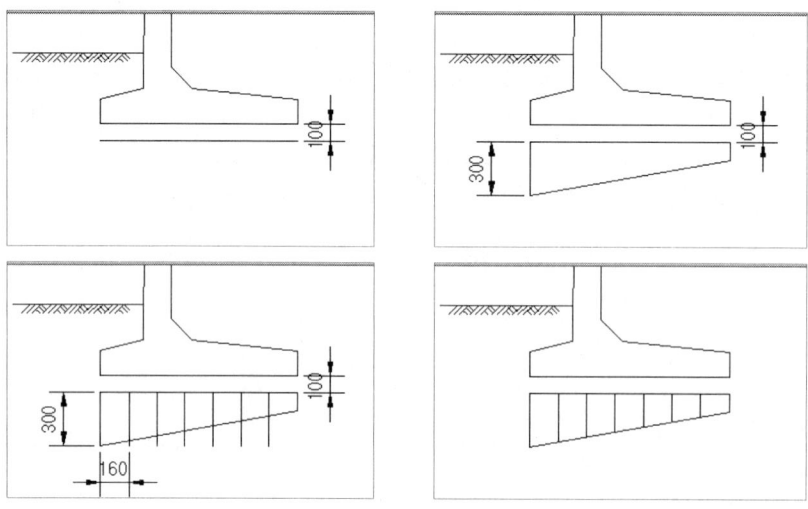

7. 철근 기호의 작도

① 철근기호 인출선 Layer 선택
② 철근기호를 작도할 인출선 및 보조선 작도(LINE, OFFSET, EXTEND, TRIM 명령 실행)
■ 수평, 수직선인 경우 ORTHO ⇒ ON을 활용하고, 헌치 부분의 경우는 ORTHO ⇒ OFF
■ OTRACK ⇒ ON을 활용하여 인출선 끝부분을 맞추어 작도하도록 한다.

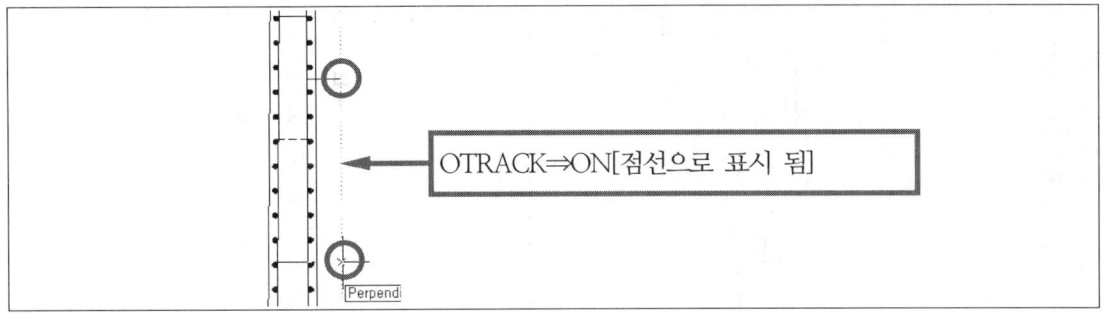

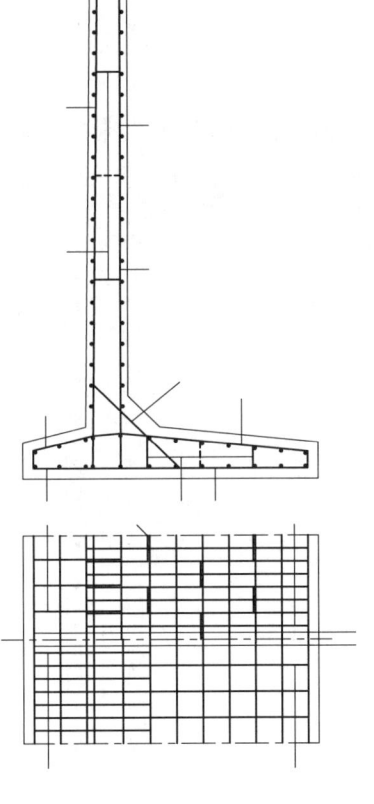

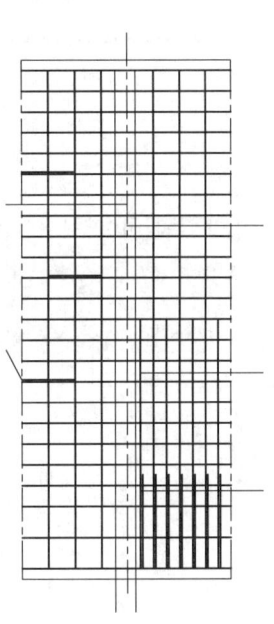

③ 인출선 보조선에 화살표 작도

㉠ 선형 치수 클릭 하여 수평과 수직으로 임의 치수선을 작도

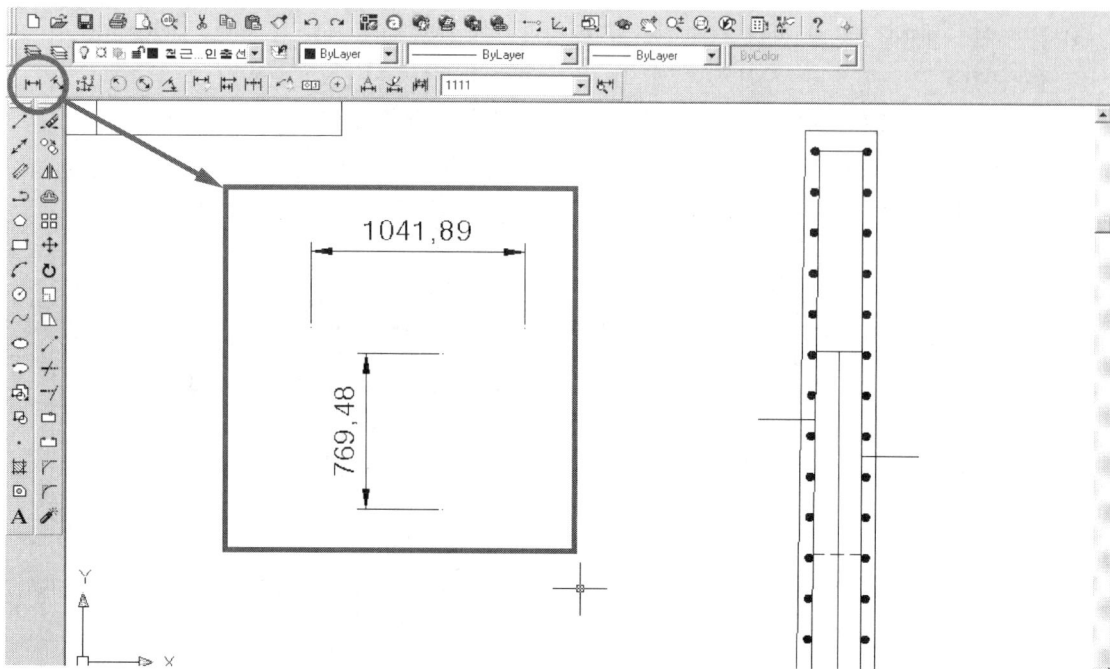

㉡ 분해 아이콘 클릭 하여 치수선을 선택 [Enter↵] - 치수선이 각각의 객체로 분해

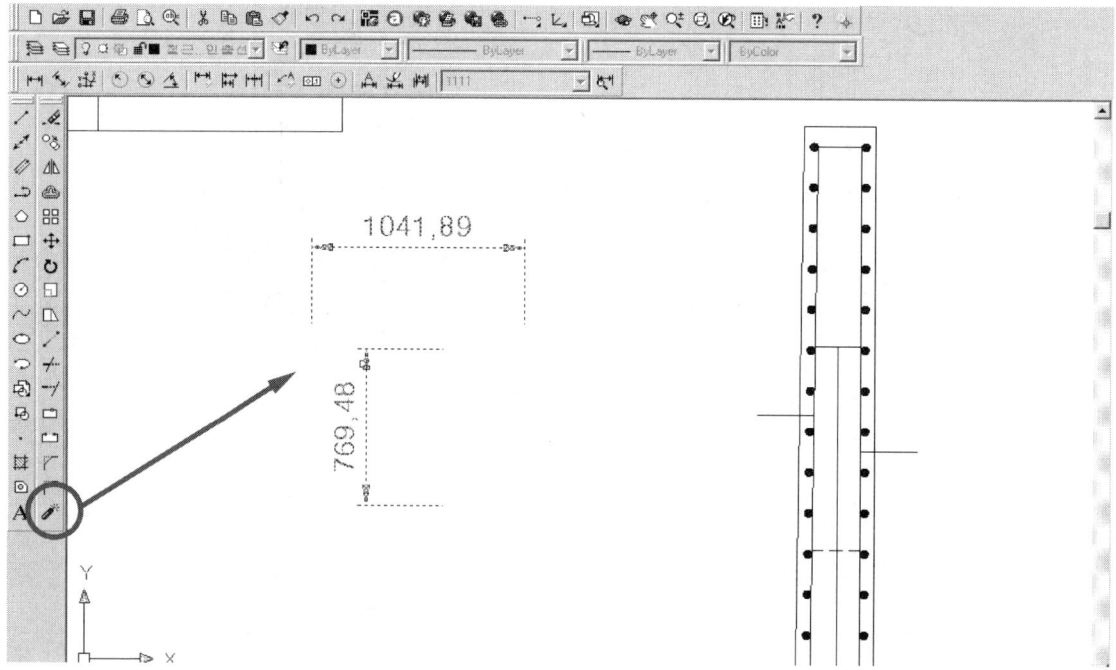

ⓒ COPY Enter↵ ⇒ 화살표 객체 선택(상하 좌우 중 필요한 객체) ⇒ Enter↵ ⇒ 화살표 끝부분 선택 ⇒ 복사할 곳에 작도(경사진 곳은 ROTATE 명령 실행)

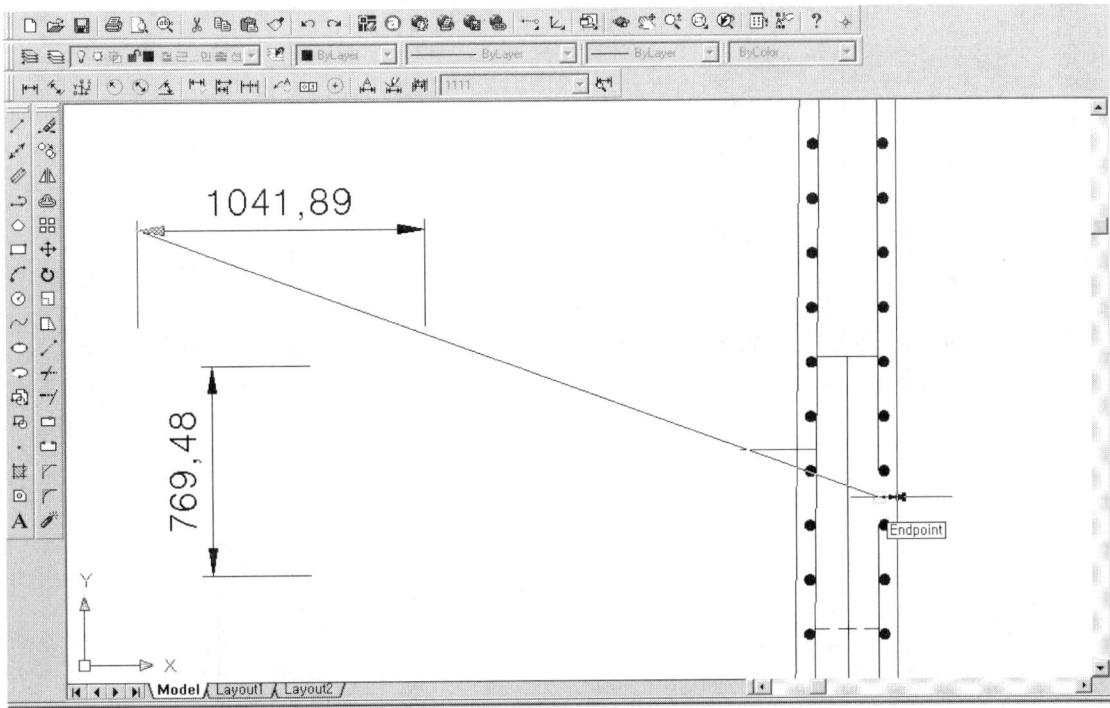

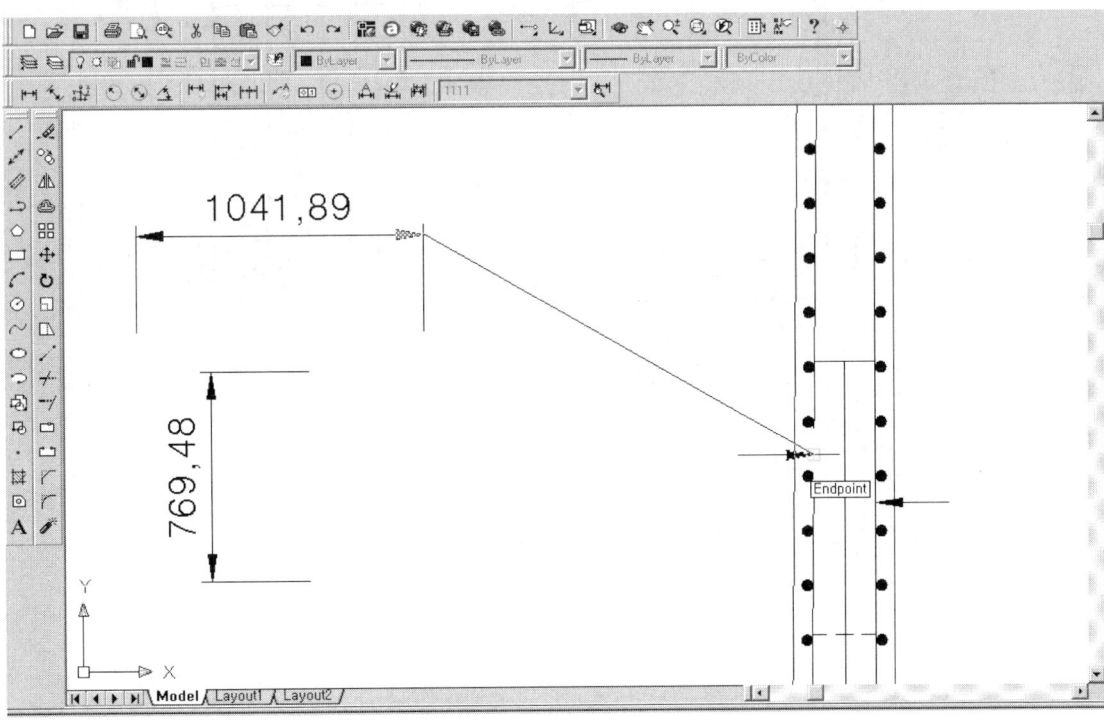

ⓔ ROTATE `Enter↵` ⇒ 화살표 선택 `Enter↵` ⇒ 화살표 끝부분 선택 ⇒ 필요한 만큼 회전

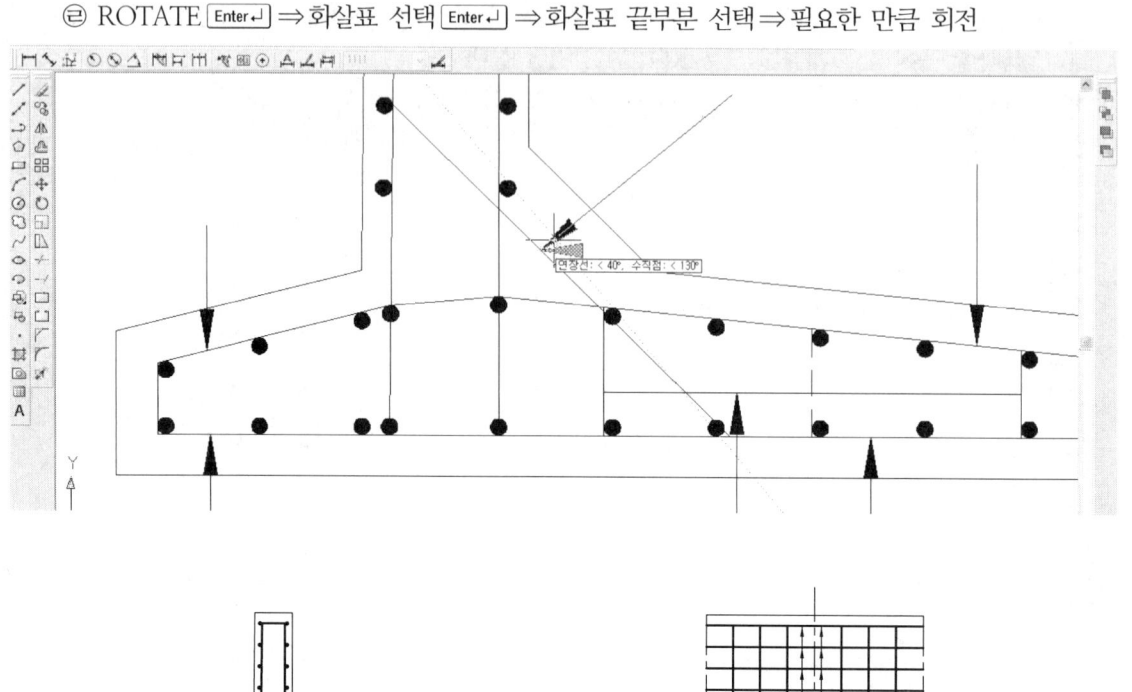

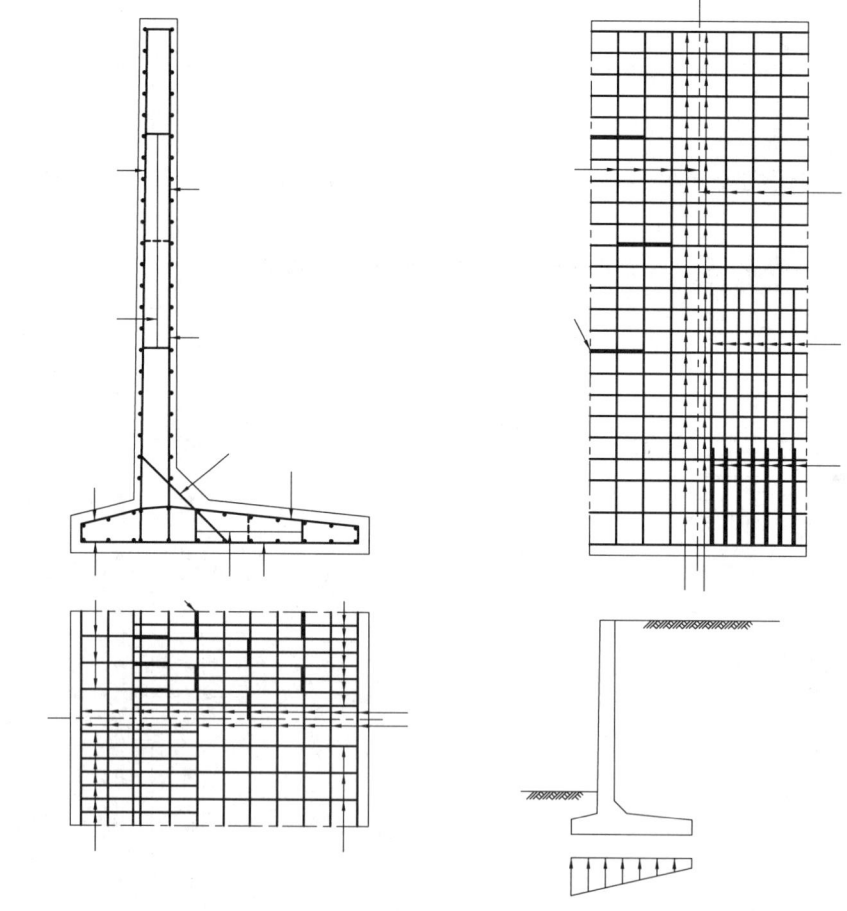

④ 철근 기호 작도(MTEXT 명령 실행)

　㉠ 명령: MTEXT [Enter↵] 또는 아이콘 A 을 클릭
　㉡ 다중행 문자가 입력될 영역의 첫 번째 점의 위치를 입력할 위치에 클릭한다.
　㉢ 문자가 입력될 영역을 다음 그림과 같이 드래그한다.

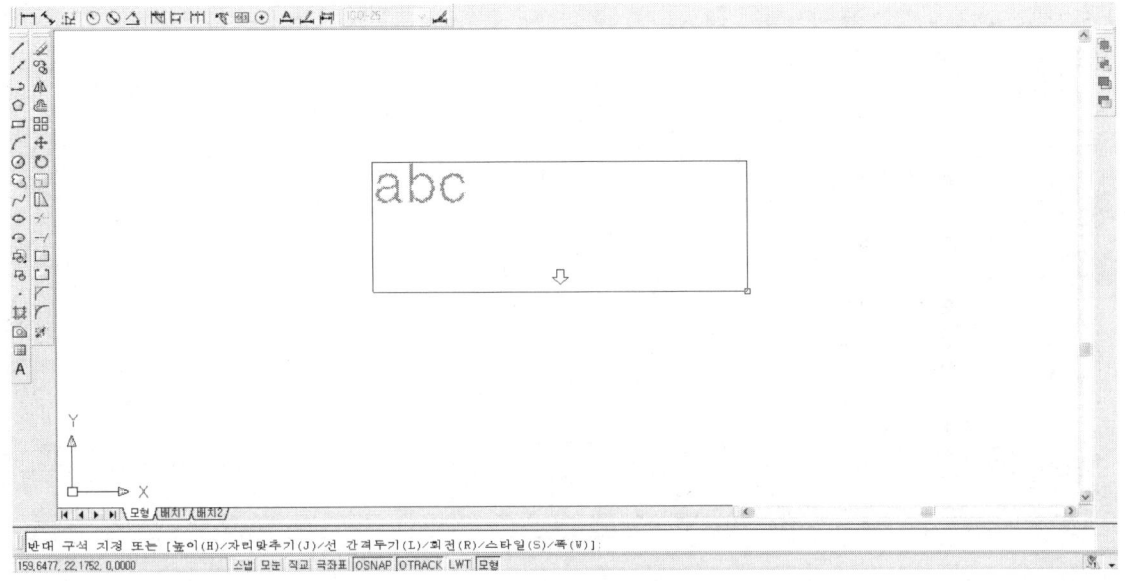

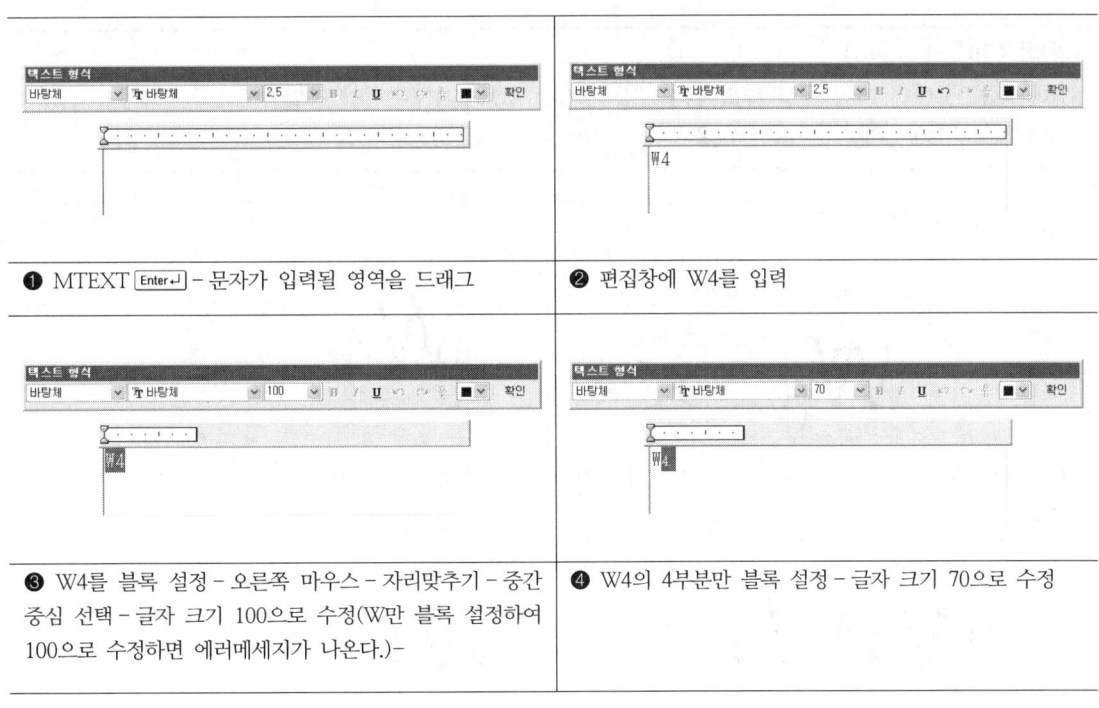

❶ MTEXT [Enter↵] - 문자가 입력될 영역을 드래그　　❷ 편집창에 W4를 입력

❸ W4를 블록 설정 - 오른쪽 마우스 - 자리맞추기 - 중간 중심 선택 - 글자 크기 100으로 수정(W만 블록 설정하여 100으로 수정하면 에러메세지가 나온다.)　　❹ W4의 4부분만 블록 설정 - 글자 크기 70으로 수정

ㄹ 다음 그림과 같이 문자가 입력된다.

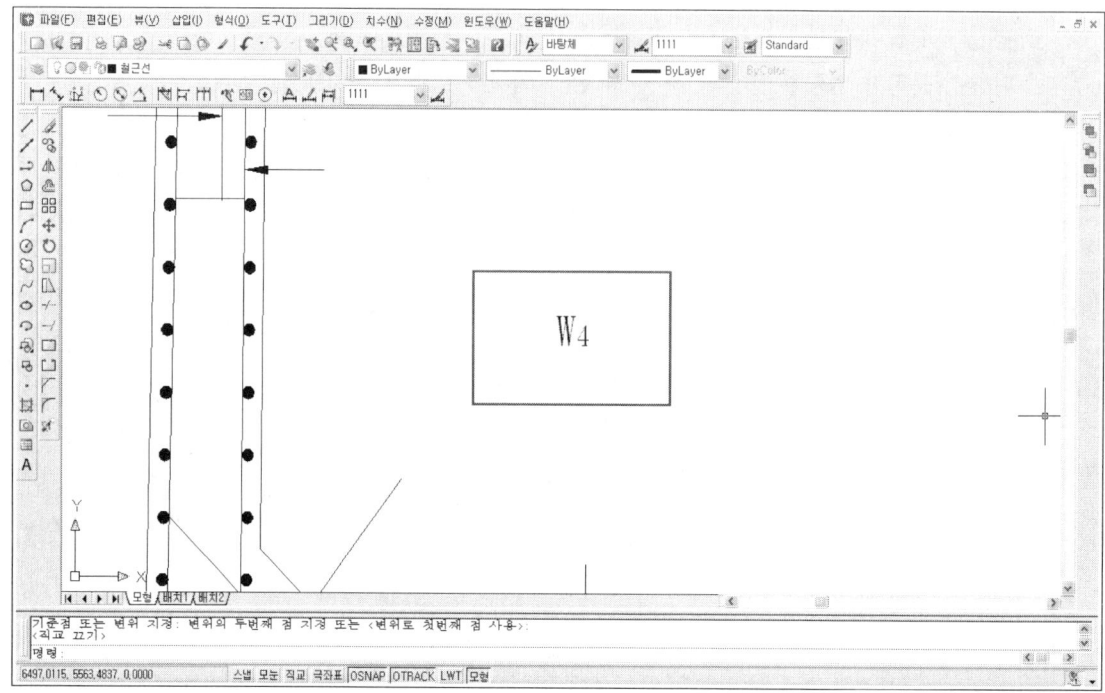

ㅁ 원삽입(CIRCLE 명령 실행)

명령: CIRCLE [Enter↵]
원에 대한 중심점 지정 또는 [3P/2P/Ttr(접선 접선 반지름)]:⟨중심점 선택⟩
원의 반지름 지정 또는 [지름(D)]:⟨알맞은 크기로 조정후 클릭⟩

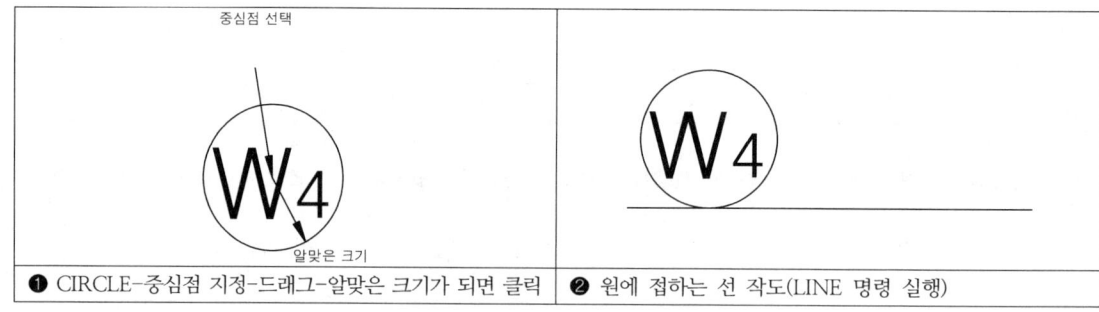

❶ CIRCLE-중심점 지정-드래그-알맞은 크기가 되면 클릭 | ❷ 원에 접하는 선 작도(LINE 명령 실행)

ㅂ W4를 COPY 하여 D로 변경하고 문자 크기를 70으로 작도

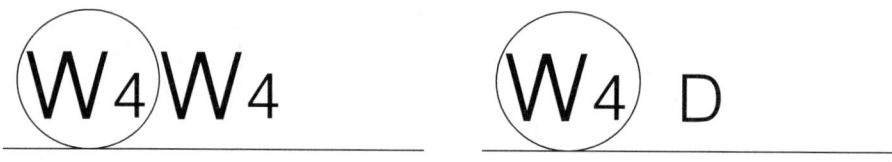

◎ COPY `Enter↵` ⇒ 작도한 철근 기호를 전체 복사하여 필요한 곳에 붙여 넣고 철근 명칭과 크기를 더블 클릭 하여 편집창에서 원하는 명칭으로 수정 입력한다

■ COPY `Enter↵` ⇒ 철근 기호 선택 ⇒ 왼쪽 끝 부분 선택(또는 오른쪽 끝부분 선택)

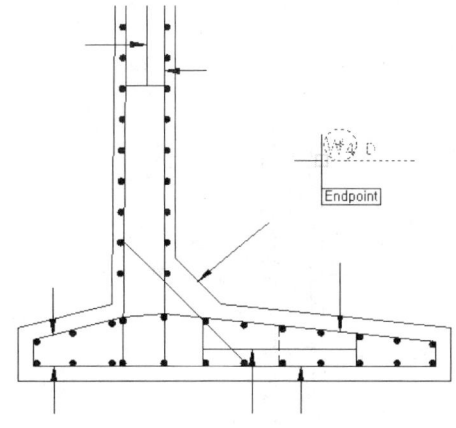

■ 인출선 끝에 결합시킨다.

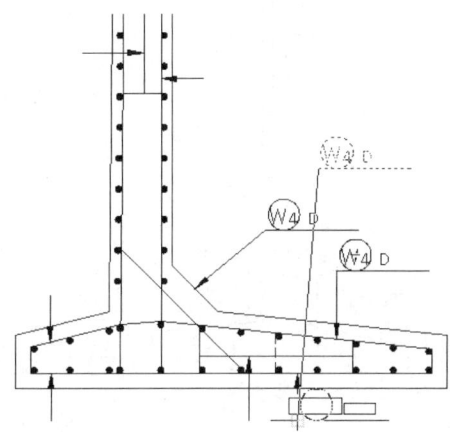

■ 문자 부분을 더블 클릭하여 명칭과 치수를 변경한다.

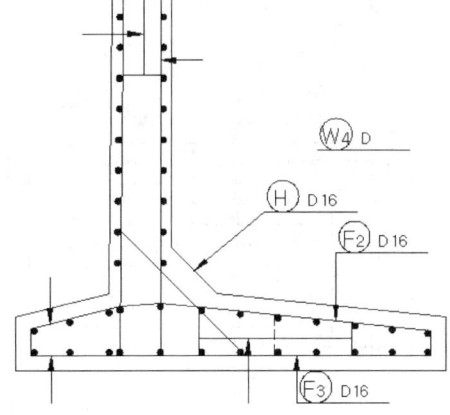

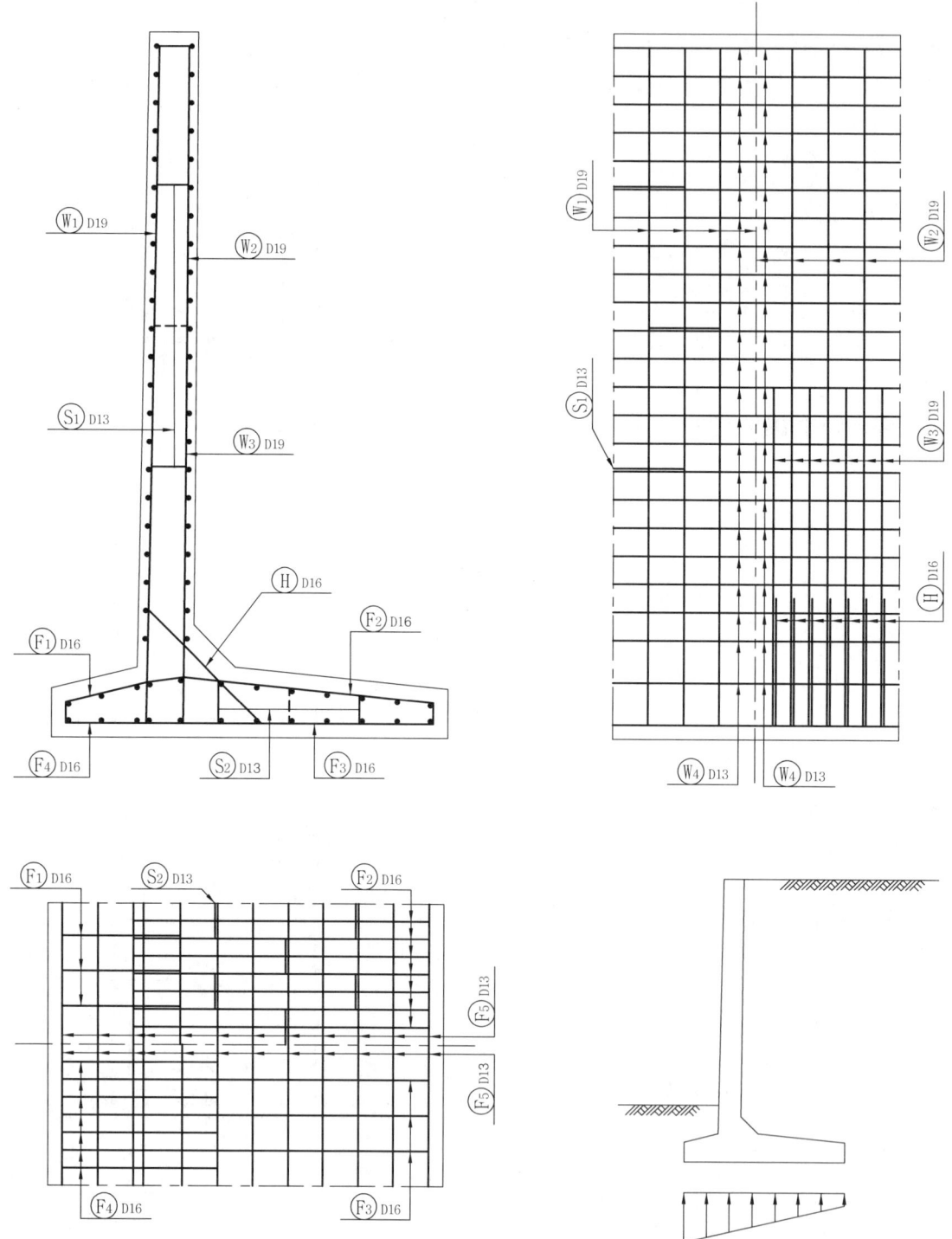

8. 치수 넣기

① 치수 치수선 Layer 선택
② 선형 치수 와 치수기입 계속하기, 분해를 활용 하여 치수 기입
　㉠ 두 점 사이의 치수 넣기

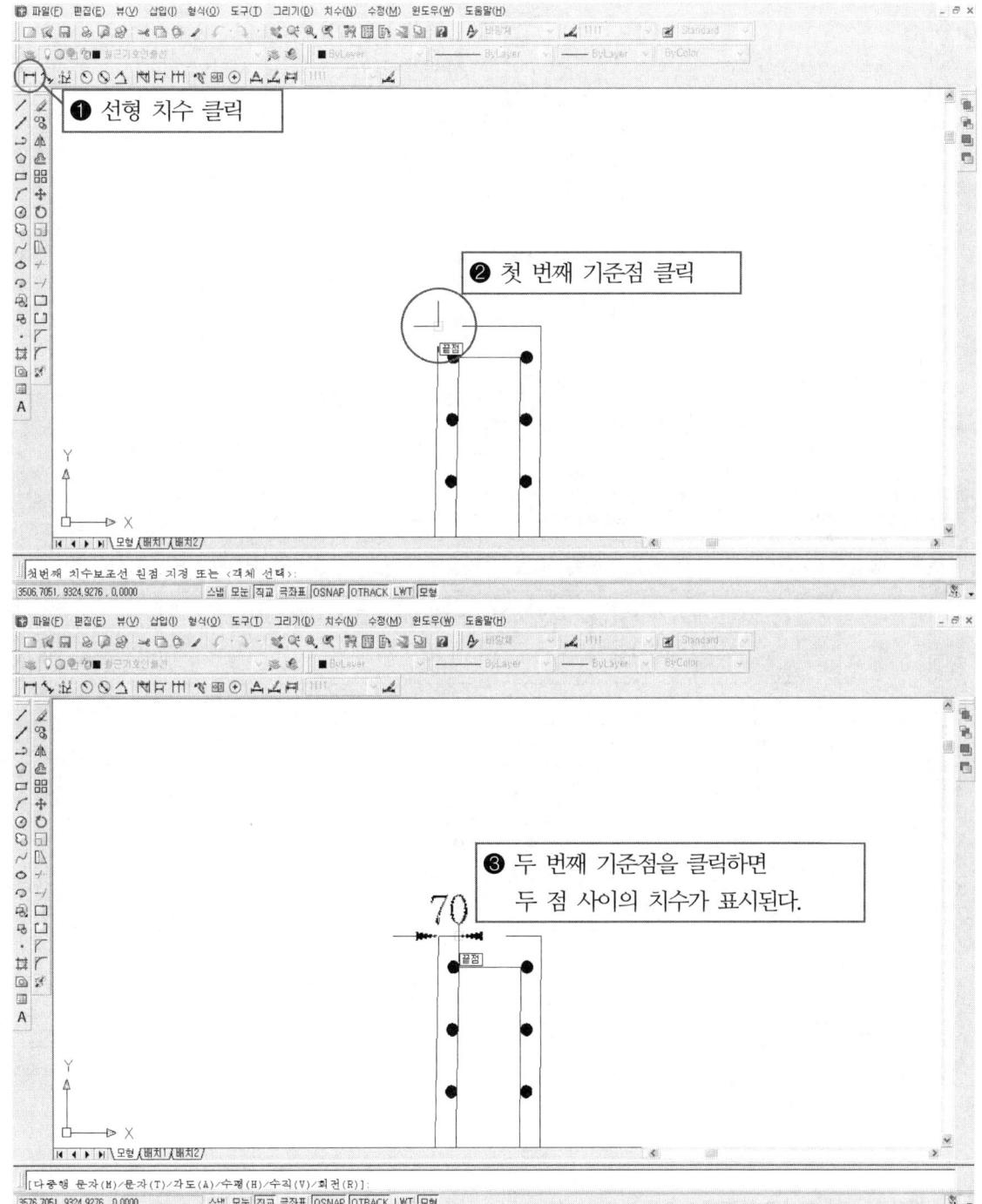

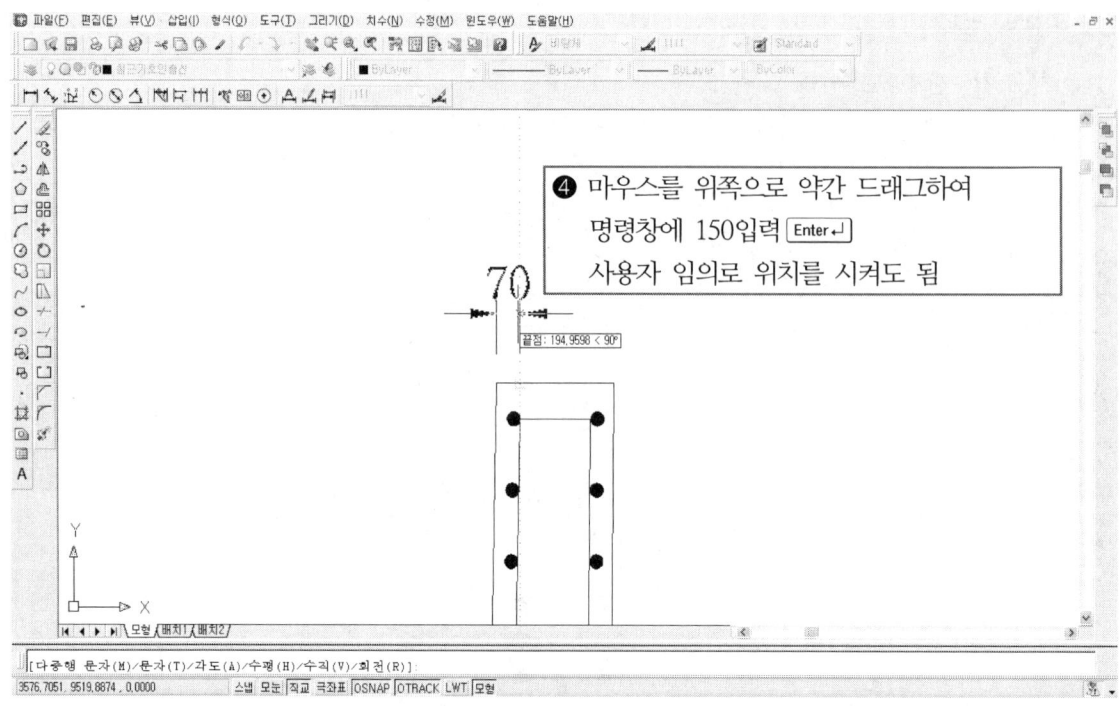

❹ 마우스를 위쪽으로 약간 드래그하여 명령창에 150입력 Enter↵ 사용자 임의로 위치를 시켜도 됨

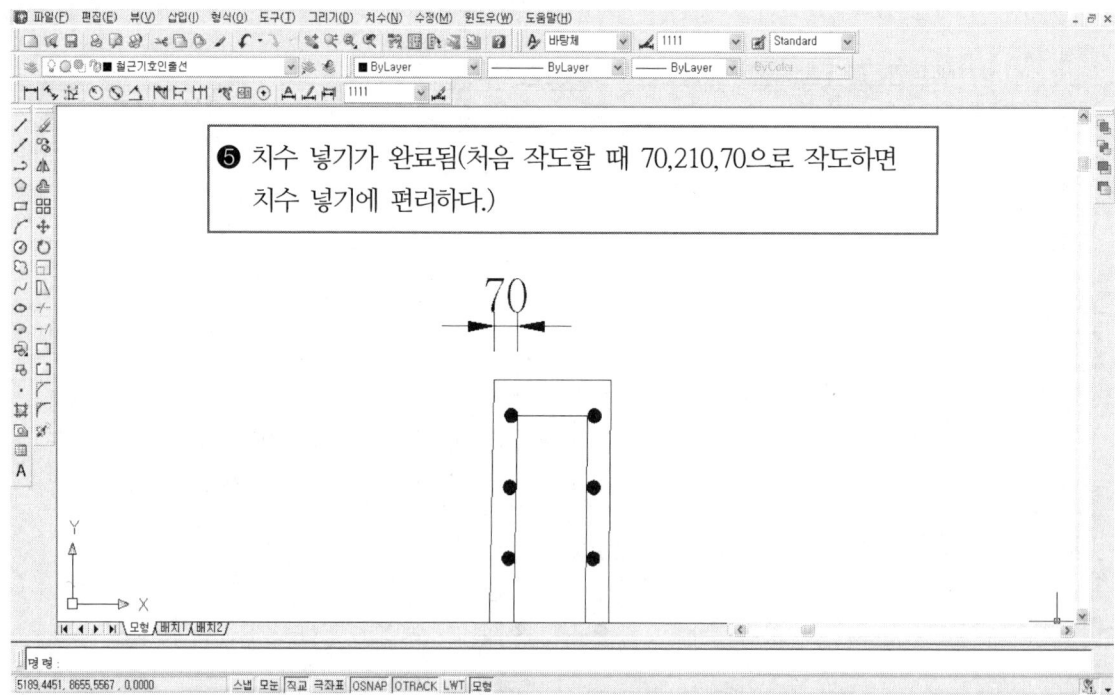

❺ 치수 넣기가 완료됨(처음 작도할 때 70,210,70으로 작도하면 치수 넣기에 편리하다.)

ⓛ 연속 치수 넣기(반드시 두 점사이의 치수 넣기를 실행한 직후에 사용)
▣ 치수 70을 넣고, 210, 70을 차례대로 넣기 할 때 첫 번째 70을 넣고 난 직후에 바로 실행하여야 한다.
(직후가 아닌 경우는 치수기입 계속하기 클릭-70치수 클릭-이후 동일함)

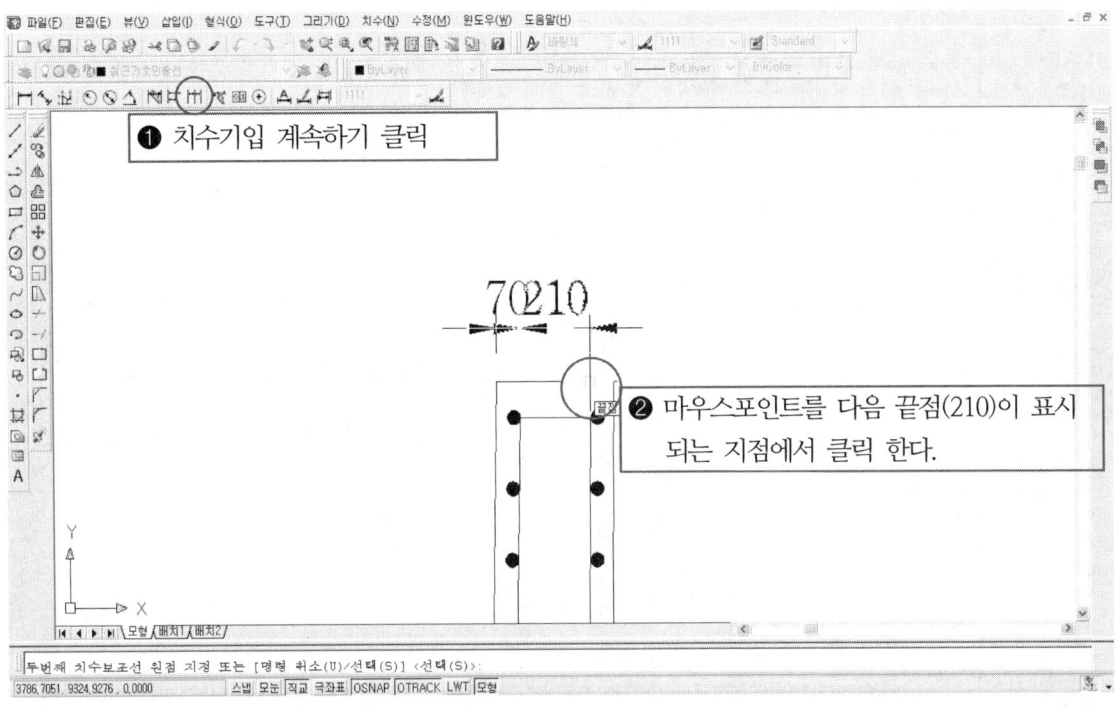

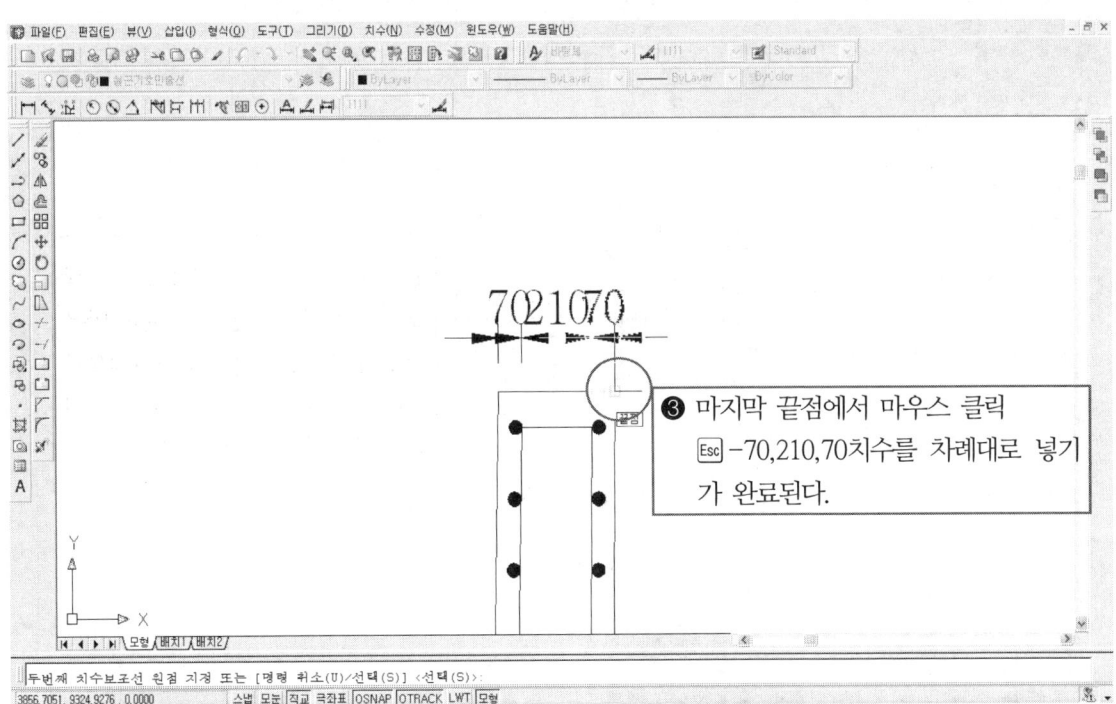

■ 좁은 구역에서 치수를 넣으면 겹쳐지므로 도면처럼 위치를 편집할 필요가 있을 때 분해 명령을 활용하여 위치 변경(MOVE)과 치수값을 클릭하여 변경할 수 있다.
■ 분해(EXPLODE) : 하나의 도면요소를 분해하여 각각의 도면요소로 분해하여 편집이 가능하게 만들어주는 명령어

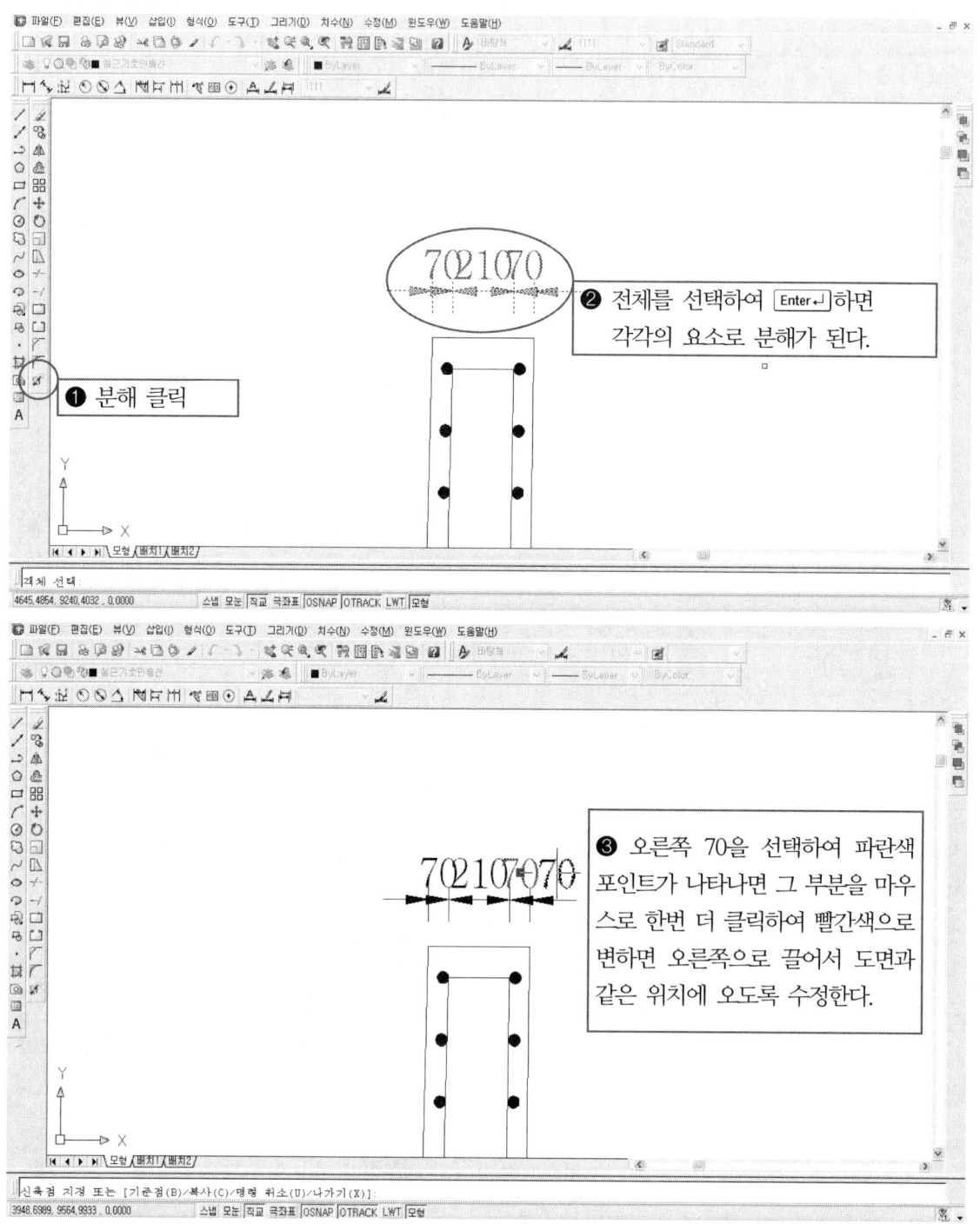

■ 왼쪽의 70부분도 동일한 방법으로 이동을 시키고 필요 없는 화살표는 삭제 한 후 선형 치수를 선택하여 350부분의 치수 넣기를 한다.

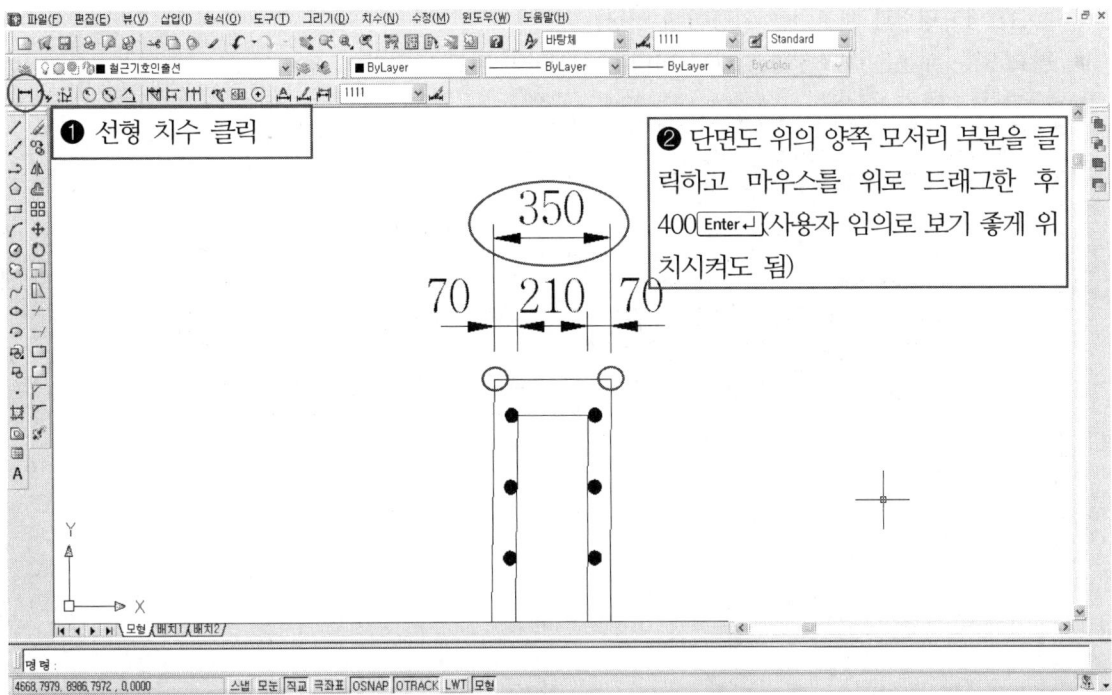

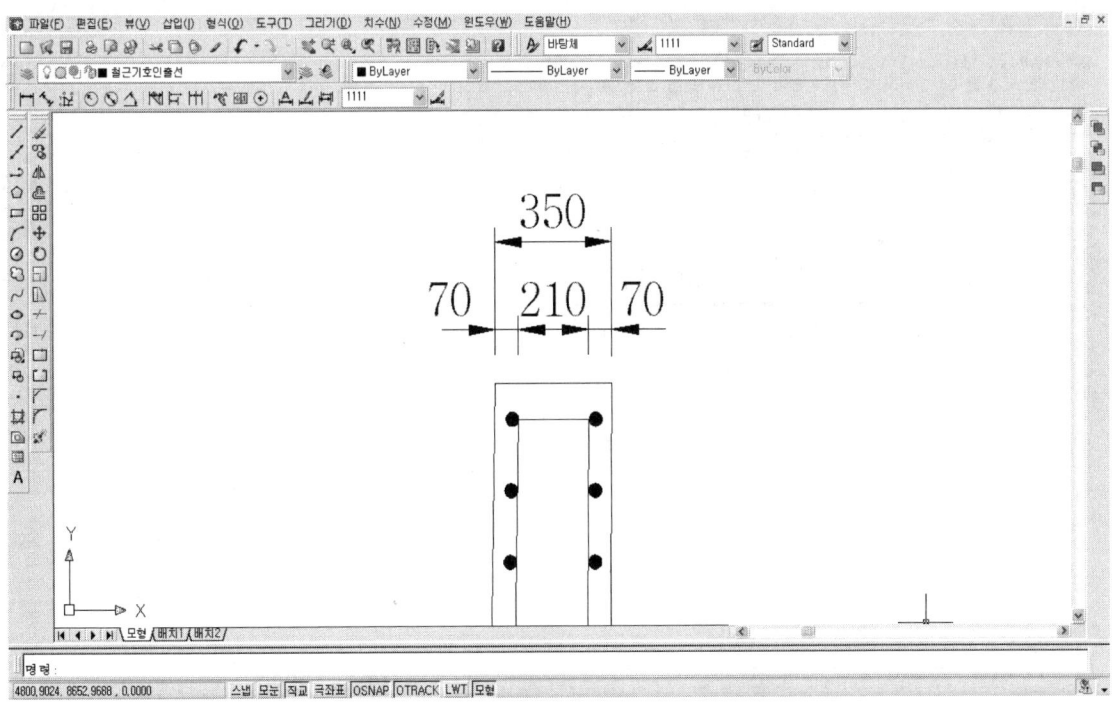

■ 치수 보조선을 연장할 필요가 있을 때는 연장할 객체를 분해한 후 선택⇒파란색 포인트로 선택된 것을 확인⇒한번 더 선택⇒빨간색으로 변경되면 마우스로 적당한 위치까지 연장하면 된다.[또는 EXTEND 명령과 보조선을 활용하여 연장]
■ 필요 없는 부분은 보조선과 TRIM 명령을 실행하여 자르기 한다.

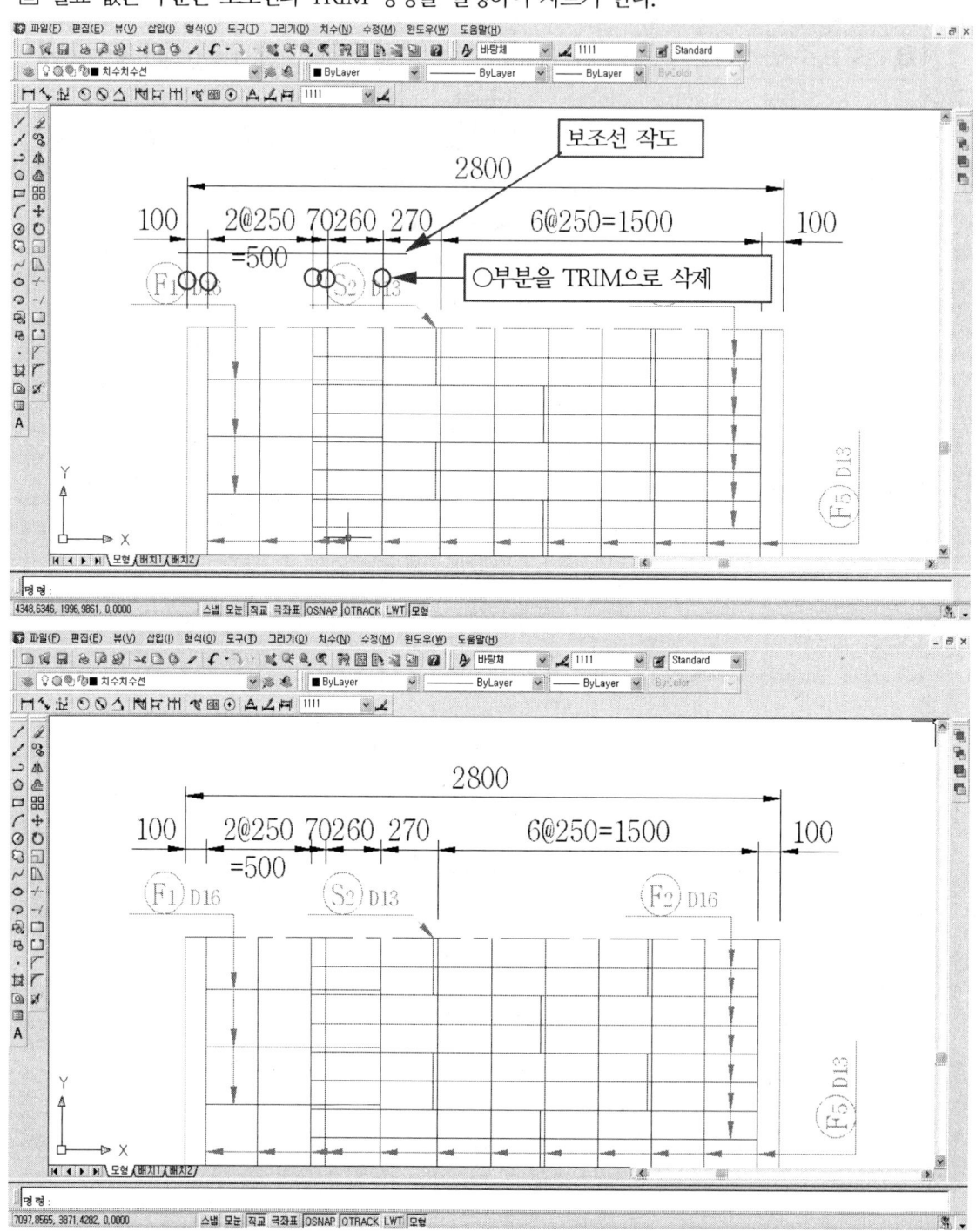

ⓒ 동일한 방법으로 치수선을 작도하고 수정한다.

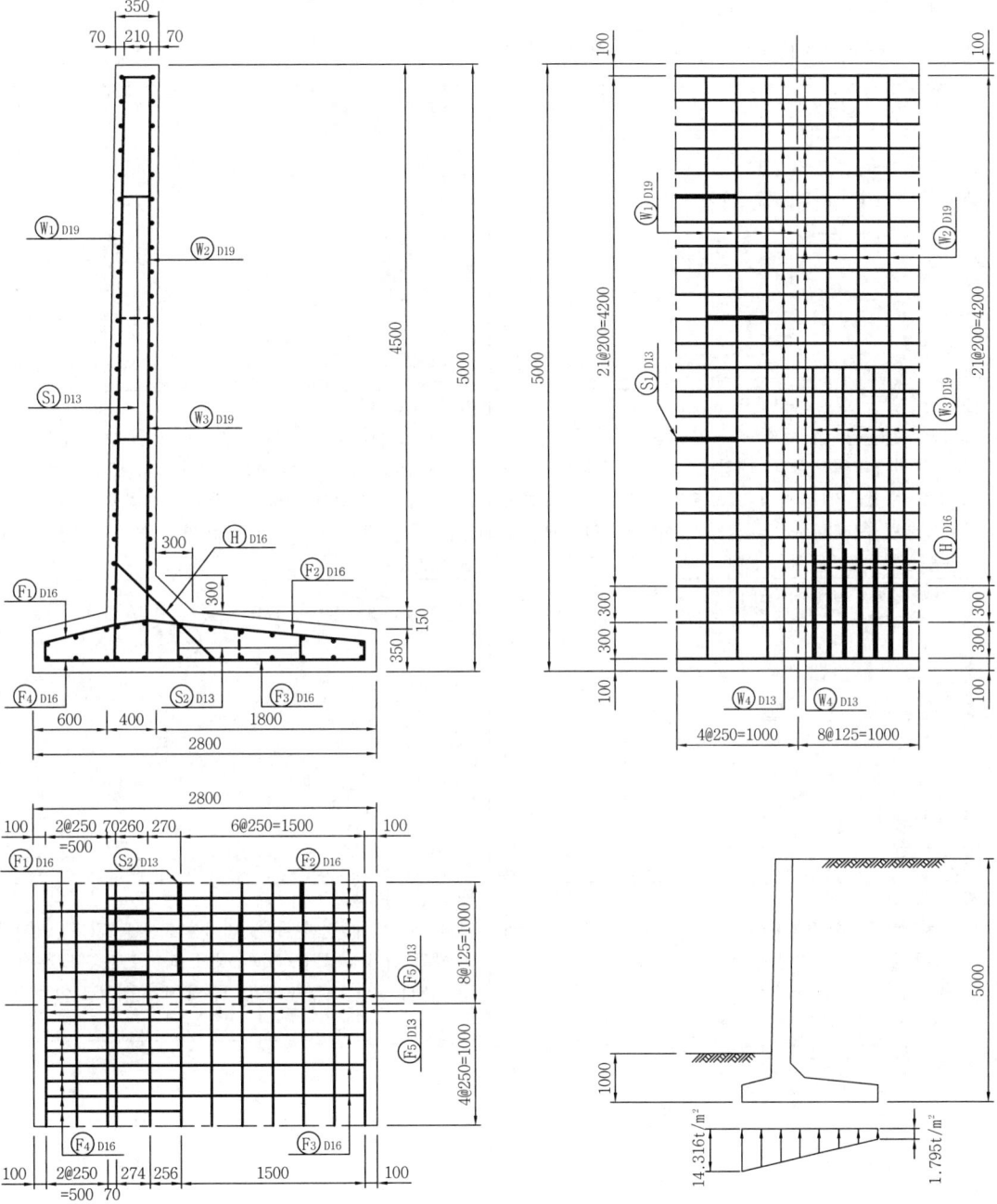

9. 제목 표시

① 치수 치수선 Layer 선택
② 제목 표시(TEXT, COPY, MOVE 명령 실행)

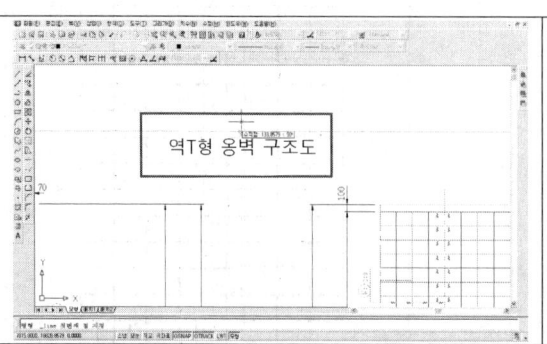

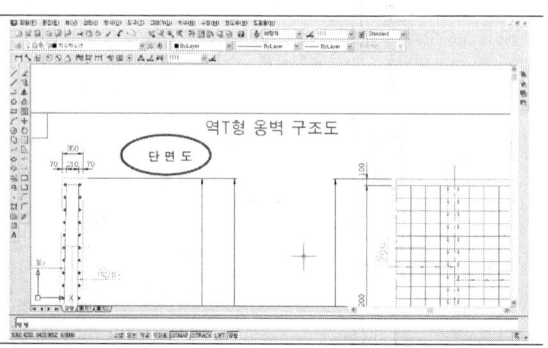

❶ 도면 제목(역T형 옹벽구조도)

MTEXT [Enter↵] - 첫 번째 구석 지정(윤곽선의 중앙점 부근) - 두 번째 구석점 클릭 - 편집창 - 글자 유형:돋움 - 글자 크기:200 수정 - 역T형 옹벽구조도 입력 - 블록설정 - 오른쪽 마우스 클릭 - 자리맞추기 - 중간중심 선택 - 확인 - MOVE - 제목 선택 - 윤곽선의 가운데 위치에 이동시킨다.

❷ 단면도 제목

MTEXT [Enter↵] - 첫 번째 구석 지정 - 두 번째 구석점 클릭 - 편집창 - 글자 유형:돋움 - 글자 크기:150 수정 - 단면도 입력 - 블록설정 - 오른쪽 마우스 클릭 - 자리맞추기 - 중간중심 선택 - 확인 - MOVE - 제목 선택 - 도면과 비슷한 위치로 이동

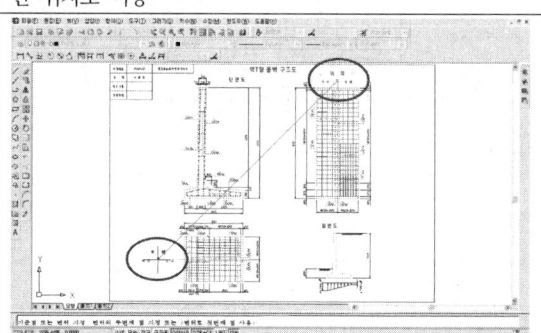

❸ 벽체 제목
벽체 ⇒ 단면도 복사(COPY - 단면도 선택 - 기준점 - 벽체 제목위치에 클릭) ⇒ 편집 수정
전면, 후면 ⇒ 돋움, 150으로 작도
중심선표시 ⇒ C, L(돋움, 150)을 작도하여 겹친다.

❹ 저판 제목
벽체 제목(벽체, 전면, 후면, 중심선 표시)을 COPY - 저판의 제목 위치에 클릭 - 저판, 상면, 하면으로 편집 수정 - ROTATE 90 - MOVE하여 저판의 제목 위치로 이동한다.

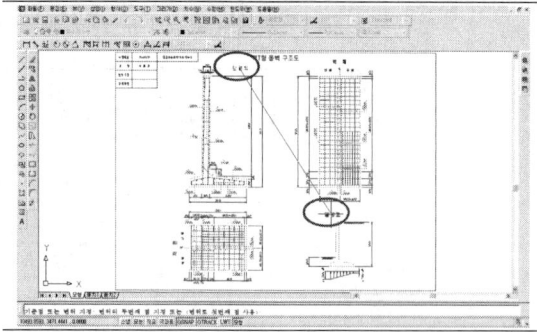

중심선표시 ⇒ C, L(돋움, 150)을 작도하여 겹친다.

❺ 일반도 : COPY - 단면도 - 일반도로 편집 수정

C와 L을 작도하여 L을 C와 겹쳐지도록 이동 ⇒ MOVE 명령 실행 ⇒ 중심선 위쪽으로 이동

③ 일반도 경사도 표시

COPY Enter⏎ ⇒ 치수 5000을 경사도 표시할 곳에 COPY ⇒ 1:0.02로 수정

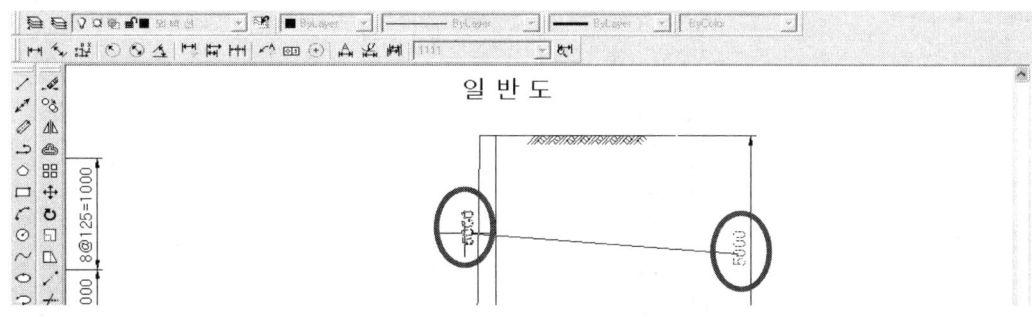

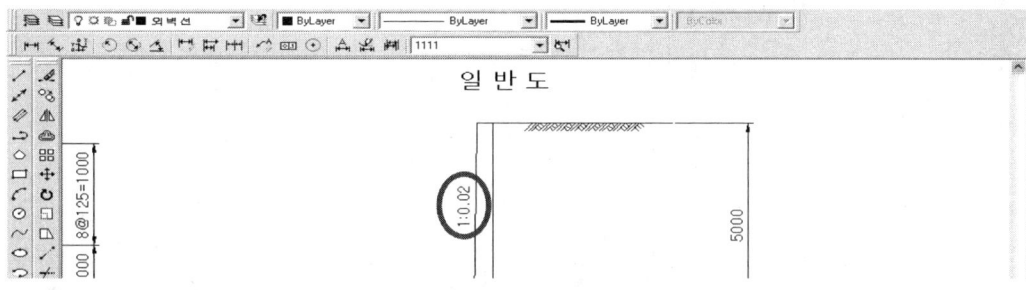

■ 지정된 파일 이름으로 저장한 후 수시로 저장하면서 작도 한다.

■ 전체 도면

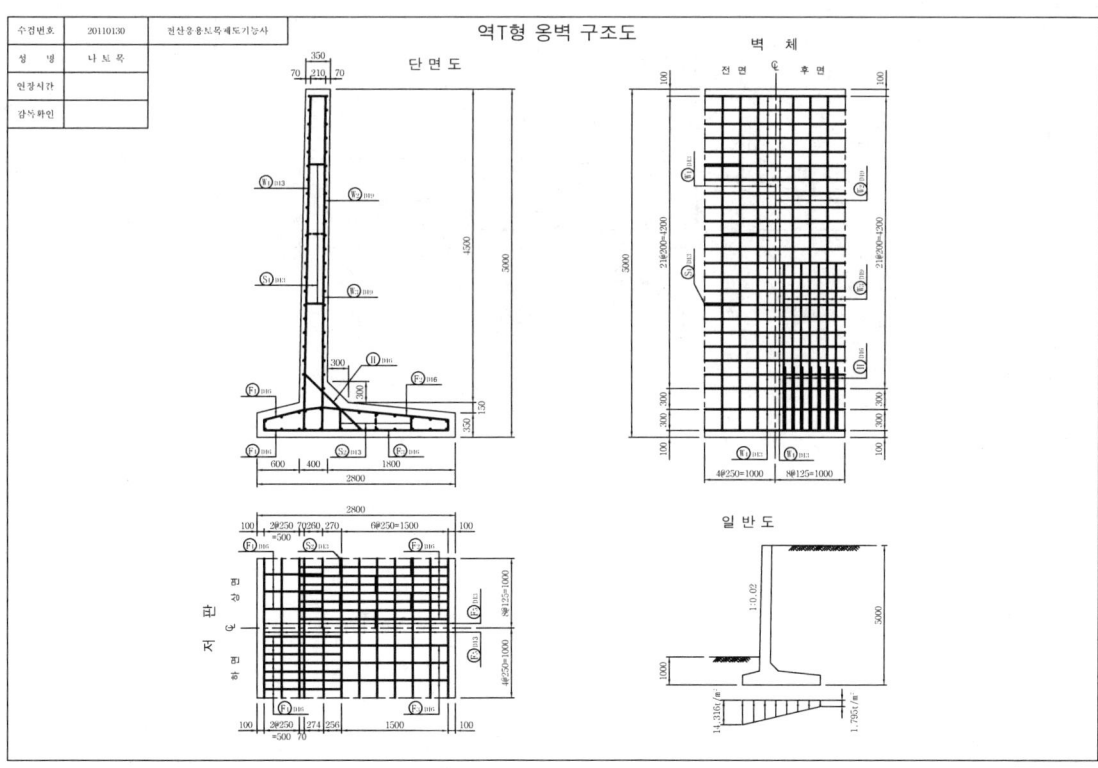

■ 단면도

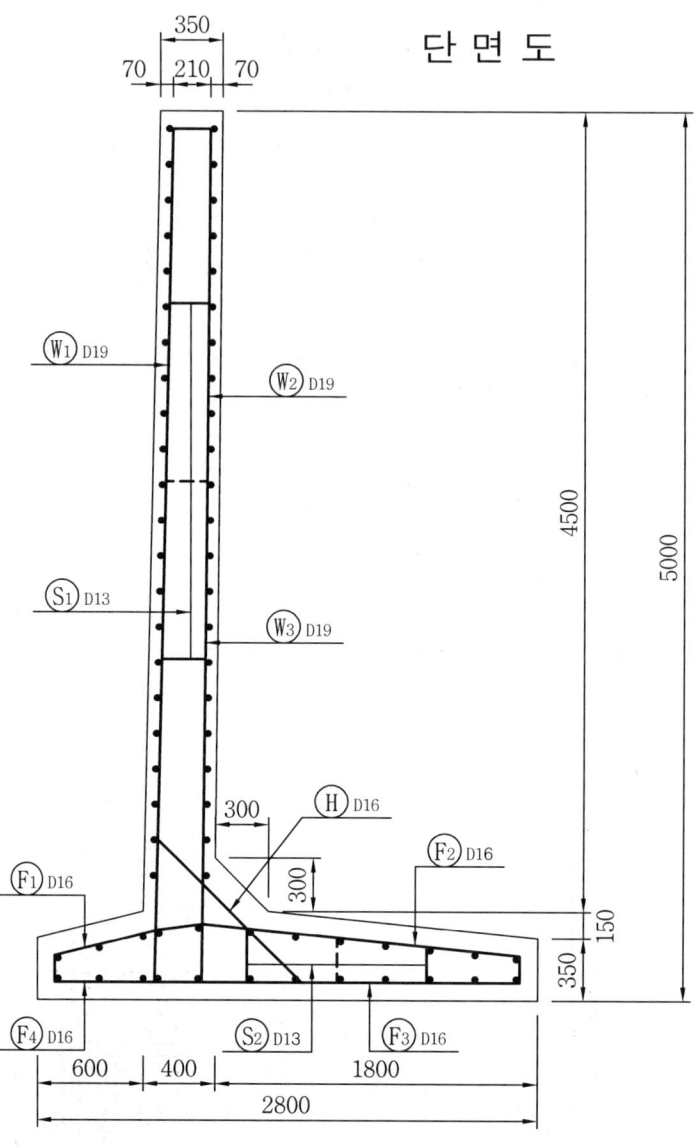

■ 벽체

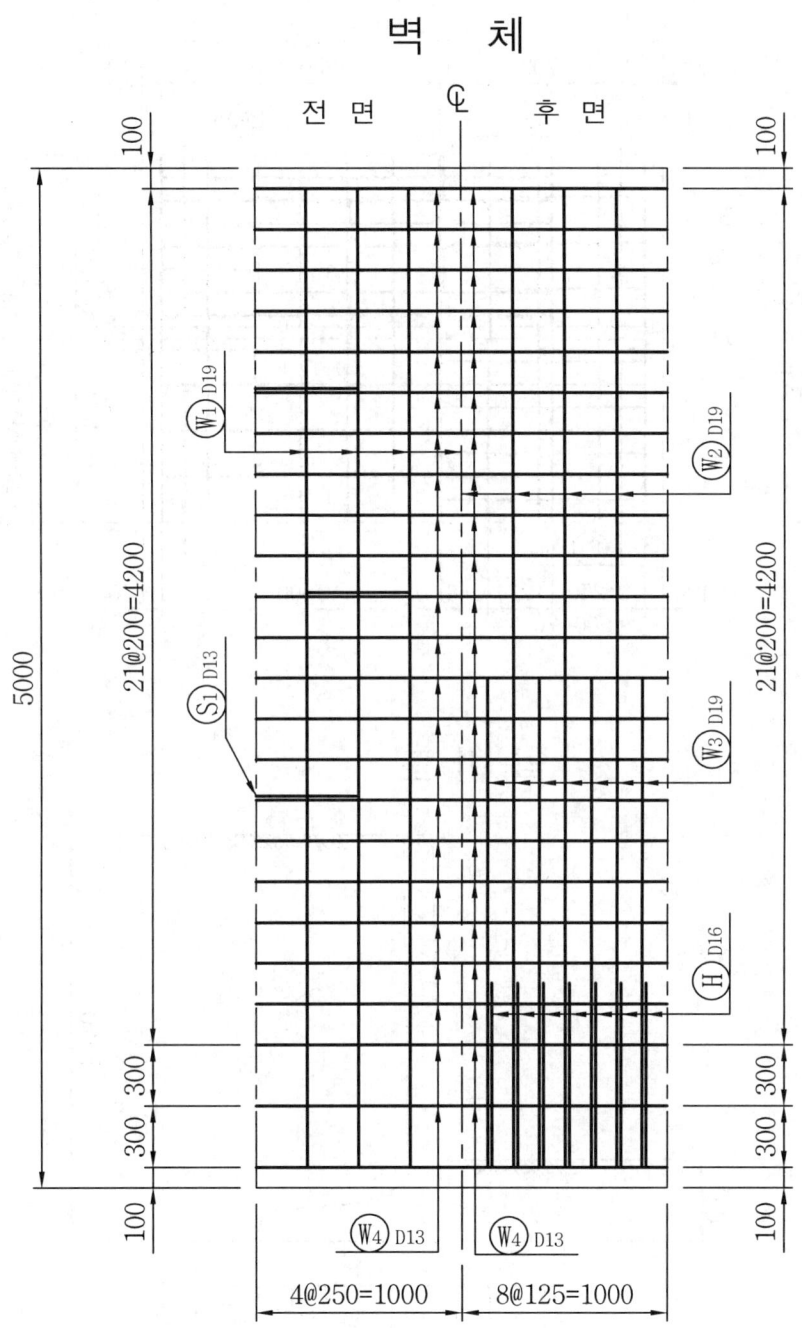

■ 저 판

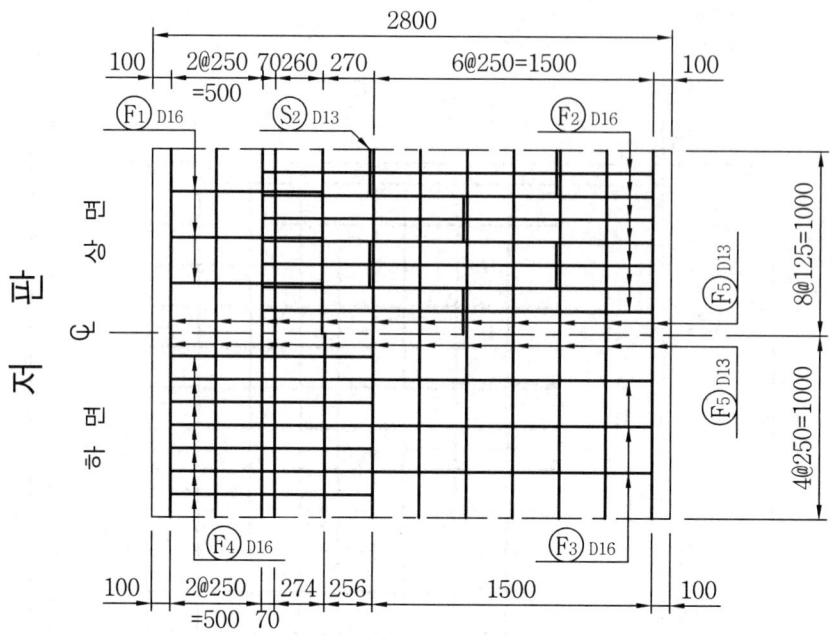

■ 일반도

일 반 도

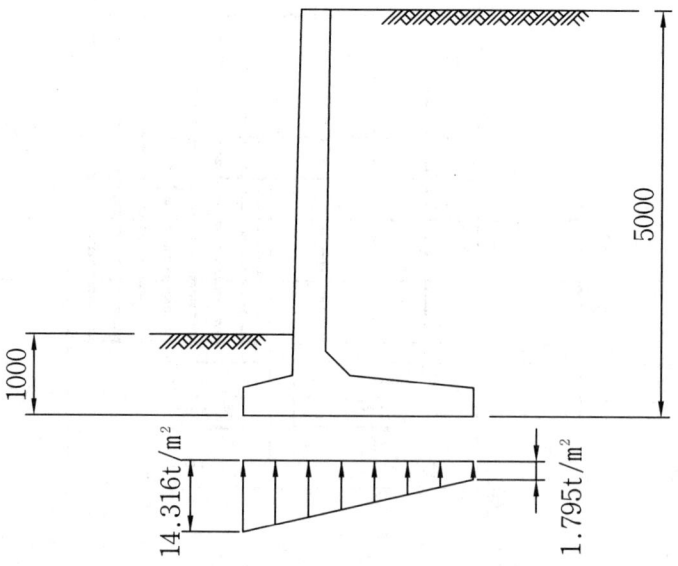

10. 철근 상세도

① 도면(1) ⇒ 단면도, 벽체, 저판, 일반도 완성 도면 ⇒ 새 이름으로 저장(수험번호-1)
② 수험번호-1을 한번 더 새이름으로 저장(수험번호-2)한 다음 표제란, 큰 제목, 철근 기호 1개 정도만을 남겨 놓고 모든 객체를 선택하여 지우고 저장(수험번호-2)하고 이 도면에 철근 상세도를 작도한다.

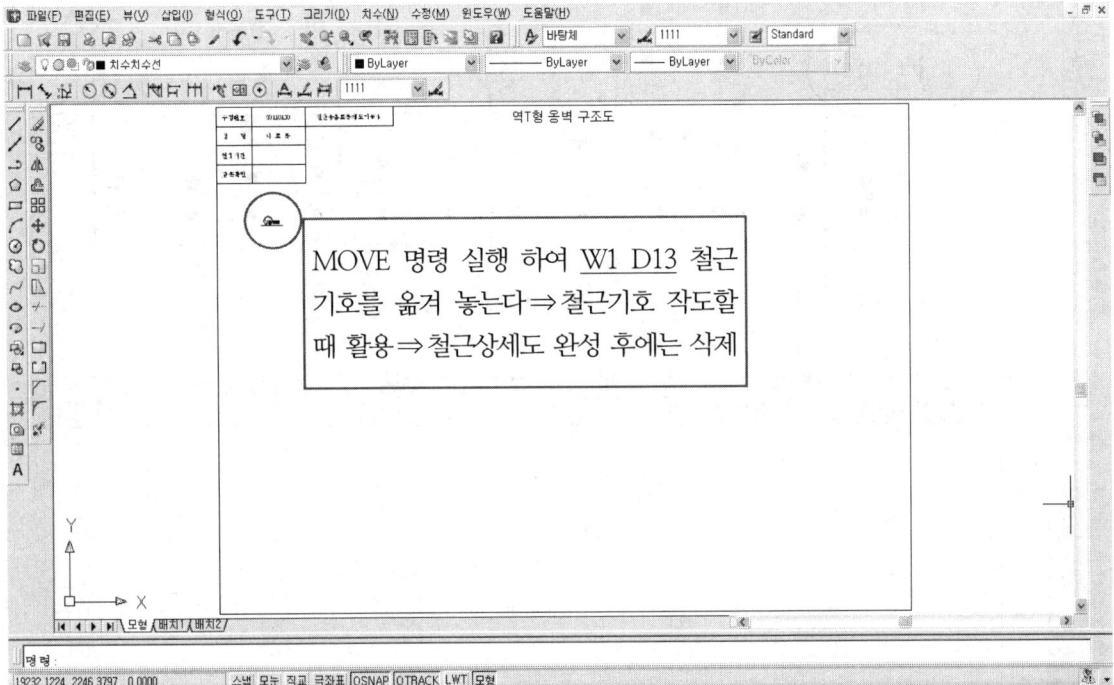

③ W1 D13, W2 D19, W3 D19, W4 D13, F3 D16, F4 D16, F5 D13, S1 D13, S2 D13 철근상세도는 LINE 명령 실행하여 도면의 알맞은 위치에 배치하여 작도한다.

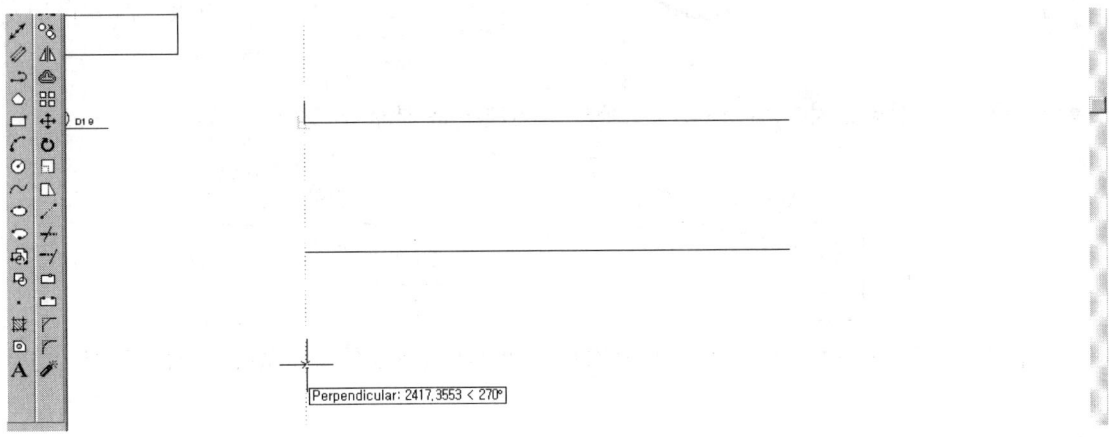

④ Ⓕ1 D16 , Ⓕ2 D16 , Ⓗ D16 철근상세도 작도

㉠ Ⓕ1 D16 철근상세도 작도

■ 도면(1)에서 Ⓕ1 D16 객체 선택[점선 부분 선택] ⇒ Ctrl+C ⇒ 도면(2)에 Ctrl+V ⇒ 알맞은 위치에 작도

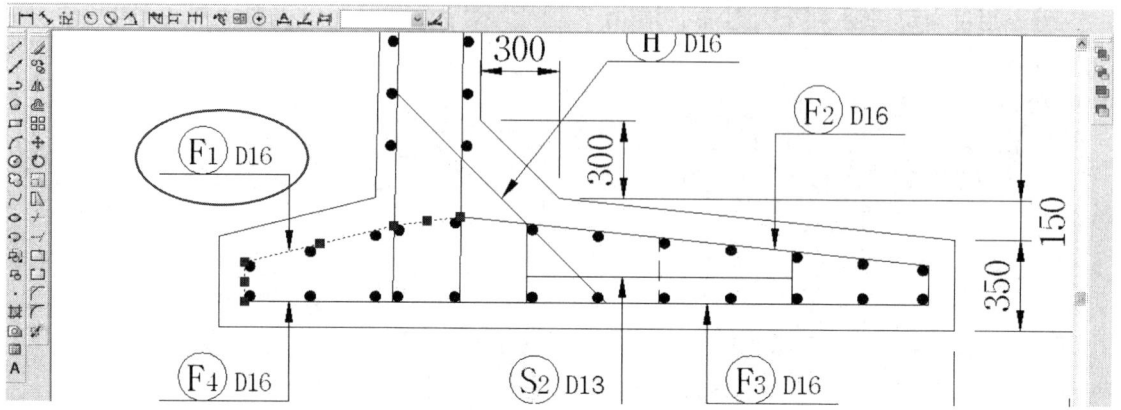

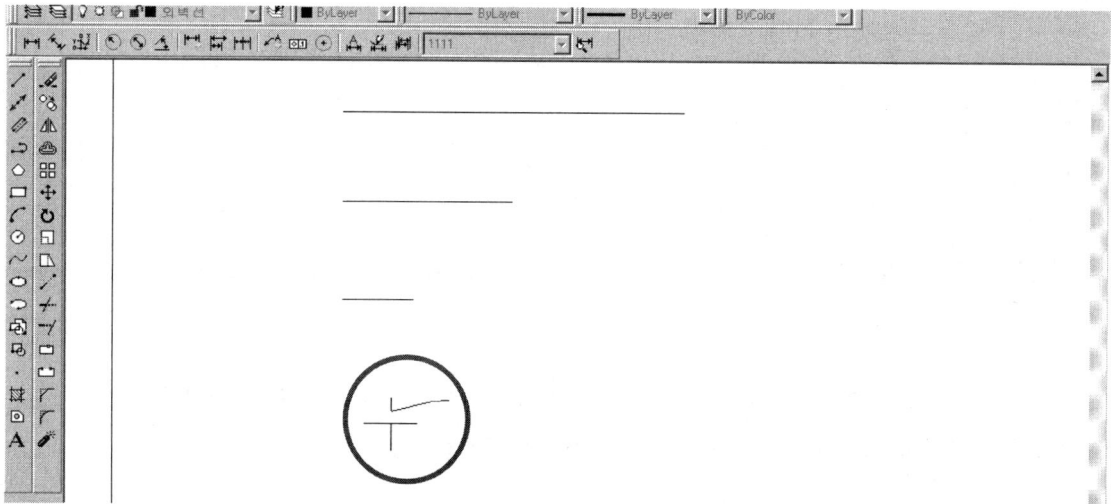

■ Ⓕ1 D16 철근상세도 치수 수정(도면 (1) 에서의 587부분을 분해 후 589로 수정)

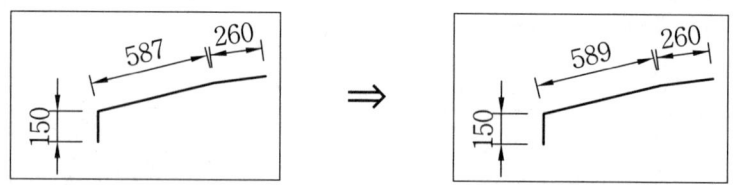

⇒ 작도하는 과정과 방법에 따라 오차가 발생할 수 있으나 채점에는 크게 영향이 없는 듯 함.

ⓛ Ⓕ2 D16 철근상세도 작도

■ 도면(1)에서 Ⓕ2 D16 객체 선택[점선 부분 선택] ⇒ Ctrl+C ⇒ 도면(2)에 Ctrl+V ⇒ 알맞은 위치에 작도

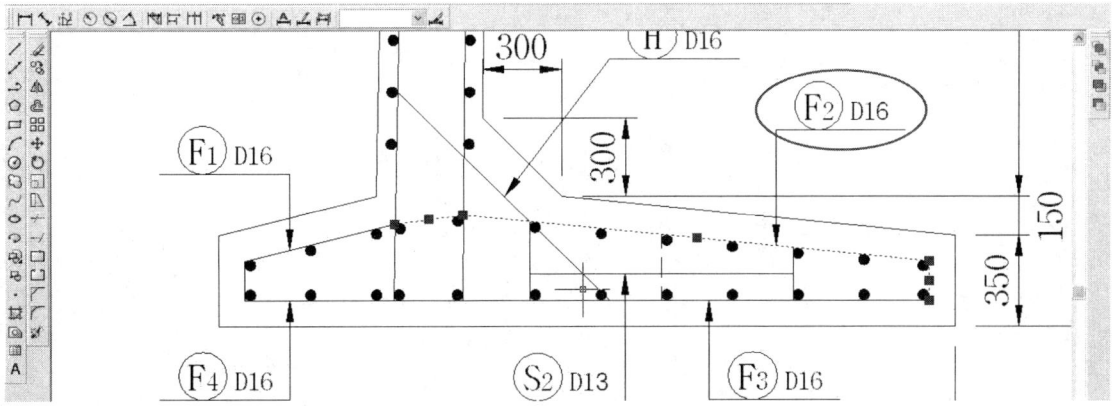

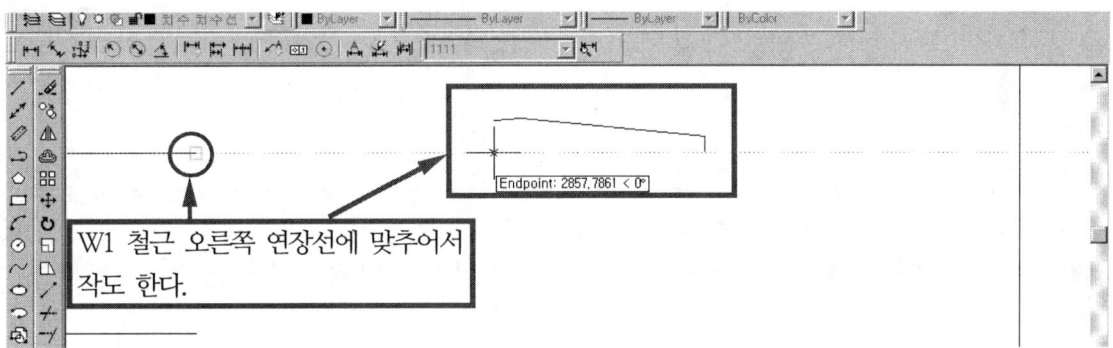

■ A에서 B방향으로 70만큼 연장한다.

■ Ⓕ2 D16 철근상세도 치수 수정(도면 1 에서의 1781부분을 분해 후 1773으로 수정)

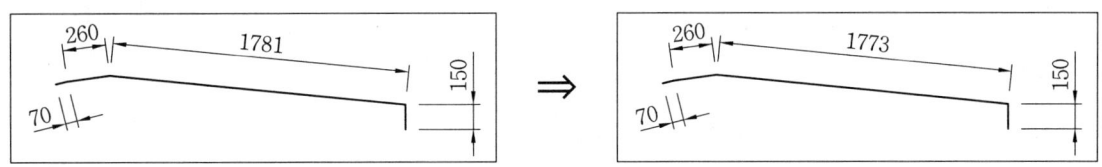

ⓒ Ⓗ D16 철근상세도 작도

■ 도면(1)에서 Ⓗ D16 객체 선택[점선 부분 선택] ⇒ [Ctrl]+C ⇒ 도면(2)에 [Ctrl]+V ⇒ 알맞은 위치에 작도

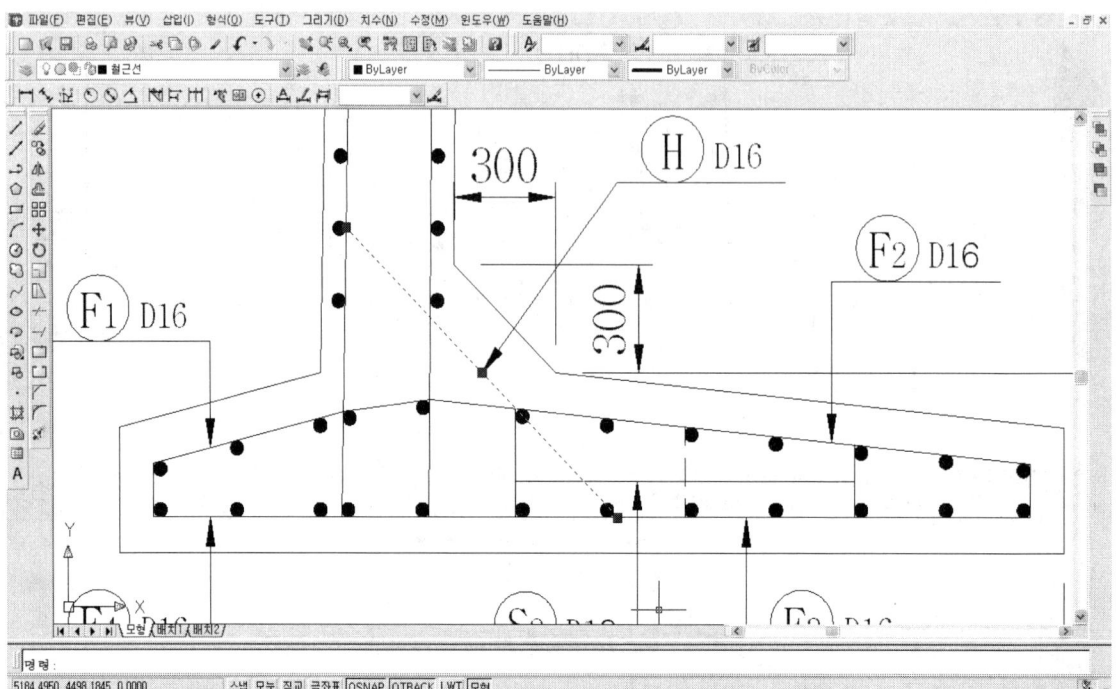

■ 끝부분에서 철근선 레이어를 선택하고 LINE 명령으로 100 [Enter↵]작도 한다.

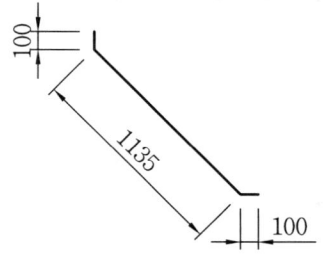

⑤ Ⓦ₁ D13 철근 기호를 이용하여 각 철근의 기호가 작도 될 위치에 COPY 명령을 실행하여 작도하고 수정한다.

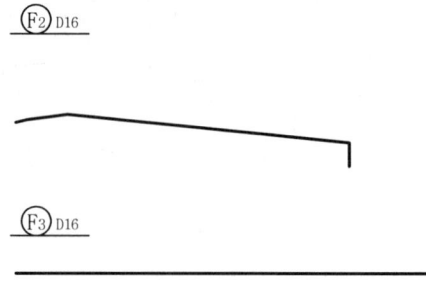

⑥ 치수 치수선 Layer를 선택하고 치수를 기입하고 수정한다.

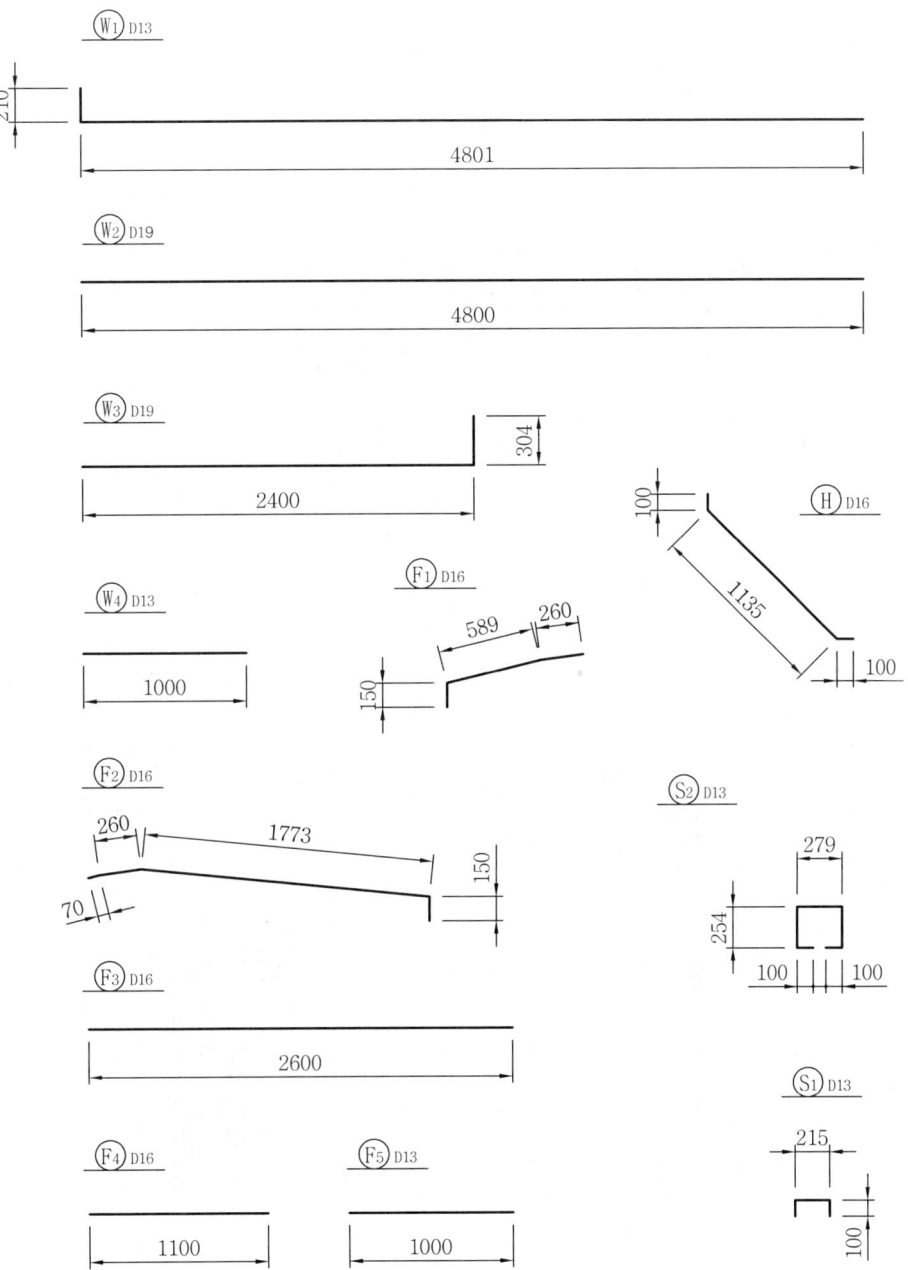

■ 이해를 돕기 위한 그림이며, 도면에서의 위치와는 다르다. 참고하여 도면의 위치와 같은 곳에 작도한다.

⑦ 큰 제목 밑 부분에 철근상세도(문자 크기=180) 제목 작도

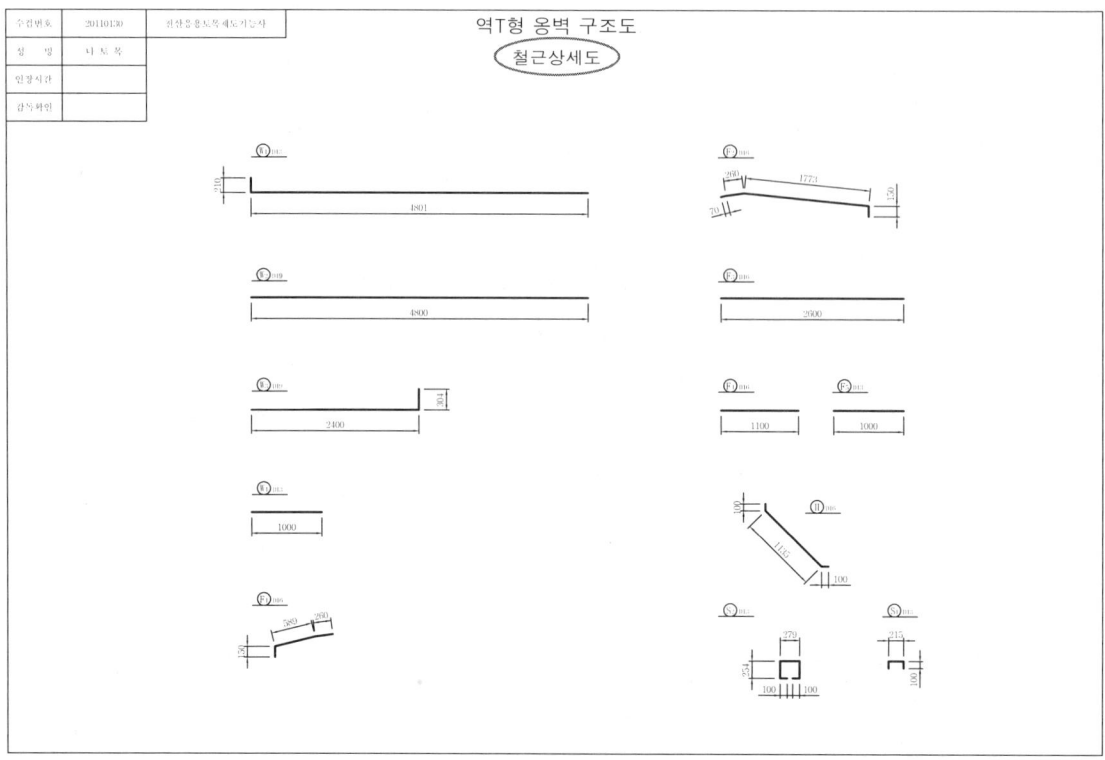

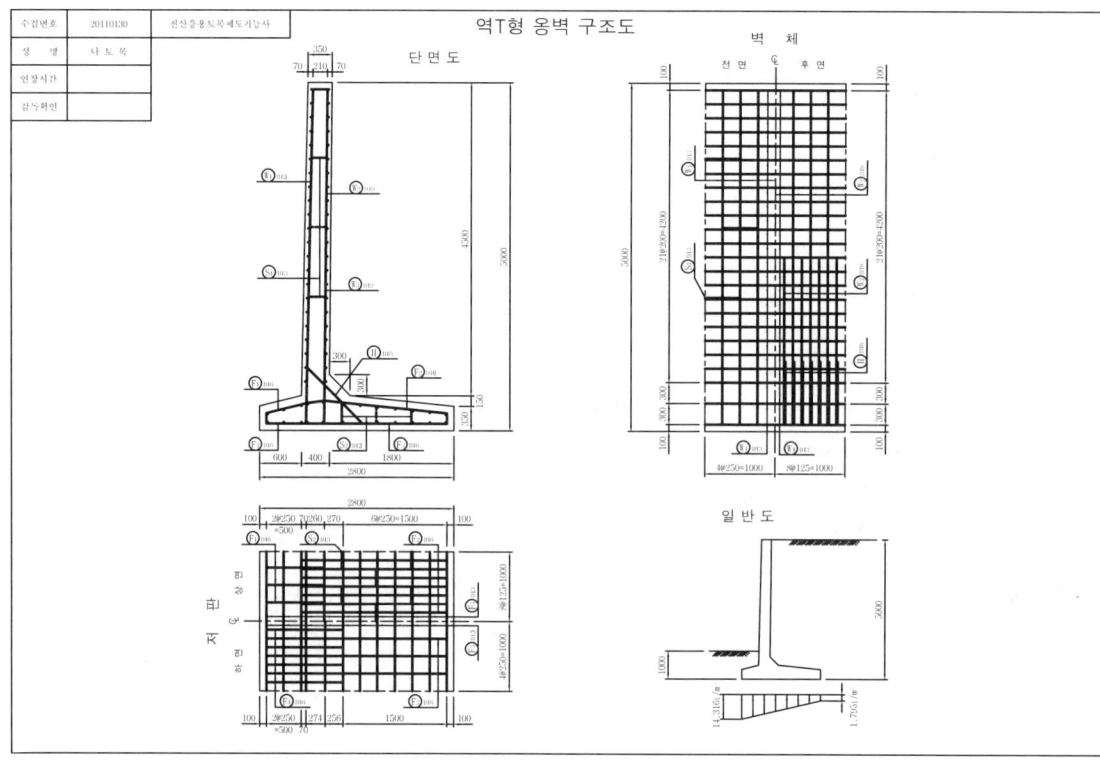

11. 도면의 출력(CAD 2005)

① 파일-플롯

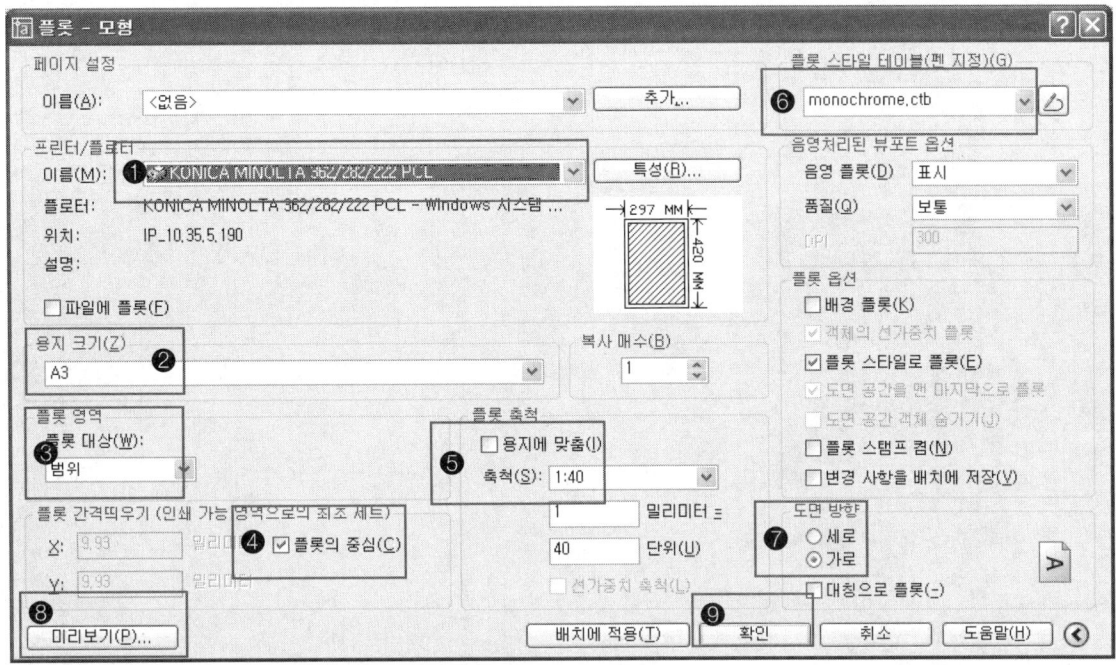

❶ 프린터/플로터 이름 : 컴퓨터에 연결되어 있는 프린터 선택
❷ 용지 크기 : A3선택
❸ 플롯 영역의 플롯 대상 : 범위 선택
❹ 플롯의 중심에 √
❺ 플롯 축척 : 도면 작도시 40배인 경우-1:40, 50배인 경우-1:50을 선택
❻ 플롯 스타일 테이블(펜 지정) : monochrome.ctb(선택)-요구 사항이 있을 때
　　monochrome.ctb(선택) : 선의 진하고 연함 없이 선의 굵기로만 구분
❼ 도면 방향 : 가로 선택(암거의 경우는 세로)
❽ 미리보기 : 검토
❾ 미리보기 이상이 없으면 확인하여 출력

② 도면(1)과 도면(2)를 위와 같은 방법으로 출력한다.

Ⅳ. 통로 암거

통로 암거

1장 환경 설정

1. 선의 굵기 및 선의 색 지정

선굵기	색 상(color)	용 도
0.7㎜	파란색(5-Blue)	윤곽선
0.4㎜	빨간색(1-Red)	철근선
0.3㎜	하늘색(4-Cyan)	외벽선
0.2㎜	선홍색(6-Magenta)	중심선, 파단선
0.2㎜	초록색(3-Green)	철근기호, 인출선
0.15㎜	흰 색(7-White)	치수, 치수선

① 도면층 특성 관리자 대화창 실행 : 다음 중 한 가지 방법으로 선택

Command(명령창)	layer
도구 아이콘	≥
메뉴	형식-도면층

■ 아이콘의 위치

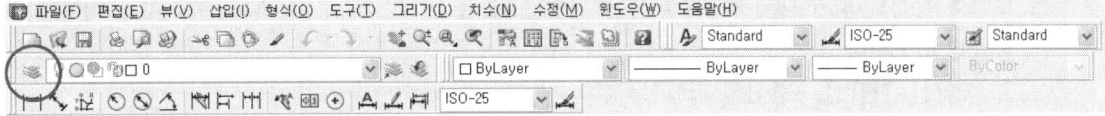

② 도면층 특성 관리자 창이 활성화 되면 엔터를 7번 쳐서 도면층을 7개 만든다.

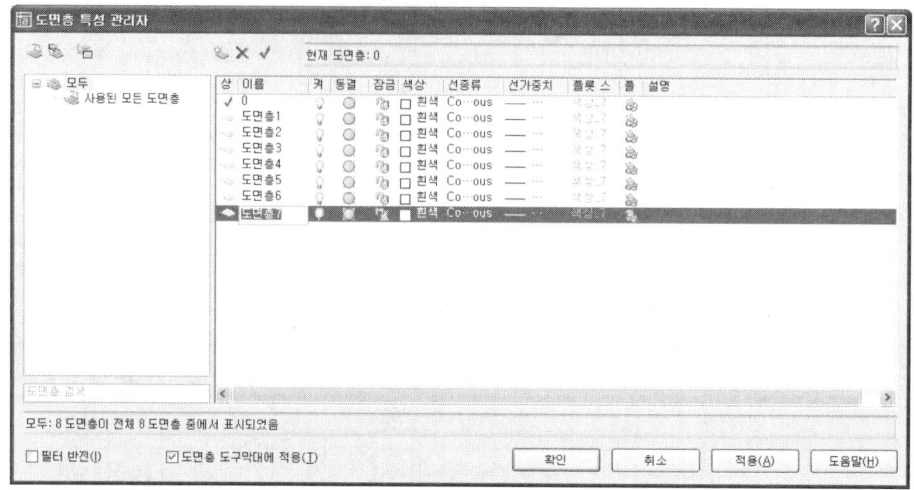

③ 도면층1을 클릭하여 윤곽선을 입력, 색상-파란색, 선종류-continuous,
선가중치-0.50㎜으로 변경 한다. 철근선, 외벽선, 중심선 파단선, 철근기호 인출선, 치수 치수선 Layer도 같은 방법으로 각각 설정한 후 확인(보조선 Layer는 색상만 노란색으로 설정 함)

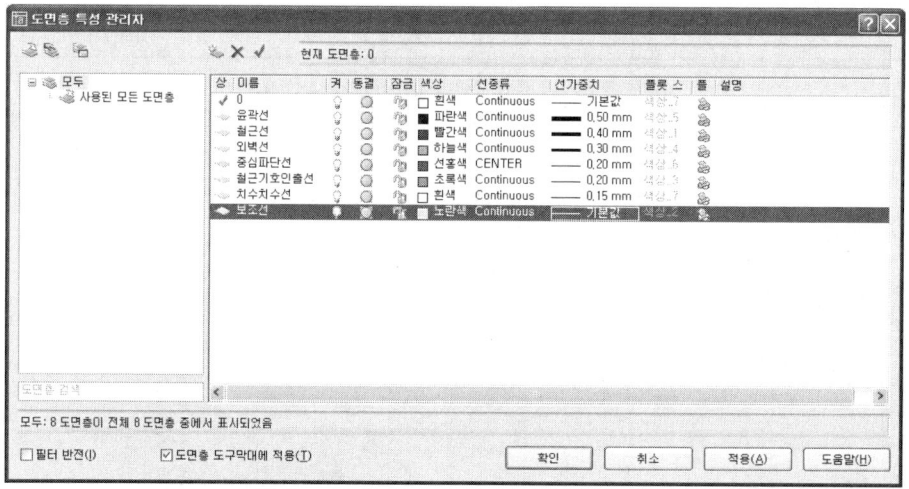

㉠ 도면층 특성 관리자 대화창에서 이름을 정의할 때, < > : ? * = , 등과 같은 기호는 사용할 수 없음에 유의한다.
　ⓐ 중심선, 파단선 → 중심선 파단선
　ⓑ 철근기호, 인출선 → 철근기호 인출선
　ⓒ 치수, 치수선 → 치수 치수선으로 정의한다.

ⓛ 중심선 파단선의 선종류 변경하기
　ⓐ 중심선 파단선의 선종류의 continuous부분을 클릭

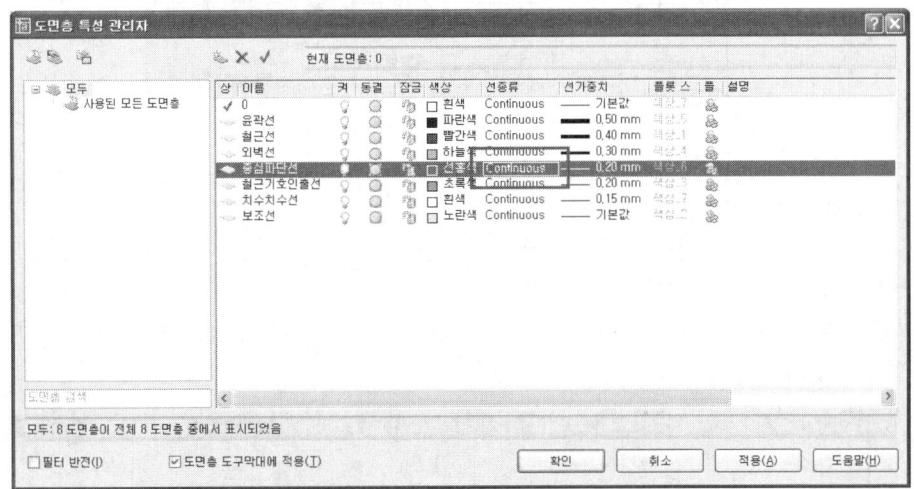

　ⓑ 선종류 선택 대화창에서 로드(L) 선택

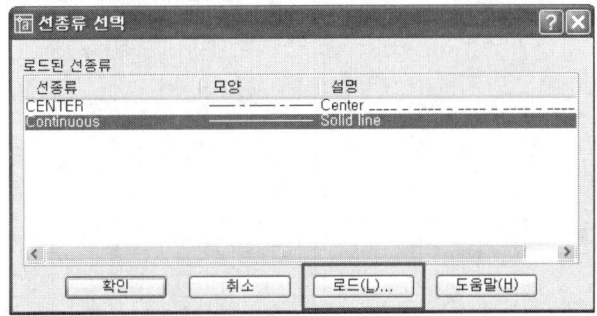

　ⓒ 선종류 로드 또는 다시 로드 대화창에서 CENTER 선택후 확인

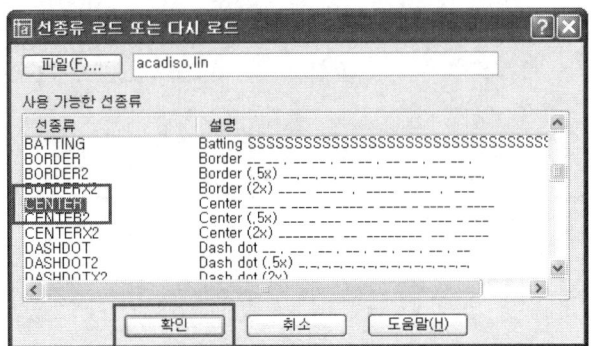

ⓓ 선종류 선택 대화창에서 CENTER 선택-확인

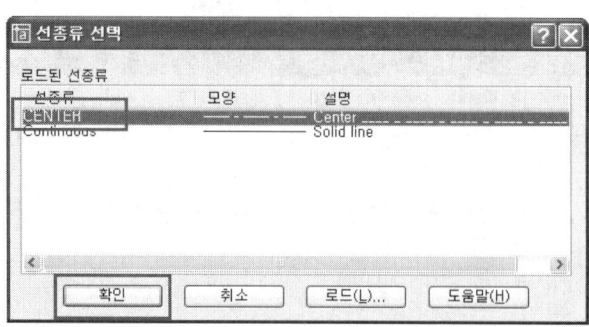

ⓔ 도면층 특성 관리자 대화창에 중심선 파단선의 선종류가 CENTER로 변경 되었음을 확인할 수 있다.

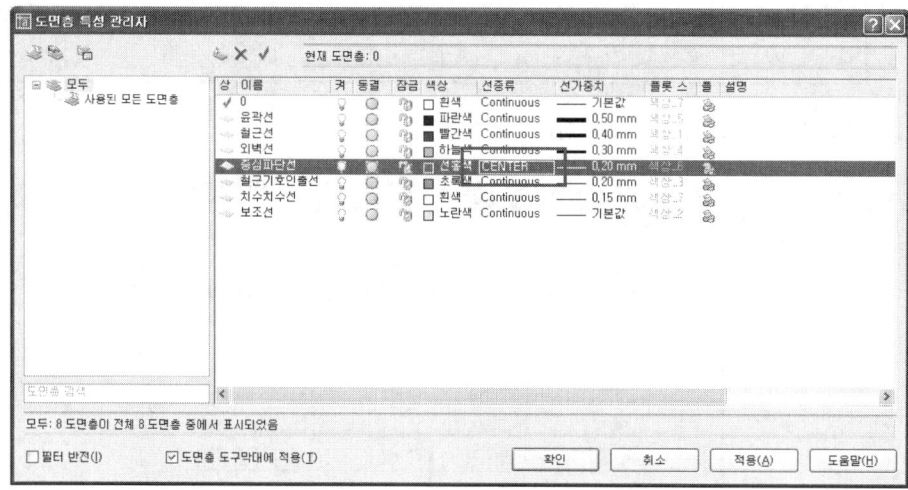

2. 단위 설정

① 도면 단위 대화창을 실행 : 다음 중 한가지 방법으로 선택

Command(명령창)	units Enter↵
메뉴	형식-단위

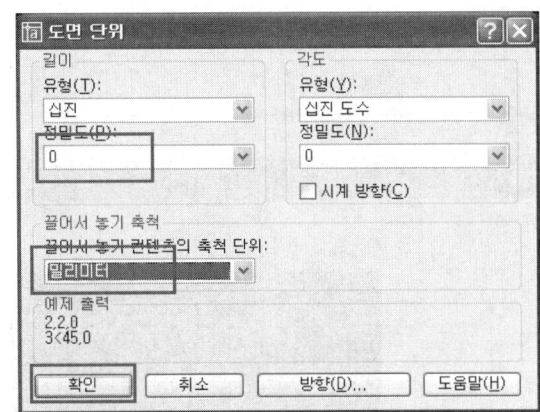

② 정밀도-0, 끌어서 놓기 축척-밀리미터 확인-단위가 mm로 설정된다.

3. 용지 크기 설정

① A3 용지 크기로 설정한다

Command(명령창)	limits Enter↵
메뉴	형식-도면 한계

명령: limits Enter↵

모형 공간 한계 재설정:

왼쪽 아래 구석 지정 또는 [켜기(ON)/끄기(OFF)] 〈0,0〉: Enter↵ 〈도면좌측 하단 설정〉

오른쪽 위 구석 지정 〈420,297〉: 297,420 Enter↵ 〈도면우측 상단 설정〉

■ 정사각형 암거는 세로로 작도하기 때문에 297, 420으로 입력함

---

② 도면을 1/50로 작도한 후 A3(420×297)용지에 monochrome 으로 세로로 출력하여 제출한다.

4. 치수 유형 설정하기

필요한 축척별 도면 용도에 맞는 치수 유형을 새로 만들거나 수정한다.(축척 1/50로 요구하므로 도면을 50배하여 도면을 그리기 위해서 치수 유형을 조정한다.)

① 치수 스타일 관리자 대화창 실행 : 다음 중 한가지 방법으로 선택

Command(명령창)	ddim Enter↵
도구 아이콘	⊬
메뉴	형식-치수 형식

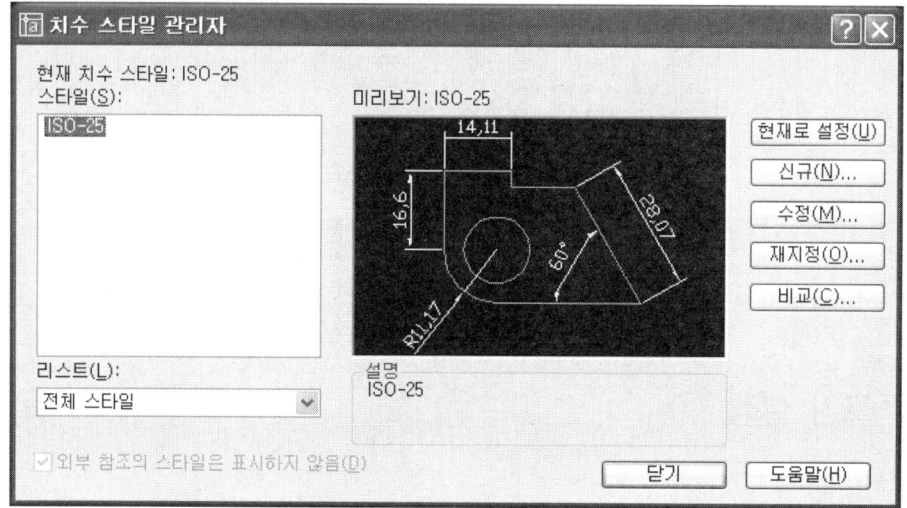

② 치수 스타일 관리자 대화창에서 신규 선택하여
새 치수 스타일 작성 대화창에서 새 스타일 이름을 1111(사용자 임의로 변경가능)로 변경한 후 계속

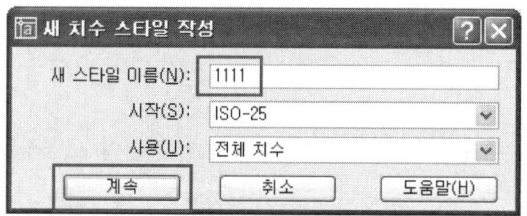

③ 새로운 치수 스타일 대화창의 Lines and Arrows 탭 선택
   ㉠ 치수선 너머로 연장 : 1.25 ⇒ 0.5로 변경
   ㉡ 원점에서 간격띄우기 : 0.63 ⇒ 1.25로 변경
   ㉢ 화살표 크기 : 2.5 ⇒ 2로 변경

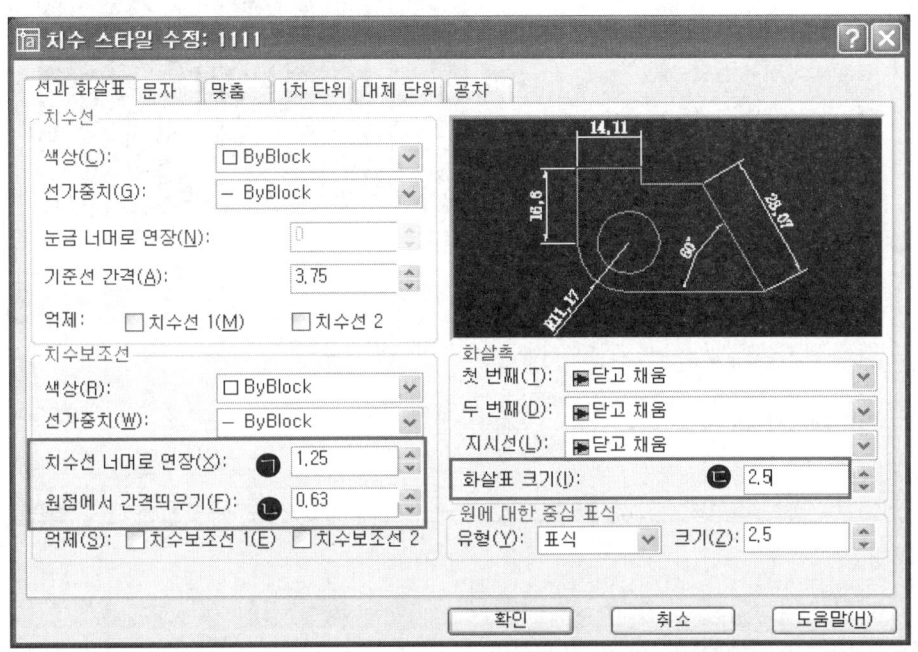

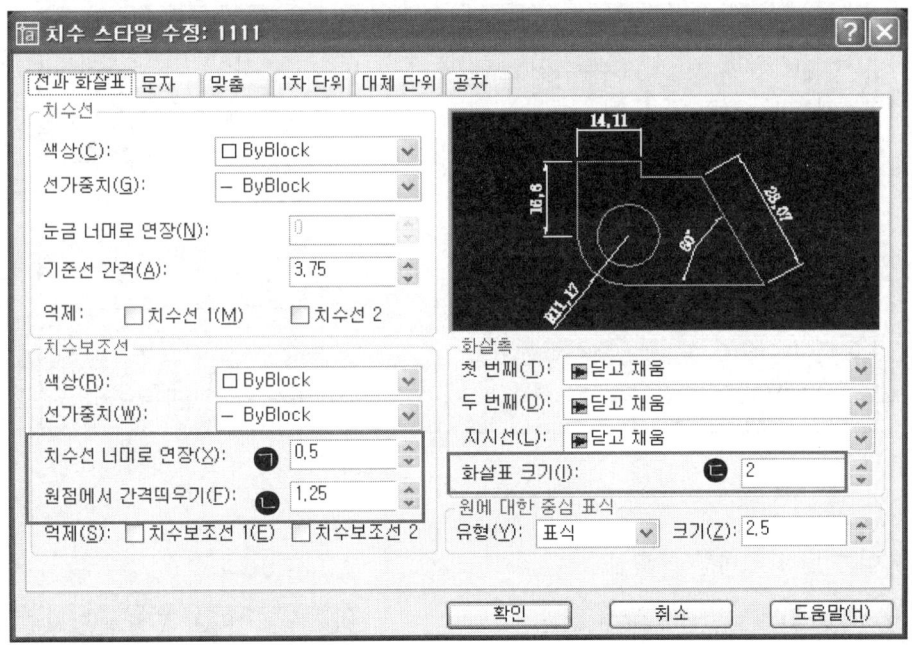

④ 새로운 치수 스타일 대화창의 문자 탭 선택-문자 스타일 변경창을 클릭

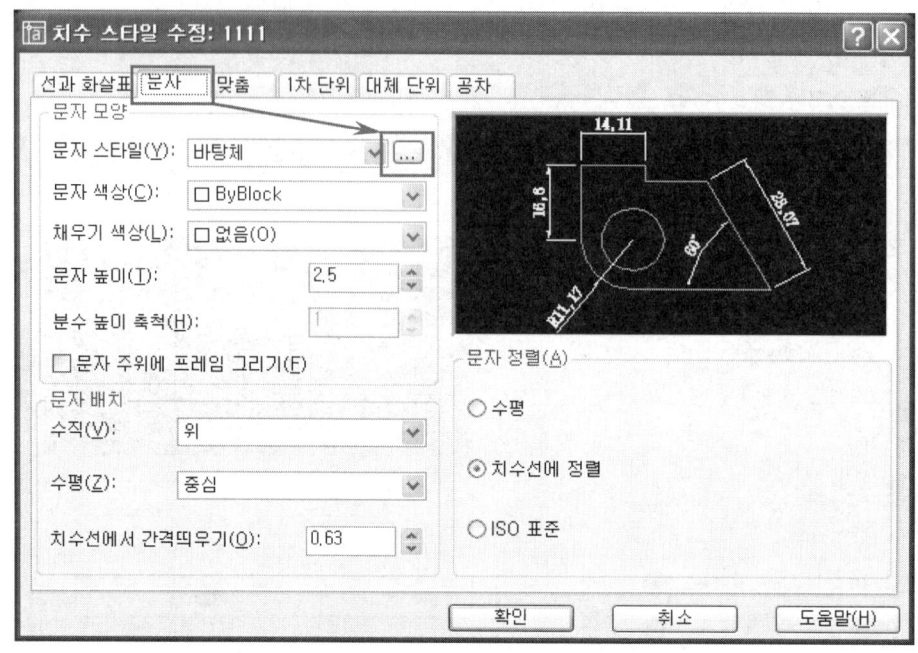

㉠ 큰 글꼴 사용 √ 해제 - 신규 버튼 클릭

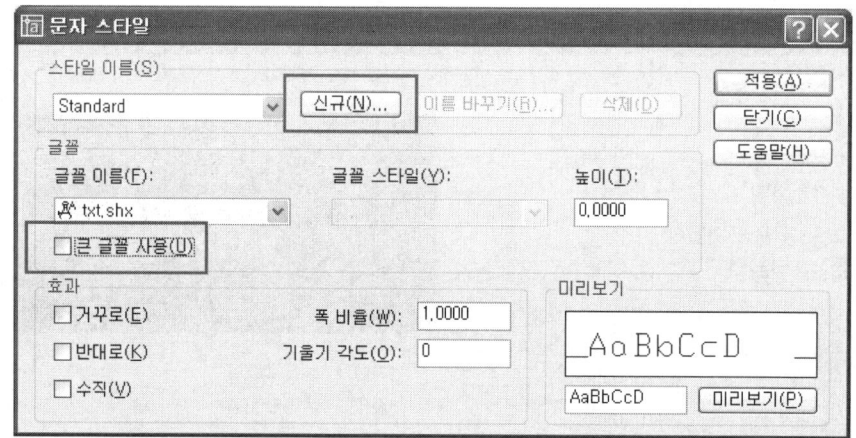

■ 스타일 이름 변경 - 바탕 - 확인

■ 글꼴 이름 ⇒ 바탕체로 변경 ⇒ 적용 ⇒ 닫기

ⓒ 문자 스타일 : 바탕체, 문자 높이 2.5 → 2, 치수선에서 간격띄우기 : 0.63 → 0.7로 변경

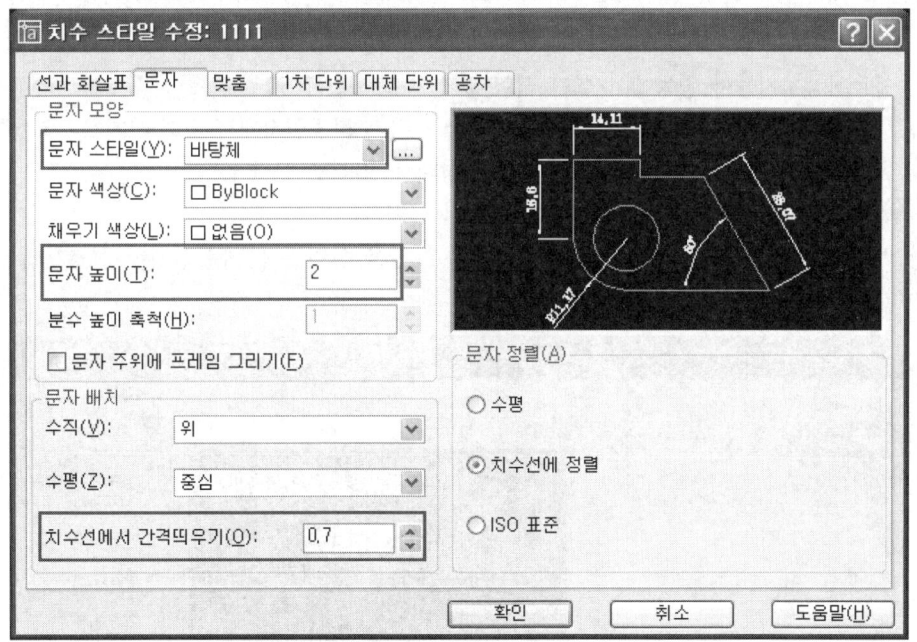

⑤ 새로운 치수 스타일 대화창의 맞춤 탭 선택
   항상 치수보조선 사이에 문자 유지, 지시선 없이 치수선 위에 배치, 전체 축척 사용 값을 50으로 변경-확인

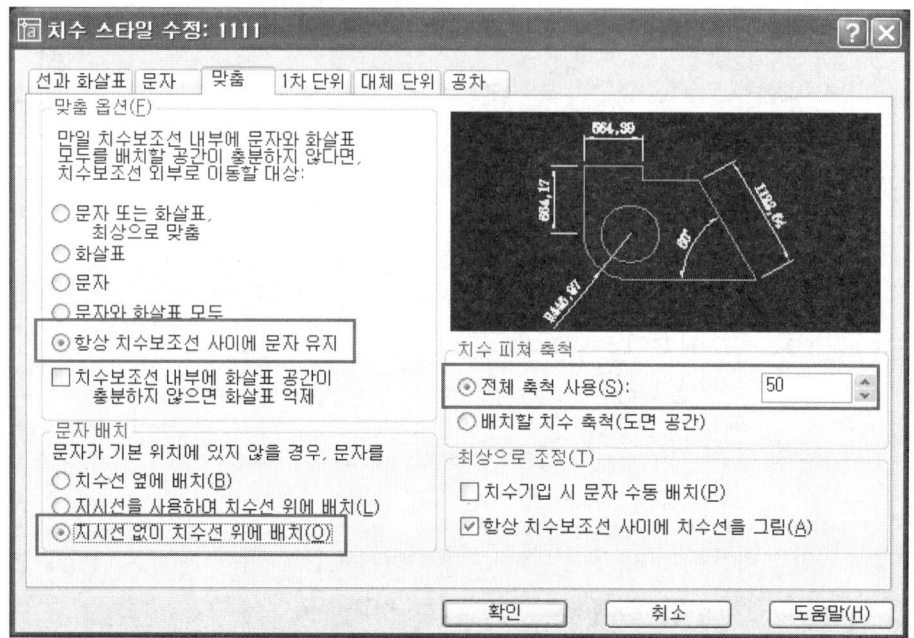

■ 전산응용토목제도기능사 종목에서 실기 시험 조건이 축척을 1/50로 작도한 후
   A3 용지로 출력하도록 되어 있으므로 작도전에 실시하는 환경설정에서 도면 크기를 A3 용지로 설정한 후 50배하여 도면을 작도함으로 모든 맞춤 상태를 50배로 한다.
■ 맞춤 탭 까지만 설정한 후 이후는 생략하고 확인 클릭
■ 치수 스타일 관리자 대화 상자가 나타나면 스타일 1111을 선택 - 현재로 설정 - 설명창에 1111 확인
   - 닫기 하면 치수선 유형 설정이 종료됨

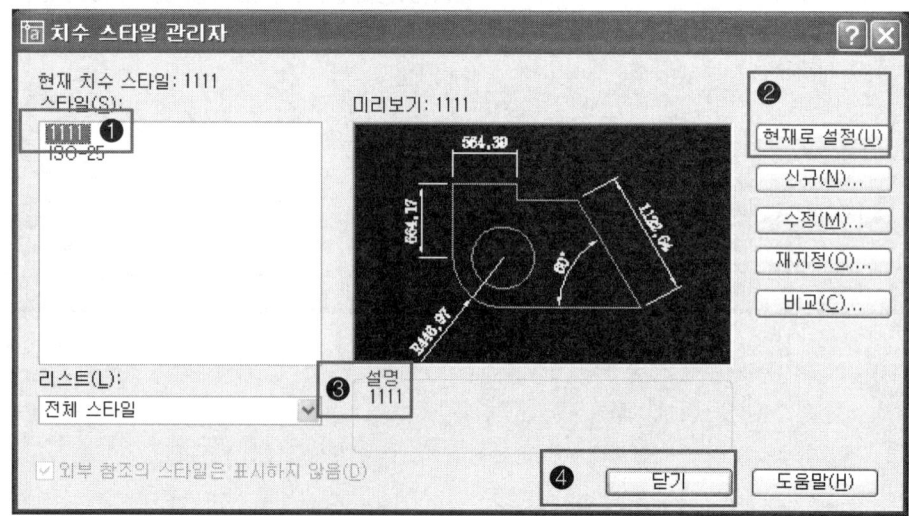

5. Viewres

① 철근 기호와 철근 단면을 그릴 때 다음과 같은 차이가 있다.

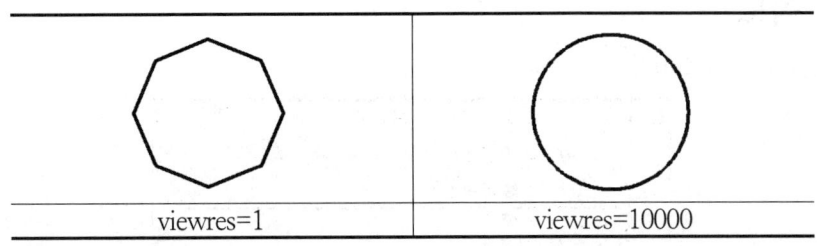

```
명령: viewres [Enter↵]
고속 줌을 원하십니까? [예(Y)/아니오(N)] ⟨Y⟩: [Enter↵]
원 줌 퍼센트 입력 (1-20000) ⟨1000⟩: 10000 [Enter↵] ⟨사용자 임의로 지정⟩
```

② 원 줌 퍼센트 입력 값은 1에서 20000까지 사용자 임의로 지정할 수 있다.

6. 상태 표시줄

① 직교
  ㉠ ON : 커서가 수평이나 수직으로만 움직인다.
  ㉡ OFF : 커서가 임의의 방향으로 움직인다.
② OSNAP : 도면작업에서 정확한 위치를 지정해야 할 때 사용되는 명령으로 객체스냅이라 한다. 다음과 같이 √를 하고 작도하면 편리하다.

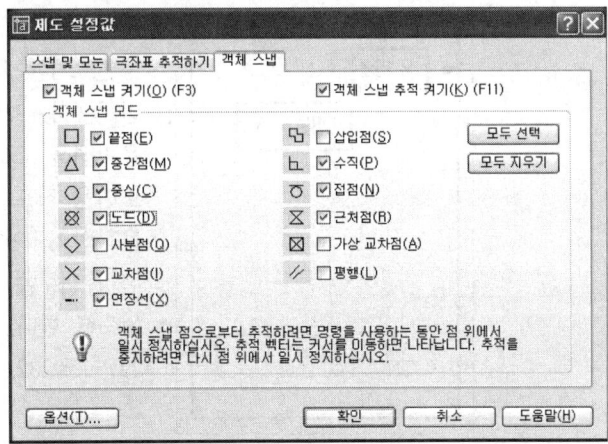

③ OTRACK : ON으로 설정한다.
■ 다른 부분은 필요에 따라 설정하면 된다.

2장 통로 암거 그리기

1. 윤곽선 작도

① 윤곽선 Layer를 선택한다.

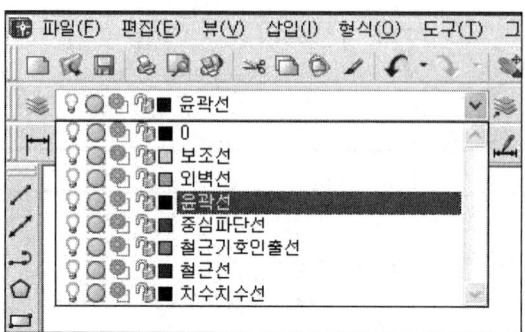

② 직사각형 그리는 명령을 이용하여 윤곽선을 그린다.

Command(명령창)	rectang Enter↵
도구 아이콘	▭
메뉴	그리기-직사각형

```
명령: rectang Enter↵
첫 번째 구석점 지정 또는 [모따기(C)/고도(E)/모깎기(F)/두께(T)/폭(W)]: 15,15 Enter↵
반대쪽 구석점 지정 또는 [치수(D)]: 282,405 Enter↵
```

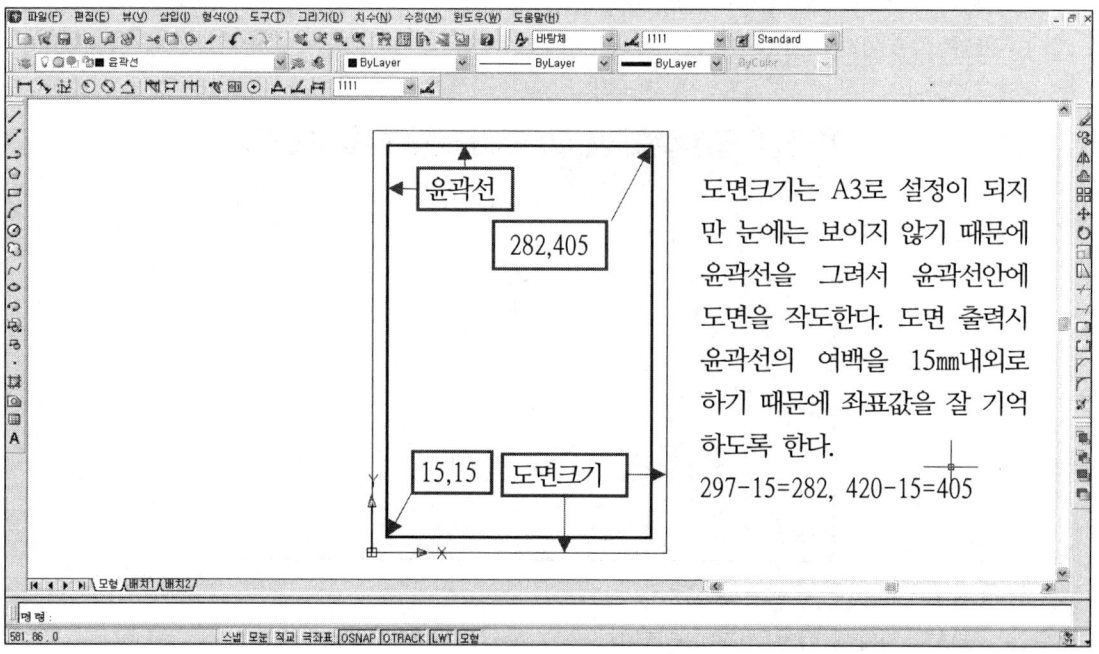

도면크기는 A3로 설정이 되지만 눈에는 보이지 않기 때문에 윤곽선을 그려서 윤곽선안에 도면을 작도한다. 도면 출력시 윤곽선의 여백을 15mm내외로 하기 때문에 좌표값을 잘 기억하도록 한다.
297-15=282, 420-15=405

2. 표제란 작도

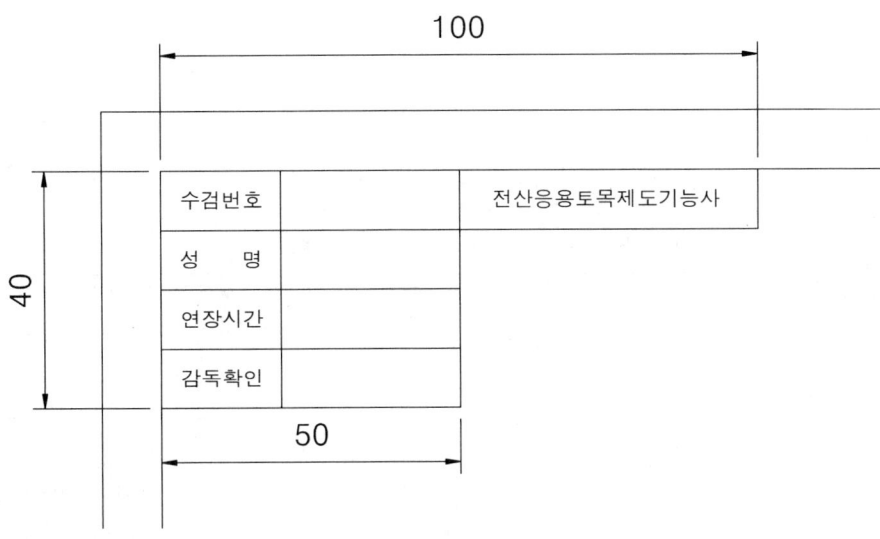

① 윤곽선 Layer 상태에서 좌측 상단에 1:1로 작성한다.
② 명령창 ZOOM [Enter↵] ⇒ A [Enter↵] (전체화면 보기)
③ LINE, OFFSET, TRIM, MTEXT, MOVE 명령어 활용

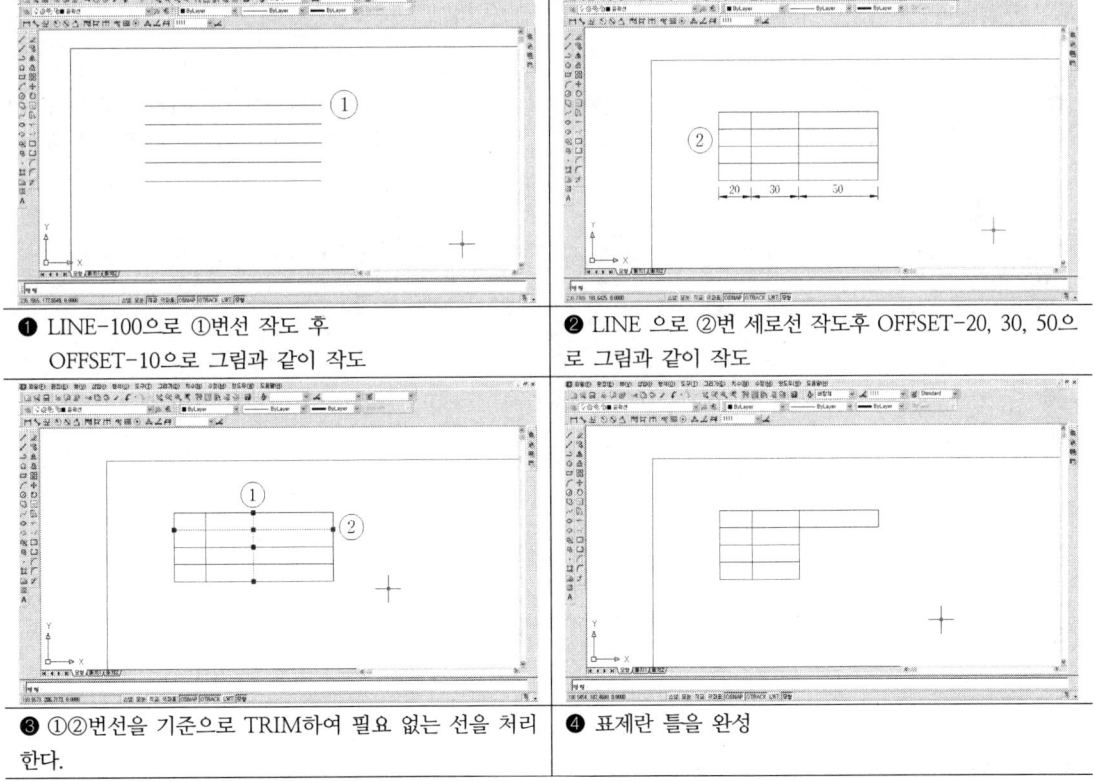

❶ LINE-100으로 ①번선 작도 후 OFFSET-10으로 그림과 같이 작도
❷ LINE 으로 ②번 세로선 작도후 OFFSET-20, 30, 50으로 그림과 같이 작도
❸ ①②번선을 기준으로 TRIM하여 필요 없는 선을 처리한다.
❹ 표제란 틀을 완성

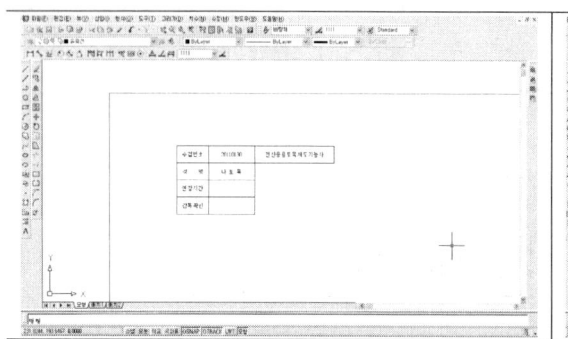
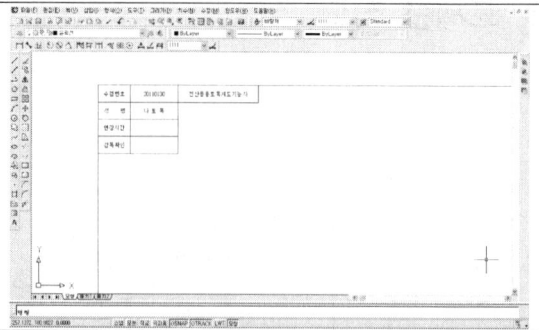

❺ MTEXT 명령어로 빈칸에 문자 입력 | ❻ MOVE 명령어로 ❺에서 작도한 표제란 전체를 선택해서 윤곽선 왼쪽 모서리로 이동하면 완성된다.

■ 문자 입력 방법

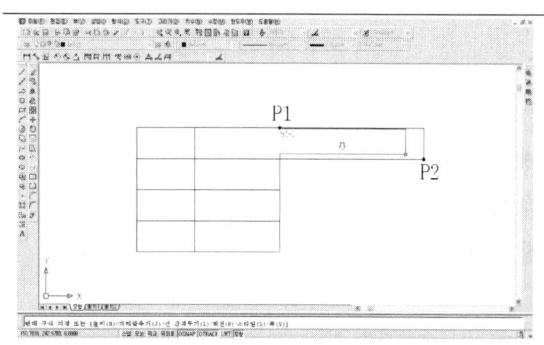

❶ MTEXT-첫 번째점은 P1클릭, 드래그하여 두 번째 점은 P2에 클릭한다. | ❷ 문자 편집창에 전산응용토목제도기능사를 입력하고, 블록으로 설정한 후 오른쪽 마우스 클릭 자리맞추기-중간중심 선택한 후 확인

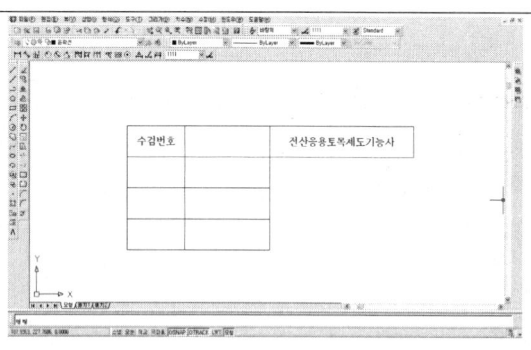

❸ 같은 방법으로 수검번호 입력 | ❹ 수검번호를 빈칸에 COPY한 후 수정하고자 하는 부분을 더블 클릭하면 수정을 할 수 있다.

■ COPY하여 수정 또는 ❶~❷번과 같은 방법 중 편리한 방법으로 연습을 한다.

3. 단면도 작도

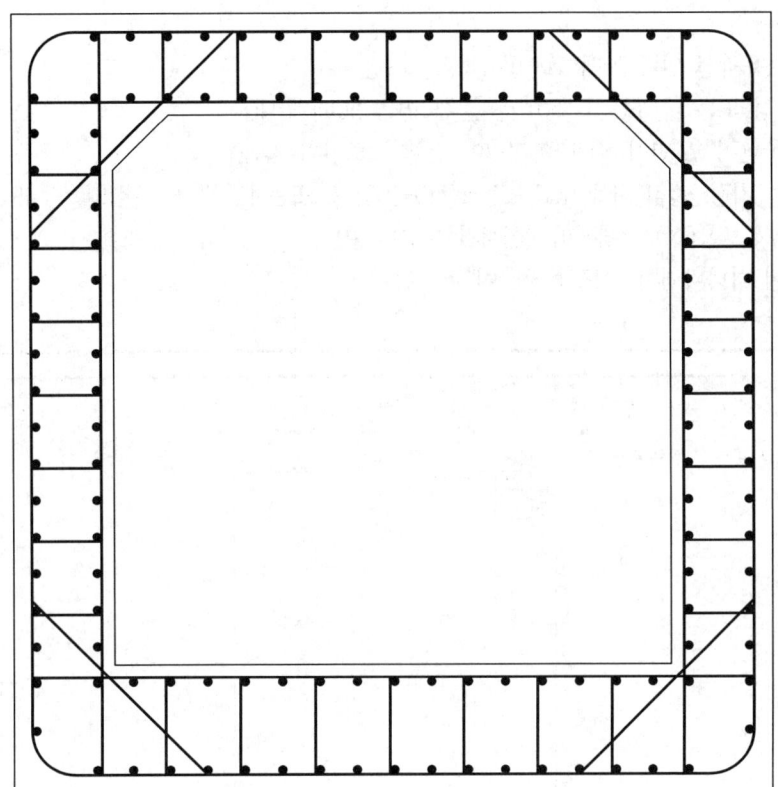

① 도면 작도는 실제 치수를 사용하므로 SCALE 명령을 사용하여 도면을 50배로 확대하여 작도한다.

명령: SCALE [Enter↵]
객체 선택: 반대 구석 지정: 15개를 찾음〈도면을 약간 축소하여 윤곽선 오른쪽 아래 바깥쪽에서 왼쪽 마우스 클릭한 후 윤곽선 왼쪽 위 바깥 부분까지 드래그하여 전체를 선택〉
객체 선택: [Enter↵]
기준점 지정:〈윤곽선 왼쪽 아래 교점을 지정〉
축척 비율 지정 또는 [참조(R)]: 50 [Enter↵] 〈도면을 50배 확대〉
명령: zoom [Enter↵] 〈도면이 50배 확대되어 전체가 보이지 않음〉
윈도우 구석을 지정, 축척 비율 (nX 또는 nXP)을 입력, 또는 [전체(A)/중심(C)/동적(D)/범위(E)/이전(P)/축척(S)/윈도우(W)/객체(O)] 〈실시간〉: a [Enter↵]
〈전체 도면이 나타나면서 작도할 공간이 파악됨〉
모형 재생성 중.

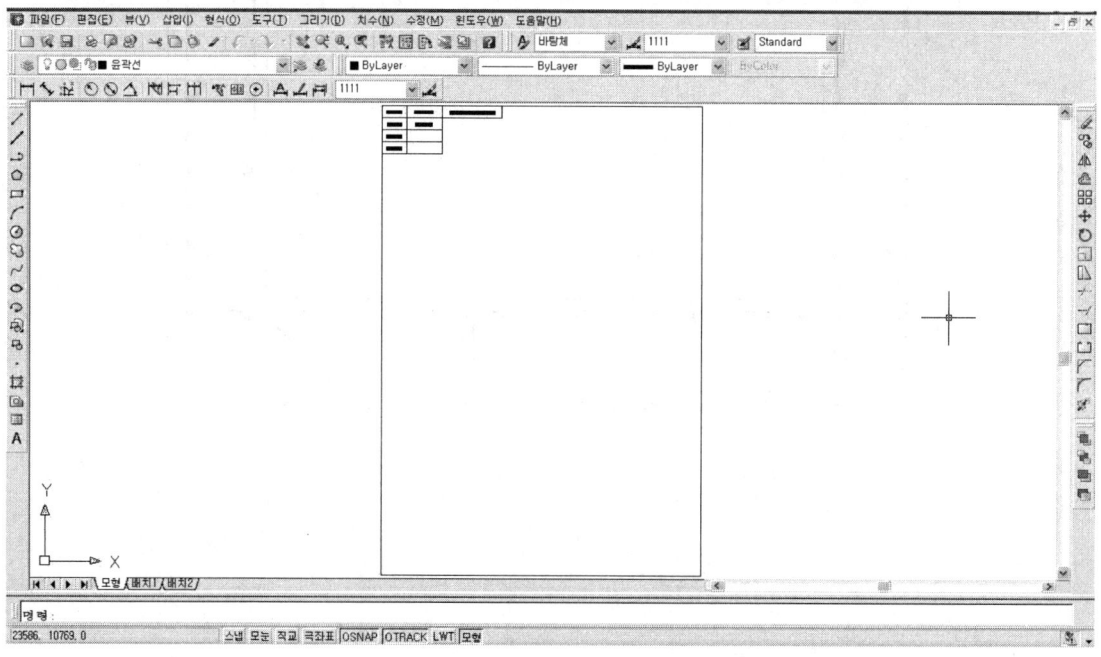

② 단면도 외벽선 작도
　㉠ 외벽선 레이어 선택
　㉡ LINE 명령을 실행하여 외벽선을 작도한다.

명령: LINE [Enter↵]
첫번째 점 지정: 〈아래 그림의 십자선 위치에 첫 번째 점을 설정 : 도면이 완성되었을 경우 전체적인 균형을 생각하여 첫 번째 위치를 설정 한다〉
■ 위치가 적당하지 않아서 균형이 맞질 않으면 MOVE 명령을 이용하여 변경하면 된다.

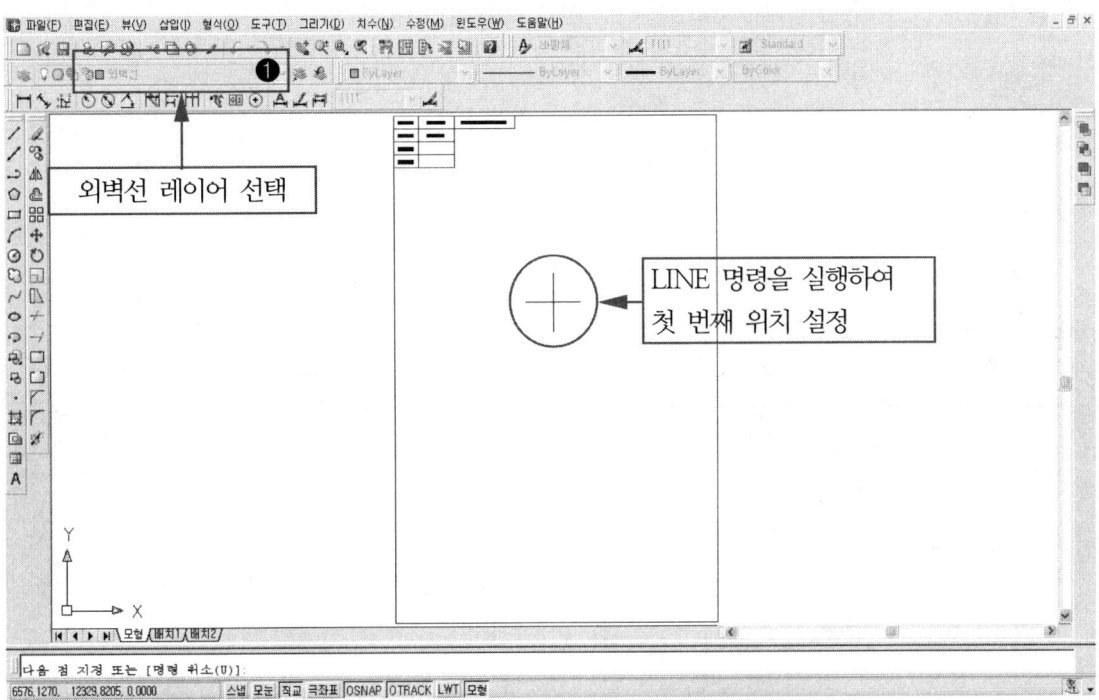

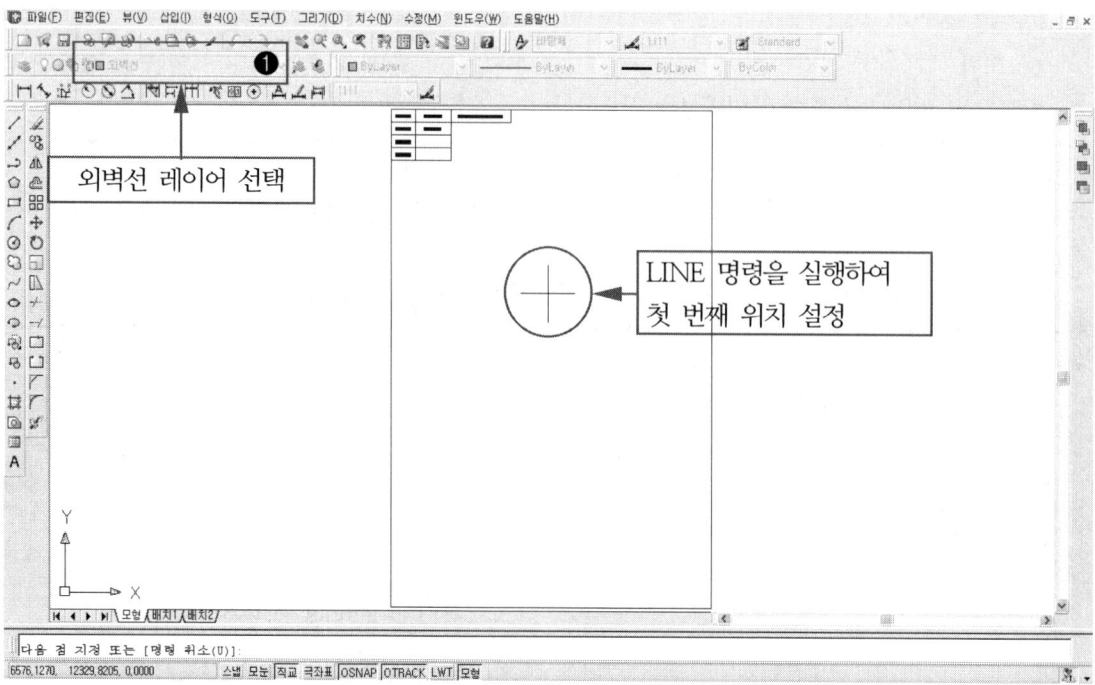

ⓒ 단면도의 외면과 내면의 외벽선 작도(직교 기능이 ON된 상태에서 작도)

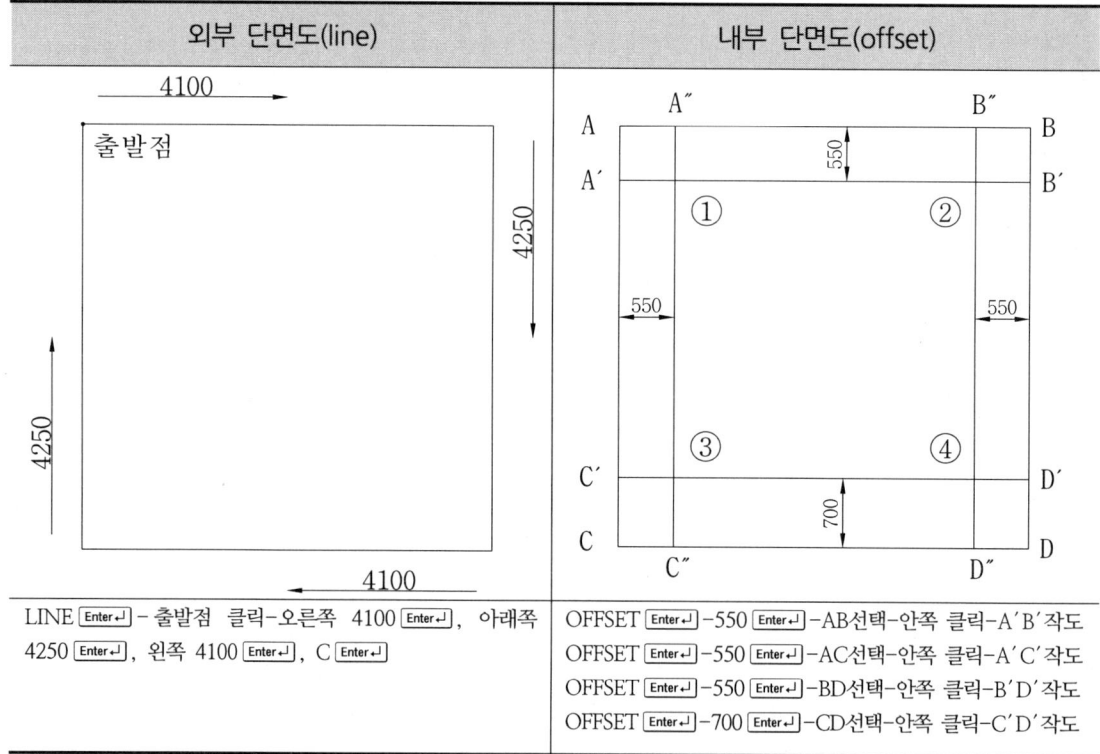

■ 내부단면도 작도후 ①-A', ①-A", ②-B', ②-B", ③-C', ③-C", ④-D', ④-D"부분은 TRIM으로 자르기한다.(선택-파란색 포인트-자르기할 쪽 클릭-붉은색 포인트-끝기)

■ ①②부분을 CHAMFER(모따기) 명령어로 정리한다.

명령: CHAMFER [Enter↵]
(TRIM 모드) 현재 모따기 거리1 = 0, 거리2 = 0
첫 번째 선 선택 또는 [폴리선(P)/거리(D)/각도(A)/자르기(T)/방법(M)/다중(U)]: D [Enter↵]
첫번째 모따기 거리 지정 〈0〉: 300 [Enter↵]   〈일반도에 치수 표시〉
두번째 모따기 거리 지정 〈200〉: 300 [Enter↵]   〈일반도에 치수 표시〉
첫 번째 선 선택 또는 [폴리선(P)/거리(D)/각도(A)/자르기(T)/방법(M)/다중(U)]: ①-③선 선택
두번째 선 선택: ①-②선 선택
명령: [Enter↵] 〈같은 명령어를 실행할 때는 명령어 입력 없이 [Enter↵]만 치면 된다〉
CHAMFER
(TRIM 모드) 현재 모따기 거리1 = 300, 거리2 = 300
첫 번째 선 선택 또는 [폴리선(P)/거리(D)/각도(A)/자르기(T)/방법(M)/다중(U)]: ①-②선 선택
두번째 선 선택: ②-④선 선택

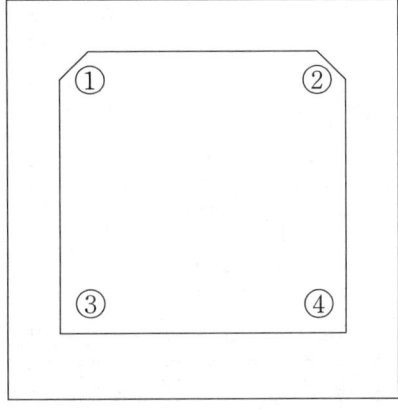

③ 일반도 외벽선 작도
　㉠ 단면도를 복사하여 일반도를 작도한다.

명령: COPY [Enter↵]
객체 선택: 반대 구석 지정: 10개를 찾음〈단면도 전체 선택〉
객체 선택: [Enter↵]
기준점 또는 변위 지정: 변위의 두번째 점 지정 또는 〈변위로 첫 번째 점 사용〉:
〈단면도 왼쪽 아래 모서리 부분을 선택하여 일반도가 위치할 지점에 복사〉

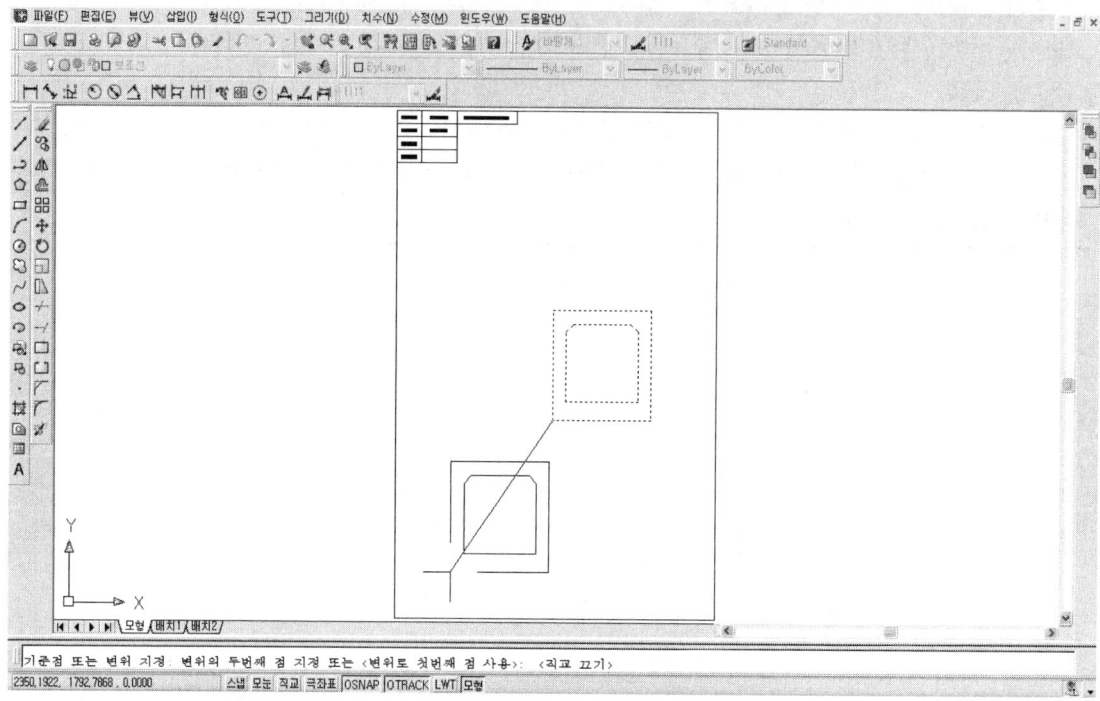

　㉡ 복사한 단면도를 활용하여 일반도를 작도한 후 0.5배 한다.

명령:SCALE [Enter↵]
객체 선택: 반대 구석 지정: 15개를 찾음〈일반도 외벽선 전체 선택〉
객체 선택: [Enter↵]
기준점 지정: 〈일반도 오른쪽 아래 모서리 부분을 선택〉
축척 비율 지정 또는 [참조(R)]: 0.5 [Enter↵]
〈단면도 크기를 0.5배 줄인다〉
■ 기초콘크리트 부분과 지반까지 작도한 이후 0.5배
■ 지반표시는 치수넣기 또는 제목 표시할 때 작도
■ 치수는 0.5배한 값이 나타나므로 분해-수정 과정을 거친다.

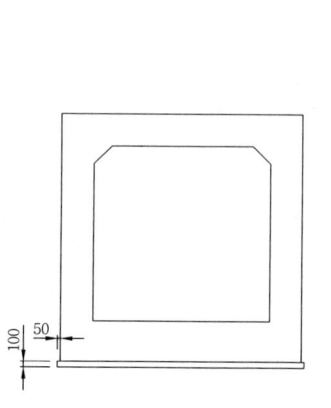

④ 단면도의 주철근 배근(선) 작도(OFFSET, TRIM, FILLET 명령 실행)
  ㉠ ① D22, ⑤ D22 철근의 작도
    - 외부 외형 단면도에 피복 두께 100㎜ 덮개를 두고 작도(OFFSET-100을 활용) - 작도한 후 철근선 레이어로 바꾸어 준다.
    - 모서리 부분을 FILLET(모깎기)-240(철근상세도에 치수가 나옴)
■ OFFSET : 선택한 대상물과 새로운 대상물이 지정된 거리만큼 떨어진 위치에 작도 된다.

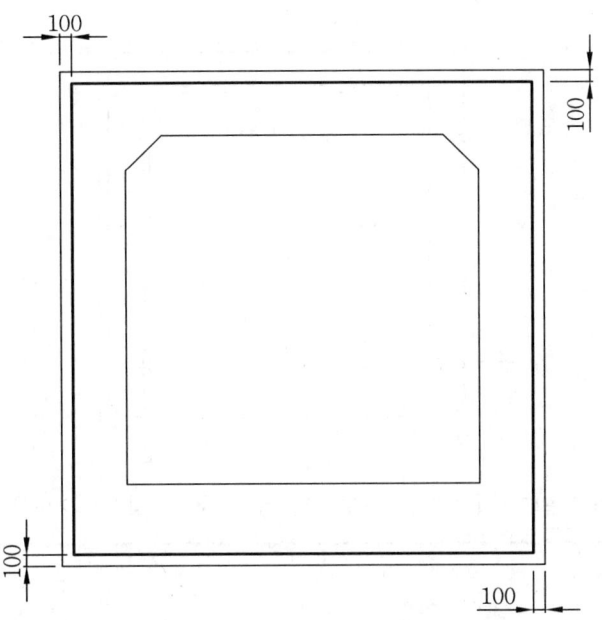

■ FILLET Enter↵ - R Enter↵ - 반지름 입력 240 Enter↵ - 객체클릭 - Enter↵ (바로 앞 명령 반복)하여 나머지 3모서리 부분을 모깎기 한다.

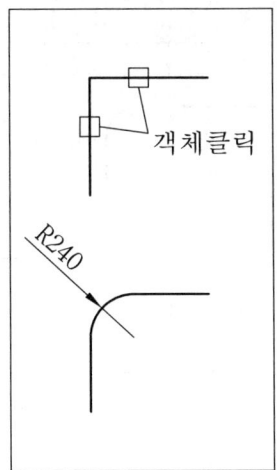
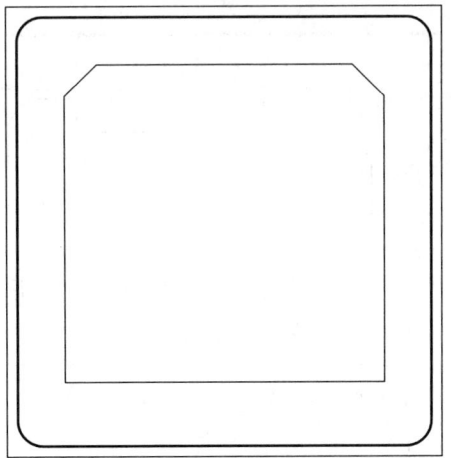

ⓛ ⑦ D22, ④ D16, ③ D22 철근의 작도
  ⓐ ⑦ D22는 단면도 정판 내벽을 기준으로 OFFSET-70 배근 작도한다.
  ⓑ ④ D16는 단면도 측벽 내벽을 기준으로 OFFSET-70 배근 작도한다.
  ⓒ ③ D22는 단면도 저판 내벽을 기준으로 OFFSET-70 배근 작도한다.
  (OFFSET 후 도면처럼 EXTEND-철근선 레이어로 전환)

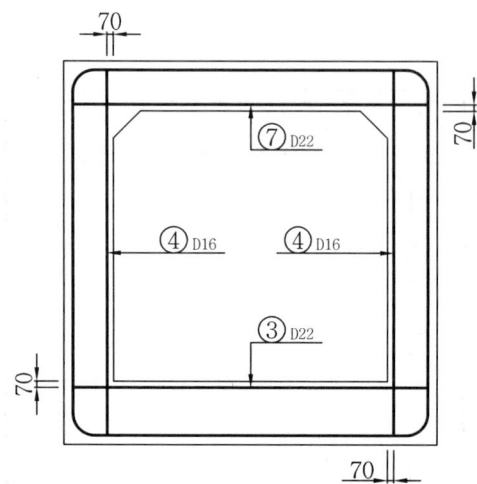

■ EXTEND : 경계선을 먼저 정한 다음 도면 요소를 경계선까지 연장시키는 명령어

```
명령: extend [Enter↵]
현재 설정값: 투영=UCS 모서리=없음
경계 모서리 선택 ...
객체 선택: 1개를 찾음 〈경계선이 되는 도면 요소 선택〉
연장할 객체 선택 또는 자르기를 위한 shift+선택  또는 [투영(P)/모서리(E)/명령 취소(U)]: 〈연장할 객체 선택〉
```

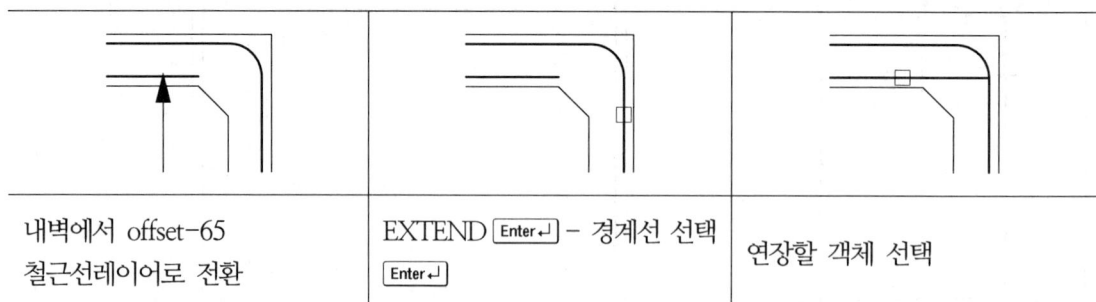

| 내벽에서 offset-65 철근선레이어로 전환 | EXTEND [Enter↵] – 경계선 선택 [Enter↵] | 연장할 객체 선택 |

■ 객체 선택-파란색 포인트-연장할 쪽 파란색 포인트 선택-붉은색 포인트로 변하면 마우스로 끌어서 연장할 수 있다.(EXTEND와 같은 효과)

ⓒ Ⓗ2 D16, Ⓗ1 D16 철근의 작도

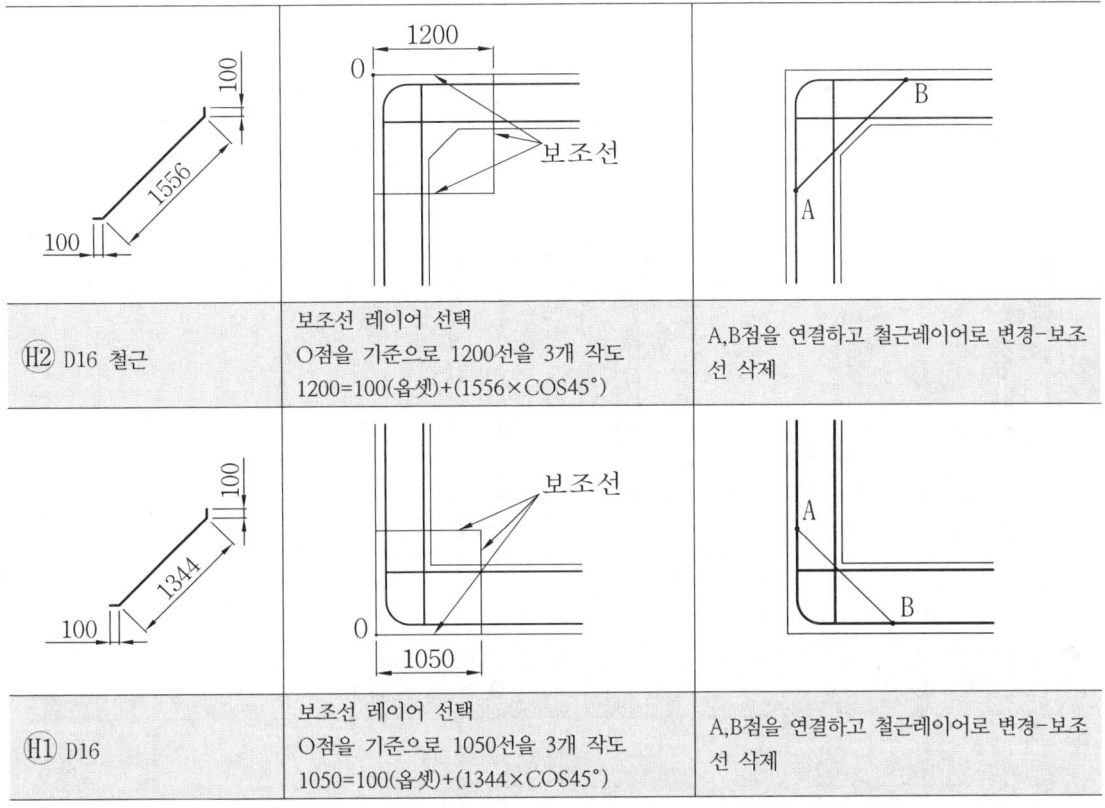

Ⓗ2 D16 철근	보조선 레이어 선택 O점을 기준으로 1200선을 3개 작도 1200=100(옵셋)+(1556×COS45°)	A,B점을 연결하고 철근레이어로 변경-보조선 삭제
Ⓗ1 D16	보조선 레이어 선택 O점을 기준으로 1050선을 3개 작도 1050=100(옵셋)+(1344×COS45°)	A,B점을 연결하고 철근레이어로 변경-보조선 삭제

■ 우측벽의 Ⓗ2 D16, Ⓗ1 D16 철근 작도(좌측벽에 작도한 철근을 MIRROR로 작도)

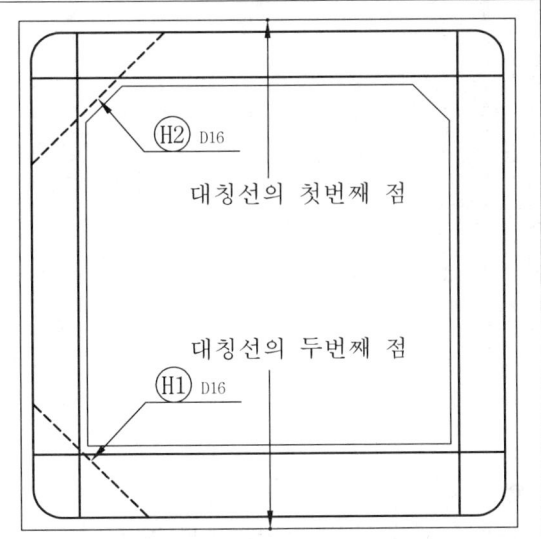

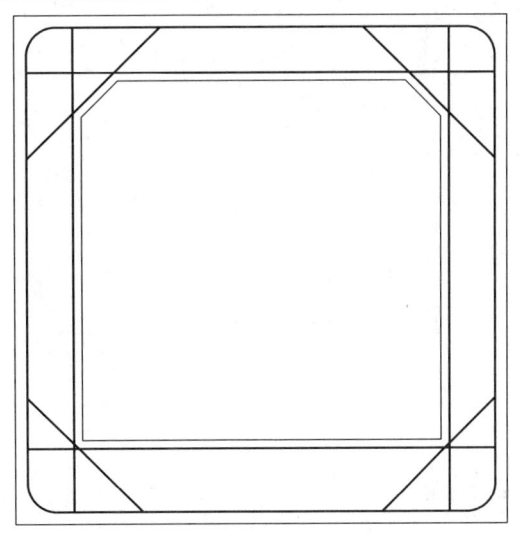

MIRROR [Enter↵] - H2, H1선택 - [Enter↵] - 대칭선의 첫번째 점(외벽선 상단의 중간점) 클릭 - 대칭선의 두번째 점(외벽선 하단의 중간점) 클릭	Ⓗ2 D16, Ⓗ1 D16 철근 작도

⑤ 단면도의 철근 배근(점) 작도(보조선, DONUT 명령 실행)

❶ 철근선을 기준으로 OFFSET-25로 작도 (보조선으로 변경)

❷ ⑦ D22 철근선을 기준으로 아래쪽으로 OFFSET-170 (보조선으로 변경)

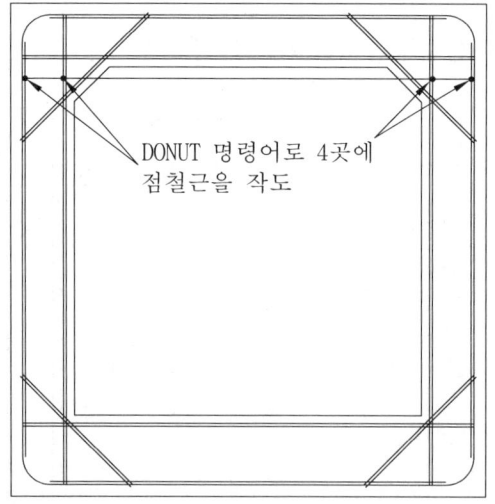

❸ 철근선 레이어 선택 : DONUT [Enter↵] - 0 [Enter↵] -50 [Enter↵] - 그림처럼 4곳에 작도한다.

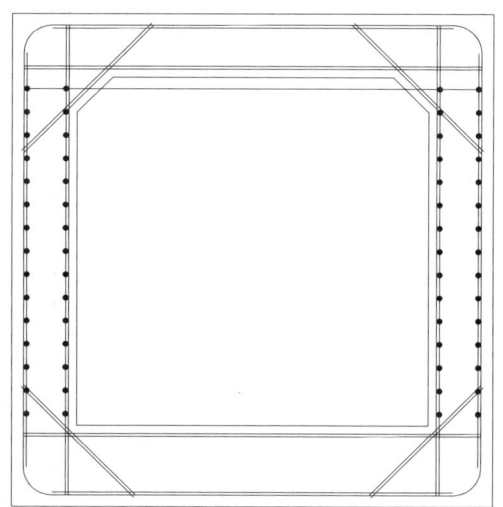

❹ ARRAY [Enter↵] - 행의 수:15, 열의 수:1, 행 간격띄우기:-200, 열 간격띄우기:1 - 객체 선택 - ❸에서 작도한 점 철근 4개 선택 [Enter↵] - 확인

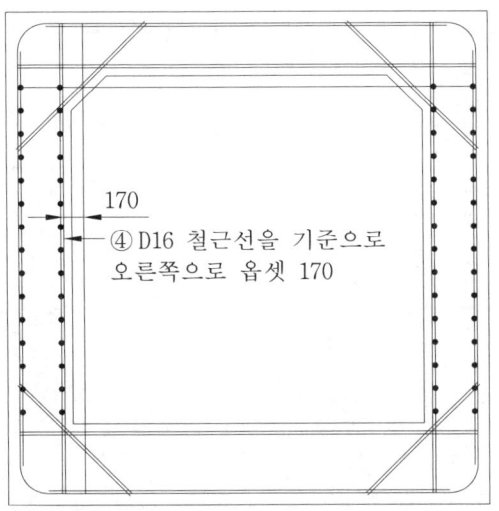

❺ ④ D22 철근선을 기준으로 오른쪽으로 OFFSET-170 (보조선으로 변경)

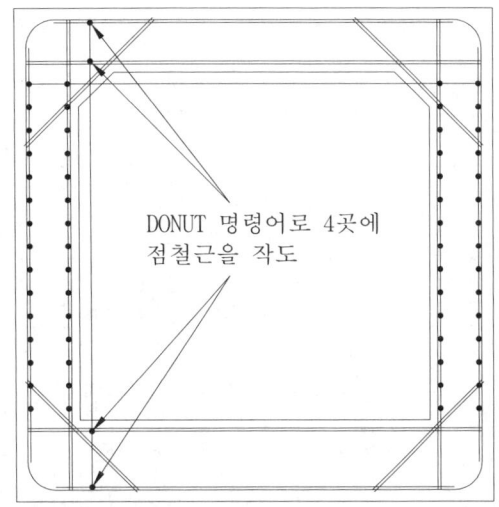

❻ 철근선 레이어 선택 : DONUT [Enter↵] – 0 [Enter↵] – 50 [Enter↵] – 그림처럼 4곳에 작도한다.

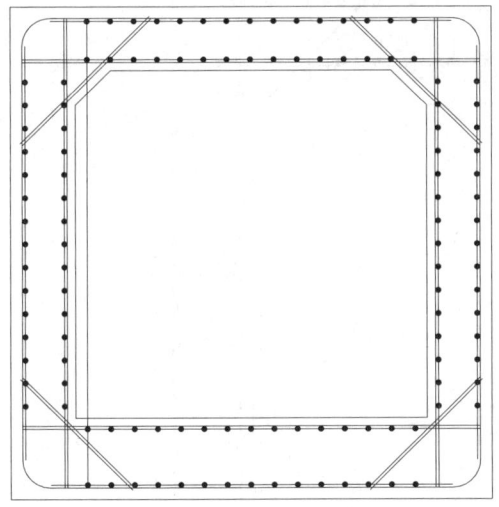

❼ ARRAY [Enter↵] – 행의 수:1, 열의 수:15, 행 간격띄우기:1, 열 간격띄우기:200 – 객체 선택 – ❻에서 작도한 점철근 4개 선택 [Enter↵] – 확인

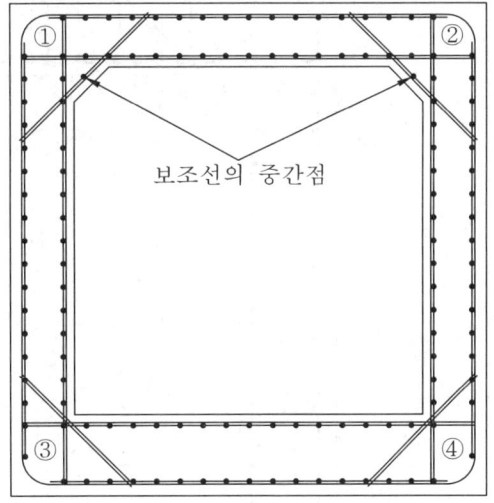

❽ ①②부분에서는 보조선 교차점에 DONUT 으로 점철근 3개 작도, ③④부분에서는 보조선 교차점과 보조선 끝 부분에 그림과 같이 점철근을 4개 작도한다. 좌우 H2 철근 보조선의 중간점에 점철근을 각각 1개씩 작도한다.
❾ 외벽선, 철근선 표시등을 OFF 한 후, 보조선을 선택하여 삭제한다.
❿ 그 외 보조선으로 활용한 선을 선택하여 삭제한다.

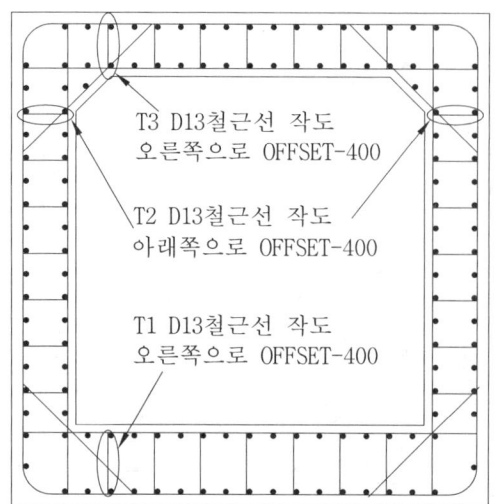
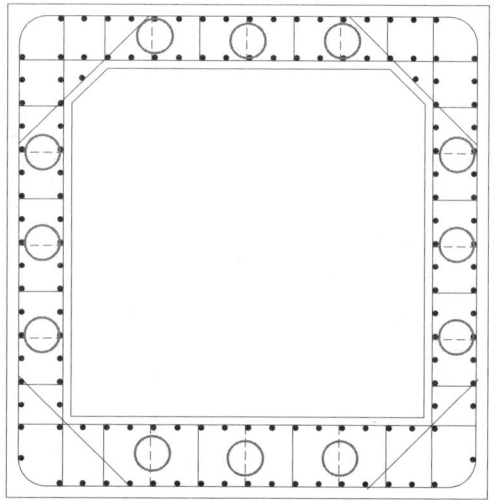

⓫ T3 D13, T1 D13 철근선을 1개 작도하여 오른쪽으로 OFFSET-400, T2 D13 철근선은 좌 우측에 1개씩 작도하여 아래쪽으로 OFFSET-400(T2 D13은 좌측에 작도후 MIRROR로 복사하여도 된다.)

⓬ ○ 표시한 철근은 CHPROP Enter↵ - ○ 표시 철근 선택 후 Enter↵ - LT Enter↵ - HIDDEN Enter↵ - S Enter↵ - 300 Enter↵ Enter↵ 하여 점선으로 변경한다.(CAD버전에 따라 300으로 했을 때 점선으로 변하지 않으면, S 값을 10으로 해본다.)

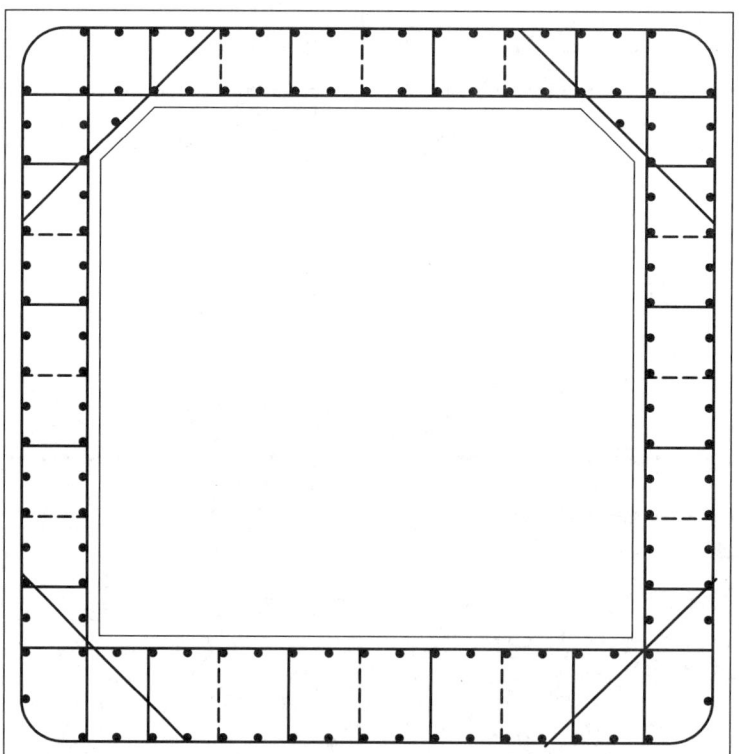

4. 상부슬래브 작도

① 외벽선 작도(LINE 명령 실행)
  ㉠ 철근선 Layer 선택
  ㉡ LINE 명령 실행 - 단면도 왼쪽 위 모서리에 십자 커서를 가져다 놓고 위쪽으로 이동하여 추적선(OTRACK-ON)상의 임의의 위치에 첫 번째 점(①)을 결정

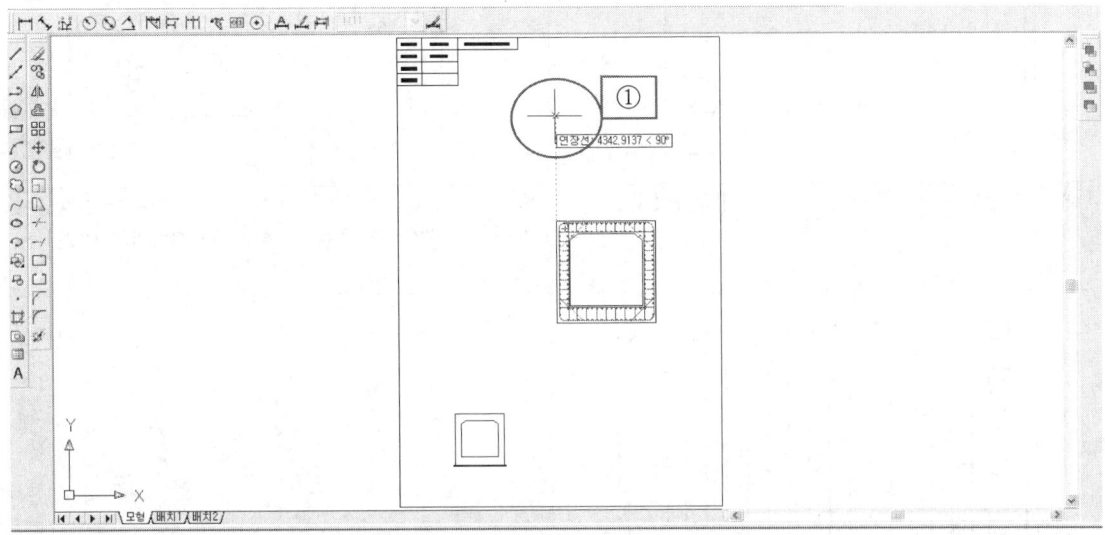

명령: LINE [Enter↵]
첫번째 점 지정:①번 위치에 클릭
다음 점 지정 또는 [명령 취소(U)]: 4100 [Enter↵] 〈커서를 오른쪽으로 향하고 4100〉
다음 점 지정 또는 [명령 취소(U)]: 1000 [Enter↵] 〈커서를 아래쪽으로 향하고 1000〉
다음 점 지정 또는 [닫기(C)/명령 취소(U)]: 1000 [Enter↵] 〈커서를 아래쪽으로 향하고 1000〉
다음 점 지정 또는 [닫기(C)/명령 취소(U)]: 4100 [Enter↵] 〈커서를 왼쪽으로 향하고 4100〉
다음 점 지정 또는 [닫기(C)/명령 취소(U)]: 1000 [Enter↵] 〈커서를 위쪽으로 향하고 1000〉
다음 점 지정 또는 [닫기(C)/명령 취소(U)]: C [Enter↵]

■ 직교 ON으로 설정

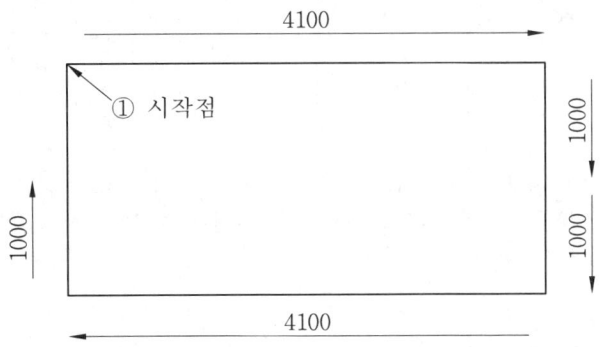

② ⑧ D13 철근선 작도(OFFSET, ARRAY 명령 실행)

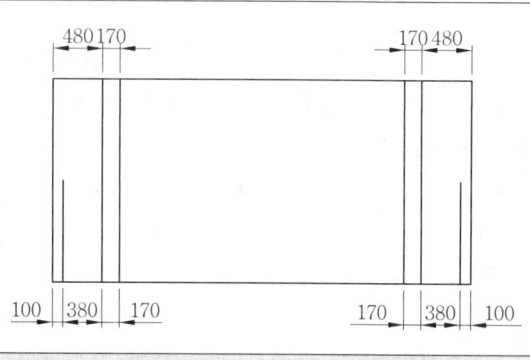

❶ 좌우 외벽선을 기준으로 그림과 같이 OFFSET

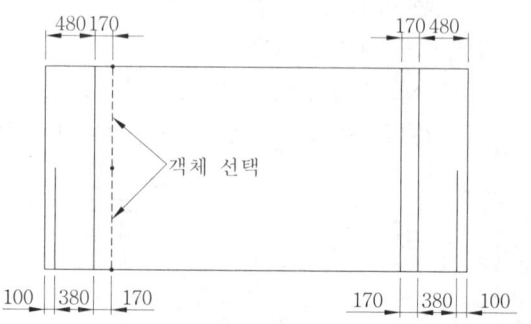

❷ ARRAY [Enter↵] - 행의 수:1, 열의 수:14, 행 간격띄우기:1, 열 간격띄우기:200 - 객체 선택 - 그림의 객체 2개 선택 [Enter↵] - 확인

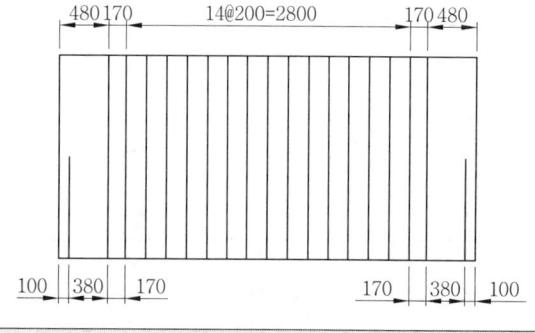

❸ ⑧ D13 철근선 작도 완성

③ ⑥ D22, ⑤ D22, ⑦ D22 철근선 작도(보조선, COPY, OFFSET, TRIM 명령 실행)

㉠ ⑥ D22 철근선 작도

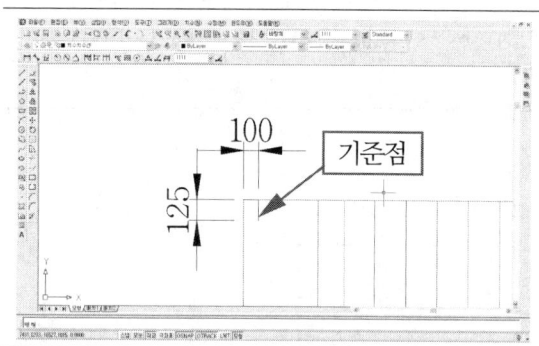

❶ 보조선 레이어 선택 - LINE [Enter↵] - 왼쪽 모서리 클릭 - 마우스 오른쪽으로 향하고 100 [Enter↵] - 아래쪽으로 향하고 125 [Enter↵] - [Esc] (⑥ D22철근을 작도할 기준점을 작도한다.) 보조선은 작도 후 삭제한다.

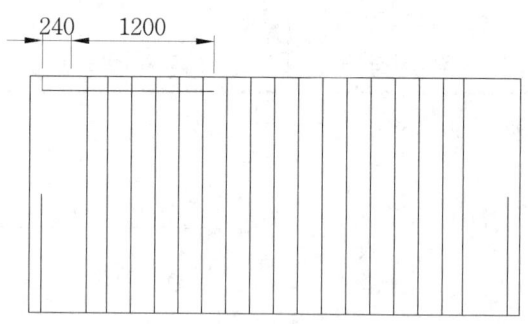

❷ 철근선 레이어 선택 - LINE [Enter↵] - 기준점 클릭 - 오른쪽 240 [Enter↵] - 오른쪽 1200 [Enter↵] - [Esc] (⑥ D22철근을 작도)

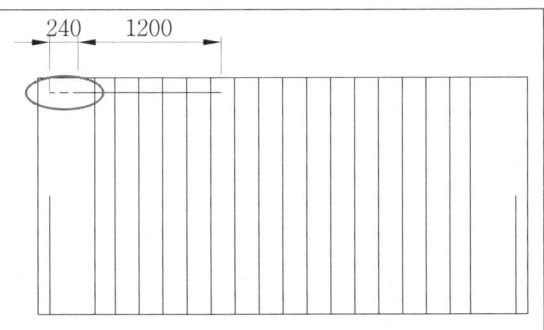

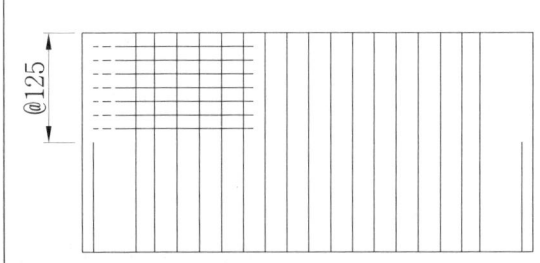

❸ CHPROP `Enter↵` - 240부분 클릭 `Enter↵`
- LT `Enter↵` - HIDDEN `Enter↵` - S `Enter↵` - 300 `Enter↵` `Enter↵`
하여 점선으로 변경한다.(보조선은 삭제한다.)

❹ ❸에서 작도한 ⑥ D22 철근선을 이용
아래쪽으로 OFFSET-125 하여 그림과 같이 작도한다.
(ARRAY 명령어로도 작도할 수 있다.)

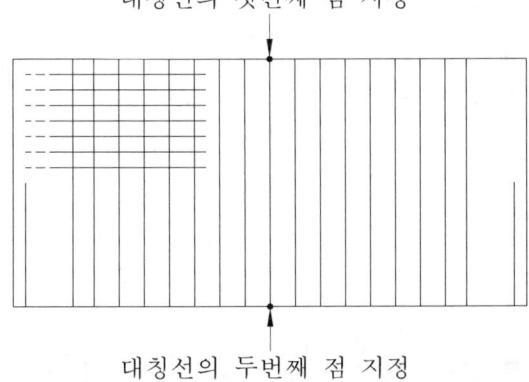

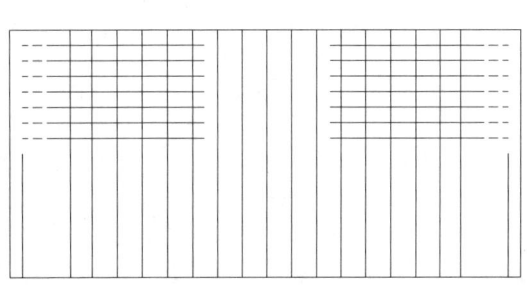

❺ MIRROR `Enter↵` - ⑥ D22 전체 선택 - `Enter↵` - 대칭선
의 첫번째 점(외벽선 상단의 중간점) 클릭-대칭선의 두번
째 점(외벽선 하단의 중간점) 클릭

❻ ⑥ D22 철근선 작도 완성

ⓛ ⑤ D22 철근선 작도

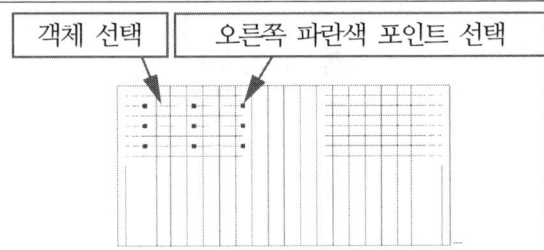

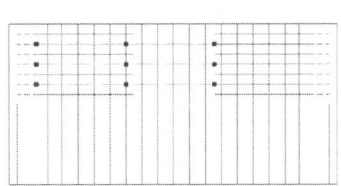

❶ ⑥ D22 철근선 중에서 연장할 객체 선택 - 파란색 포인
트 - 오른쪽 파란색 포인트 클릭 - 붉은색 포인트가 되면
드래그하여 오른쪽 ⑥ D22 철근선 끝부분까지 연장한다.
■ EXTEND 명령을 활용하여도 된다.

❷ ⑤ D22 작도 완성

ⓒ ⑦ D22 철근선 작도

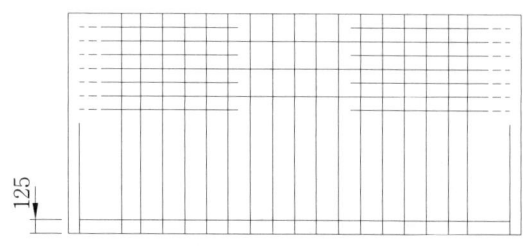 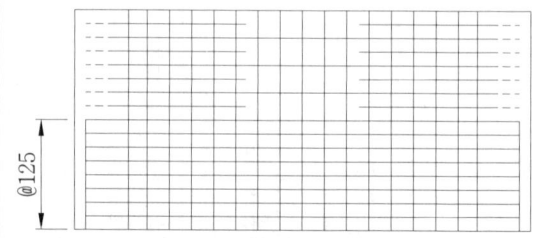

❶ 슬래브 하면 하단의 중심선을 기준으로 위쪽으로 OFFSET-125하여 좌우 TRIM 또는 객체를 선택 신축기능으로 그림과 같이 작도한다.

❷ ❶에서 작도한 ⑦ D22 철근선을 활용하여 OFFSET 125하여 그림과 같이 작도한다.

④ 점철근 작도(④ D16, ⑤ D22, ⑥ D22, 보조선, DONUT, ARRAY활용)

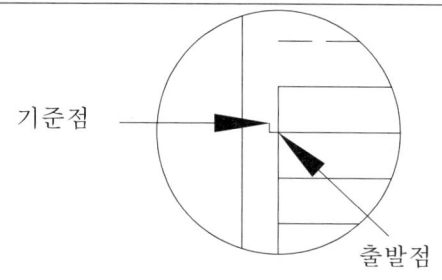

❶ 보조선 레이어 선택 - LINE [Enter↵] - 출발점 선택 - 왼쪽으로 25 [Enter↵] - 위쪽으로 25 [Enter↵] 하여 점철근이 위치할 기준점을 작도한다.

❷ 철근선 레이어 선택 - DONUT [Enter↵] - 0 [Enter↵] - 50 [Enter↵] 하여 기준점에 붙여 넣는다.(보조선 선택 삭제)

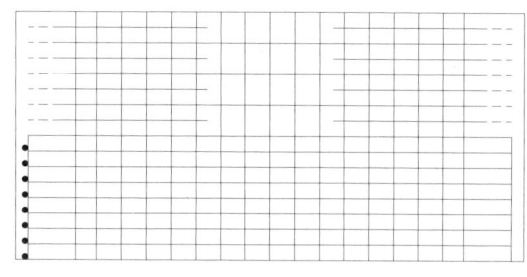 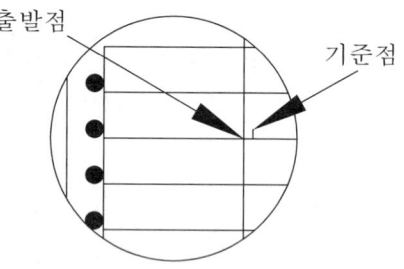

❸ ARRAY [Enter↵] - 행의 수:8, 열의 수:1, 행 간격띄우기:-125, 열 간격띄우기:1 - 객체 선택 - ❷에서 작도한 점철근 선택 [Enter↵] - 확인

❹ 보조선 레이어 선택 - LINE [Enter↵] - 출발점 선택 - 오른쪽으로 25 [Enter↵] - 위쪽으로 25 [Enter↵] 하여 점철근이 위치할 기준점을 작도한다.

■ Ⅳ. 통로 암거   239

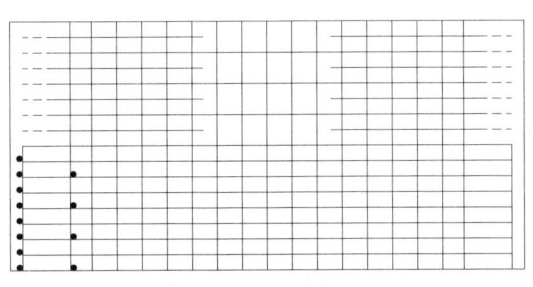

❺ COPY [Enter↵] - ❸에서 작도한 점철근 4개 선택 - 기준점의 끝점에 붙여 넣기 한다.(보조선 선택 삭제)

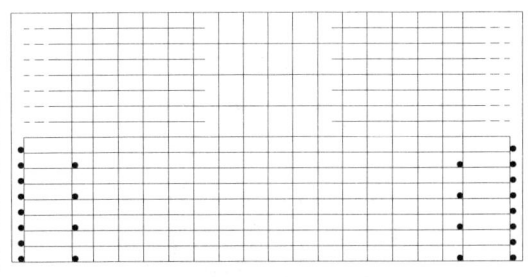

❻ MIRROR [Enter↵] - 좌측의 점철근 전부 선택 [Enter↵] - 상단과 하단의 중간점 선택 [Enter↵] - 완성

⑤ ⓣ₃ D13 철근선 작도

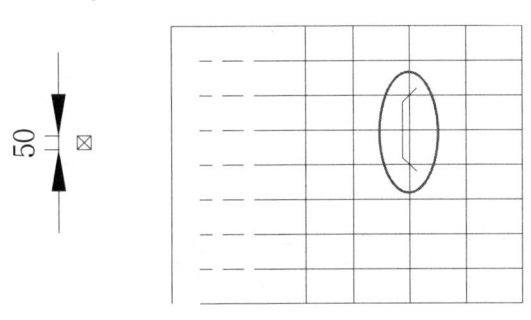

❶ 철근선 레이어 선택 - LINE [Enter↵] - 50 [Enter↵] - 50 [Enter↵] 정사각형 작도-대각선 작도
/ 대각선은 위쪽에, \ 대각선은 아래쪽에 COPY한 후 그림처럼 LINE으로 연결한다.

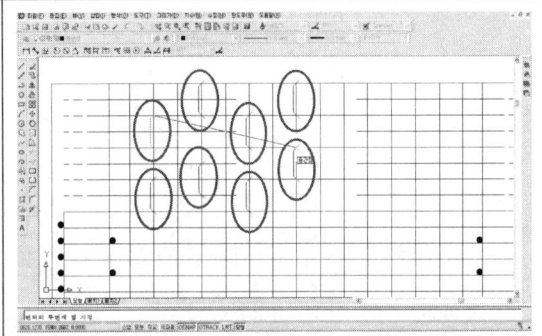

❷ ❶에서 작도한 T3 D13철근을 선택하여 COPY하여 T3 D13철근이 위치할 곳에 붙여 넣기 한다.

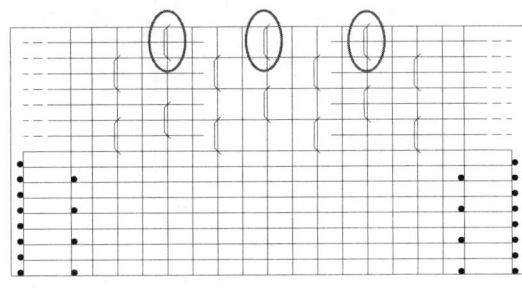

❸ ○ 부분의 중심선 바깥쪽은 TRIM 또는 선택하여 신축 기능으로 처리한다.

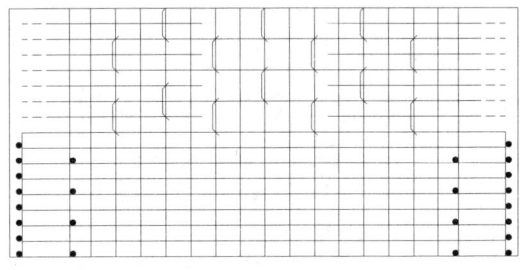

❹ T3 D13철근 완성 도면

⑥ // 표시 넣기

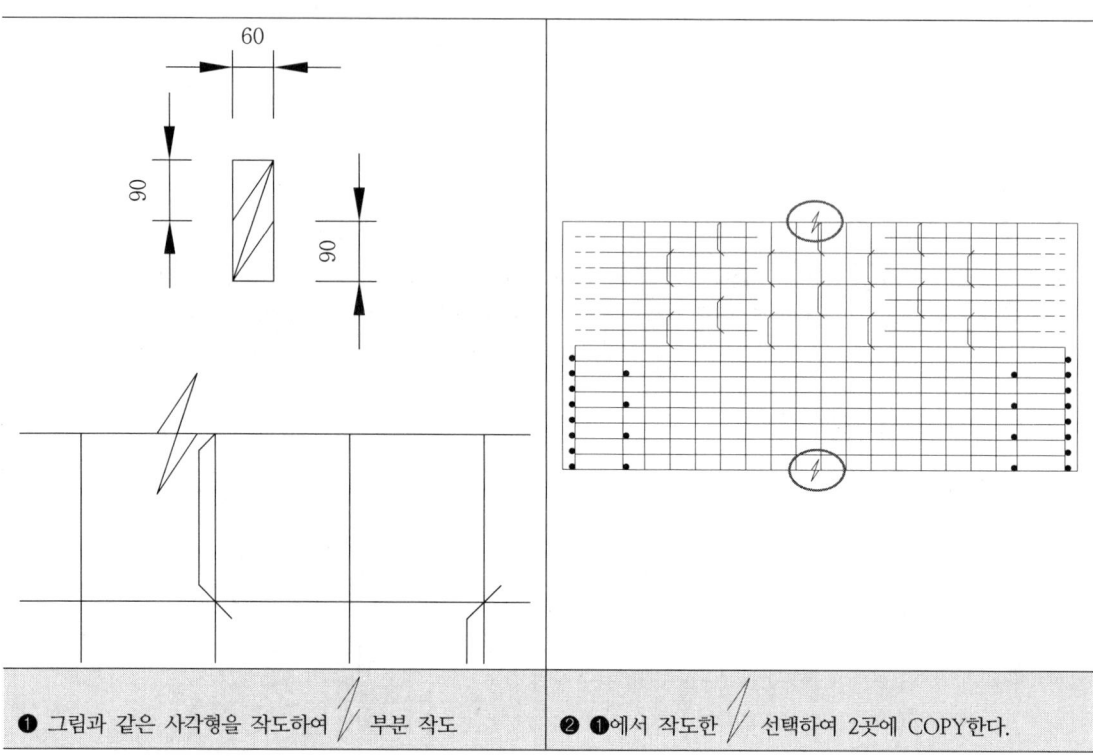

⑦ 중심선 속성 변경(CHPROP)

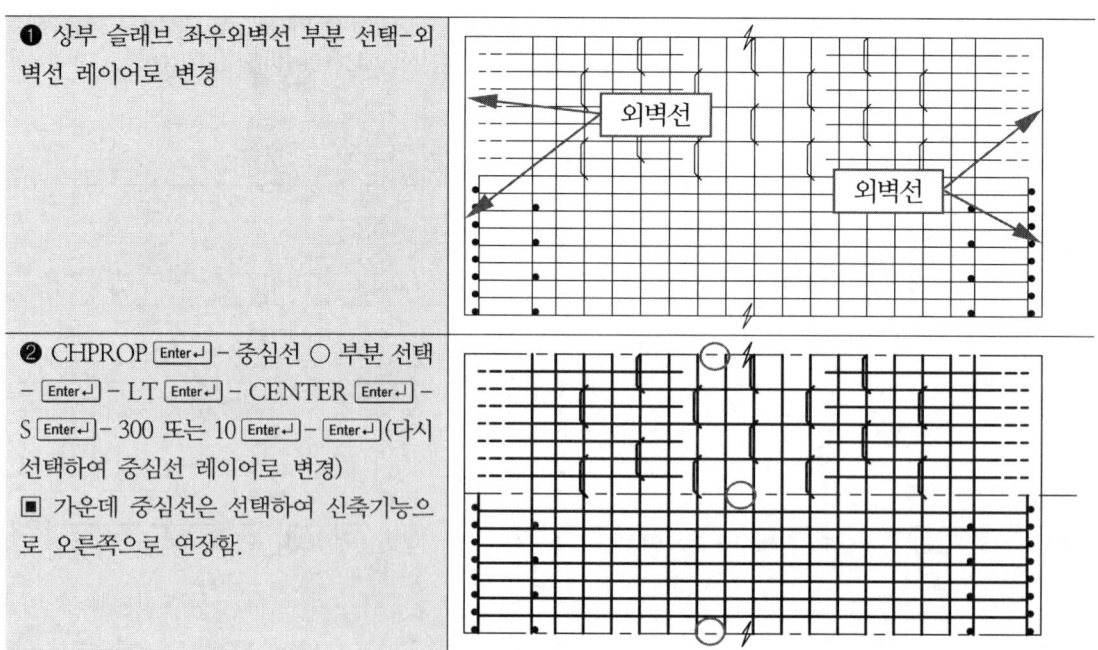

■ CHPROP 실행 중 선종류축척(S) 값을 300 [Enter↵] 변화 없으면 10 [Enter↵]로 하여 본다.

5. 하부슬래브 작도

■ 상부슬래브 작도 과정과 같은 방법과 상부슬래브 작도 후 MIRROR 명령어로 작도하는 방법이 있는데, 여기서는 MIRROR 명령어로 작도하여 수정하는 방법으로 하부슬래브를 작도한다.(편리한 방법 선택)

① 상부슬래브 MIRROR 하기

MIRROR [Enter↵] – 상부슬래브 전체 선택 – [Enter↵] – 첫번째 점 지정 : 단면도 좌 측벽 중간점 선택 – 두번째 점 지정 : 단면도 우 측벽 중간점 선택 – 원시 객체 삭제⟨N⟩ [Enter↵]

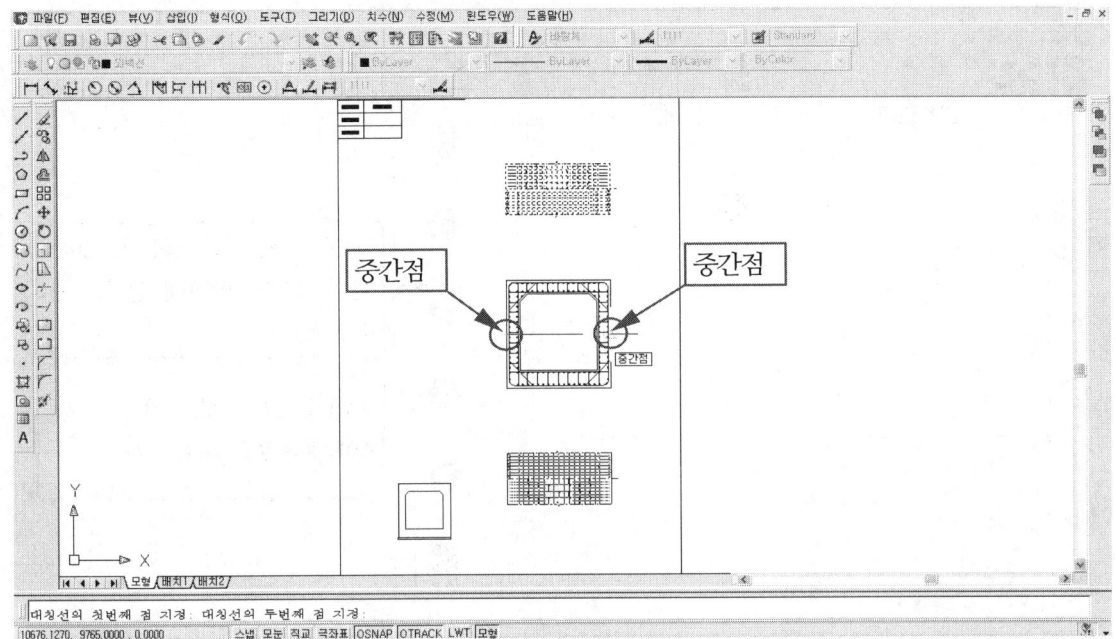

■ 상부슬래브를 MIRROR한 도면

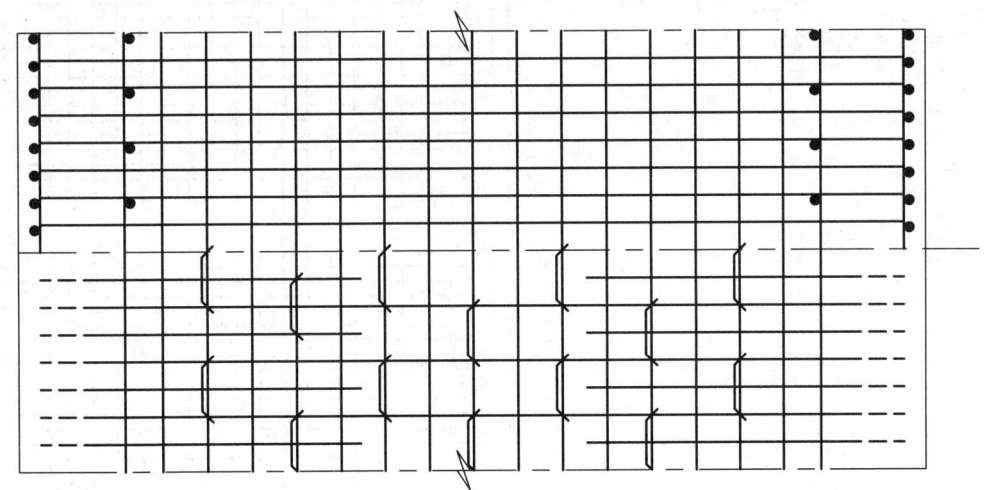

② 점철근 이동

```
명령: MOVE [Enter↵]
객체 선택: 반대 구석 지정: 8개를 찾음
객체 선택: 반대 구석 지정: 8개를 찾음, 총 16〈좌 우쪽 점철근 16개 선택〉
객체 선택: [Enter↵]〈맨아래 점철근의 중심점을 선택-아래쪽으로 드래그 한 후〉
기준점 또는 변위 지정: 변위의 두번째 점 지정 또는 〈변위로 첫번째 점 사용〉: 75 [Enter↵]
〈직교 ON 상태〉
```

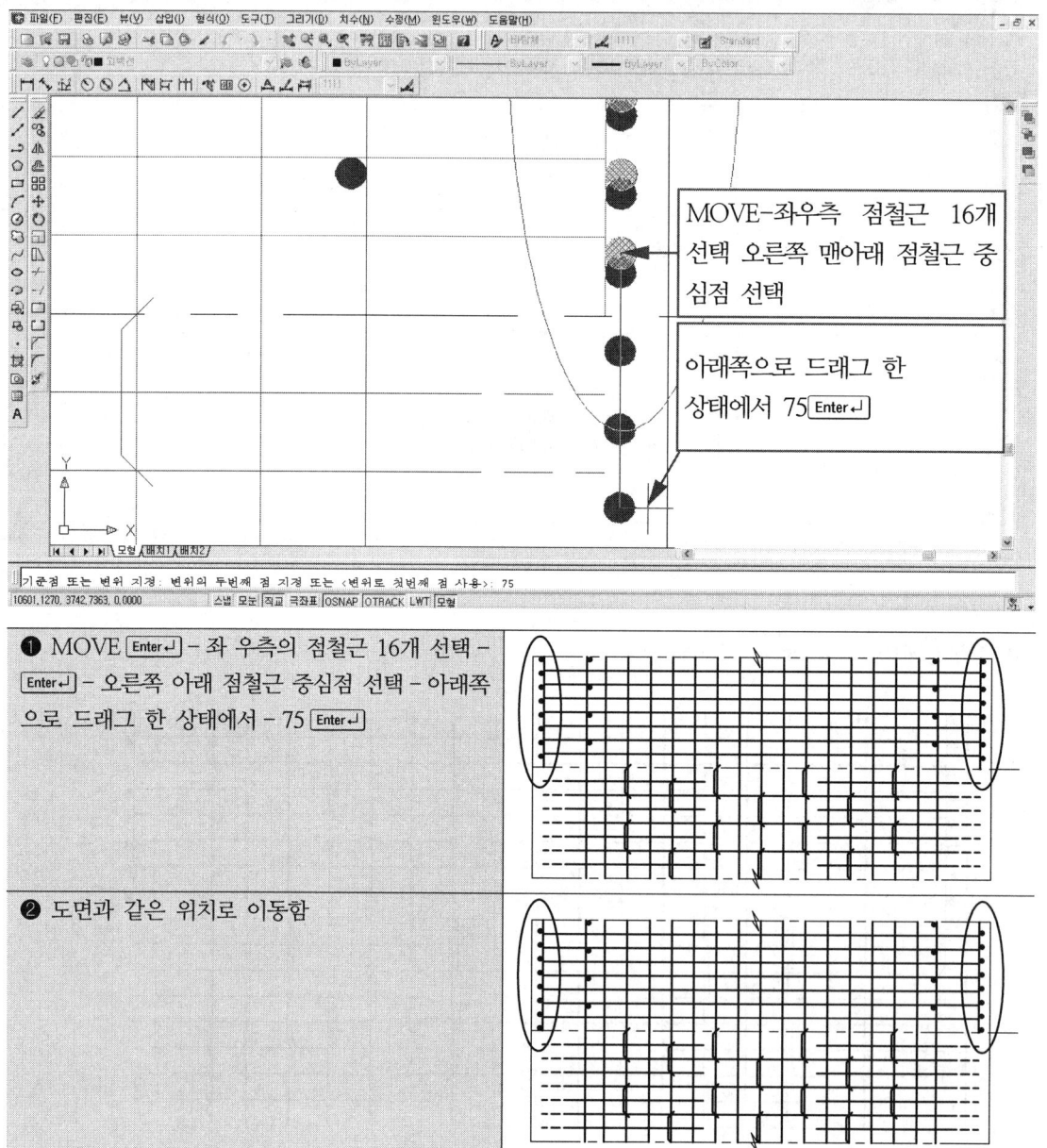

❶ MOVE [Enter↵] - 좌 우측의 점철근 16개 선택 - [Enter↵] - 오른쪽 아래 점철근 중심점 선택 - 아래쪽으로 드래그 한 상태에서 - 75 [Enter↵]

❷ 도면과 같은 위치로 이동함

❸ MOVE [Enter↵] - 좌 우측의 점철근 8개 선택 - [Enter↵] - 오른쪽 아래 점철근 중심점 선택 - 아래쪽으로 드래그 한 상태에서 - 200 [Enter↵]	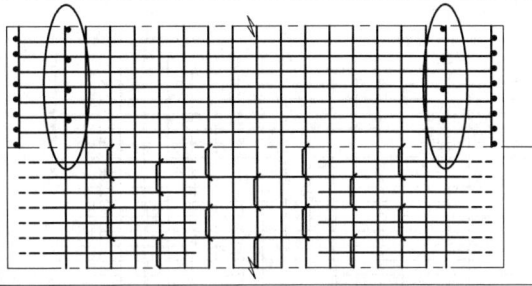
❹ 도면과 같은 위치로 이동함	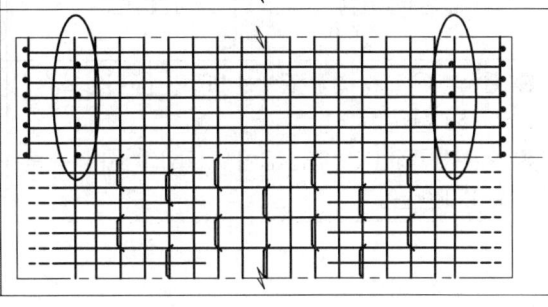

③ T1 D13 위치 이동

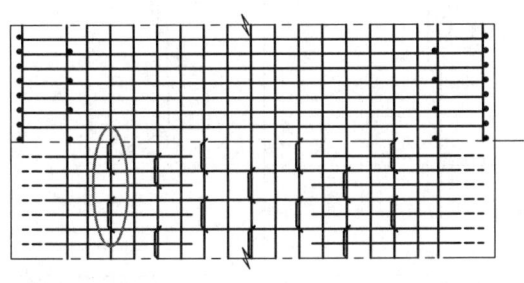	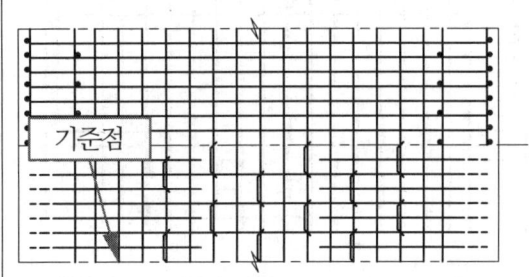
❶ ○ 부분의 T1 D13 철근을 선택하여 삭제	❷ MOVE-나머지 T1 D13 선택-기준점으로 이동
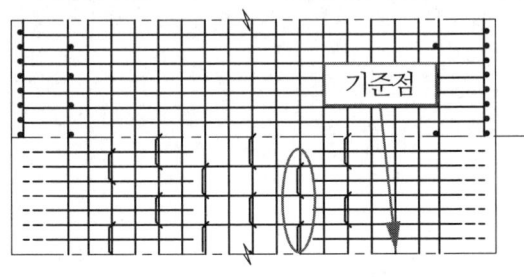	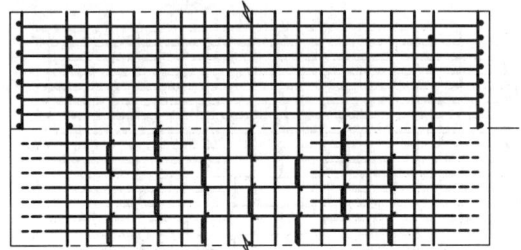
❸ ○ 부분의 T1 D13 철근을 COPY하여 기준점에 붙여 넣기 한다.	❹ T1 D13 철근 완성 도면

④ ② D22 철근선 작도

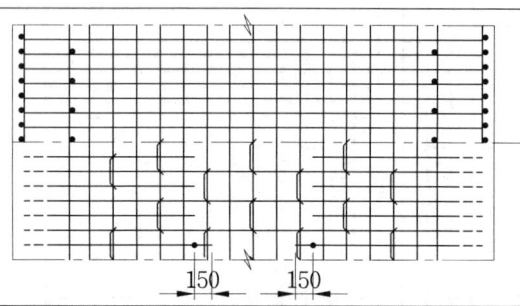

❶ 왼쪽의 ⑥ D22 철근 끝에서 LINE [Enter↵] - 오른쪽으로 150 [Enter↵]
❷ 오른쪽의 ⑥ D22 철근 끝에서 LINE [Enter↵] - 왼쪽으로 150 [Enter↵]

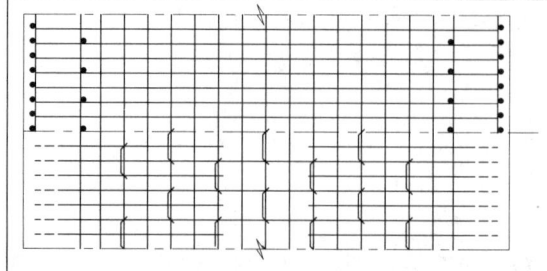

❸ ❶,❷에서 작도한 선을 COPY하여 위쪽에 붙여 넣는다.

⑤ ╱ 위치 이동

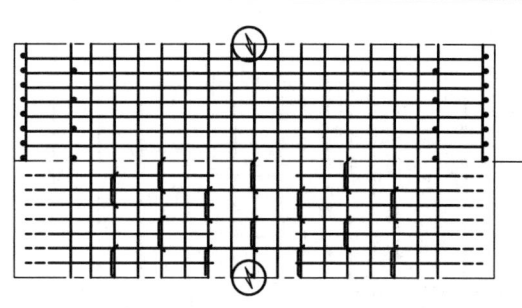

❶ MIRROR [Enter↵] - ○ 부분의 ╱ 객체 선택 - [Enter↵]

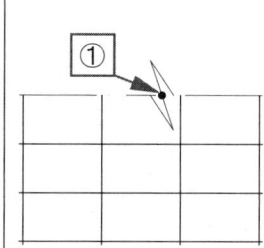

❷ 대칭선의 첫번째 점 지정 - 상단의 ①번 점 지정

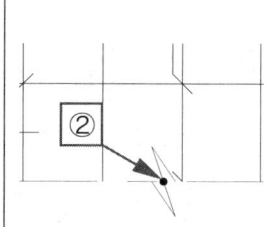

❸ 대칭선의 두번째 점 지정 - 하단의 ②번 점 지정

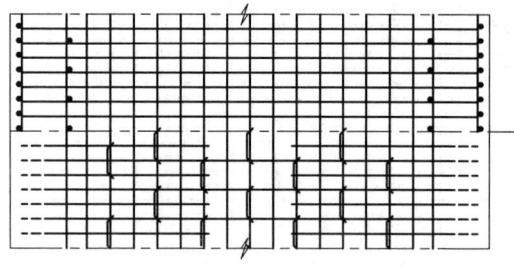

❹ 원시 객체를 삭제합니까? [예(Y)/아니오(N)] ⟨N⟩: Y [Enter↵]

6. 측벽 작도

① 외벽선 작도(LINE 명령 실행)
  ㉠ 철근선 Layer 선택
  ㉡ LINE 명령 실행 - 단면도 왼쪽 위 모서리에 십자 커서를 가져다 놓고 왼쪽으로 이동하여 추적선
     (OTRACK-ON)상의 임의의 위치에 첫 번째 점(①) 을 결정

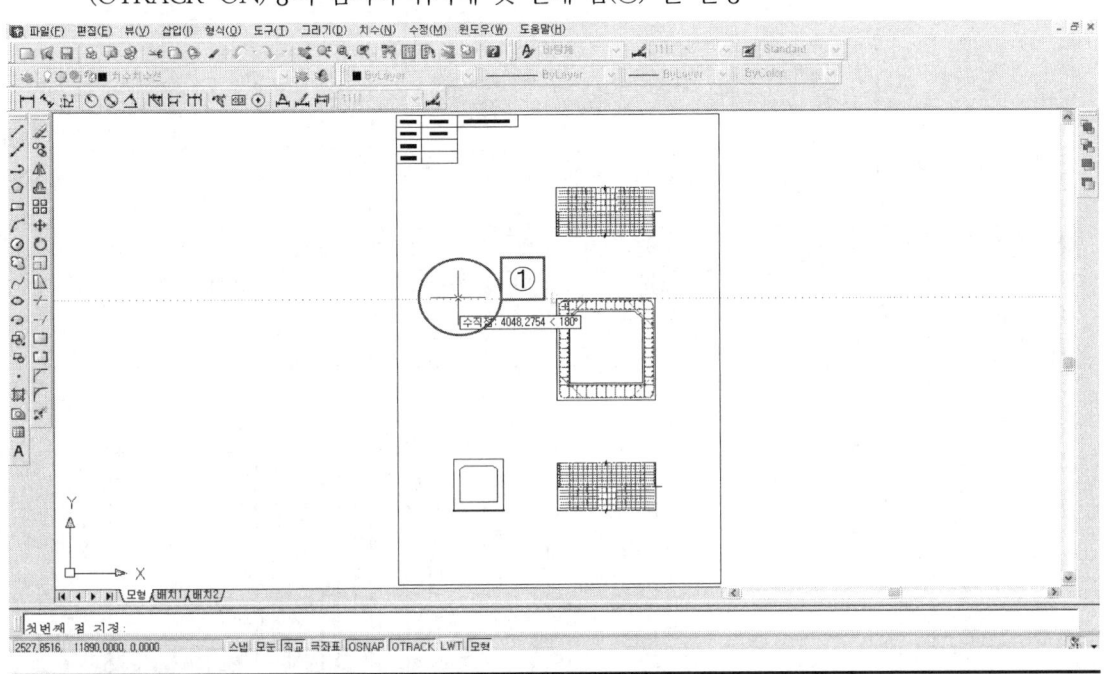

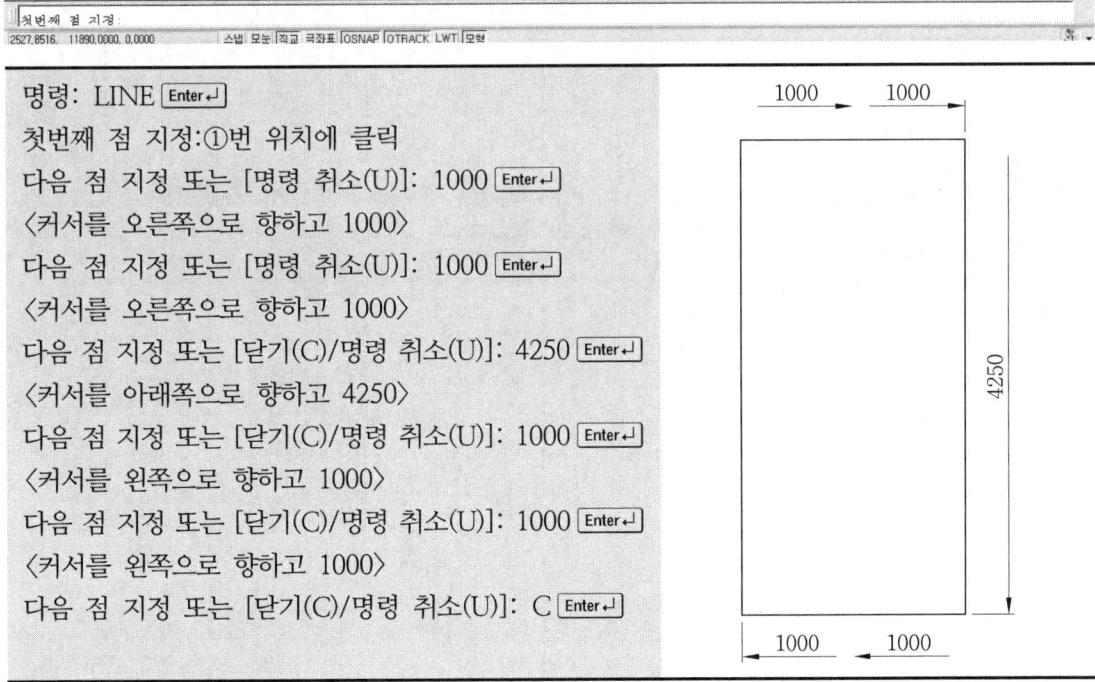

■ 직교 ON으로 설정

② ⑥ D22, ② D22 철근선 작도(보조선, LINE, OFFSET명령 실행)

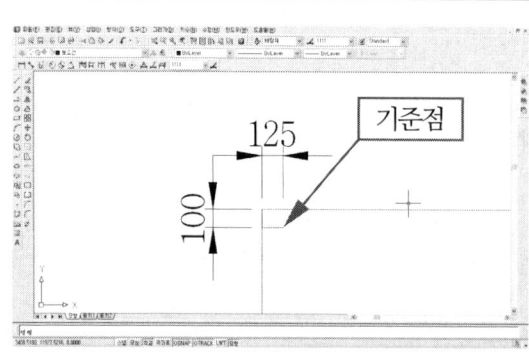 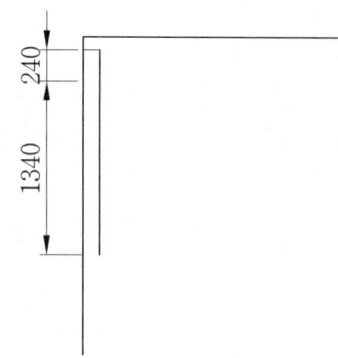

| ❶ 보조선 레이어 선택 - LINE Enter↵ - 왼쪽 모서리 클릭 - 마우스 오른쪽으로 향하고 120 Enter↵ - 아래쪽으로 향하고 100 Enter↵ - Esc (⑥ D22철근을 작도할 기준점을 작도한다.) 보조선은 작도 후 삭제한다. | ❷ 철근선 레이어 선택 - LINE Enter↵ - 기준점 클릭 - 아래쪽 240 Enter↵ - 아래쪽 1340 Enter↵ - Esc (⑥ D22철근을 작도) |

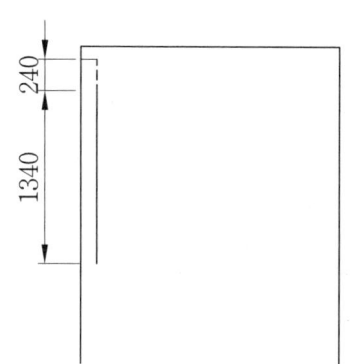 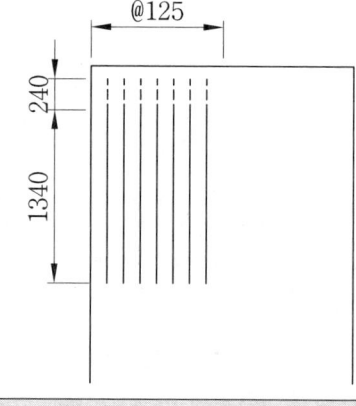

| ❸ CHPROP Enter↵ - 240부분 클릭 Enter↵ - LT Enter↵ - HIDDEN Enter↵ - S Enter↵ - 300 Enter↵ Enter↵ 하여 점선으로 변경한다.(보조선은 삭제한다.) | ❹ ❸에서 작도한 ⑥ D22 철근선을 이용 오른쪽으로 OFFSET-125 하여 그림과 같이 작도한다.(ARRAY 명령어로도 작도할 수 있다.) |

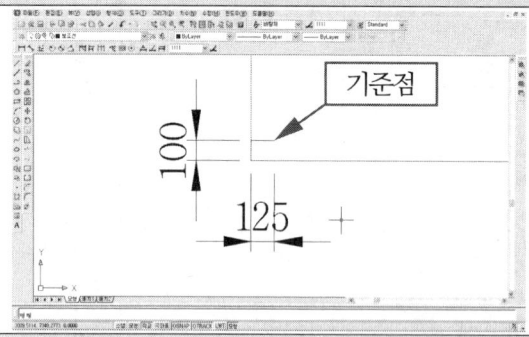 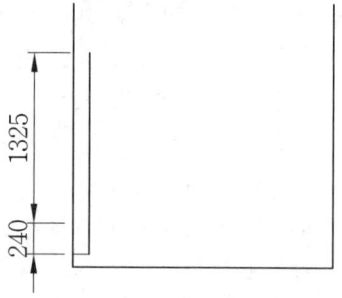

| ❺ 보조선 레이어 선택 - LINE Enter↵ - 왼쪽 모서리 클릭 - 마우스 위쪽으로 향하고 100 Enter↵ - 오른쪽으로 향하고 120 Enter↵ - Esc (② D22철근을 작도할 기준점을 작도한다.) 보조선은 작도 후 삭제한다. | ❻ 철근선 레이어 선택 - LINE Enter↵ - 기준점 클릭 - 위쪽 240 Enter↵ - 위쪽 1325 Enter↵ - Esc (② D22철근을 작도) |

■ Ⅳ. 통로 암거   247

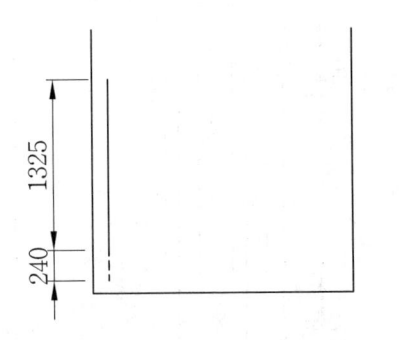

❼ CHPROP Enter↵ - 240부분 클릭 Enter↵
- LT Enter↵ - HIDDEN Enter↵ - S Enter↵ - 300 Enter↵ Enter↵
하여 점선으로 변경한다.(보조선은 삭제한다.)

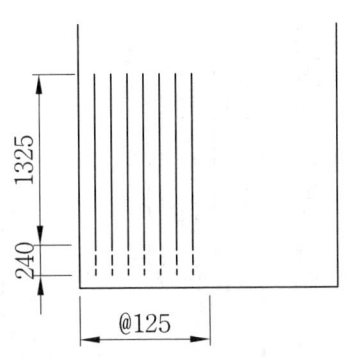

❽ ❼에서 작도한 ② D22 철근선을 이용
오른쪽으로 OFFSET-125 하여 그림과 같이 작도한다.
(ARRAY 명령어로도 작도할 수 있다.)

③ ⑤ D22, ① D22 철근선 작도(MOVE, LINE, OFFSET명령 실행)

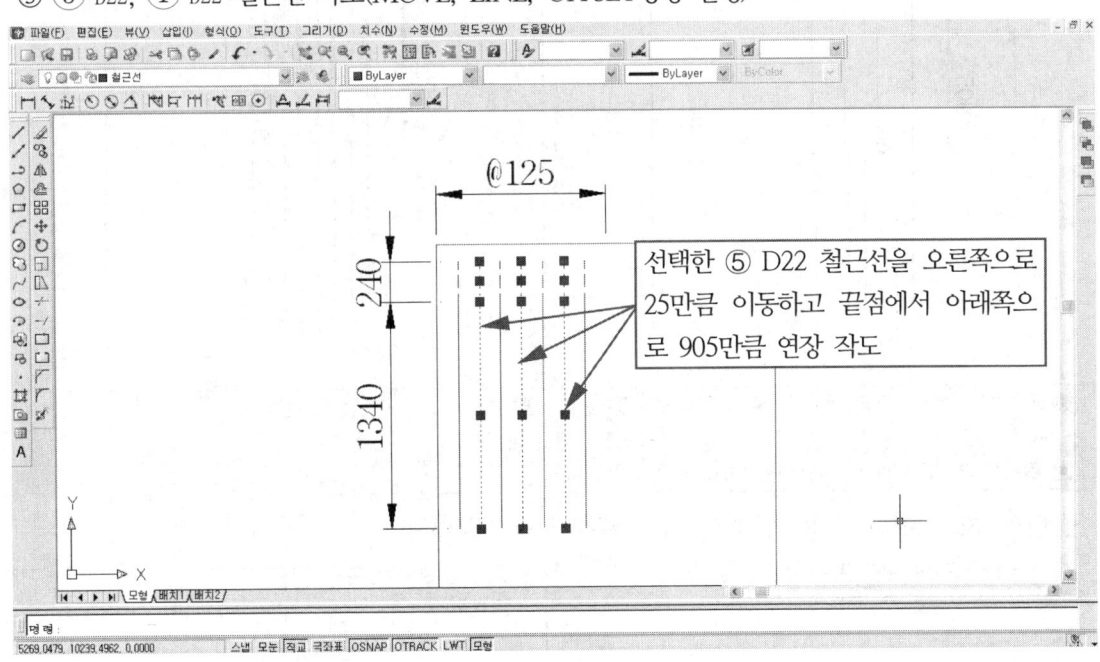

선택한 ⑤ D22 철근선을 오른쪽으로
25만큼 이동하고 끝점에서 아래쪽으
로 905만큼 연장 작도

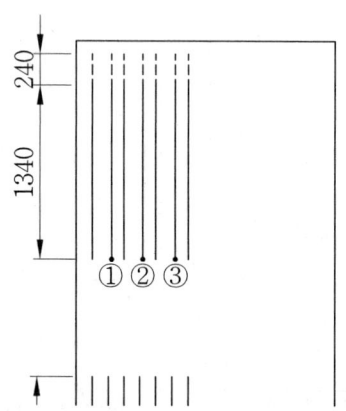
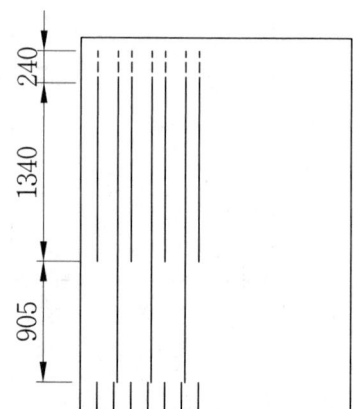

❶ MOVE [Enter↵] - ①②③선택 - [Enter↵]
- ①번점 클릭 - 오른쪽으로 끌어놓고 - 25 [Enter↵]

❷ ①②③끝점에서 LINE [Enter↵] - 마우스 아래쪽으로 끌어놓고 - 905 [Enter↵]

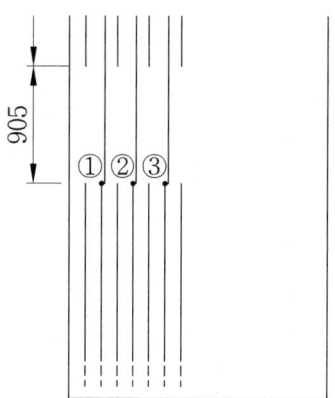
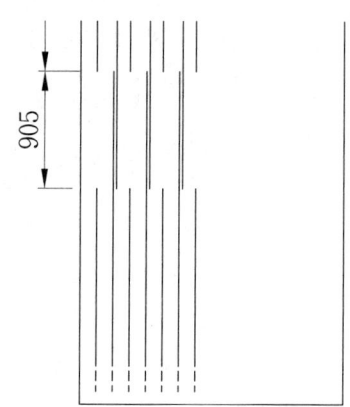

❸ ①②③끝점에서 LINE [Enter↵] - 마우스 위쪽으로 끌어놓고 - 905 [Enter↵]
■ ❷에서 작도한 905선을 옵셋하여 작도하여도 된다.

❹ ① D22 철근선 작도 완성

■ 현재까지 작도 된 결과(도면에 안정감을 주도록 적절히 배치)

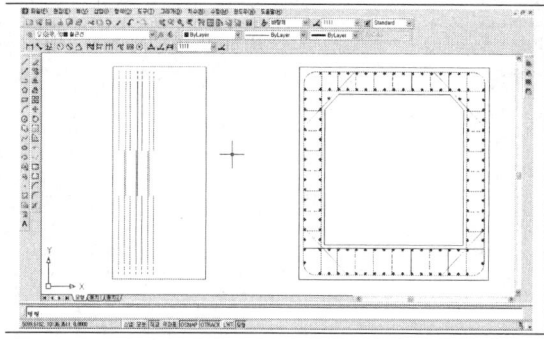
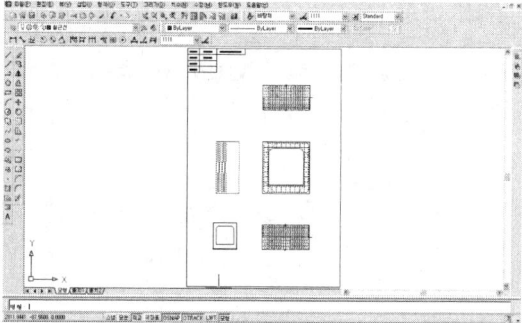

④ ⑨ D16 철근선 작도(OFFSET, ARRAY 명령어 활용)

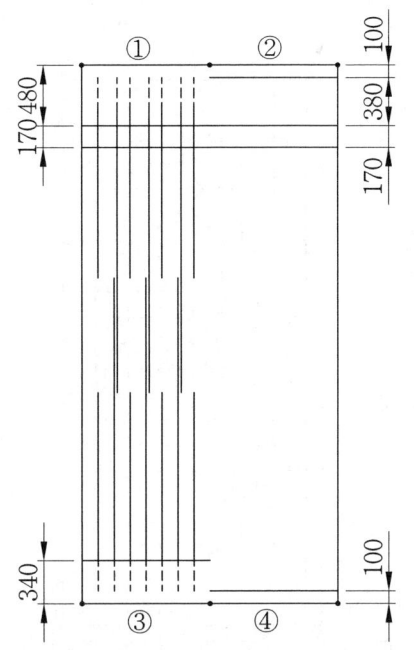

❶ 상하 외벽선 ①, ②, ③, ④ 선을 기준으로 그림과 같이 OFFSET

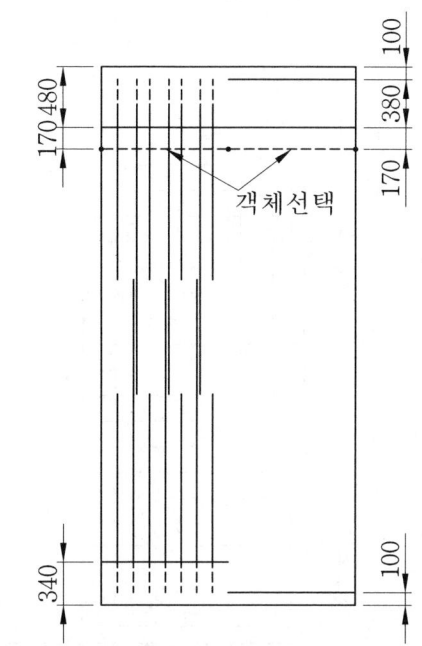

❷ ARRAY Enter↵ – 행의 수:15, 열의 수:1, 행 간격띄우기:-200, 열 간격띄우기:1 – 객체 선택 – 그림의 객체 2개 선택 Enter↵ – 확인

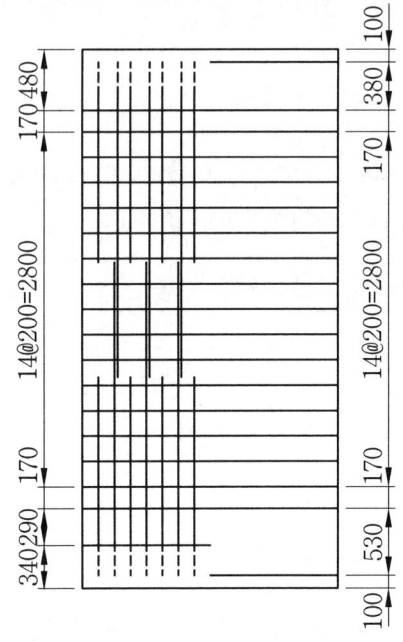

❸ ⑨ D16 철근선 작도 완성

⑤ ④ D16 철근선 작도(OFFSET 명령어 활용)

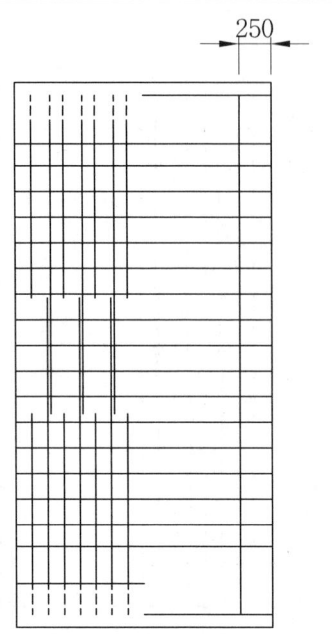

❶ 측벽 내측 중심선을 기준으로 왼쪽으로 OFFSET-250하여 상하 100만큼 TRIM 또는 객체를 선택 신축 기능으로 그림과 같이 작도한다.	❷ ❶에서 작도한 ④ D16 철근선을 활용하여 OFFSET 250하여 그림과 같이 작도한다.

④ 점철근 작도(⑤ D22, ⑦ D22, ③ D22, ① D22, 보조선, ROTATE, DONUT, ARRAY)
  ㉠ 상부슬래브 점철근을 작도하는 방법으로 완성한다.
  ㉡ 상부슬래브 점철근을 이용 ROTATE, COPY하여 작도할 수 있다.

■ 상부슬래브 점철근을 이용하는 방법
  상부슬래브 점철근을 COPY하여 측벽 위쪽에 붙여 놓는다 - ROTATE 90하여 수평으로 변경 - 점철근이 위치할 기준점을 보조선으로 작도한다 - 점철근을 COPY하여 기준점에 붙여넣기 한다.

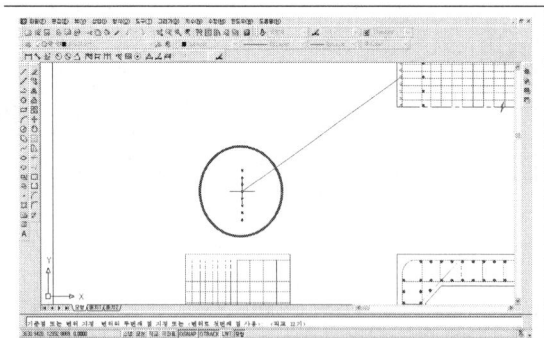

❶ 상부슬래브 하면에 작도한 점철근을 COPY하여 측벽의 위쪽에 붙여넣기 한다.	❷ ROTATE [Enter↵] - 객체선택 - [Enter↵] - 회전각도 90 [Enter↵]

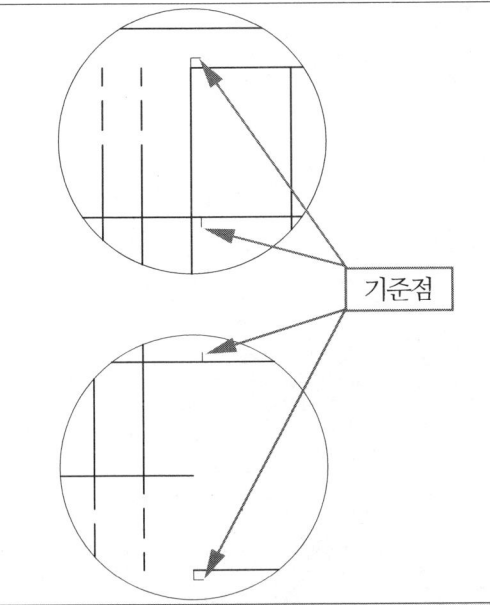	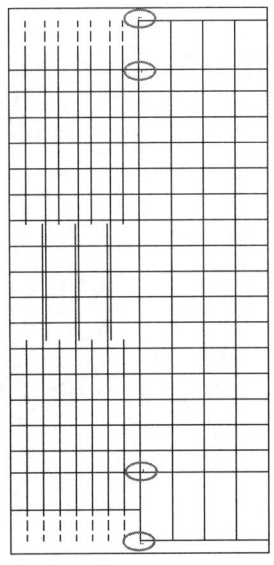
❸ 점철근을 붙여 넣기할 기준점을 보조선 활용 LINE -25-25하여 작도한다	❹ 점철근을 붙여 넣기할 위치
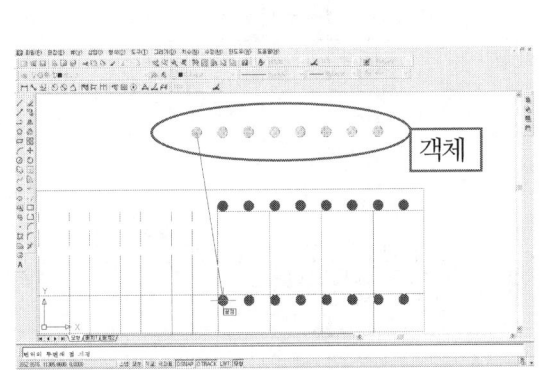	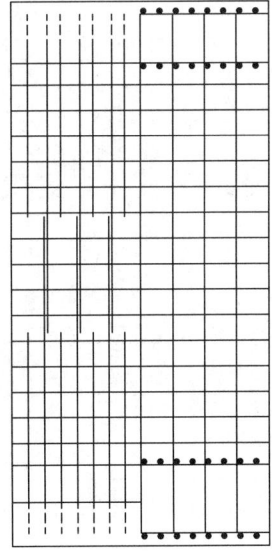
❺ COPY [Enter↵] - 객체 선택 - [Enter↵] - 왼쪽의 원의 중심을 클릭하여 기준점에 붙여 넣기 한다.	❹ 보조선을 선택하여 삭제한다.

⑤ T2 D13 철근선 작도

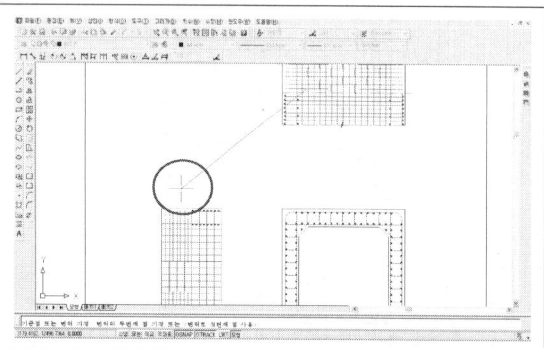

❶ 상부슬래브 상면에 작도한 T3 D13 철근을 COPY하여 측벽의 위쪽에 붙여넣기 한다.

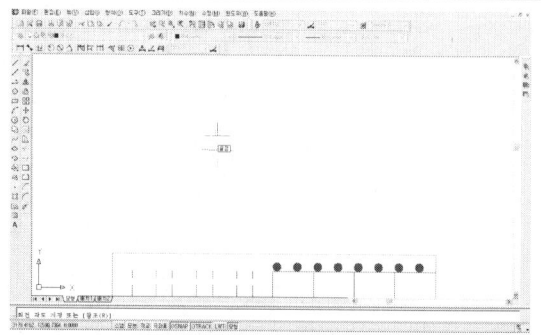

❷ ROTATE [Enter↵] - 객체선택 - [Enter↵] - 회전각도 90 [Enter↵]

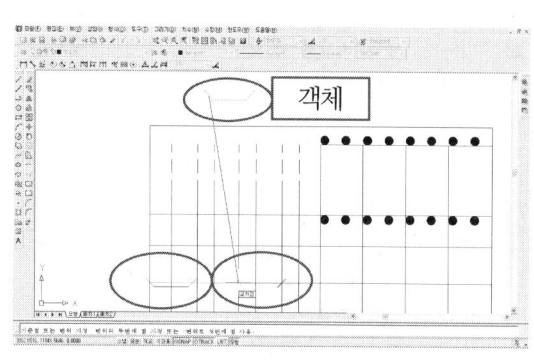

❸ COPY [Enter↵] - 객체 선택 - [Enter↵] - 왼쪽 사선의 중심을 클릭하여 T2 D13철근을 넣을 교차점에 붙여 넣기 한다.

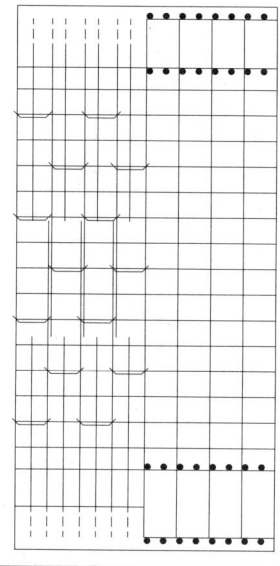

❹ T2 D13철근 완성 도면

⑥ / 표시 넣기

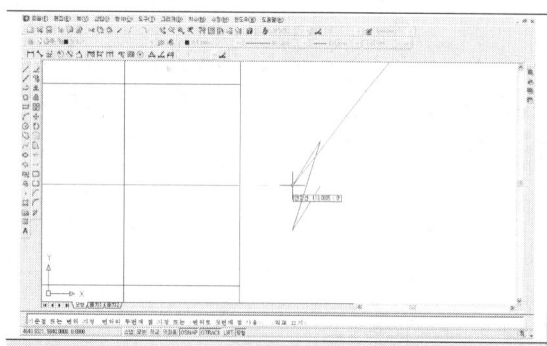

❶ 상부슬래브 / 부분 COPY하여 측벽옆에 붙여 넣기

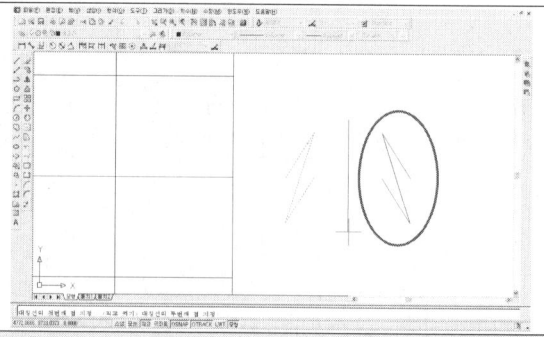

❷ MIRROR 실행

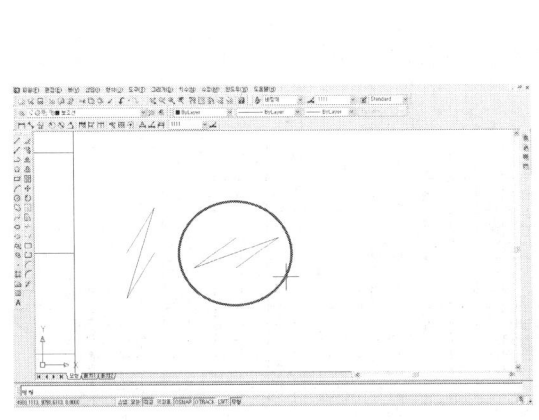 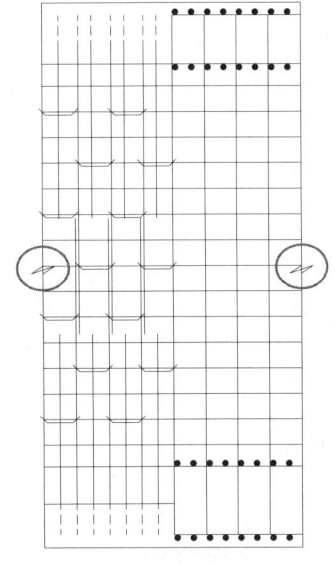

❸ ❷에서 MIRROR한 ↘ 부분을 ROTATE-90하여 그림처럼 변경한다.

❹ COPY하여 붙여넣기 한다.

⑦ 중심선 속성 변경(CHPROP)

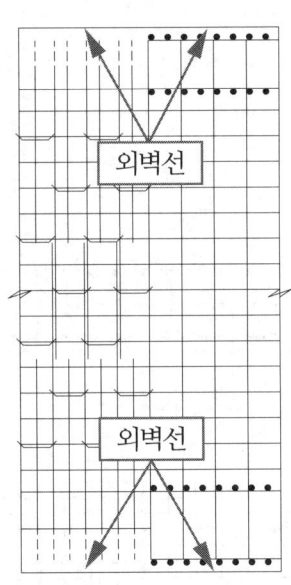 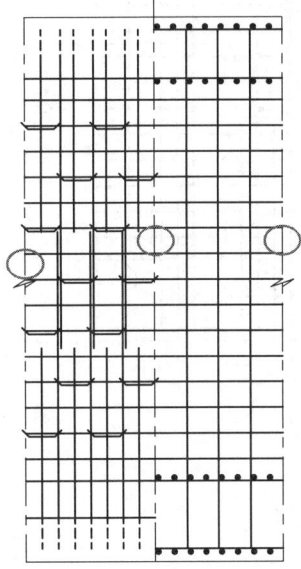

❶ 측벽 상하 외벽선 부분 선택-외벽선 레이어로 변경

❷ CHPROP [Enter↵]- 중심선 ○ 부분 선택-[Enter↵]- LT [Enter↵] - CENTER [Enter↵]- S [Enter↵]- 300 [Enter↵]-[Enter↵](다시 선택하여 중심선 레이어로 변경)
■ 가운데 중심선은 선택하여 신축기능으로 위, 아래쪽으로 연장함.

■ CHPROP 실행 중 선종류축척(S) 값을 300 [Enter↵] 하여 변화 없으면 10 [Enter↵]로 하여 본다.

7. 철근 기호의 작도

① 철근기호 인출선 Layer 선택
② L형 옹벽, 역 T형 옹벽의 철근 기호 작도를 참고하여 다음과 같이 작도한다.

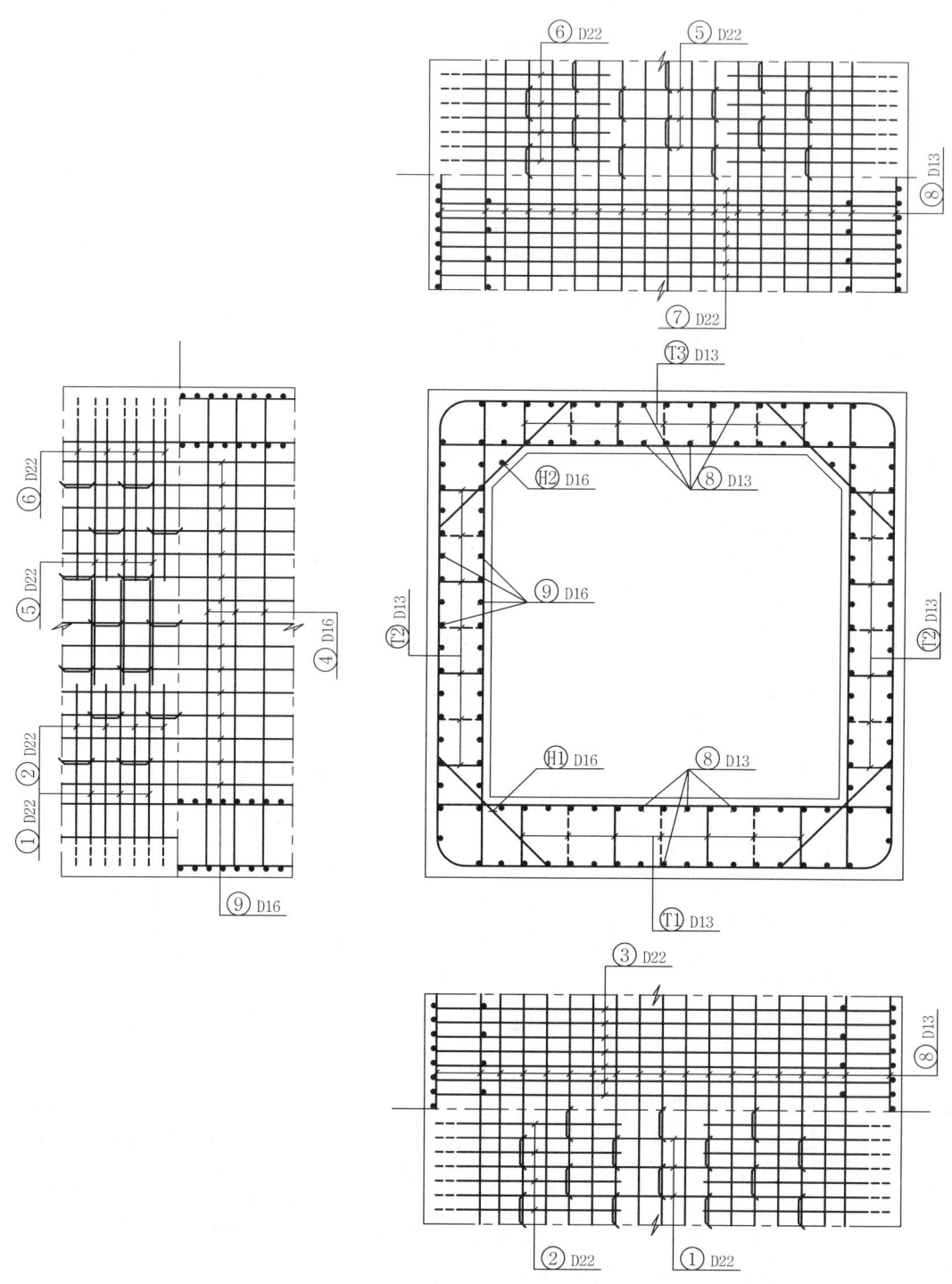

8. 치수 넣기

① 치수 치수선 Layer 선택
② L형 옹벽, 역 T형 옹벽의 치수 넣기를 참고하여 다음과 같이 작도한다.

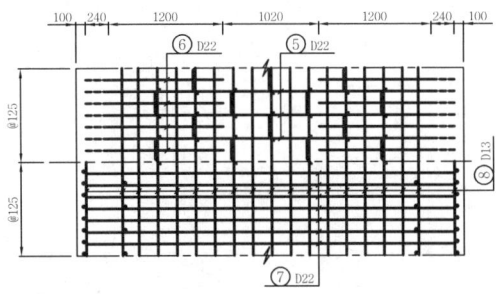

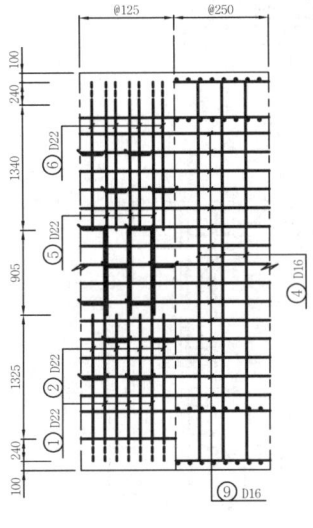

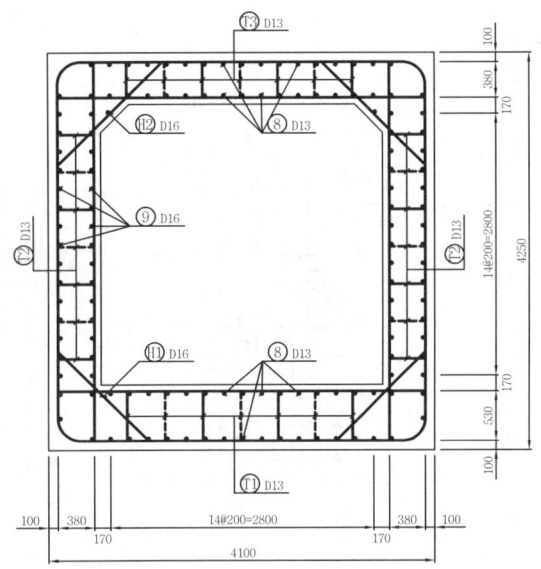

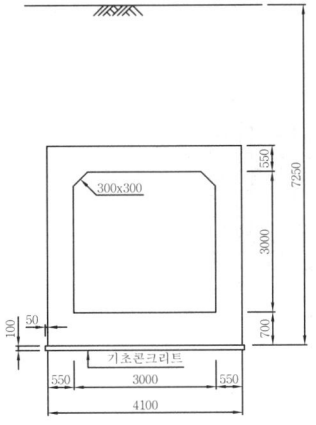

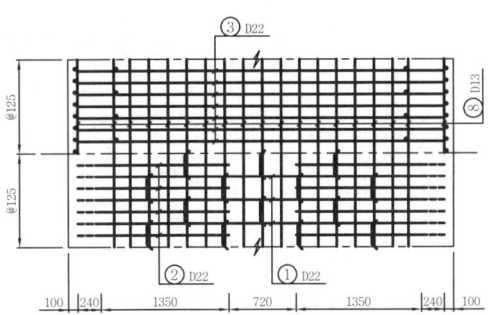

9. 제목 표시

① 치수 치수선 Layer 선택
② L형 옹벽, 역 T형 옹벽의 제목 표시 넣기를 참고하여 다음과 같이 작도한다.

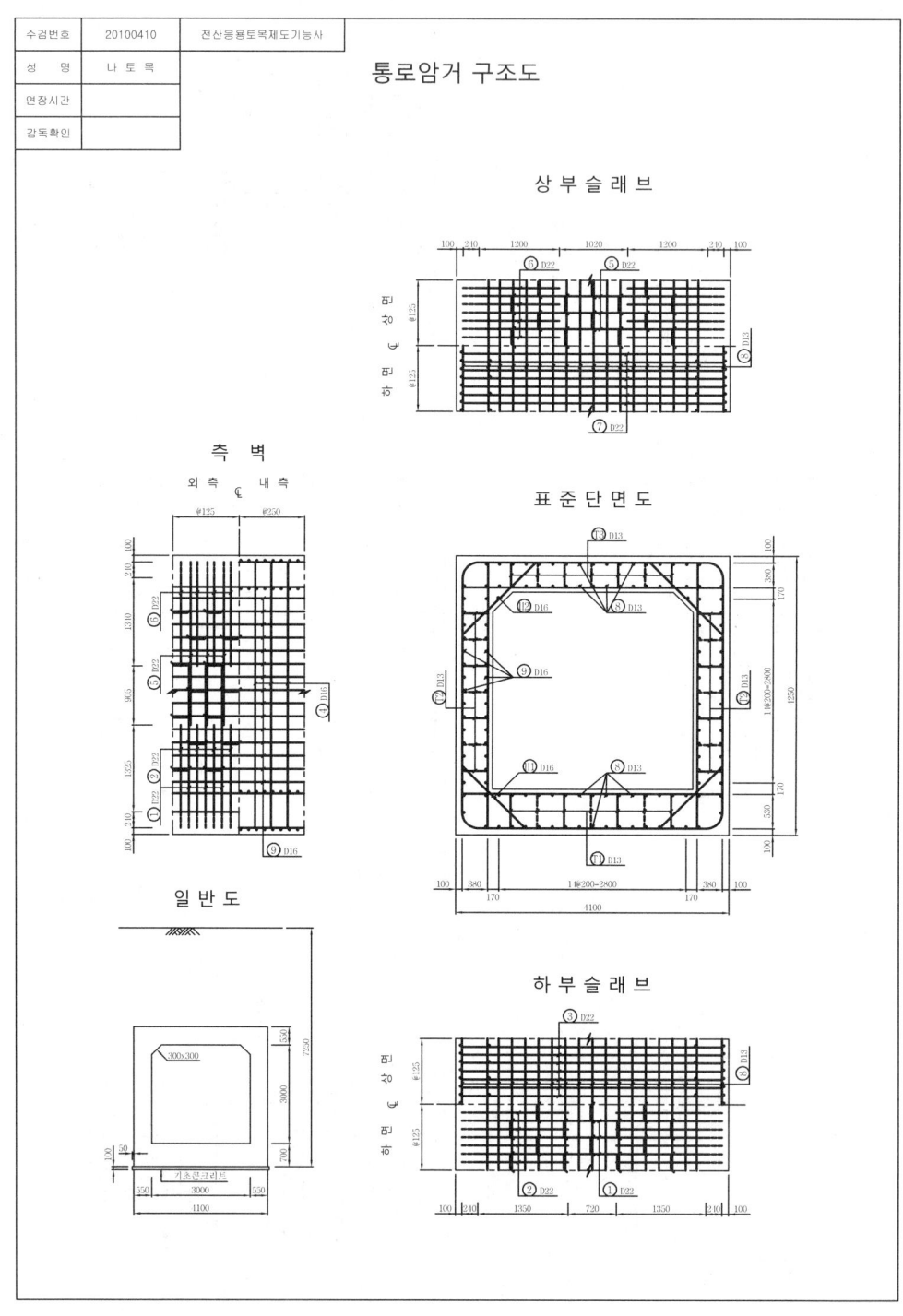

10. 철근 상세도(상세도 문제 도면은 부록 참고)

① 도면(1) ⇒ 완성 도면 ⇒ 새 이름으로 저장(수험번호-1)
② 수험번호-1을 한번 더 새이름으로 저장(수험번호-2)한 다음 표제란, 큰 제목, 철근 기호 1개 정도 만을 남겨 놓고 모든 객체를 선택하여 지우고 저장(수험번호-2)하고 이 도면에 철근 상세도를 작도한다.

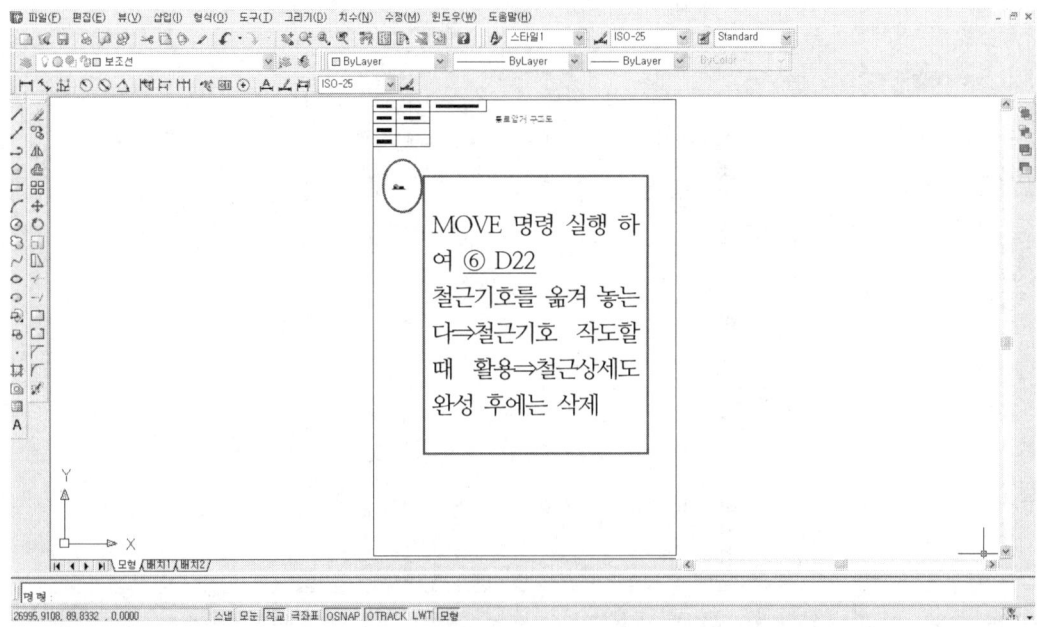

③ ⑧ D13, ⑨ D16, T1 D13, T2 D13, T3 D13 철근상세도는
LINE 명령 실행하여 도면의 알맞은 위치에 배치하여 작도한다.

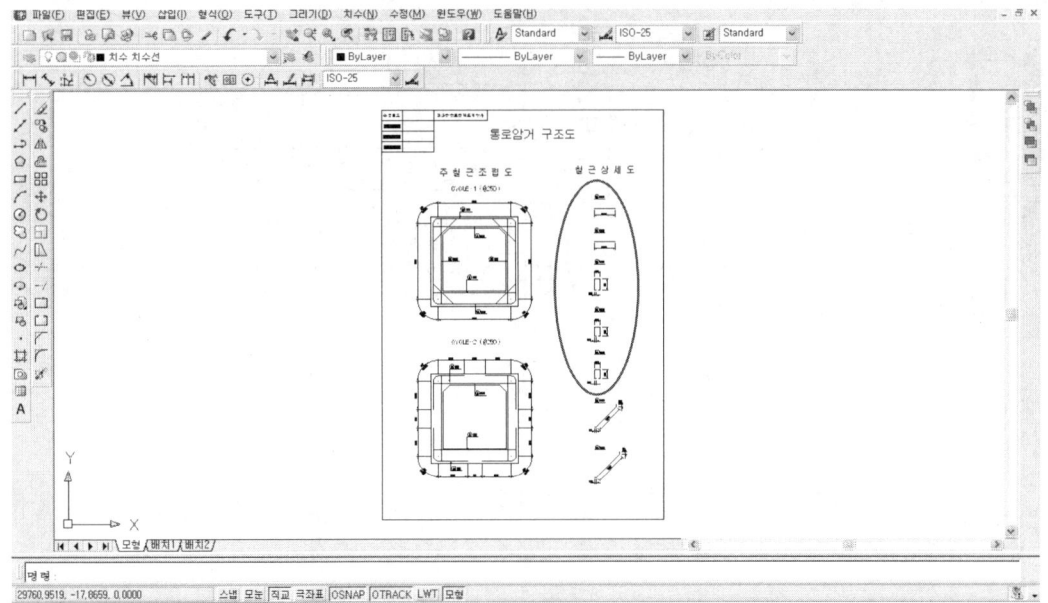

④ 주철근 조립도 CYCLE-1(@250) 철근상세도 작도

■ 도면(1)의 표준단면도에서 외벽선, ⑤ D22, ⑦ D22, ④ D16, ③ D22, ① D22 [점선 부분 선택](문제 도면의 주철근 조립도 CYCLE-1(@250) 철근상세도 작도에 필요한 선을 선택) ⇒ Ctrl +C ⇒ 도면(2)에 Ctrl +V ⇒ 알맞은 위치에 작도
⇒ COPY하여 아래쪽에 CYCLE-2(@250) 철근상세도를 작도할 위치에 붙여 넣는다.

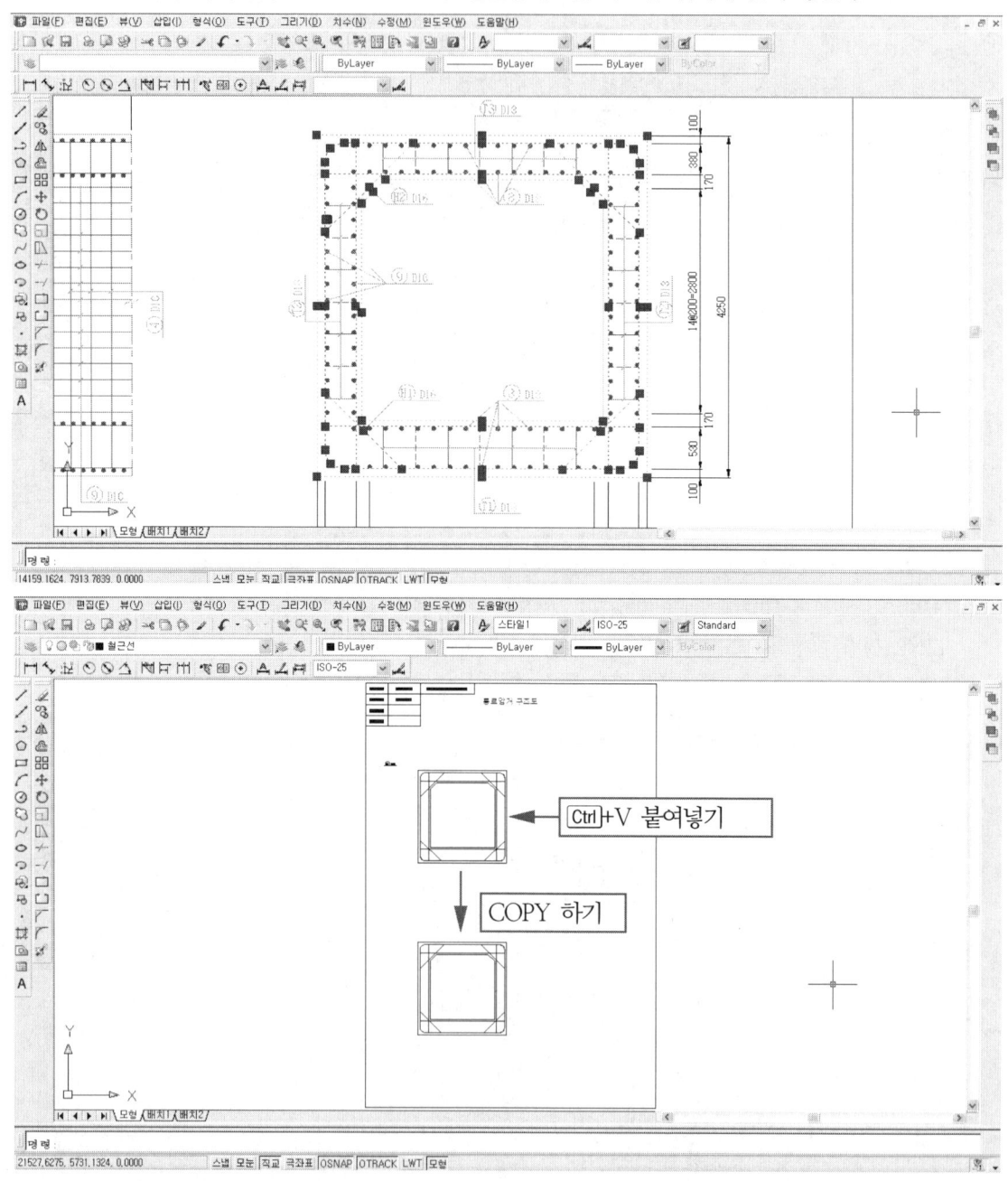

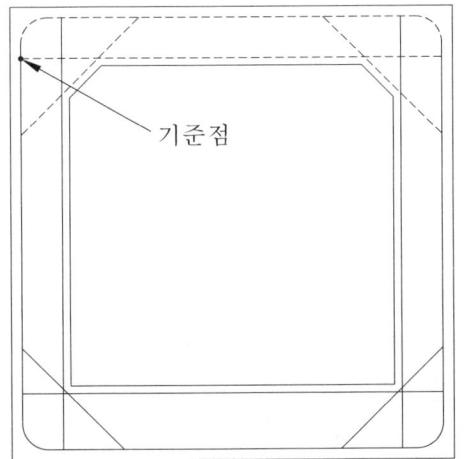
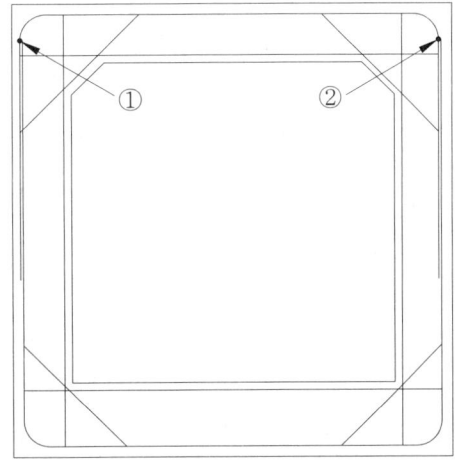

❶ MOVE [Enter↵] - 객체선택(점선부분) - [Enter↵] - 기준점 선택 - 마우스 왼쪽으로 끌고난 후 - 25 [Enter↵] 하여 왼쪽으로 25만큼 이동시킨다.

❷ LINE [Enter↵] - ①번 점 클릭 - 마우스 아래쪽으로 향하고 2245 [Enter↵] [Enter↵]
❸ LINE [Enter↵] - ②번 점 클릭 - 마우스 아래쪽으로 향하고 2245 [Enter↵] [Enter↵]

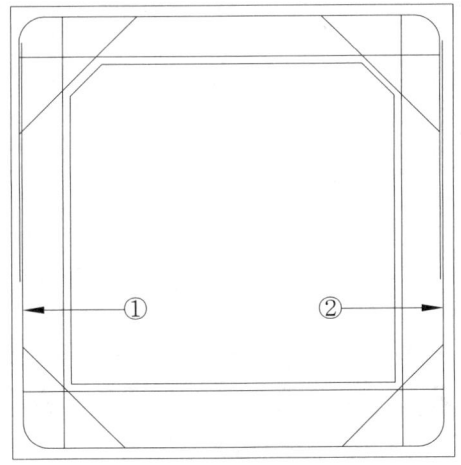
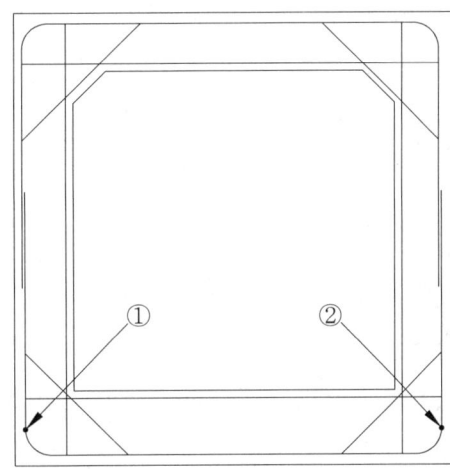

❹ ①②번 선택하여 삭제한다.

❺ LINE [Enter↵] - ①번 점 클릭 - 마우스 위쪽으로 향하고 2230 [Enter↵] [Enter↵]
❻ LINE [Enter↵] - ②번 점 클릭 - 마우스 위쪽으로 향하고 2230 [Enter↵] [Enter↵]
■ ①②번 점 - 원호의 끝부분

⑤ 주철근 조립도 CYCLE-2(@250) 철근상세도 작도

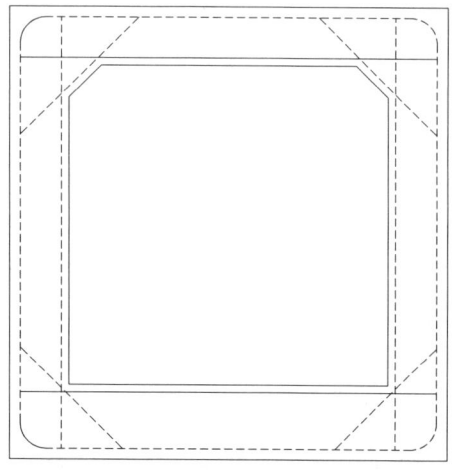

❶ 점선부분을 선택하여 삭제한다.

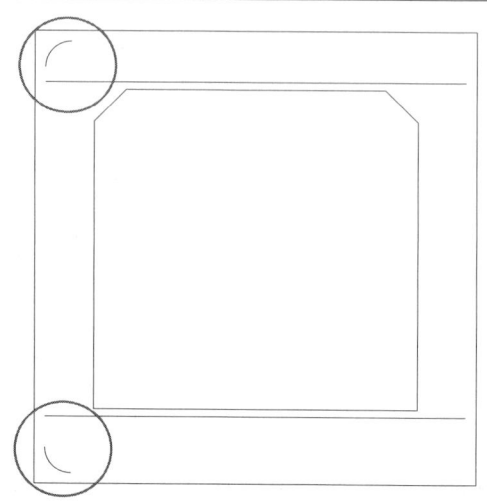

❷ 외벽선과 ○부분만 남기고 전체 선택 삭제

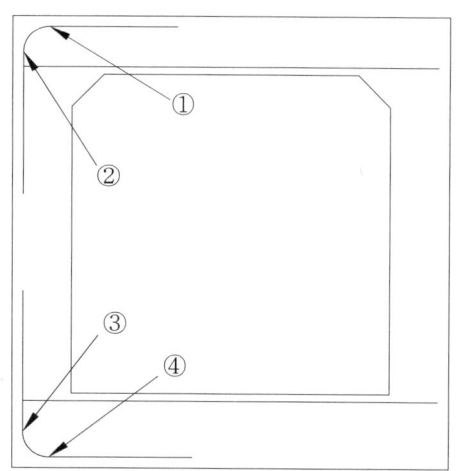

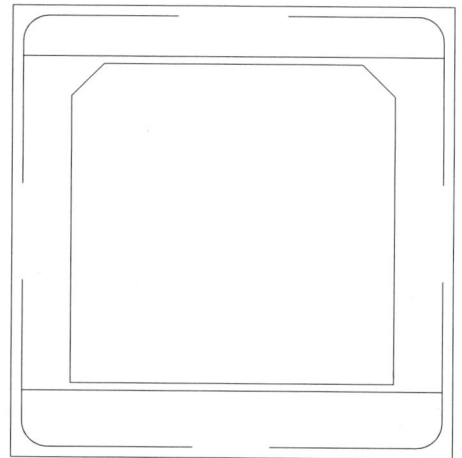

❸ LINE [Enter↵] - ①번 점 클릭 - 마우스 오른쪽으로 향하고 1200 [Enter↵] [Enter↵]
LINE [Enter↵] - ②번 점 클릭 - 마우스 아래쪽으로 향하고 1340 [Enter↵] [Enter↵]
LINE [Enter↵] - ③번 점 클릭 - 마우스 위쪽으로 향하고 1325 [Enter↵] [Enter↵]
LINE [Enter↵] - ④번 점 클릭-마우스 오른쪽으로 향하고 1350 [Enter↵] [Enter↵]
■ ①②번 점 - 원호의 끝부분

❹ ❸에서 작도한 철근선을 MIRROR 명령으로 오른쪽의 나머지 부분을 완성한다.

⑥ Ⓗ1 D16, Ⓗ2 D16 철근선 작도 : 역T형 옹벽과 L형 옹벽의 헌치 부분의 철근을 작도하는 방법으로 작도한다.(도면1에서 Ⓗ1 D16, Ⓗ2 D16철근선을 복사하여 도면2에 붙이고 양 끝에서 100씩 작도한다.)

■ 철근 기호, 치수 넣기, 제목 표시를 한다.
■ 철근상세도 치수 넣기할 때 원점에서 간격띄우기 4로 수정하여 작도한다.
　(CYCLE-2부터 치수를 기입하고 COPY하여 CYCLE-1에 붙이고 수정을 한다.)

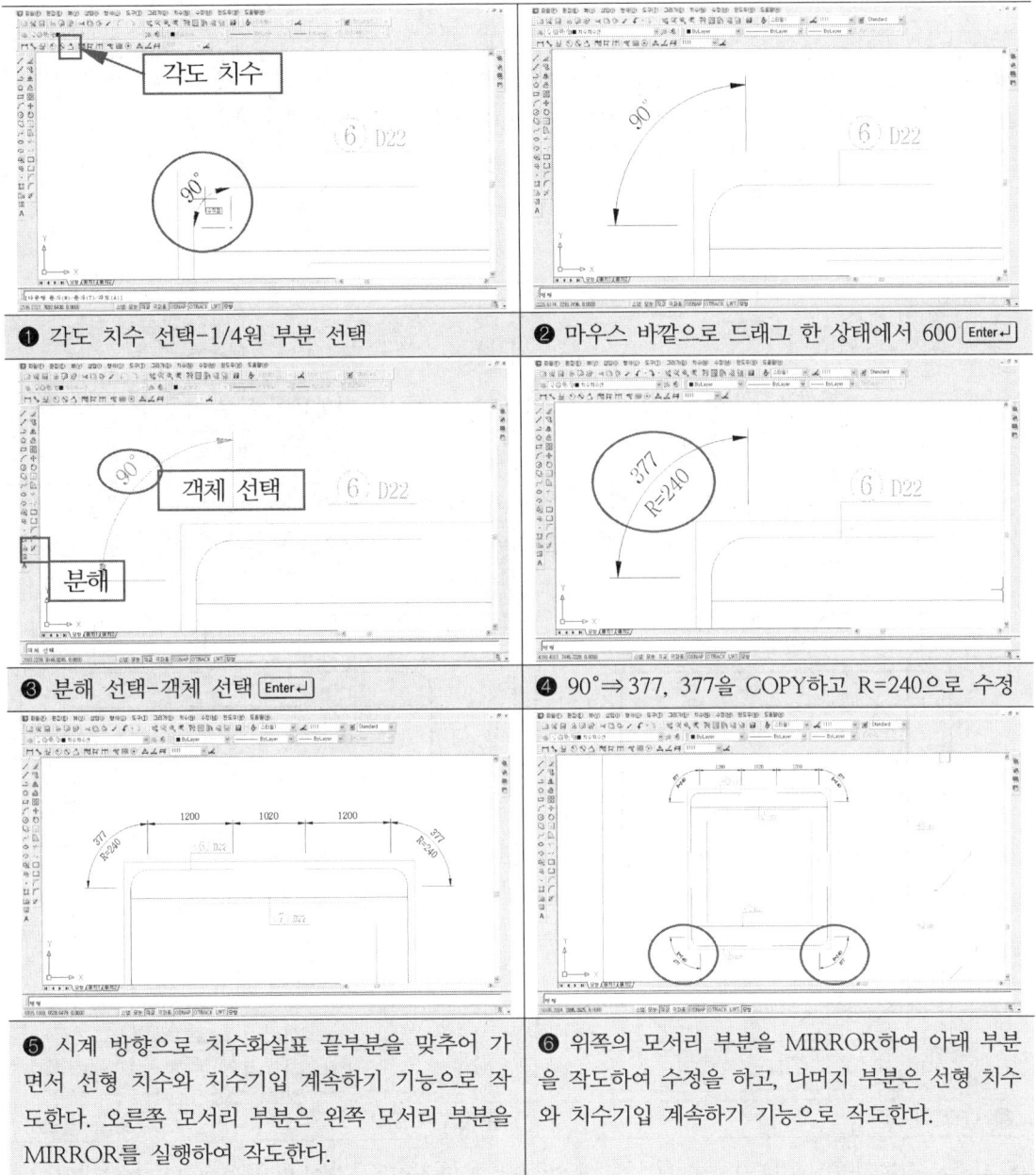

❶ 각도 치수 선택-1/4원 부분 선택
❷ 마우스 바깥으로 드래그 한 상태에서 600 Enter↵
❸ 분해 선택-객체 선택 Enter↵
❹ 90°⇒377, 377을 COPY하고 R=240으로 수정
❺ 시계 방향으로 치수화살표 끝부분을 맞추어 가면서 선형 치수와 치수기입 계속하기 기능으로 작도한다. 오른쪽 모서리 부분은 왼쪽 모서리 부분을 MIRROR를 실행하여 작도한다.
❻ 위쪽의 모서리 부분을 MIRROR하여 아래 부분을 작도하여 수정을 하고, 나머지 부분은 선형 치수와 치수기입 계속하기 기능으로 작도한다.

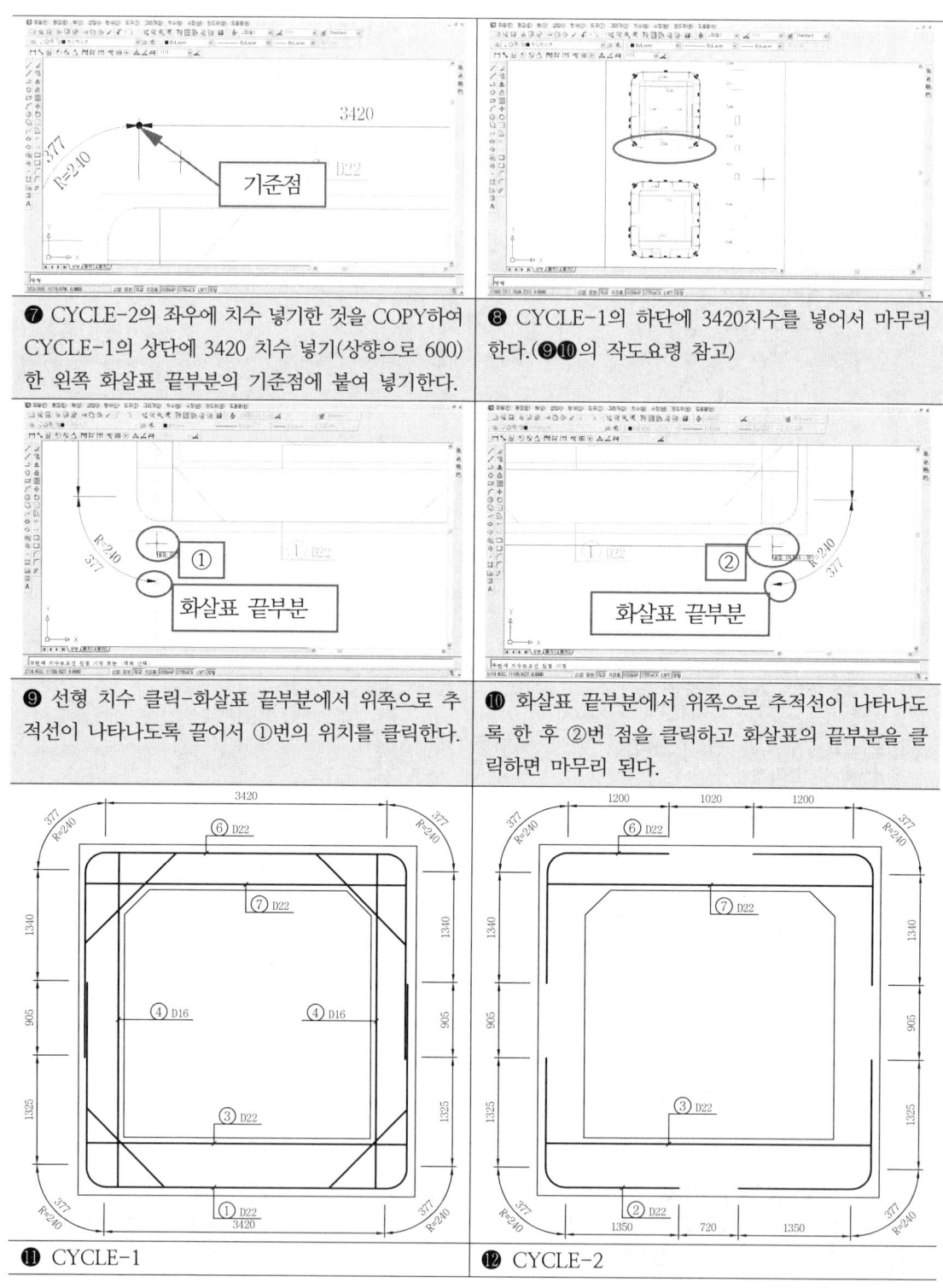

❼ CYCLE-2의 좌우에 치수 넣기한 것을 COPY하여 CYCLE-1의 상단에 3420 치수 넣기(상향으로 600) 한 왼쪽 화살표 끝부분의 기준점에 붙여 넣기한다.

❽ CYCLE-1의 하단에 3420치수를 넣어서 마무리한다.(❾❿의 작도요령 참고)

❾ 선형 치수 클릭-화살표 끝부분에서 위쪽으로 추적선이 나타나도록 끌어서 ①번의 위치를 클릭한다.

❿ 화살표 끝부분에서 위쪽으로 추적선이 나타나도록 한 후 ②번 점을 클릭하고 화살표의 끝부분을 클릭하면 마무리 된다.

⓫ CYCLE-1

⓬ CYCLE-2

■ 다소 복잡하지만 CYCLE-1의 ⑥ D22철근이 왼쪽으로 25만큼 이동이 되어 있어서 CYCLE-1에서 치수 넣기를 하면 최종적으로 25정도의 오차가 발생된다.

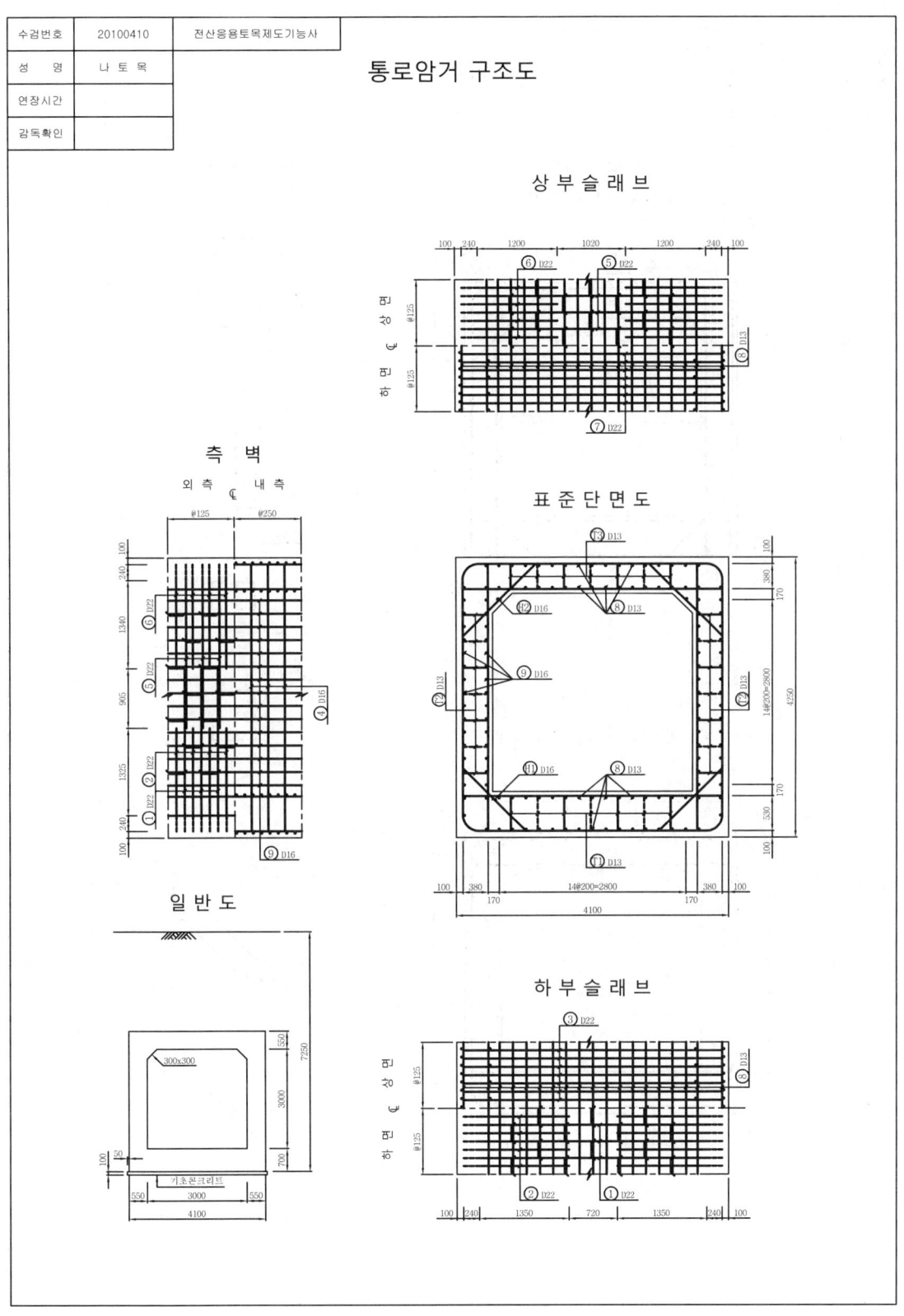

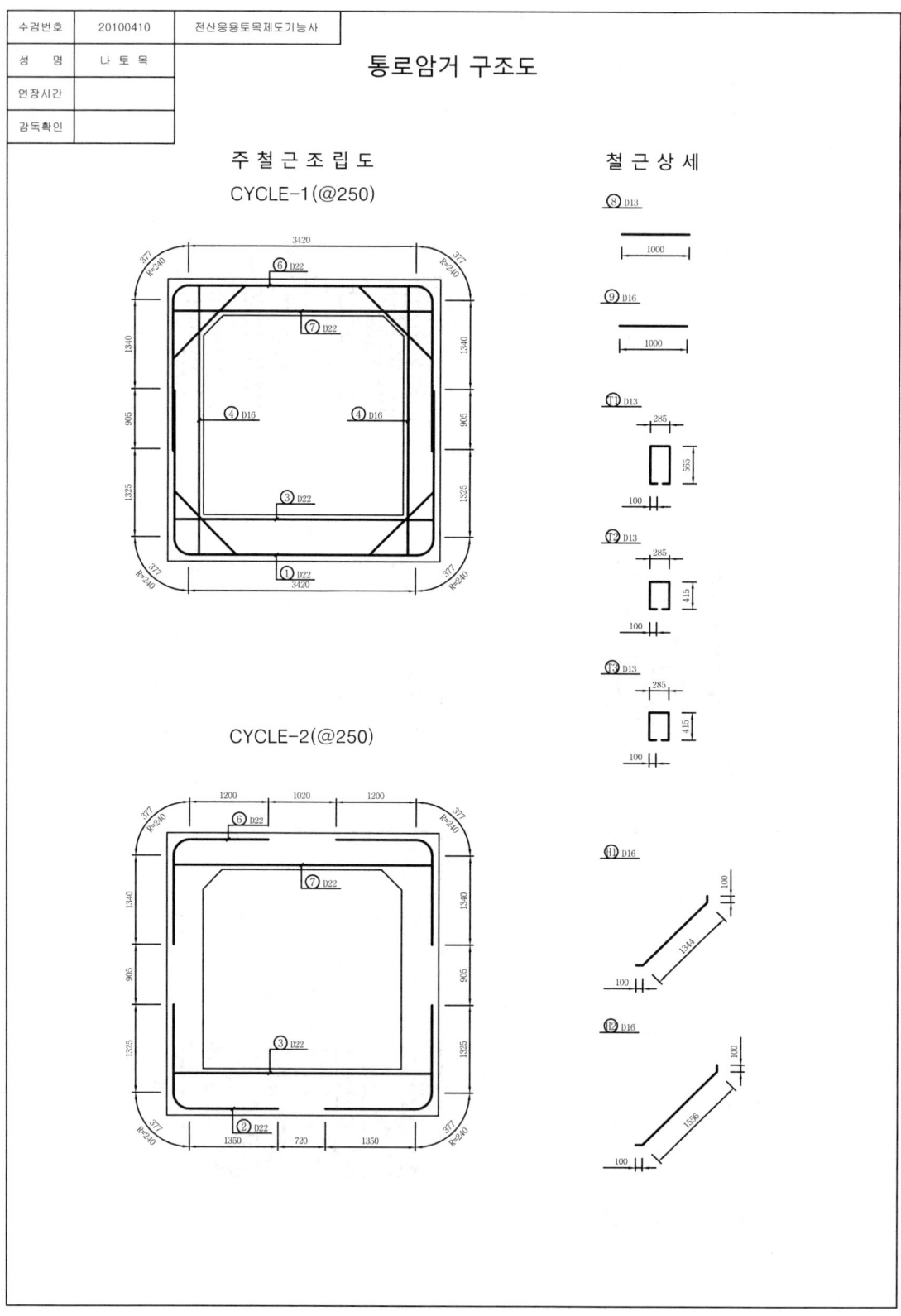

■ 상부슬래브

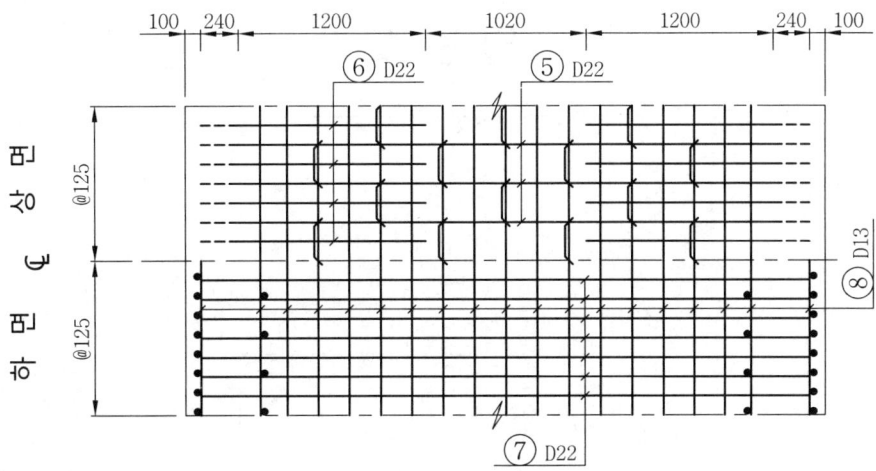

■ 표준단면도

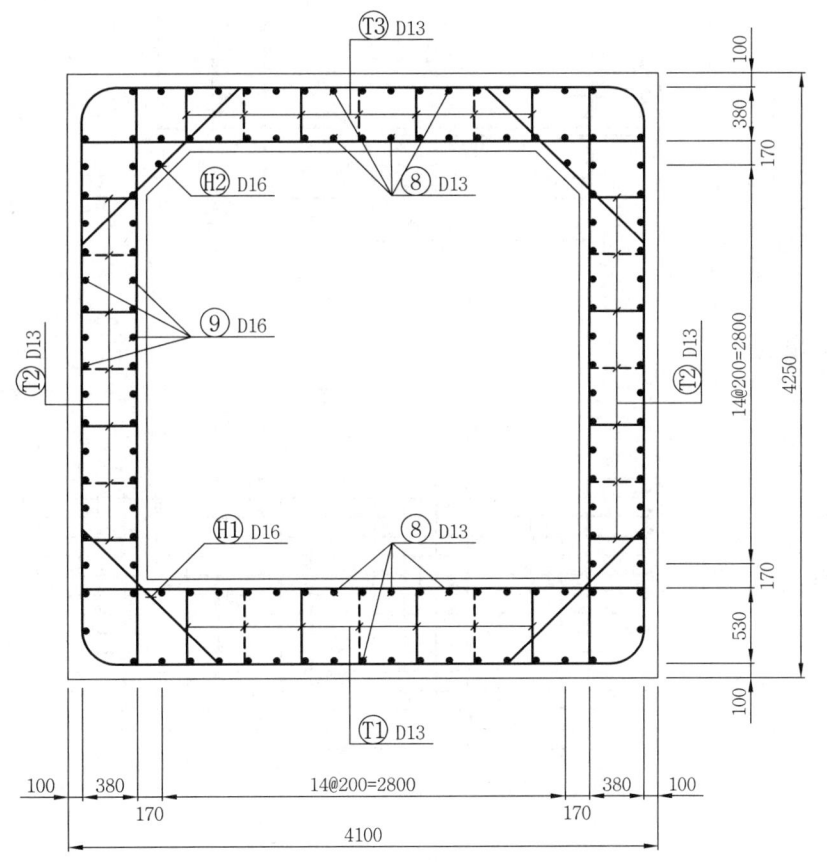

■ 일반도

일 반 도

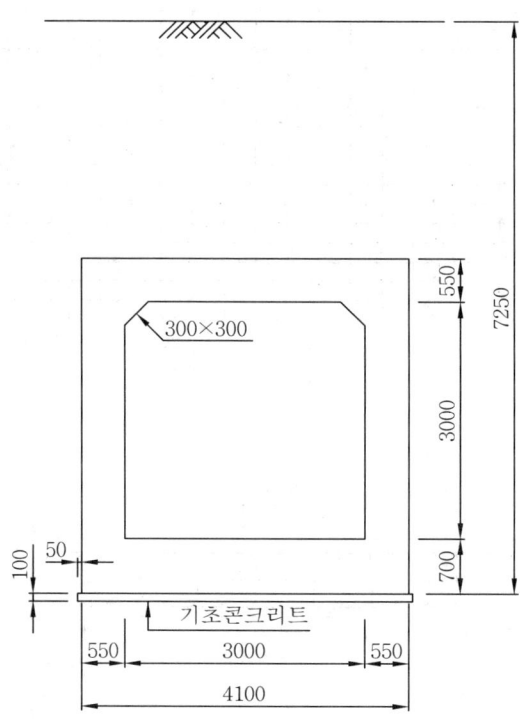

■ 하부슬래브

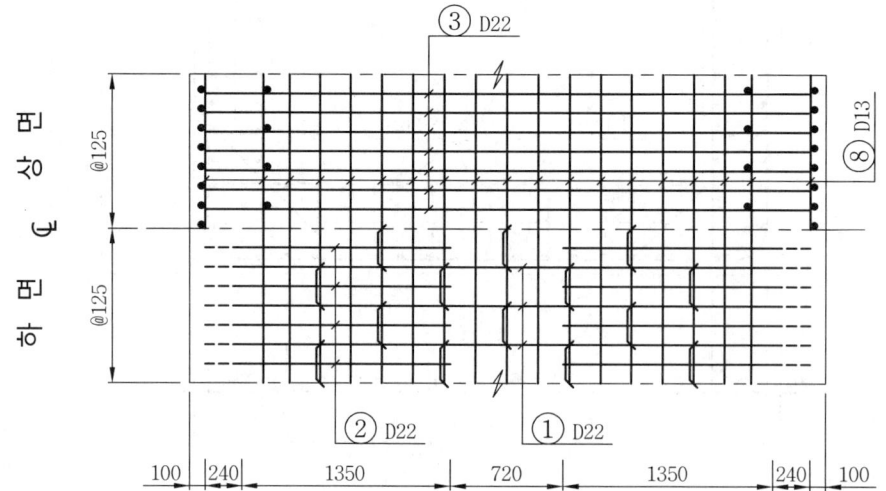

■ 측벽

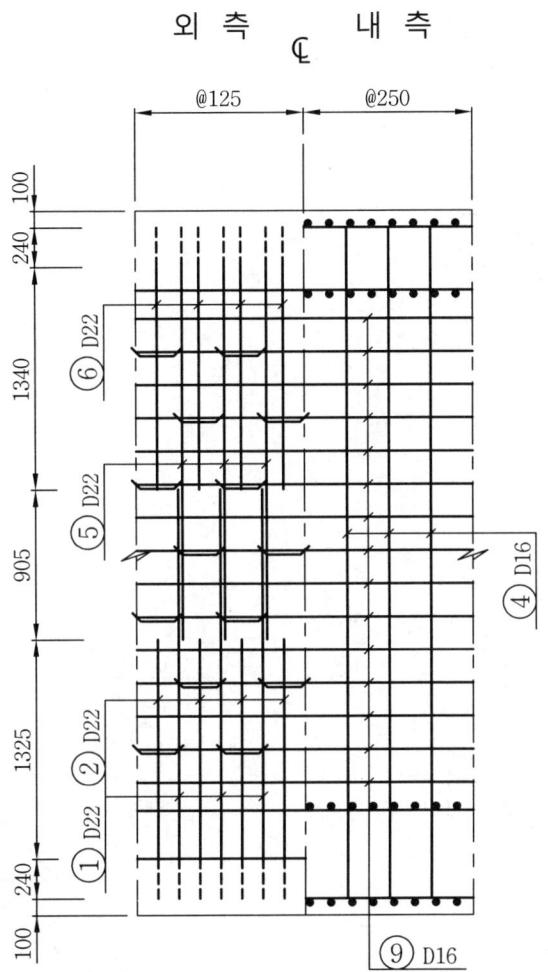

■ 철근상세도

철 근 상 세

⑧ D13

|← 1000 →|

⑨ D16

|← 1000 →|

T1 D13

T2 D13

T3 D13

H1 D16

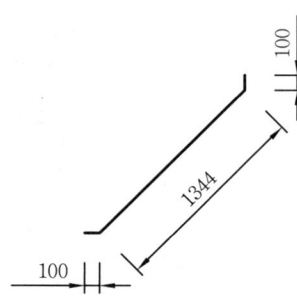

H2 D16

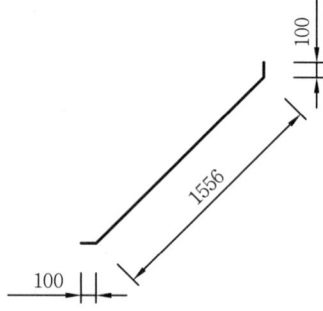

11. 도면의 출력

① 파일-플롯

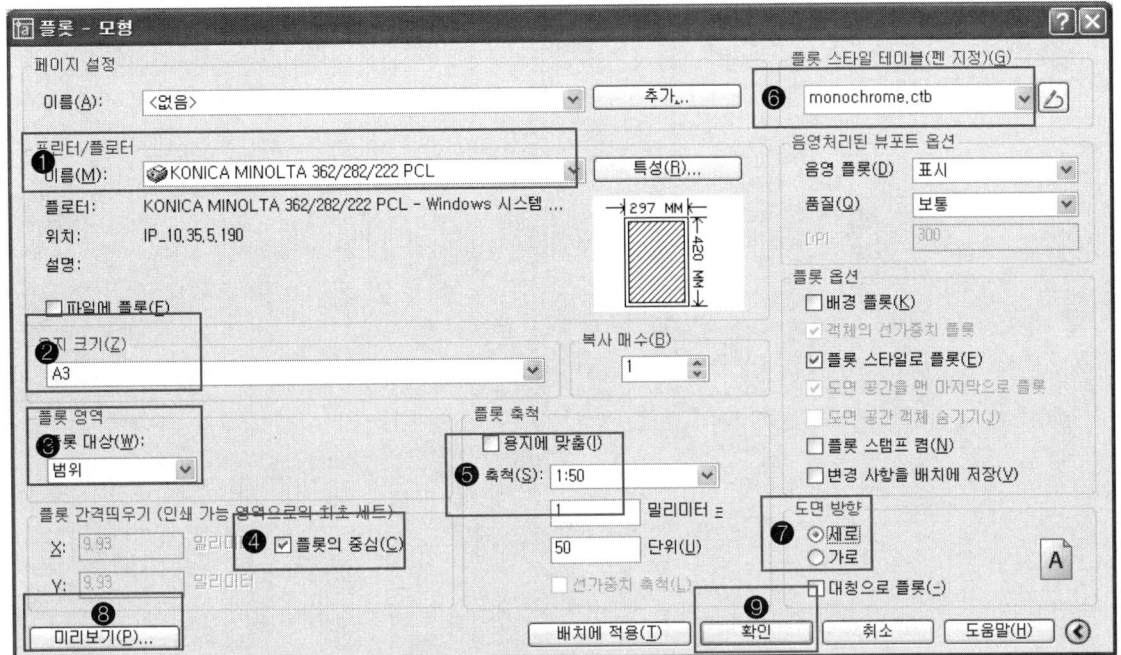

❶ 프린터/플로터 이름 : 컴퓨터에 연결되어 있는 프린터 선택
❷ 용지 크기 : A3선택
❸ 플롯 영역의 플롯 대상 : 범위 선택
❹ 플롯의 중심에 √
❺ 플롯 축척 : 도면 작도시 50배인 경우-1:50, 40배인 경우-1:40을 선택
❻ 플롯 스타일 테이블(펜 지정) : monochrome.ctb(선택)-요구 사항이 있을 때
  monochrome.ctb(선택) : 선의 진하고 연함 없이 선의 굵기로만 구분
❼ 도면 방향 : 세로 선택
❽ 미리보기 : 검토
❾ 미리보기 이상이 없으면 확인하여 출력

② 도면(1)과 도면(2)를 위와 같은 방법으로 출력하여 제출한다.

V. 기출 및 예상 문제

과제명 : L형(key) 옹벽구조도

○ 시험시간 : 4시간30분

1. 요구사항

※ 주어진 도면(1), (2)를 보고 CAD프로그램을 이용하여 아래 조건에 맞게 도면을 작도하여 시험위원의 지시에 따라 저장 및 출력하시오.

1) 주어진 도면(1), (2)를 축척 1/60으로 각각 작도한 후 A3(420×297)용지에 흑백으로 가로로 각각 출력하여 파일과 함께 제출한다.
2) 도면의 제도는 KS토목제도통칙에 따르며, 선의 굵기를 구분하기 위하여 선의 색을 다음과 같이 정하여 작도 및 출력한다.

선굵기	색 상(color)	용 도
0.7mm	파란색(5-Blue)	윤곽선
0.4mm	빨간색(1-Red)	철근선
0.3mm	하늘색(4-Cyan)	외벽선
0.2mm	선홍색(6-Magenta)	중심선, 파단선
0.2mm	초록색(3-Green)	철근기호, 인출선
0.15mm	흰 색(7-White)	치수, 치수선

3) 윤곽선의 여백은 상하좌우 모두 15mm 범위가 되도록 작도하고, 철근의 단면은 출력 결과물에 지름 1mm가 되도록 작도한다.
4) 도면의 배치는 주어진 도면과 같이 단면도, 저판 및 벽체의 배근도와 일반도를 배치하고, 일반도는 축척에 상관없이 도면에 안정감을 주도록 적절히 배치한다.(단면도를 기준으로 구조물의 외벽선이 벽체와 저판의 외벽선과 각각 일치하게 작도한다.)
5) 도면상단에 과제명과 축척을 작도하고 과제명과 각부 도면의 명칭은 도면의 크기에 어울리게 쓴다.

| 자격종목 | 전산응용토목제도기능사 | 과제명 | L형 옹벽구조도 |

2. 수험자 유의사항

1) 명시되지 않은 조건은 토목제도의 원칙에 따른다.
2) 정전 및 기계고장 등에 의한 자료손실을 방지하기 위하여 수시로 저장한다.
3) 요구한 전 도면을 작도하지 않은 경우는 채점하지 아니한다.
4) 장비조작 미숙으로 파손 및 고장을 일으킬 염려가 있거나 출력시간이 20분을 초과할 경우는 시험위원 합의하에 실격시킨다.
5) 시험 시작 후 우선 도면 좌측 상단에 아래와 같이 표제란을 만들어 수험번호, 성명을 기재한다.(단, 표제란의 축척은 1:1로 한다.)

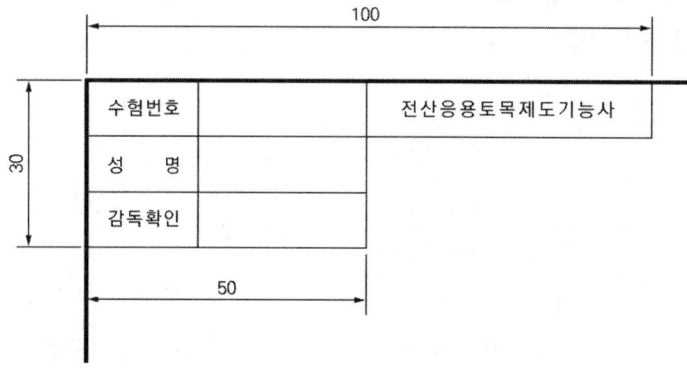

6) 작업이 끝나면 시험위원의 확인을 받은 후 파일과 문제지를 제출하고 본부위원의 지시에 따라 흑백으로 도면을 요구사항에 따라 출력하도록 한다. (출력시간은 시험시간에서 제외(20분을 초과할 수 없음)하고 출력은 주어진 축척에 맞게 수험자가 직접 하여야 한다.)

3. 문제 도면(1)

자격종목	전산응용토목제도기능사	과제명	L형 옹벽구조도	척도	N.S

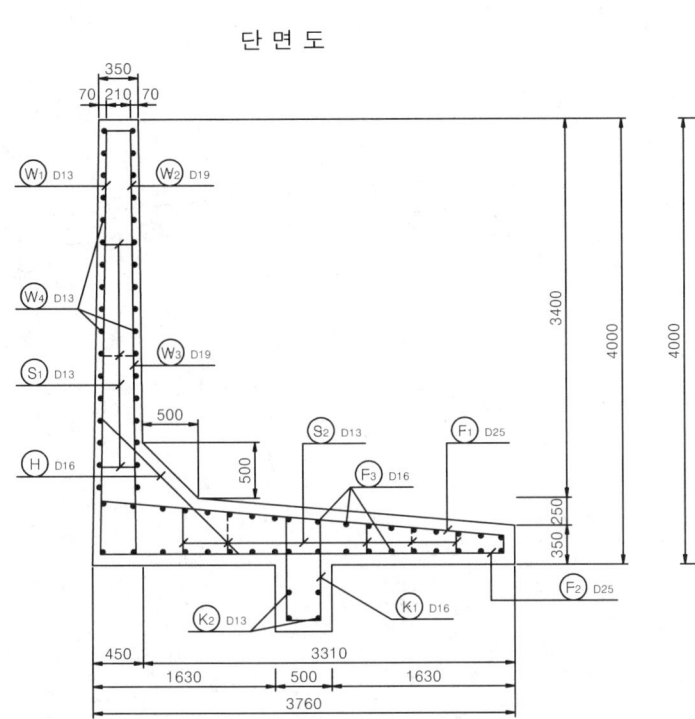

단면도

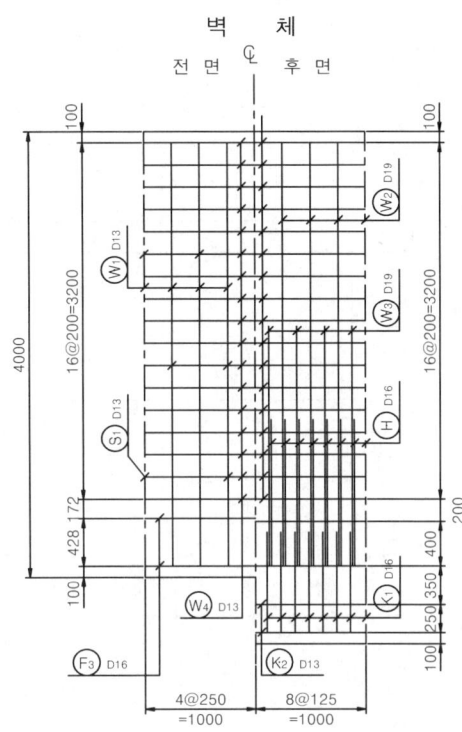

벽체
전면 후면

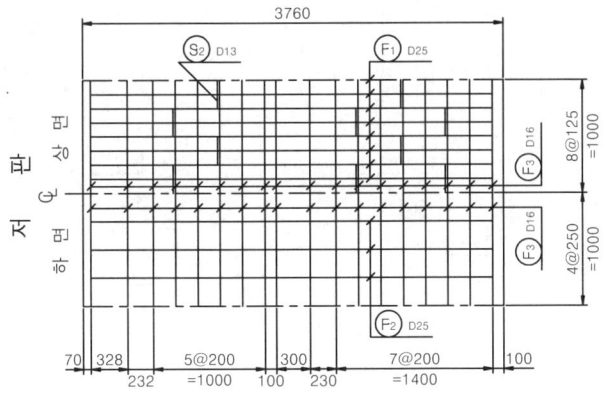

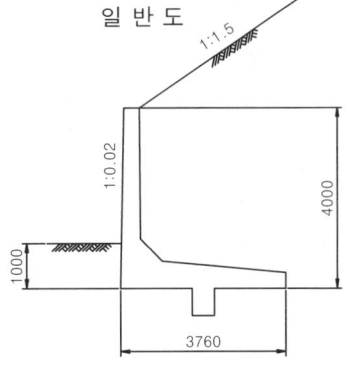

일반도

3. 문제 도면(2)

| 자격종목 | 전산응용토목제도기능사 | 과제명 | L형 옹벽구조도 | 척도 | N.S |

철 근 상 세 도

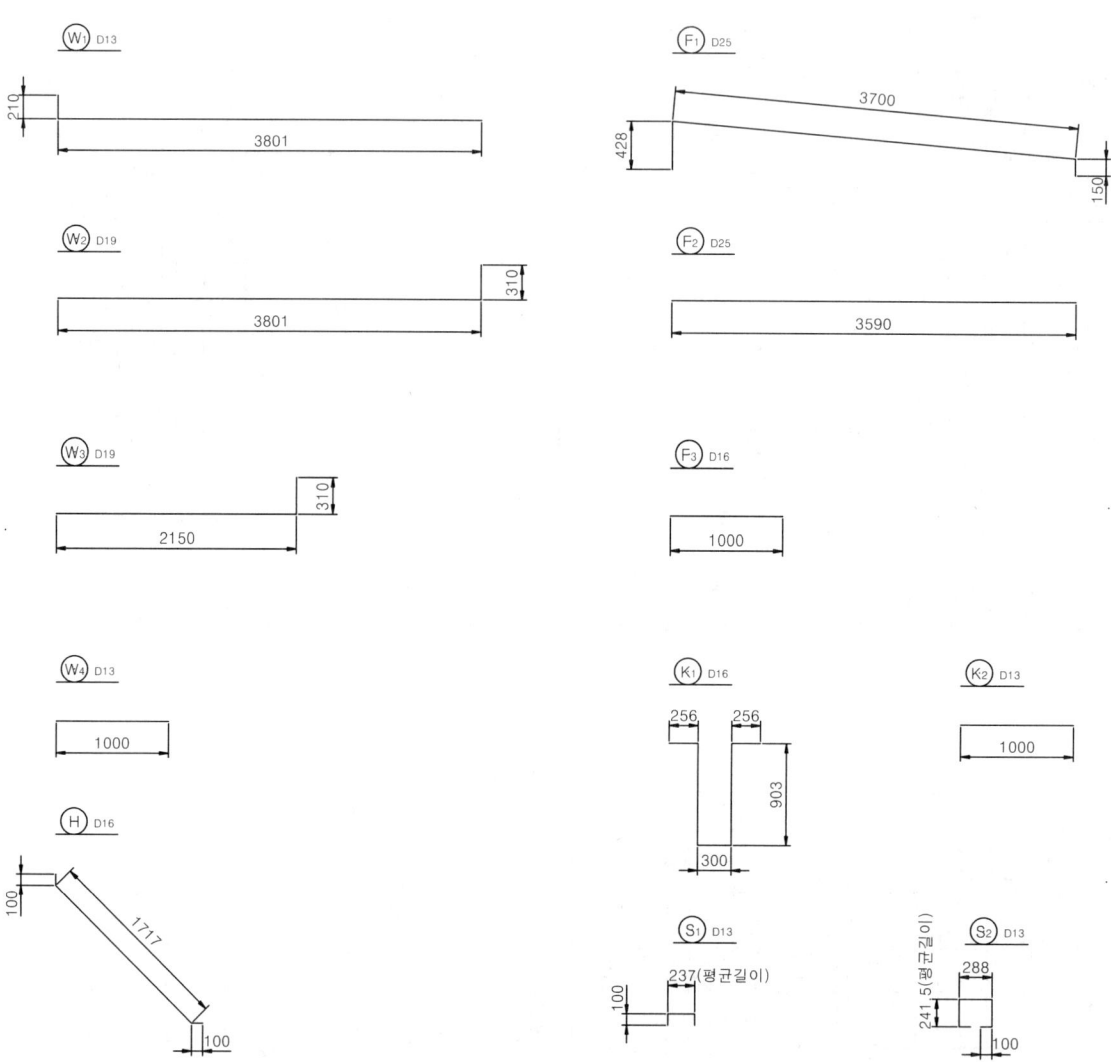

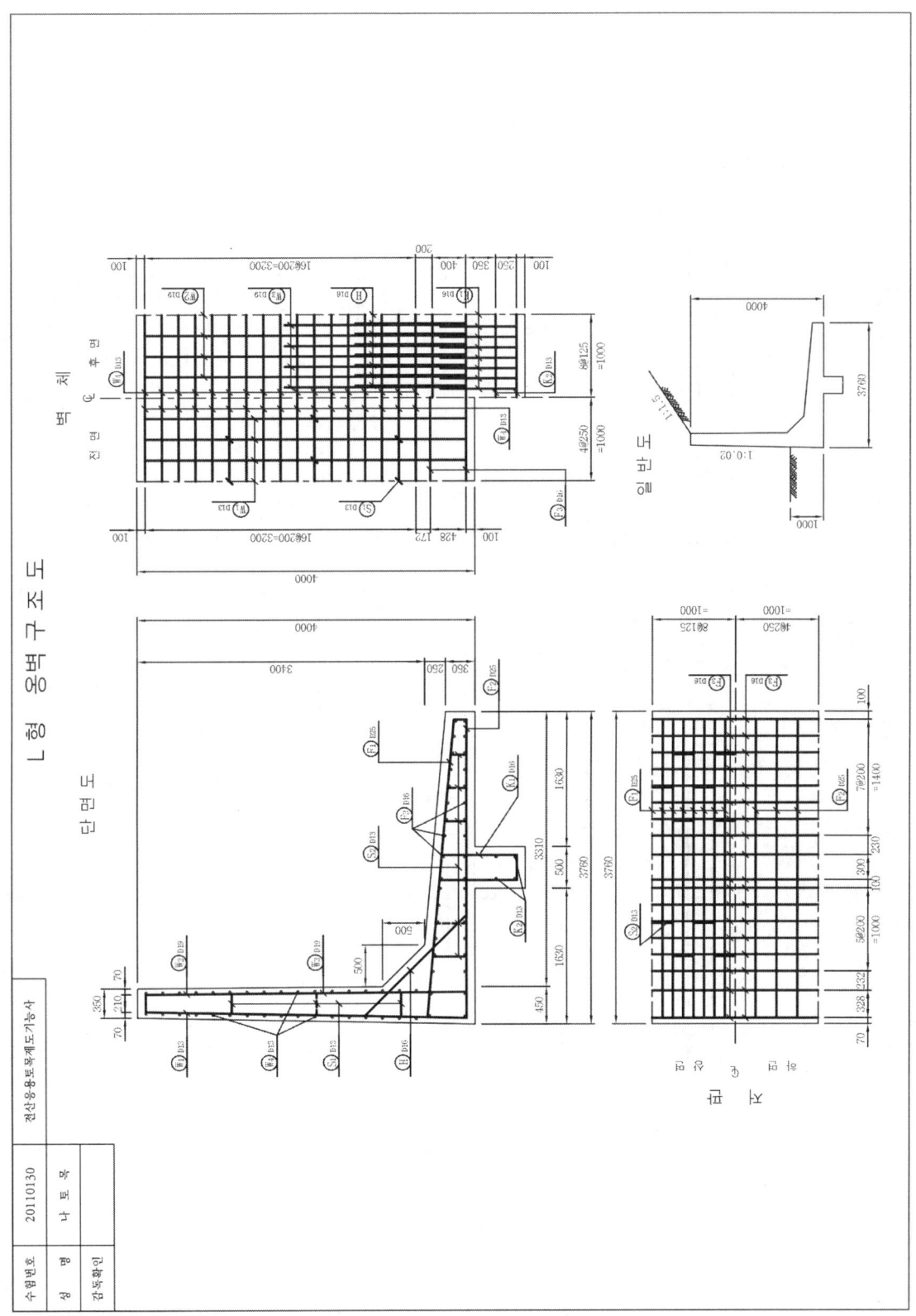

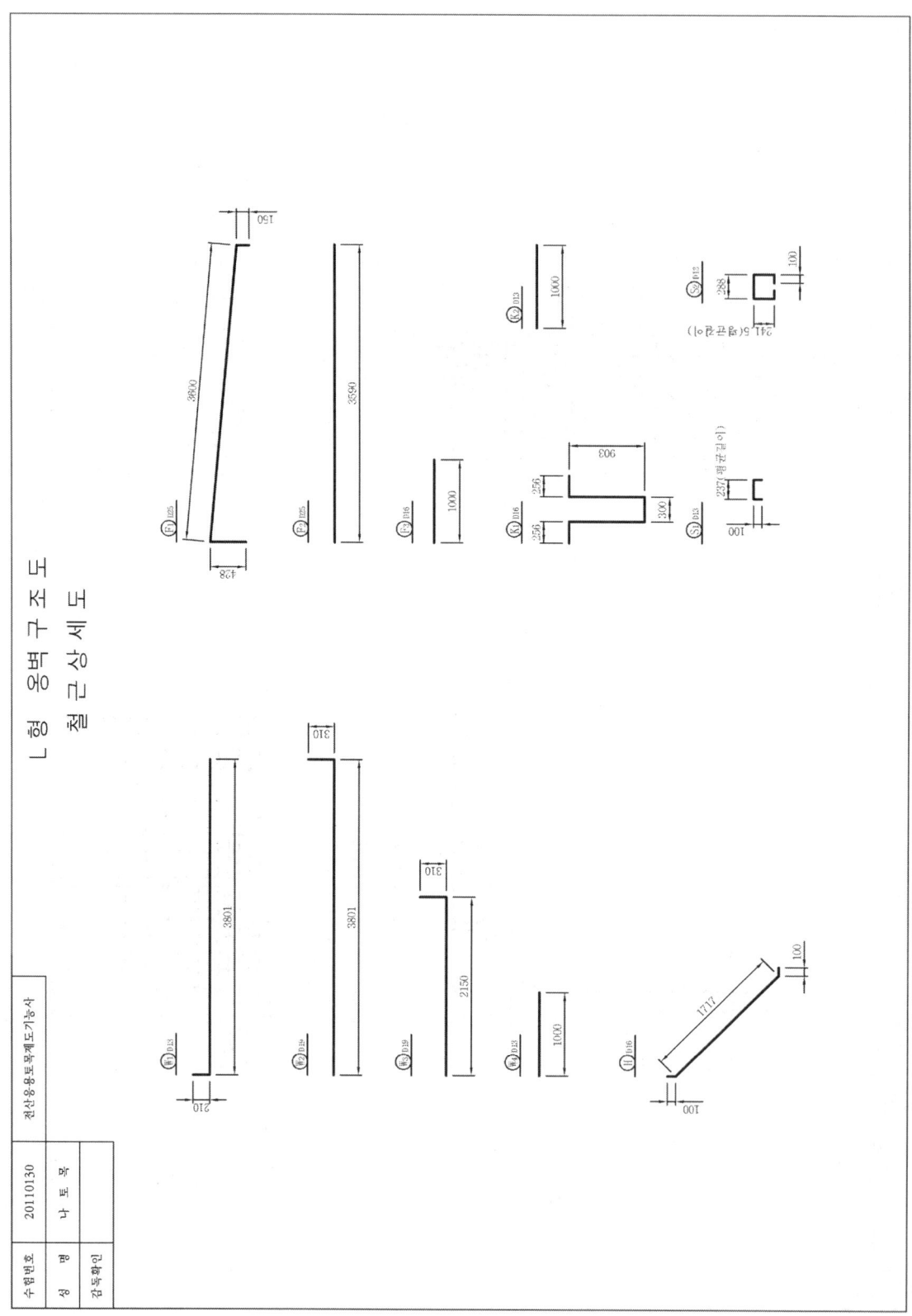

과제명 : 역T형 옹벽구조도

○ 시험시간 : 4시간30분

1. 요구사항

※ 주어진 도면(1), (2)를 보고 CAD프로그램을 이용하여 아래 조건에 맞게 도면을 작도하여 시험위원의 지시에 따라 저장 및 출력하시오.

1) 주어진 도면(1), (2)를 축척 1/40으로 각각 작도한 후 A3(420× 297)용지에 흑백으로 가로로 각각 출력하여 파일과 함께 제출한다.
2) 도면의 제도는 KS토목제도통칙에 따르며, 선의 굵기를 구분하기 위하여 선의 색을 다음과 같이 정하여 작도 및 출력한다.

선굵기	색 상(color)	용 도
0.7mm	파란색(5-Blue)	윤곽선
0.4mm	빨간색(1-Red)	철근선
0.3mm	하늘색(4-Cyan)	외벽선
0.2mm	선홍색(6-Magenta)	중심선, 파단선
0.2mm	초록색(3-Green)	철근기호, 인출선
0.15mm	흰 색(7-White)	치수, 치수선

3) 윤곽선의 여백은 상하좌우 모두 15mm 범위가 되도록 작도하고, 철근의 단면은 출력 결과물에 지름 1mm가 되도록 작도한다.
4) 도면의 배치는 단면도의 하단에 저판, 우측면에 벽체의 배근도를 배치하고, 일반도는 축척에 상관없이 도면에 안정감을 주도록 적절히 배치한다.(단면도를 기준으로 구조물의 외벽선이 벽체도와 저판도의 외벽선과 각각 일치하게 작도한다.)
5) 도면상단에 과제명과 각부 도면의 명칭은 도면의 크기에 어울리게 쓴다.

| 자격종목 | 전산응용토목제도기능사 | 과제명 | 역T형 옹벽구조도 |

2. 수험자 유의사항

1) 명시되지 않은 조건은 토목제도의 원칙에 따른다.
2) 정전 및 기계고장 등에 의한 자료손실을 방지하기 위하여 수시로 저장한다.
3) 요구한 전 도면을 작도하지 않은 경우는 채점하지 아니한다.
4) 장비조작 미숙으로 파손 및 고장을 일으킬 염려가 있거나 출력시간이 20분을 초과할 경우는 시험위원 합의하에 실격시킨다.
5) 시험 시작 후 우선 도면 좌측 상단에 아래와 같이 표제란을 만들어 수험번호, 성명을 기재한다.(단, 표제란의 축척은 1:1로 한다.)

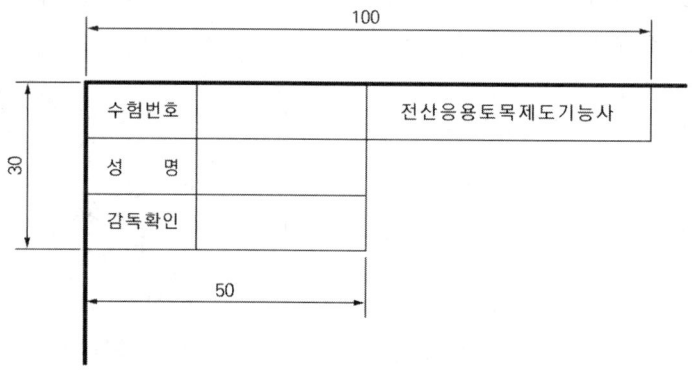

6) 작업이 끝나면 시험위원의 확인을 받은 후 파일과 문제지를 제출하고 본부위원의 지시에 따라 흑백으로 도면을 요구사항에 따라 출력하도록 한다. (출력시간은 시험시간에서 제외(20분을 초과할 수 없음)하고 출력은 주어진 축척에 맞게 수험자가 직접 하여야 한다.)

3. 문제 도면(1)

| 자격종목 | 전산응용토목제도기능사 | 과제명 | 역T형 옹벽구조도 | 척도 | N.S |

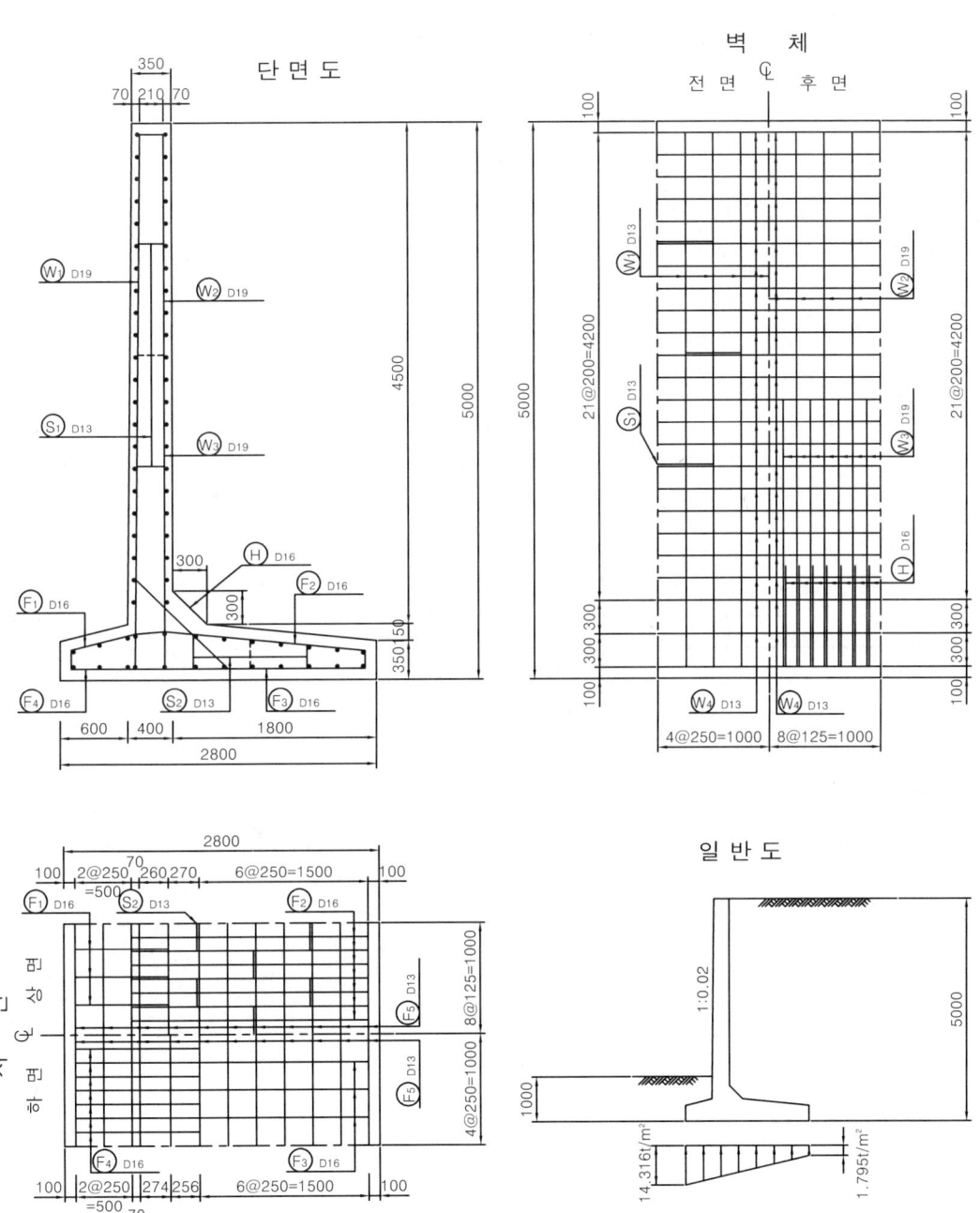

3. 문제 도면(2)

| 자격종목 | 전산응용토목제도기능사 | 과제명 | 역T형 옹벽구조도 | 척도 | N.S |

철근상세도

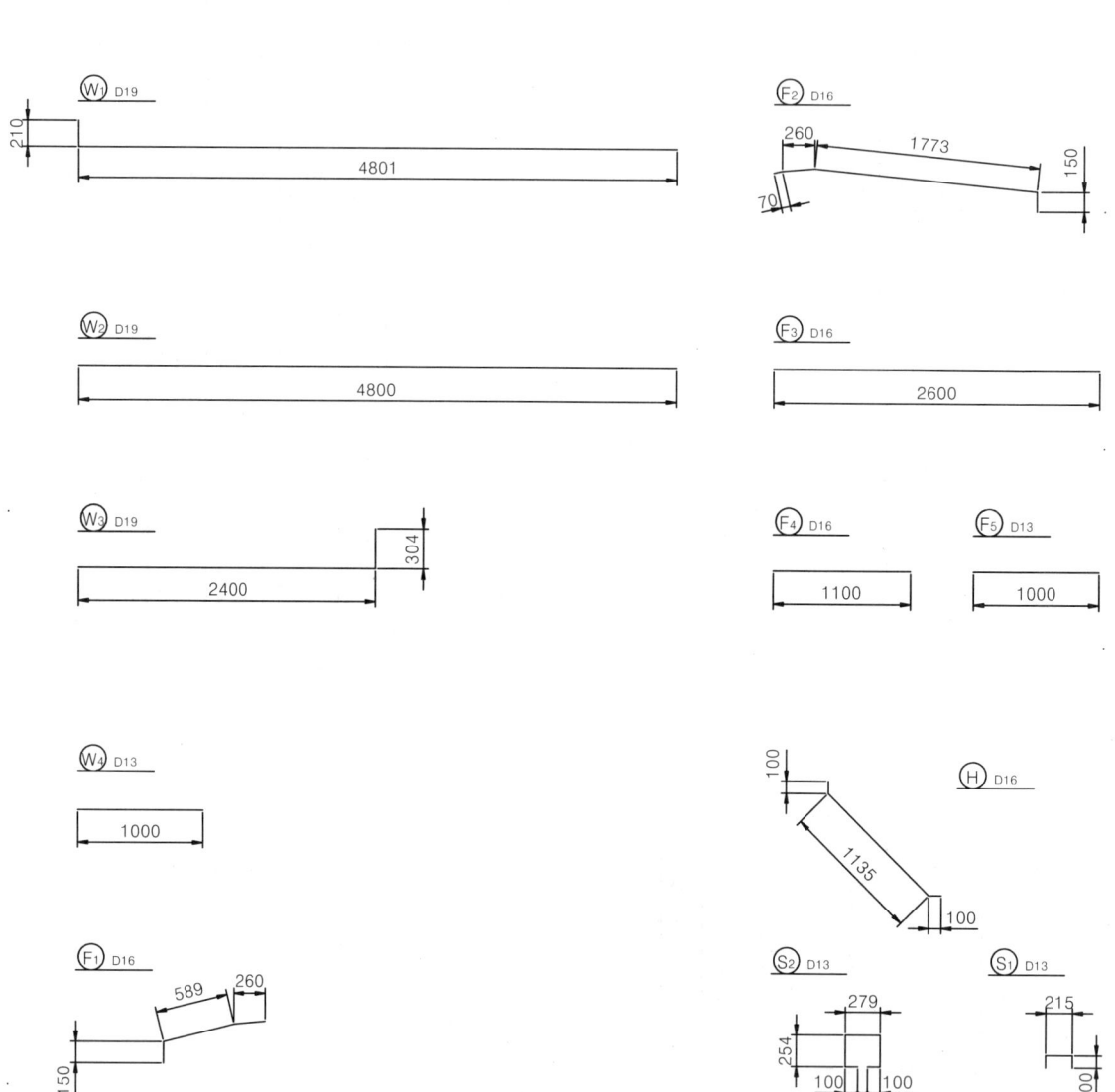

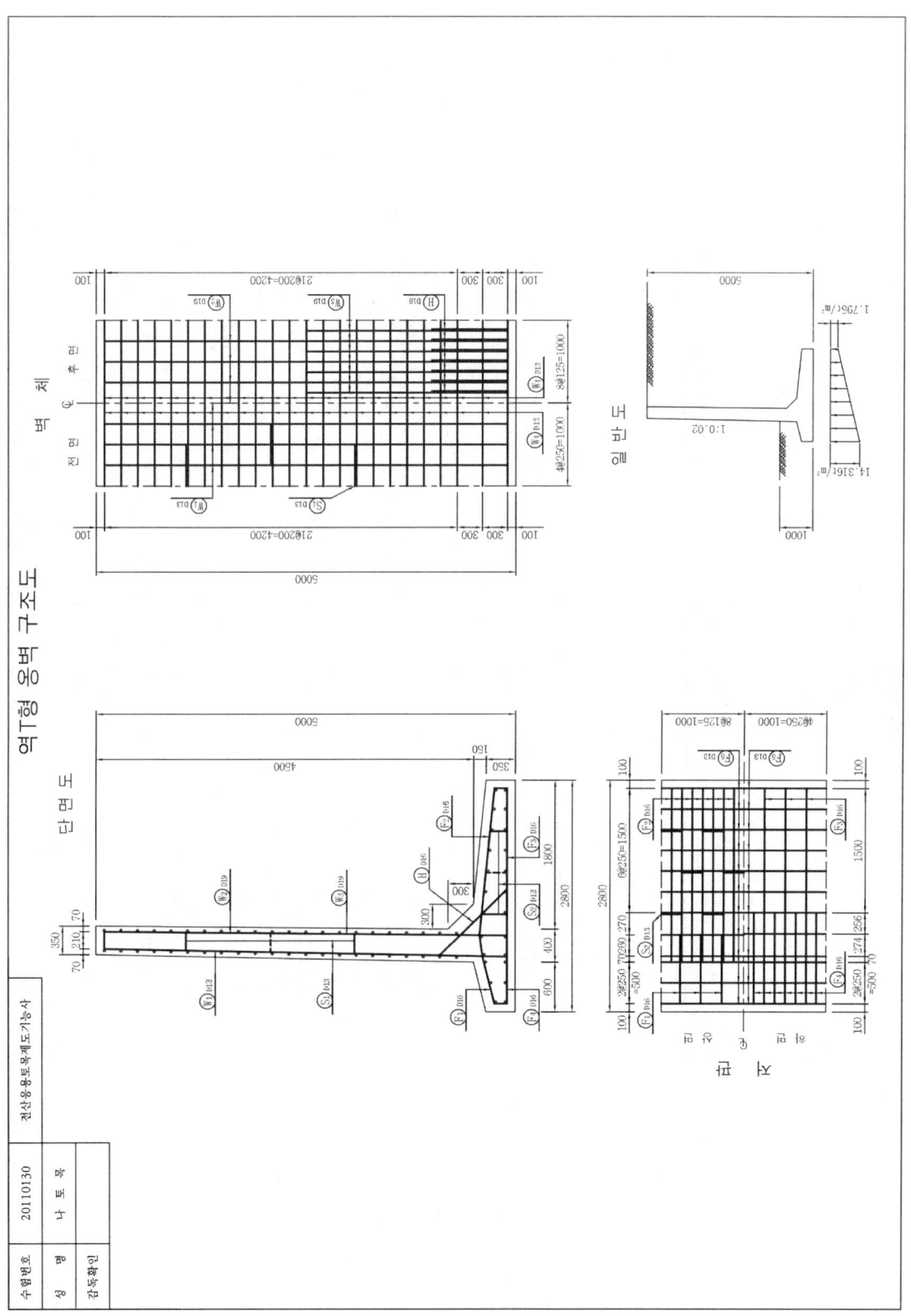

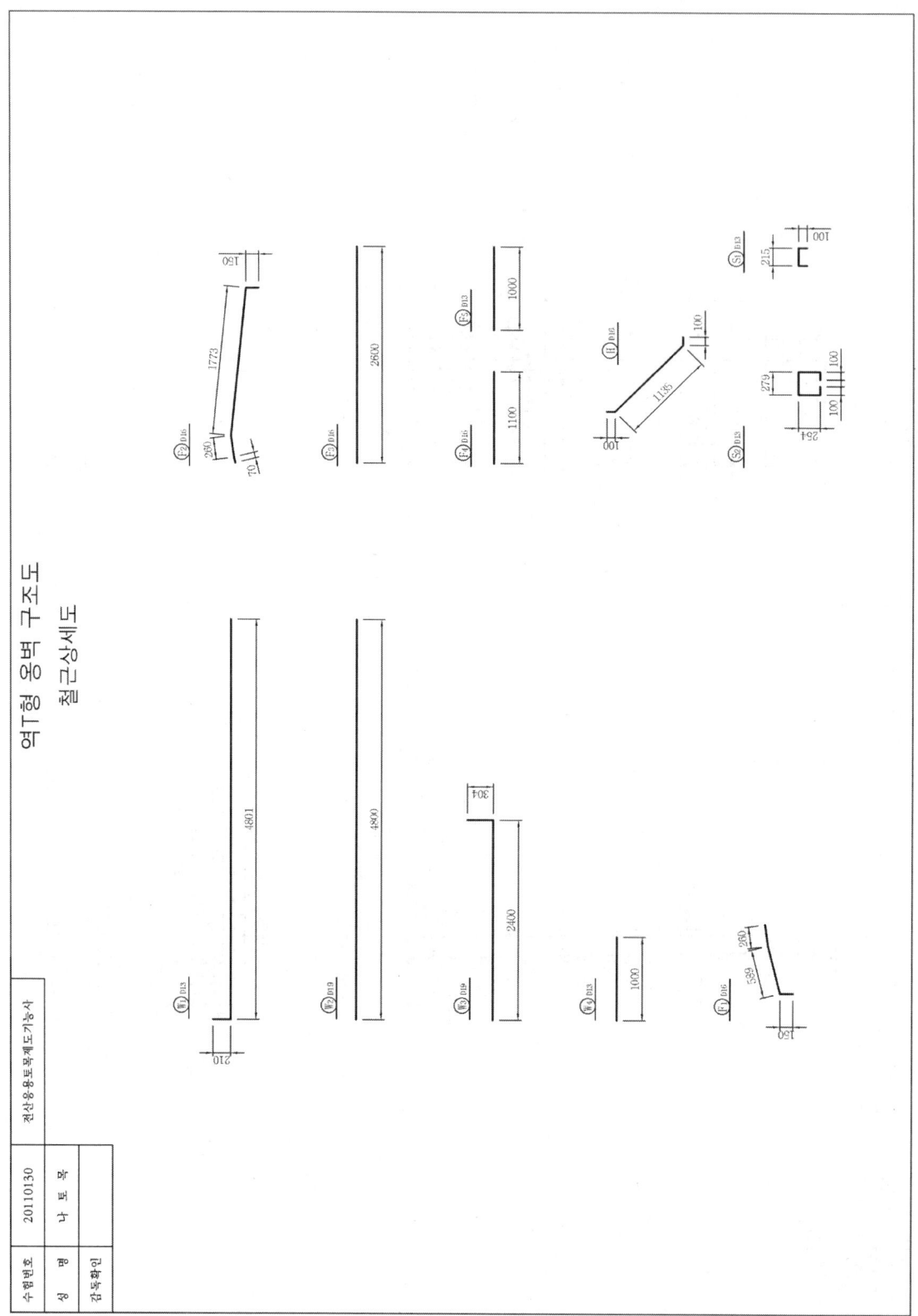

과제명 : L형 옹벽구조도

o 시험시간 : 4시간30분

1. 요구사항

※ 주어진 도면(1), (2)를 보고 CAD프로그램을 이용하여 아래 조건에 맞게 도면을 작도하여 시험위원의 지시에 따라 저장 및 출력하시오.

1) 주어진 도면(1), (2)를 축척 1/60으로 각각 작도한 후 A3(420× 297)용지에 흑백으로 가로로 각각 출력하여 파일과 함께 제출한다.
2) 도면의 제도는 KS토목제도통칙에 따르며, 선의 굵기를 구분하기 위하여 선의 색을 다음과 같이 정하여 작도 및 출력한다.

선굵기	색 상(color)	용 도
0.7mm	파란색(5-Blue)	윤곽선
0.4mm	빨간색(1-Red)	철근선
0.3mm	하늘색(4-Cyan)	외벽선
0.2mm	선홍색(6-Magenta)	중심선, 파단선
0.2mm	초록색(3-Green)	철근기호, 인출선
0.15mm	흰 색(7-White)	치수, 치수선

3) 윤곽선의 여백은 상하좌우 모두 15mm 범위가 되도록 작도하고, 철근의 단면은 출력 결과물에 지름 1mm가 되도록 작도한다.
4) 도면의 배치는 주어진 도면과 같이 단면도, 저판 및 벽체의 배근도와 일반도를 배치하고, 일반도는 축척에 상관없이 도면에 안정감을 주도록 적절히 배치한다.(단면도를 기준으로 구조물의 외벽선이 벽체와 저판의 외벽선과 각각 일치하게 작도한다.)
5) 도면상단에 과제명과 축척을 작도하고 과제명과 각부 도면의 명칭은 도면의 크기에 어울리게 쓴다.

| 자격종목 | 전산응용토목제도기능사 | 과제명 | L형 옹벽구조도 |

2. 수험자 유의사항

1) 명시되지 않은 조건은 토목제도의 원칙에 따른다.
2) 정전 및 기계고장 등에 의한 자료손실을 방지하기 위하여 수시로 저장한다.
3) 요구한 전 도면을 작도하지 않은 경우는 채점하지 아니한다.
4) 장비조작 미숙으로 파손 및 고장을 일으킬 염려가 있거나 출력시간이 20분을 초과할 경우는 시험위원 합의하에 실격시킨다.
5) 시험 시작 후 우선 도면 좌측 상단에 아래와 같이 표제란을 만들어 수험번호, 성명을 기재한다.(단, 표제란의 축척은 1:1로 한다.)

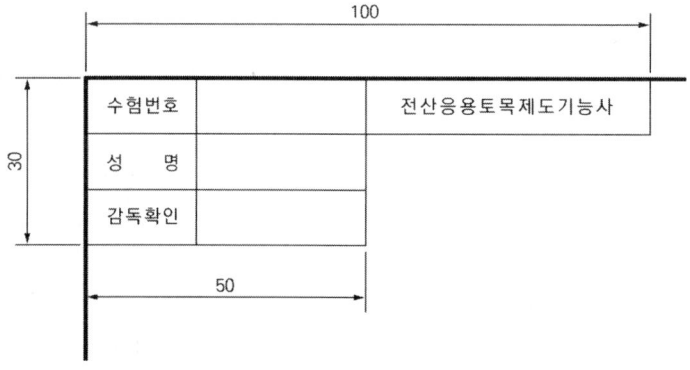

6) 작업이 끝나면 시험위원의 확인을 받은 후 파일과 문제지를 제출하고 본부위원의 지시에 따라 흑백으로 도면을 요구사항에 따라 출력하도록 한다. (출력시간은 시험시간에서 제외(20분을 초과할 수 없음)하고 출력은 주어진 축척에 맞게 수험자가 직접 하여야 한다.)

3. 도면(1)

| 자격종목 | 전산응용토목제도기능사 | 과제명 | L형 옹벽구조도 | 척도 | N.S |

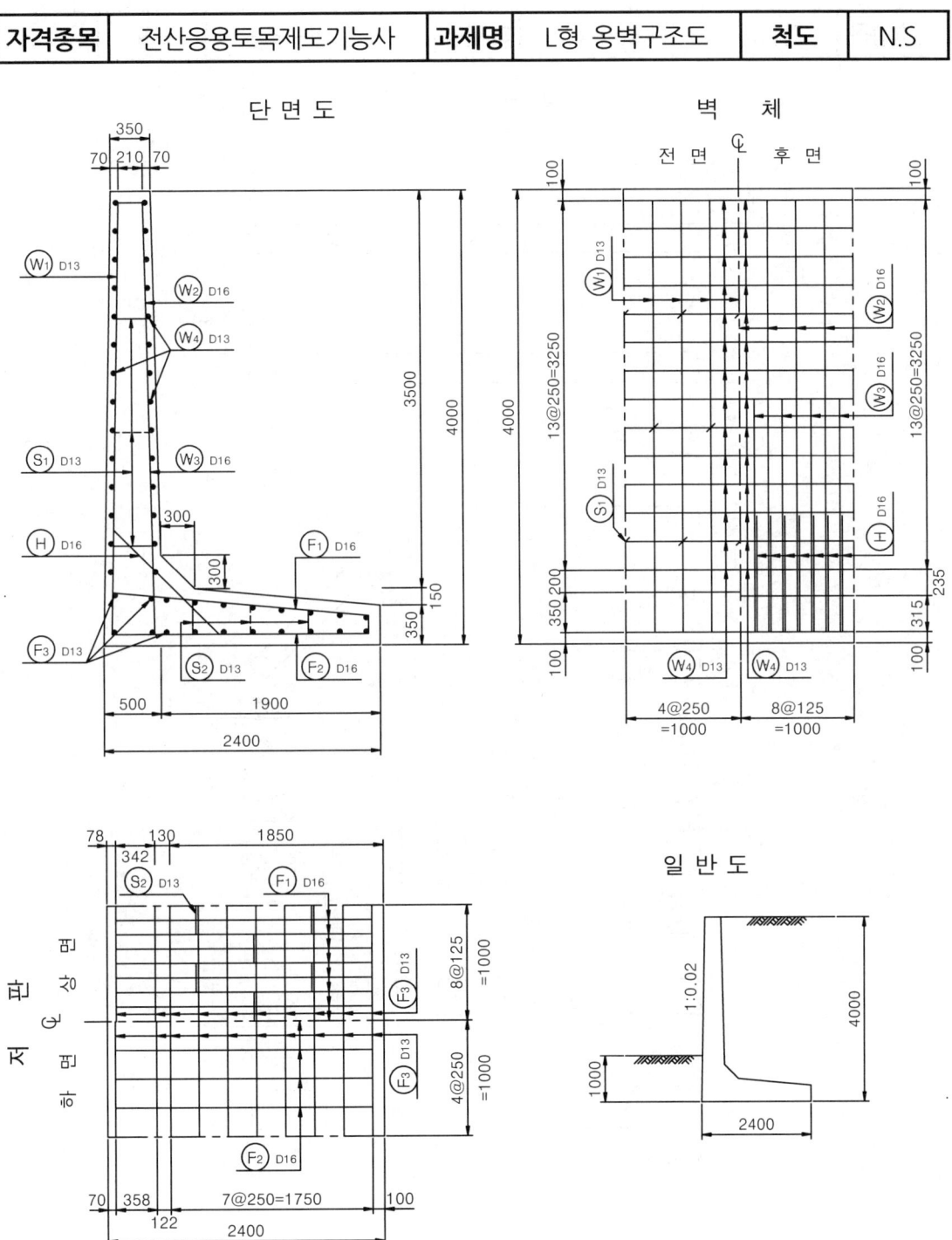

3. 도면(2)

| 자격종목 | 전산응용토목제도기능사 | 과제명 | L형 옹벽구조도 | 척도 | N.S |

철 근 상 세 도

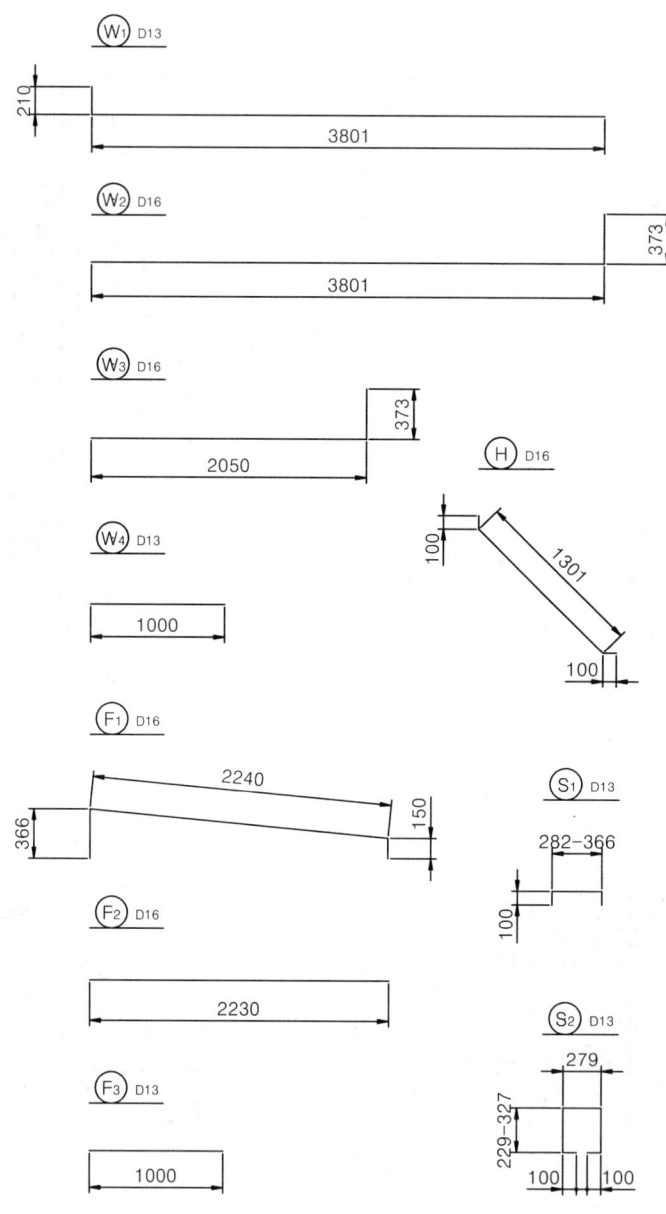

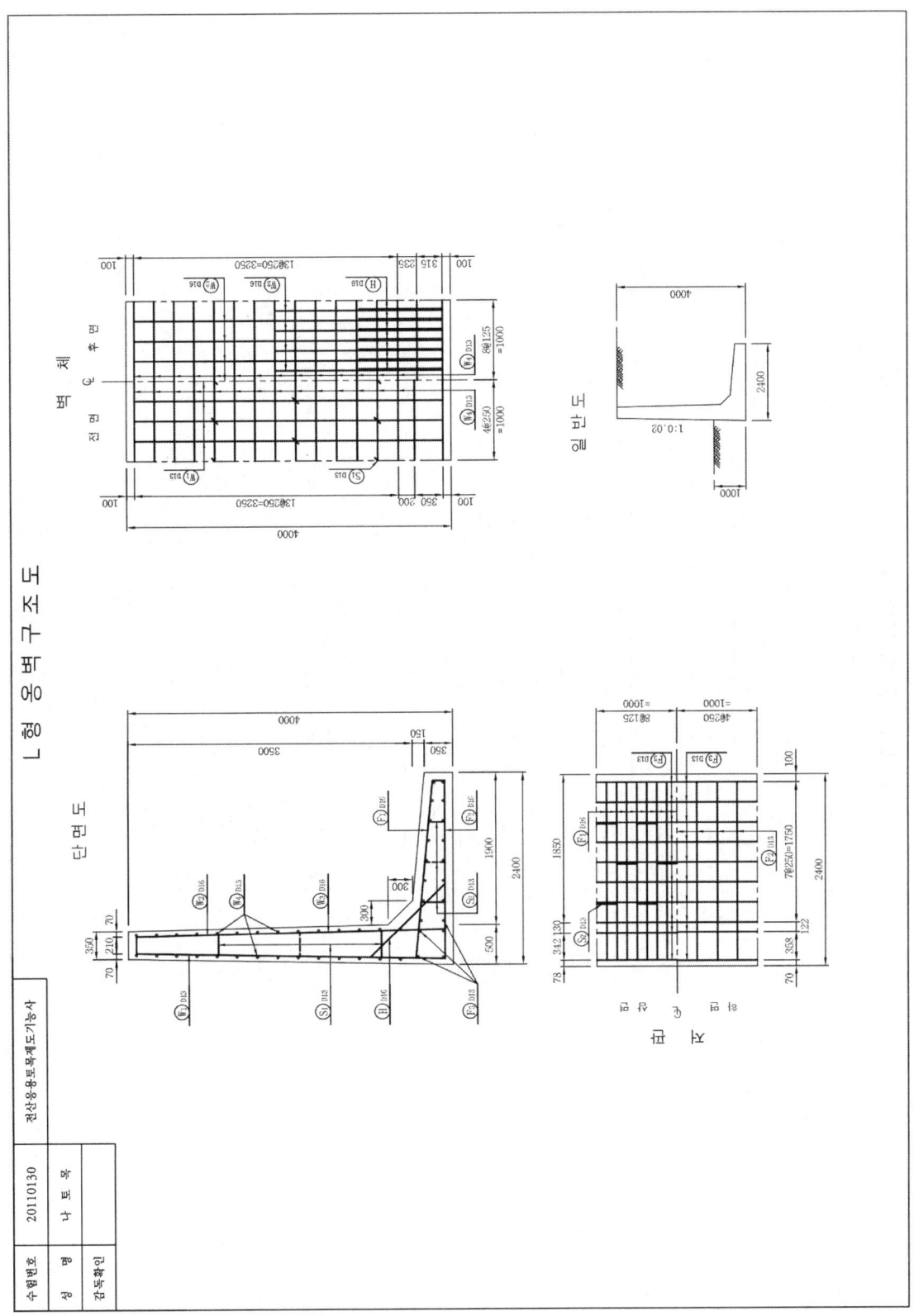

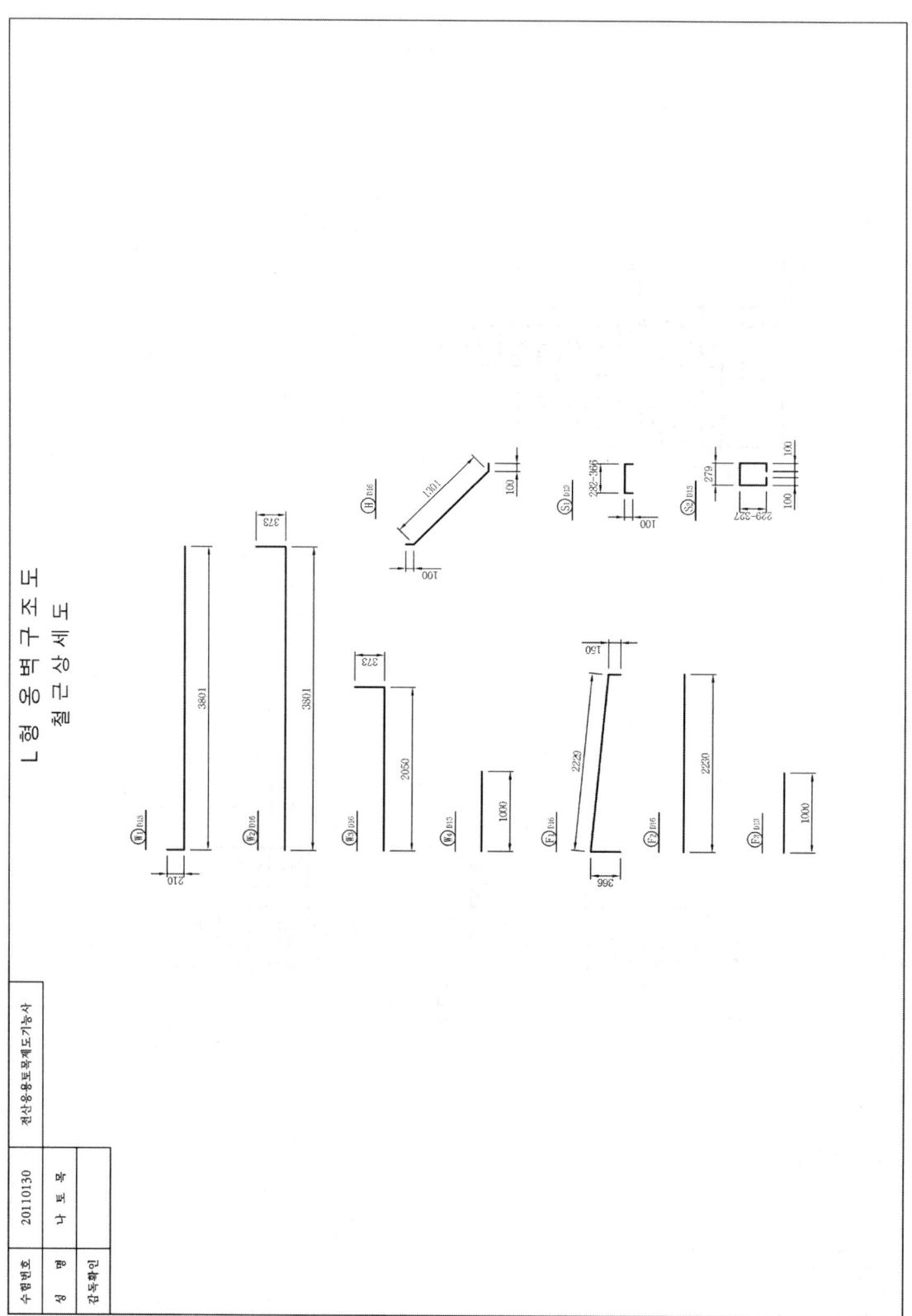

과제명 : L형 옹벽구조도

○ 시험시간 : 4시간30분

1. 요구사항

※ 주어진 도면(1), (2)를 보고 CAD프로그램을 이용하여 아래 조건에 맞게 도면을 작도하여 시험위원의 지시에 따라 저장 및 출력하시오.

1) 주어진 도면(1), (2)를 축척 1/60으로 각각 작도한 후 A3(420× 297)용지에 흑백으로 가로로 각각 출력하여 파일과 함께 제출한다.
2) 도면의 제도는 KS토목제도통칙에 따르며, 선의 굵기를 구분하기 위하여 선의 색을 다음과 같이 정하여 작도 및 출력한다.

선굵기	색 상(color)	용 도
0.7mm	파란색(5-Blue)	윤곽선
0.4mm	빨간색(1-Red)	철근선
0.3mm	하늘색(4-Cyan)	외벽선
0.2mm	선홍색(6-Magenta)	중심선, 파단선
0.2mm	초록색(3-Green)	철근기호, 인출선
0.15mm	흰 색(7-White)	치수, 치수선

3) 윤곽선의 여백은 상하좌우 모두 15mm 범위가 되도록 작도하고, 철근의 단면은 출력결과물에 지름 1mm가 되도록 작도한다.
4) 도면의 배치는 주어진 도면과 같이 단면도, 저판 및 벽체의 배근도와 일반도를 배치하고, 일반도는 축척에 상관없이 도면에 안정감을 주도록 적절히 배치한다.(단면도를 기준으로 구조물의 외벽선이 벽체와 저판의 외벽선과 각각 일치하게 작도한다.)
5) 도면상단에 과제명과 축척을 작도하고 과제명과 각부 도면의 명칭은 도면의 크기에 어울리게 쓴다.

| 자격종목 | 전산응용토목제도기능사 | 과제명 | L형 옹벽구조도 |

2. 수험자 유의사항

1) 명시되지 않은 조건은 토목제도의 원칙에 따른다.
2) 정전 및 기계고장 등에 의한 자료손실을 방지하기 위하여 수시로 저장한다.
3) 요구한 전 도면을 작도하지 않은 경우는 채점하지 아니한다.
4) 장비조작 미숙으로 파손 및 고장을 일으킬 염려가 있거나 출력시간이 20분을 초과할 경우는 시험위원 합의하에 실격시킨다.
5) 시험 시작 후 우선 도면 좌측 상단에 아래와 같이 표제란을 만들어 수검번호, 성명을 기재한다.(단, 표제란의 축척은 1:1로 한다.)

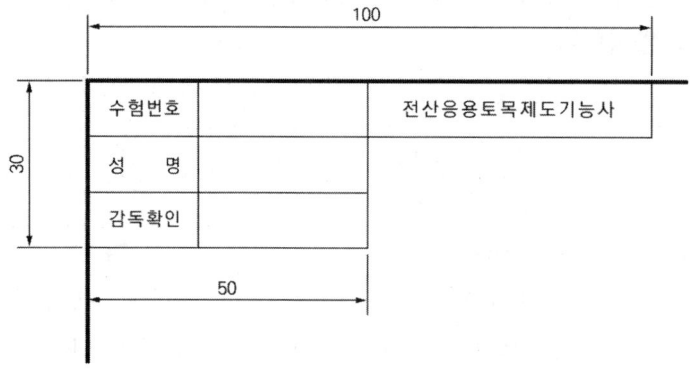

6) 작업이 끝나면 시험위원의 확인을 받은 후 파일과 문제지를 제출하고 본부위원의 지시에 따라 흑백으로 도면을 요구사항에 따라 출력하도록 한다. (출력시간은 시험시간에서 제외(20분을 초과할 수 없음)하고 출력은 주어진 축척에 맞게 수험자가 직접 하여야 한다.)

3. 문제 도면(1)

| 자격종목 | 전산응용토목제도기능사 | 과제명 | L형 옹벽구조도 | 척도 | N.S |

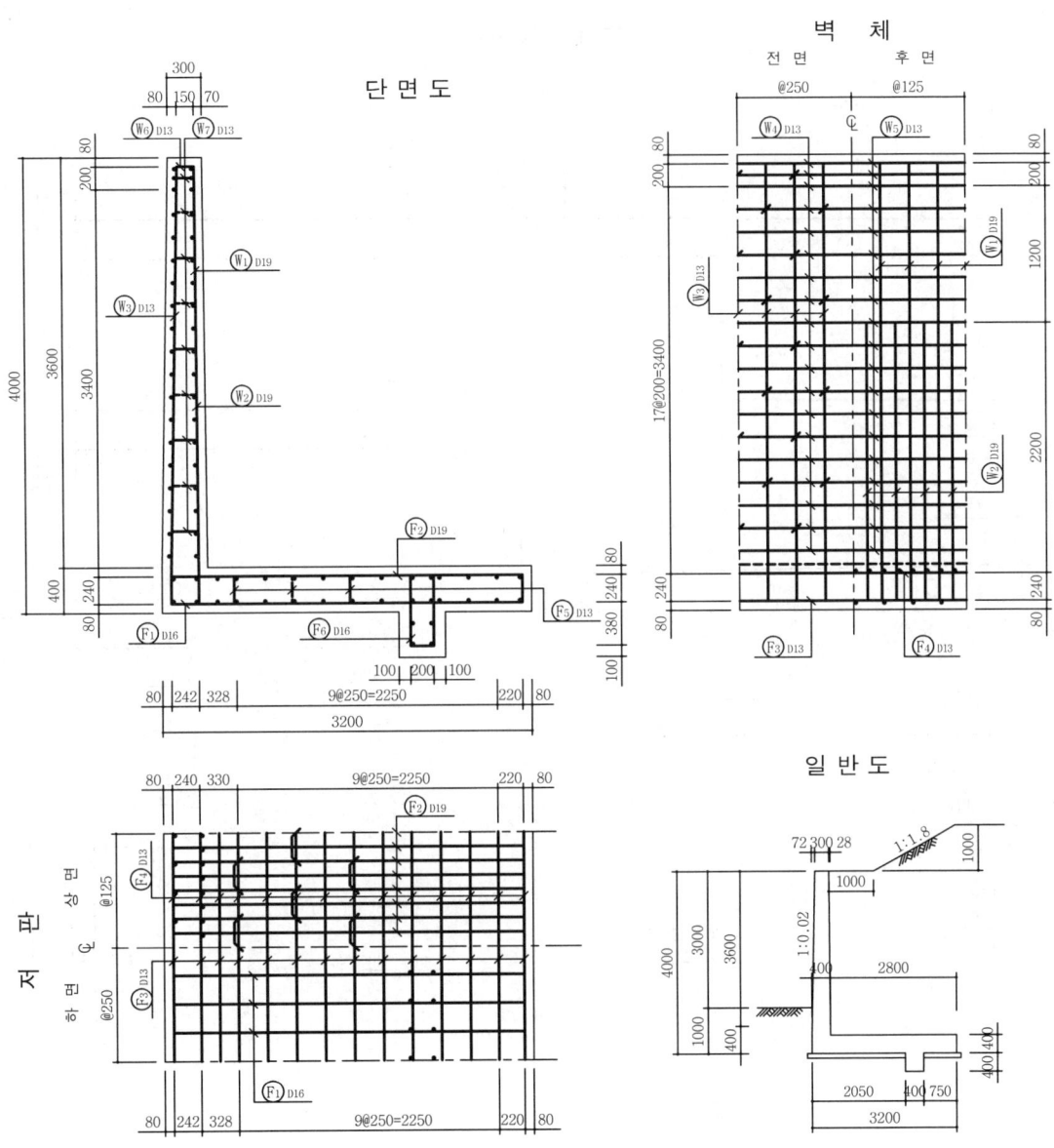

3. 문제 도면(2)

| 자격종목 | 전산응용토목제도기능사 | 과제명 | L형 옹벽구조도 | 척도 | N.S |

철 근 상 세 도

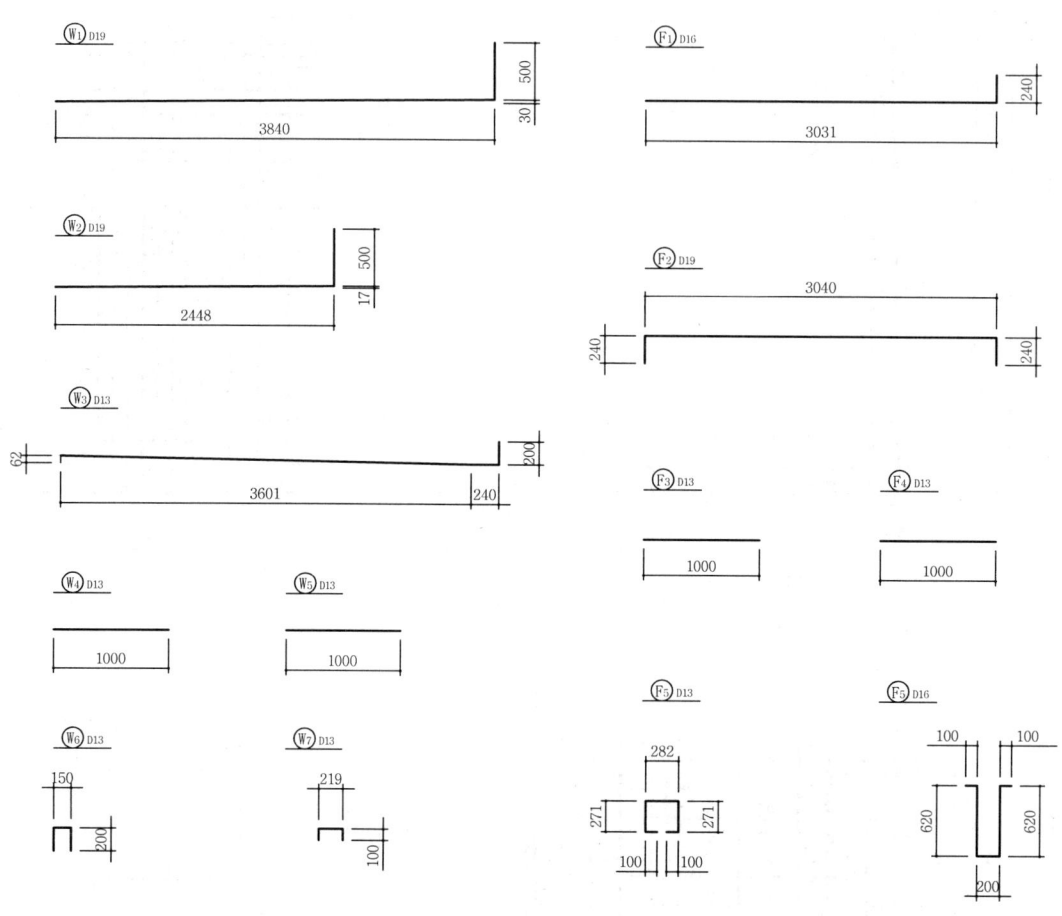

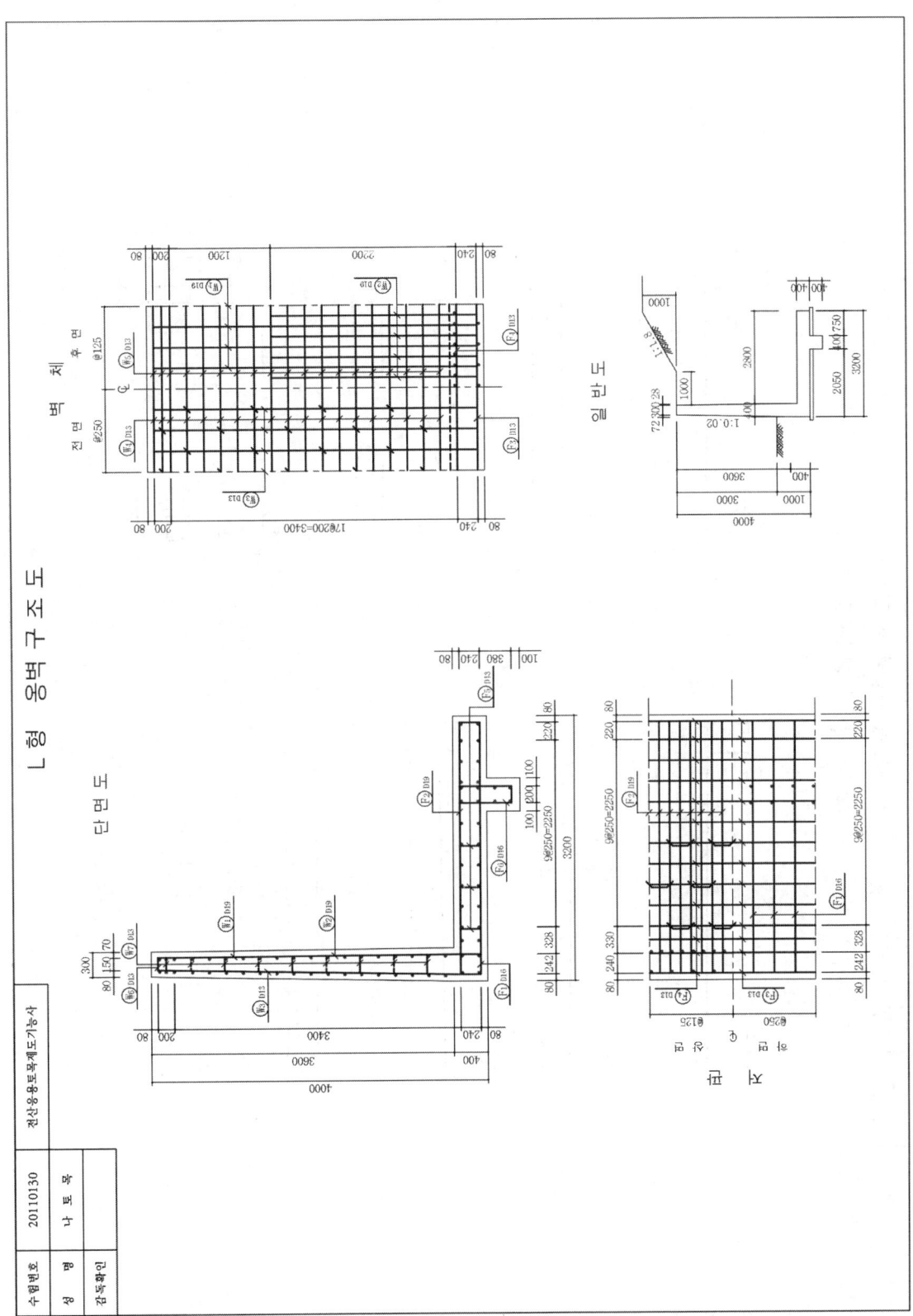

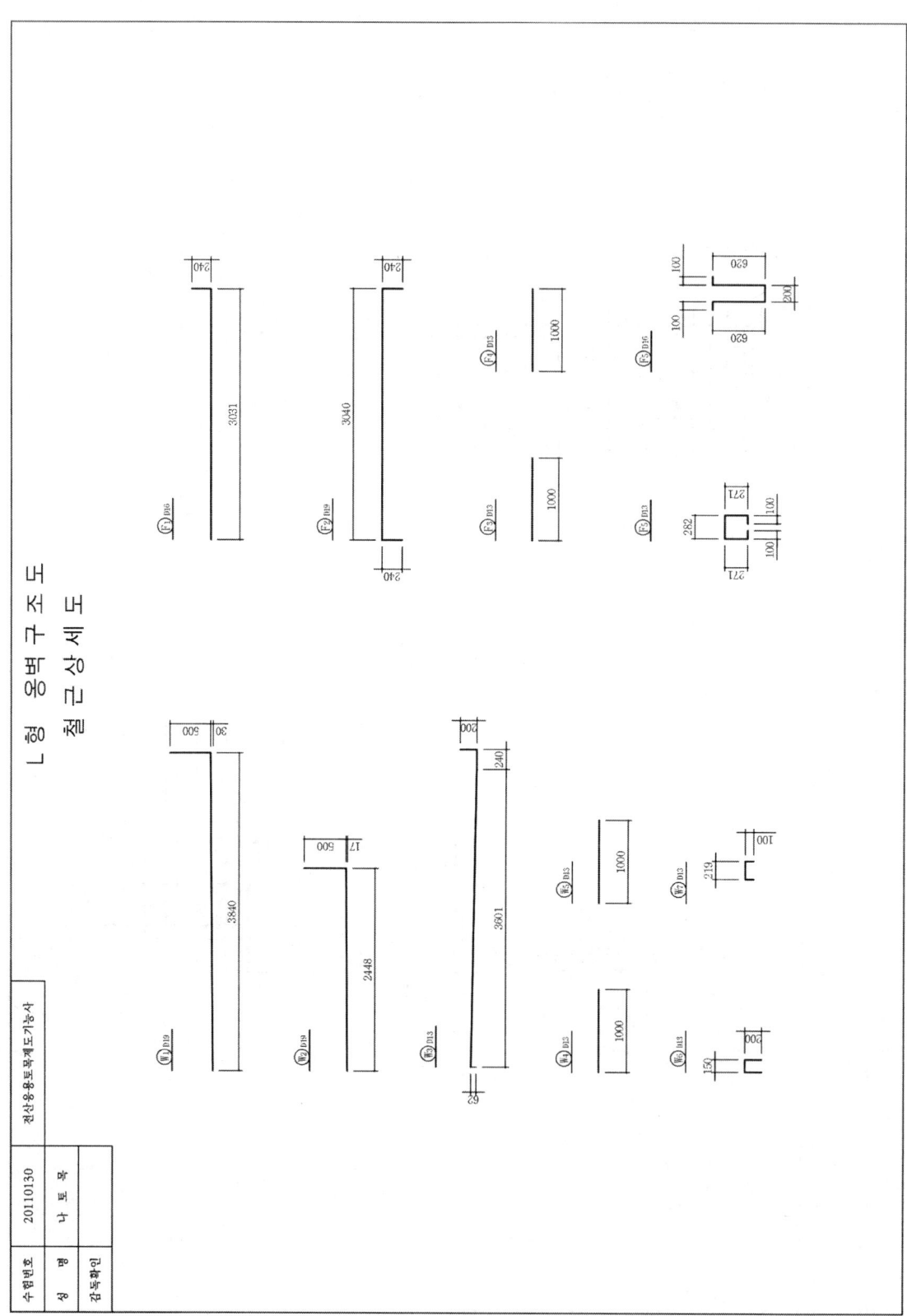

과제명 : 역T형 옹벽구조도

○ 시험시간 : 4시간30분

1. 요구사항

※ 주어진 도면(1), (2)를 보고 CAD프로그램을 이용하여 아래 조건에 맞게 도면을 작도하여 시험위원의 지시에 따라 저장 및 출력하시오.

1) 주어진 도면(1), (2)를 축척 1/50로 각각 작도한 후 A3(420× 297)용지에 흑백으로 가로로 각각 출력하여 파일과 함께 제출한다.
2) 도면의 제도는 KS토목제도통칙에 따르며, 선의 굵기를 구분하기 위하여 선의 색을 다음과 같이 정하여 작도 및 출력한다.

선굵기	색 상(color)	용 도
0.7mm	파란색(5-Blue)	윤곽선
0.4mm	빨간색(1-Red)	철근선
0.3mm	하늘색(4-Cyan)	외벽선
0.2mm	선홍색(6-Magenta)	중심선, 파단선
0.2mm	초록색(3-Green)	철근기호, 인출선
0.15mm	흰 색(7-White)	치수, 치수선

3) 윤곽선의 여백은 상하좌우 모두 15mm 범위가 되도록 작도하고, 철근의 단면은 출력 결과물에 지름 1mm가 되도록 작도한다.
4) 도면(1)은 축척에 따라 작도하고 배치는 표준단면도 좌측에 벽체를, 아래에 저판을 배치하고, 일반도는 축척에 상관없이 도면에 안정감을 주도록 적절히 배치한다.(단면도를 기준으로 구조물의 외벽선이 벽체와 저판의 외벽선과 각각 일치하게 작도한다.)
5) 도면(2)은 축척에 따라 작도하여 철근상세도를 안정감 있도록 배치한다.
6) 도면상단에 과제명(축척)을 작도하고 과제명과 각부 도면의 명칭은 도면의 크기에 어울리게 쓴다.

| 자격종목 | 전산응용토목제도기능사 | 과제명 | 역T형 옹벽구조도 |

2. 수험자 유의사항

1) 명시되지 않은 조건은 토목제도의 원칙에 따른다.
2) 정전 및 기계고장 등에 의한 자료손실을 방지하기 위하여 수시로 저장한다.
3) 요구한 전 도면을 작도하지 않은 경우는 채점하지 아니한다.
4) 장비조작 미숙으로 파손 및 고장을 일으킬 염려가 있거나 출력시간이 20분을 초과할 경우는 시험위원 합의하에 실격시킨다.
5) 시험 시작 후 우선 도면 좌측 상단에 아래와 같이 표제란을 만들어 수험번호, 성명을 기재한다.(단, 표제란의 축척은 1:1로 한다.)

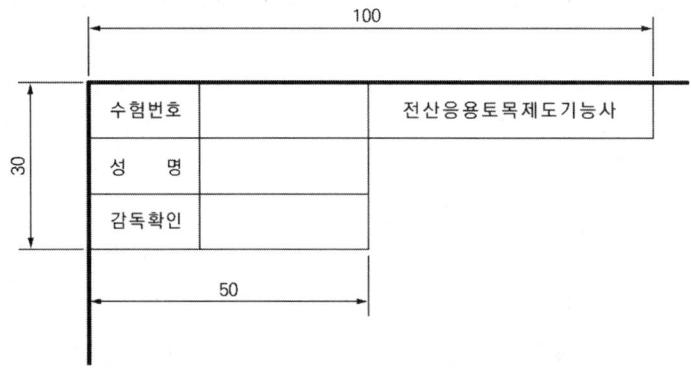

6) 작업이 끝나면 시험위원의 확인을 받은 후 파일과 문제지를 제출하고 본부위원의 지시에 따라 흑백(**출력결과물에서 선의 진하고 연함이 없이 선의 굵기로만 구분되도록 출력:AutoCAD의 monochrome.ctb 기준**)으로 도면을 요구사항에 따라 출력하도록 한다. (출력시간은 시험시간에서 제외(20분을 초과할 수 없음)하고 출력은 주어진 **축척에 맞게** 수험자가 직접 하여야 한다.)
7) 요구사항을 모두 작도하지 못한 경우, 전체적으로 축척이 맞지 않거나, 치수, 치수선 및 치수보조선, 철근 명칭 등이 10개소 이상 누락되면 **미완성으로 0점** 처리 된다.

3. 문제 도면(1)

자격종목	전산응용토목제도기능사	과제명	역 T 형 옹 벽	척도	N.S

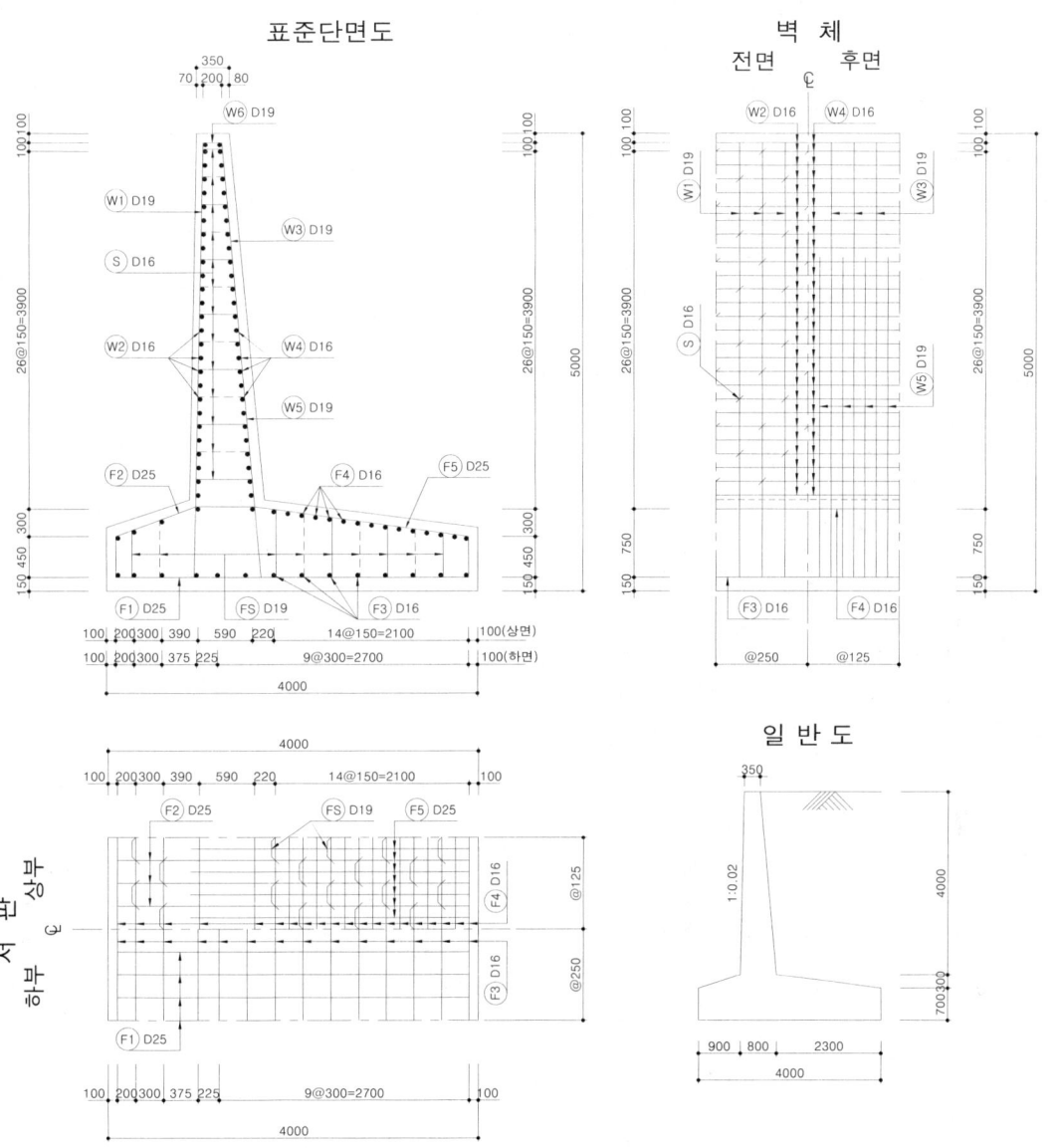

3. 문제 도면(2)

| 자격종목 | 전산응용토목제도기능사 | 과제명 | 역 T 형 옹 벽 | 척도 | N.S |

철근상세도

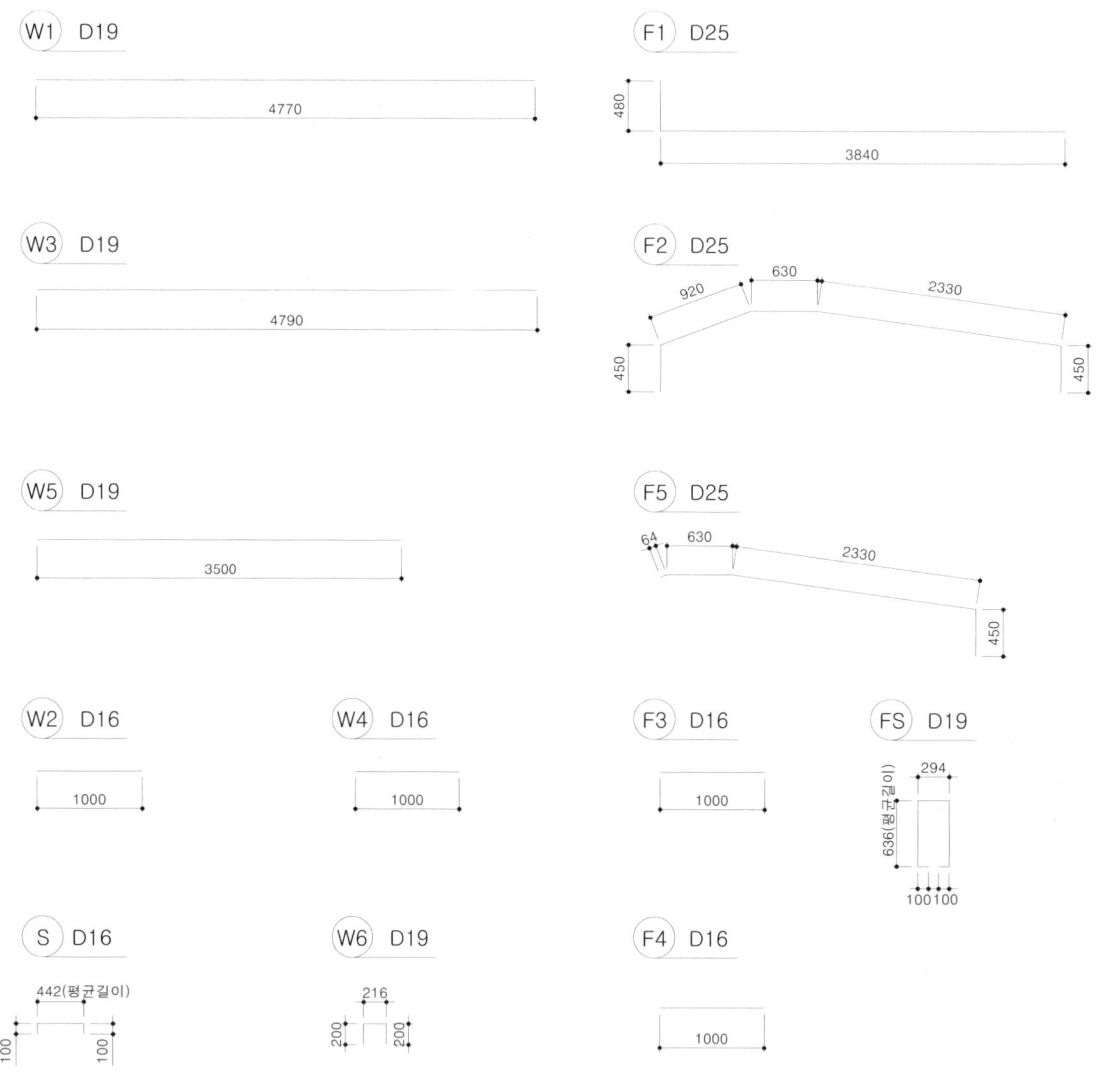

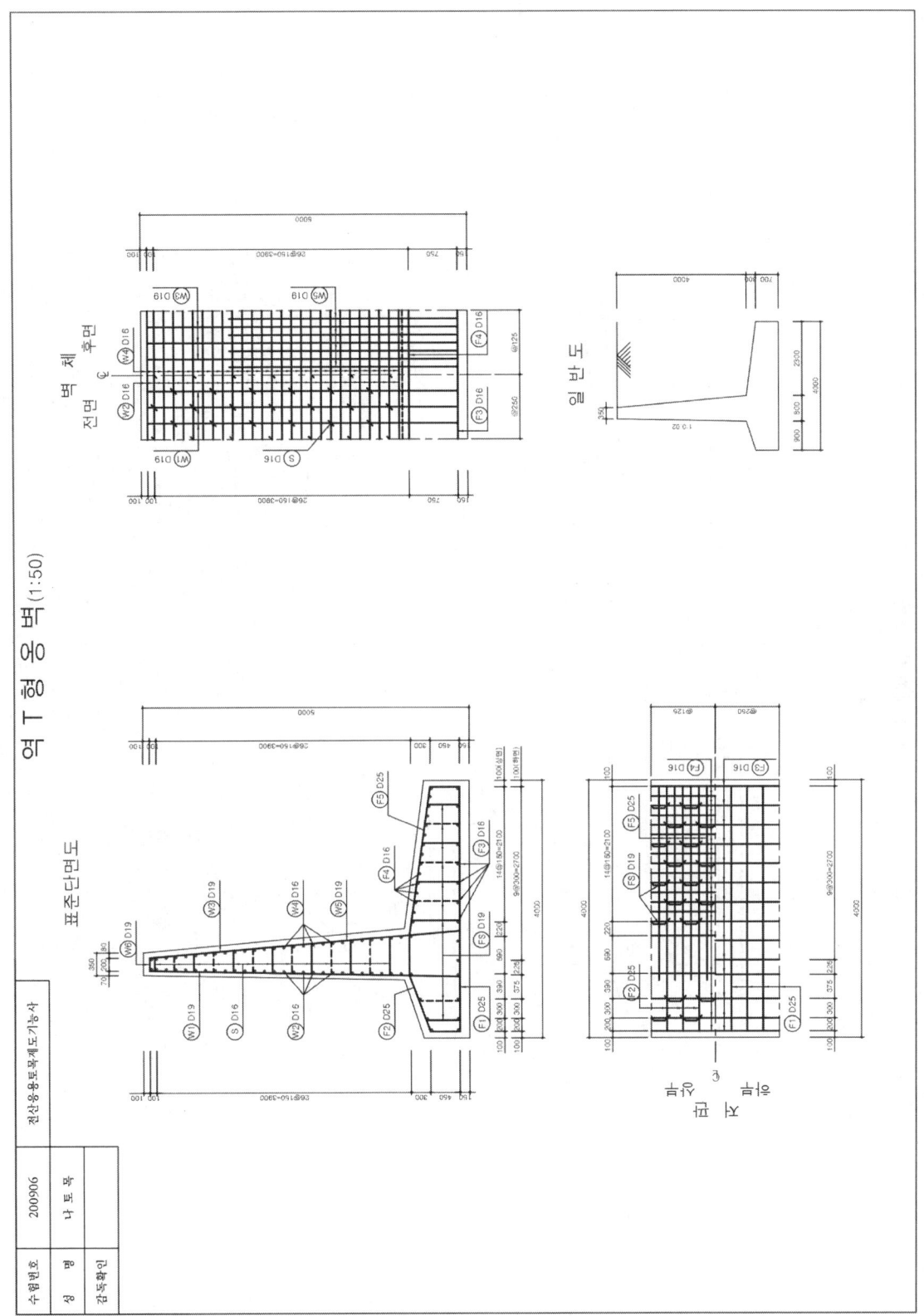

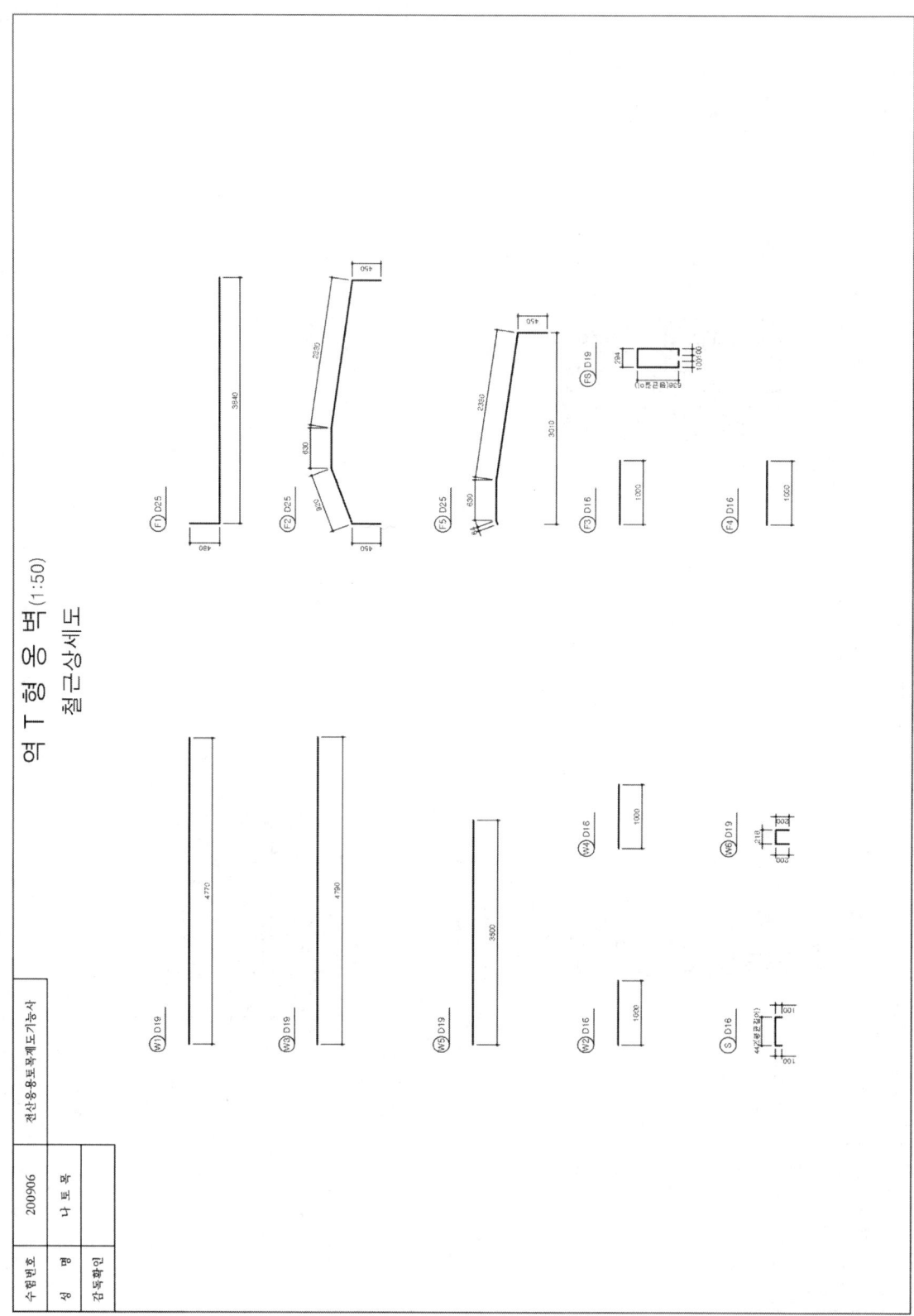

과제명 : 정사각형 암거

o 시험시간 : 4시간30분

1. 요구사항

※ 주어진 도면(1), (2)를 보고 CAD프로그램을 이용하여 아래 조건에 맞게 도면을 작도하여 시험위원의 지시에 따라 저장 및 출력하시오.

1) 주어진 도면(1), (2)를 축척 1/50로 각각 작도한 후 A3(420× 297)용지에 흑백으로 세로(주어진 도면과 같이)로 각각 출력하여 파일과 함께 제출한다.
2) 도면의 제도는 KS토목제도통칙에 따르며, 선의 굵기를 구분하기 위하여 선의 색을 다음과 같이 정하여 작도 및 출력한다.

선굵기	색 상(color)	용 도
0.7mm	파란색(5-Blue)	윤곽선
0.4mm	빨간색(1-Red)	철근선
0.3mm	하늘색(4-Cyan)	외벽선
0.2mm	선홍색(6-Magenta)	중심선, 파단선
0.2mm	초록색(3-Green)	철근기호, 인출선
0.15mm	흰 색(7-White)	치수, 치수선

3) 윤곽선의 여백은 상하좌우 모두 15mm 범위가 되도록 작도하고, 철근의 단면은 출력결과물에 지름 1mm가 되도록 작도한다.
4) 도면(1)은 축척에 따라 작도하고 배치는 주어진 도면과 같이 단면도, 상·하부 슬래브 및 측벽과 일반도를 배치하고, 일반도는 축척에 상관없이 도면에 안정감을 주도록 적절히 배치한다.(단면도를 기준으로 구조물의 외벽선이 측벽과 슬래브의 외벽선과 각각 일치하게 작도한다.)
5) 도면(2)은 축척에 따라 작도하고 배치는 주어진 도면과 같이 주철근 조립도, 철근상세를 안정감 있도록 배치한다.
6) 도면상단에 과제명과 축척을 작도하고 과제명과 각부 도면의 명칭은 도면의 크기에 어울리게 쓴다.

자격종목	전산응용토목제도기능사	과제명	정사각형 암거

2. 수험자 유의사항

1) 명시되지 않은 조건은 토목제도의 원칙에 따른다.
2) 정전 및 기계고장 등에 의한 자료손실을 방지하기 위하여 수시로 저장한다.
3) 요구한 전 도면을 작도하지 않은 경우는 채점하지 아니한다.
4) 장비조작 미숙으로 파손 및 고장을 일으킬 염려가 있거나 출력시간이 20분을 초과할 경우는 시험위원 합의하에 실격시킨다.
5) 시험 시작 후 우선 도면 좌측 상단에 아래와 같이 표제란을 만들어 수험번호, 성명을 기재한다.(단, 표제란의 축척은 1:1로 한다.)

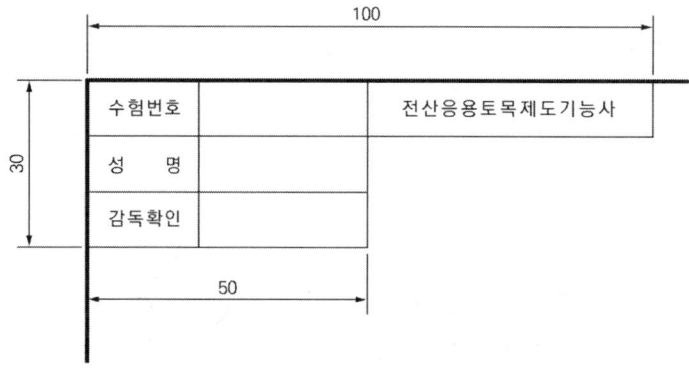

6) 작업이 끝나면 시험위원의 확인을 받은 후 파일과 문제지를 제출하고 본부위원의 지시에 따라 흑백(**출력결과물에서 선의 진하고 연함이 없이 선의 굵기로만 구분되도록 출력:AutoCAD의 monochrome.ctb 기준**)으로 도면을 요구사항에 따라 출력하도록 한다. (출력시간은 시험시간에서 제외(20분을 초과할 수 없음)하고 출력은 주어진 **축척에 맞게** 수험자가 직접 하여야 한다.)
7) 요구사항을 모두 작도하지 못한 경우, 전체적으로 축척이 맞지 않거나, 치수, 치수선 및 치수보조선, 철근 명칭 등이 10개소 이상 누락되면 **미완성으로 0점** 처리 된다.

3. 문제 도면(1)

| 자격종목 | 전산응용토목제도기능사 | 과제명 | 정사각형 암거 | 척도 | N.S |

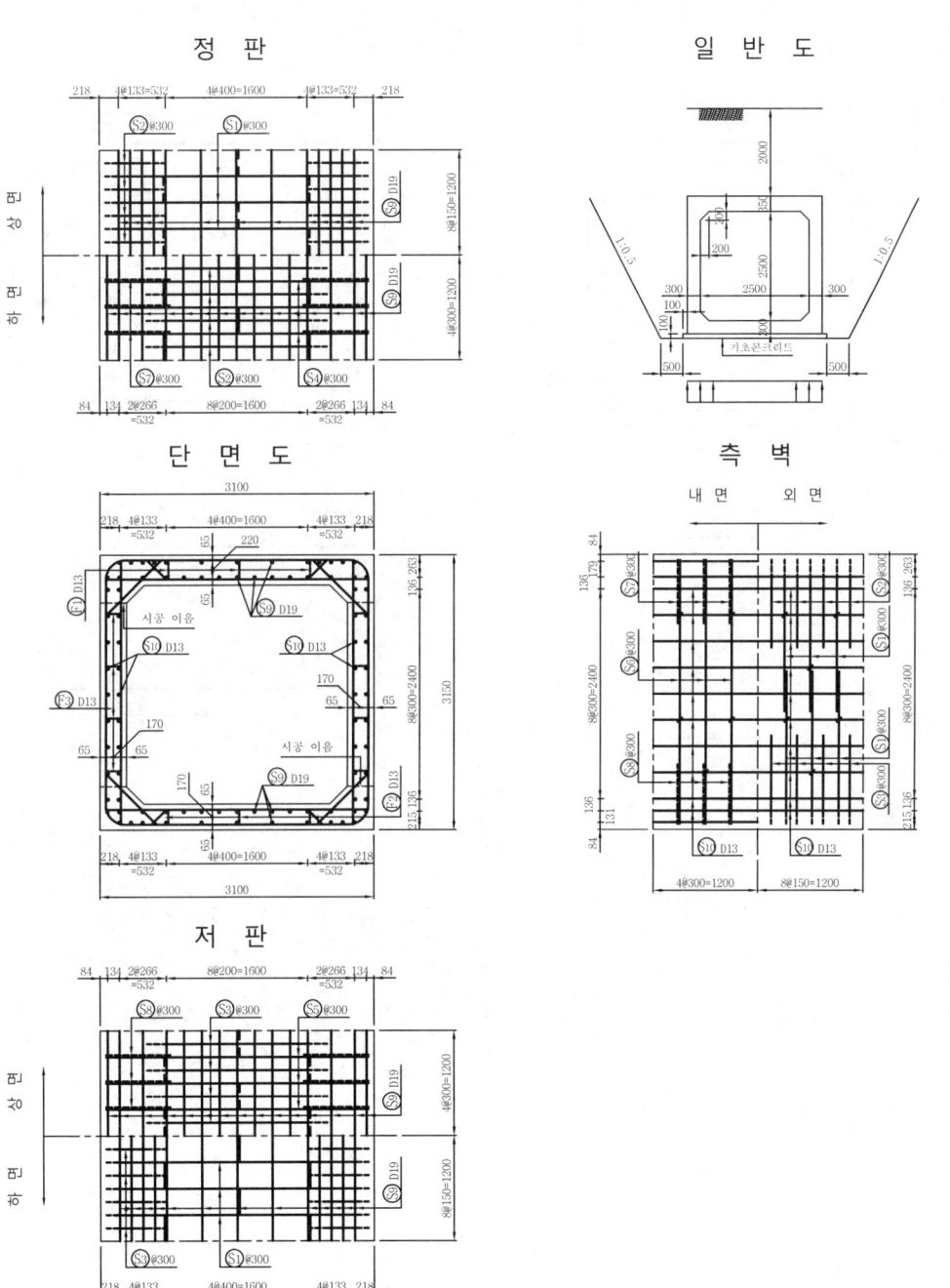

3. 문제 도면(2)

| 자격종목 | 전산응용토목제도기능사 | 과제명 | 정사각형 암거 | 척도 | N.S |

철 근 상 세 도

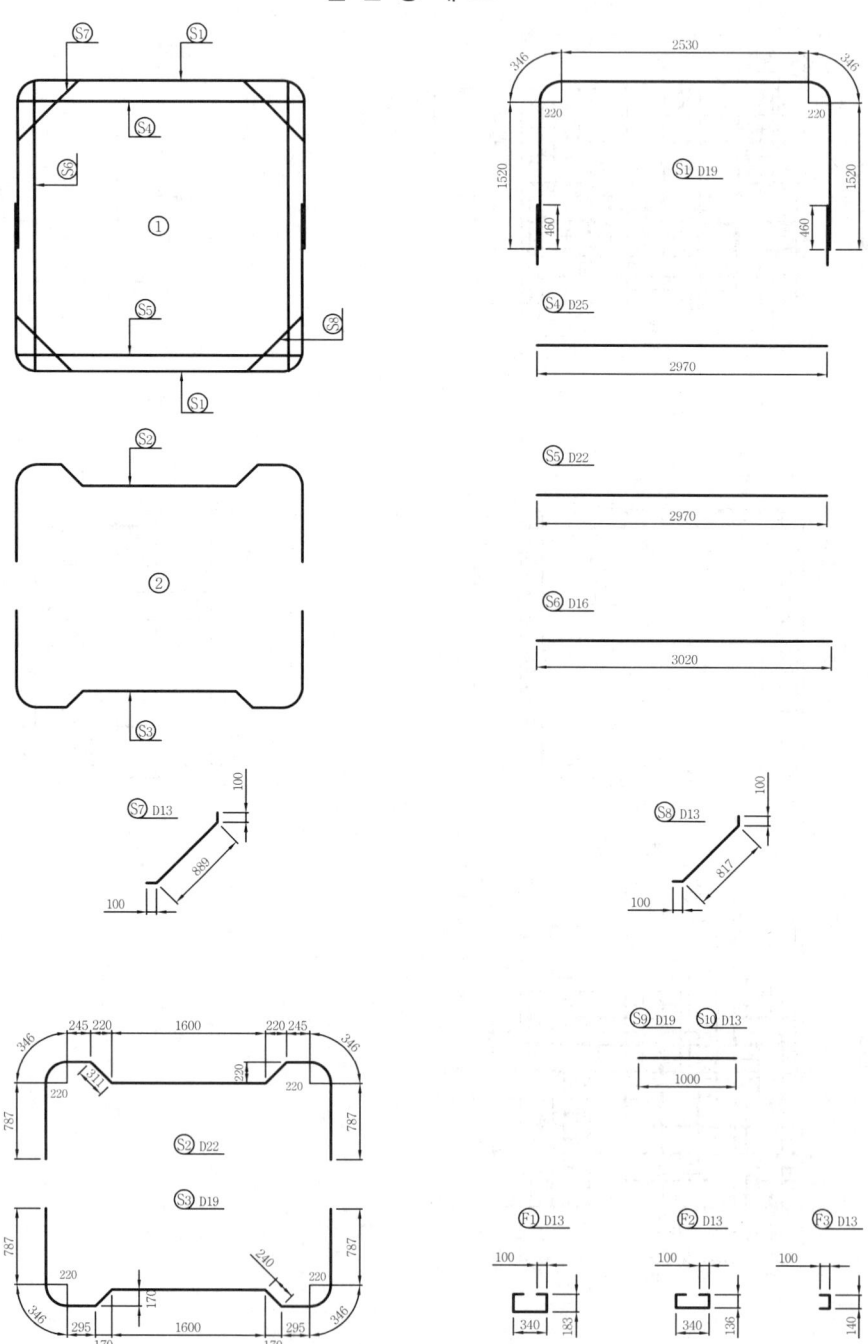

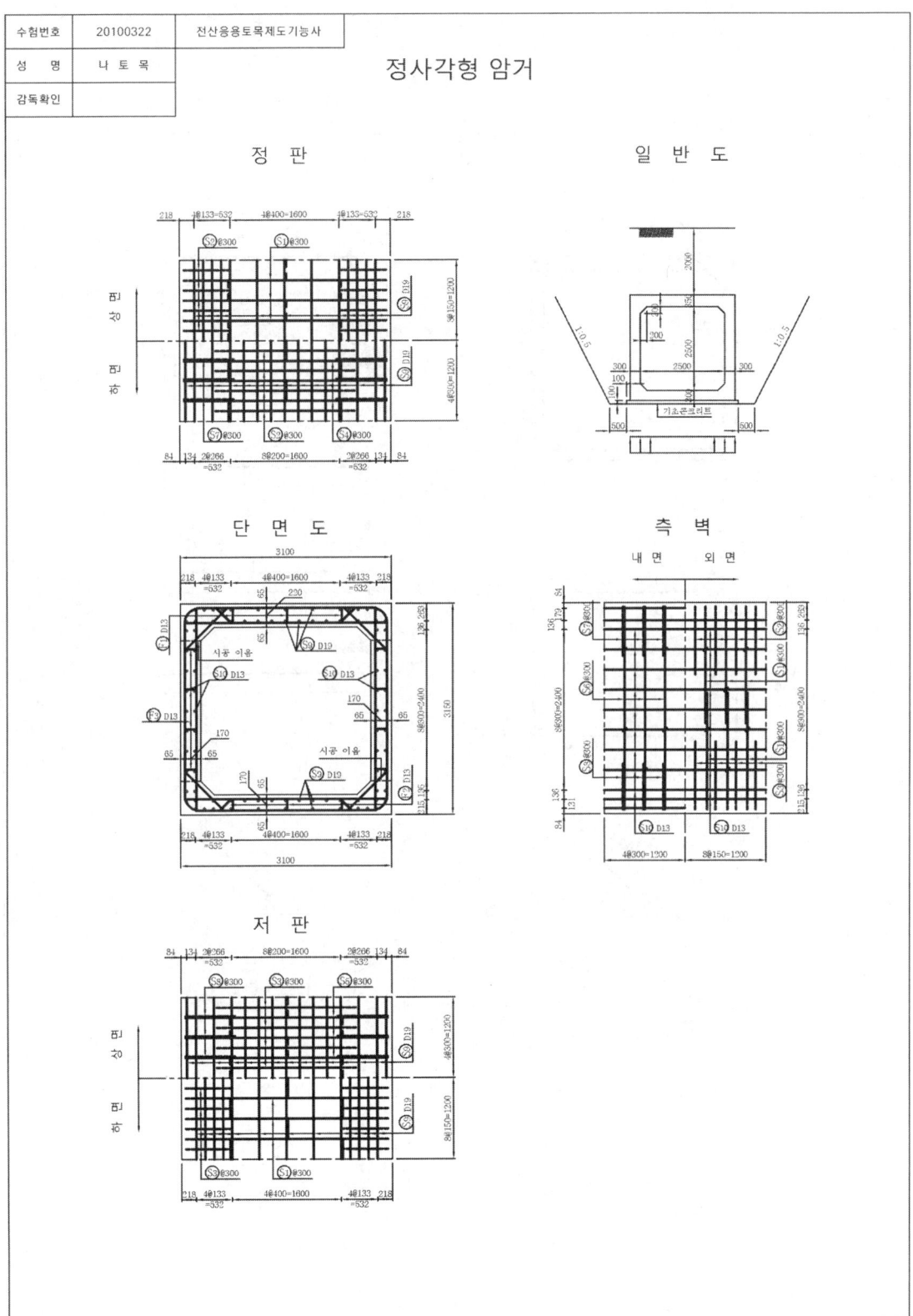

정사각형 암거

철근상세도

과제명 : 통로 암거

○ 시험시간 : 4시간30분

1. 요구사항

※ 주어진 도면(1), (2)를 보고 CAD프로그램을 이용하여 아래 조건에 맞게 도면을 작도하여 시험위원의 지시에 따라 저장 및 출력하시오.

1) 주어진 도면(1), (2)를 축척 **1/50**로 각각 작도한 후 A3(420× 297)용지에 흑백으로 **세로**(주어진 도면과 같이)로 각각 출력하여 파일과 함께 제출한다.
2) 도면의 제도는 KS토목제도통칙에 따르며, 선의 굵기를 구분하기 위하여 선의 색을 다음과 같이 정하여 작도 및 출력한다.

선굵기	색 상(color)	용 도
0.7mm	파란색(5-Blue)	윤곽선
0.4mm	빨간색(1-Red)	철근선
0.3mm	하늘색(4-Cyan)	외벽선
0.2mm	선홍색(6-Magenta)	중심선, 파단선
0.2mm	초록색(3-Green)	철근기호, 인출선
0.15mm	흰 색(7-White)	치수, 치수선

3) 윤곽선의 여백은 상하좌우 모두 15mm 범위가 되도록 작도하고, 철근의 단면은 출력 결과물에 지름 1mm가 되도록 작도한다.
4) 도면(1)은 축척에 따라 작도하고 배치는 주어진 도면과 같이 단면도, 상·하부 슬래브 및 측벽과 일반도를 배치하고, 일반도는 축척에 상관없이 도면에 안정감을 주도록 적절히 배치한다.(단면도를 기준으로 구조물의 외벽선이 측벽과 슬래브의 외벽선과 각각 일치하게 작도한다.)
5) 도면(2)은 축척에 따라 작도하고 배치는 주어진 도면과 같이 주철근조립도, 철근상세를 안정감 있도록 배치한다.
6) 도면상단에 과제명과 축척을 작도하고 측벽과 과제명과 각부 도면의 명칭은 도면의 크기에 어울리게 쓴다.

| 자격종목 | 전산응용토목제도기능사 | 과제명 | 통로 암거 |

2. 수험자 유의사항

1) 명시되지 않은 조건은 토목제도의 원칙에 따른다.
2) 정전 및 기계고장 등에 의한 자료손실을 방지하기 위하여 수시로 저장한다.
3) 요구한 전 도면을 작도하지 않은 경우는 채점하지 아니한다.
4) 장비조작 미숙으로 파손 및 고장을 일으킬 염려가 있거나 출력시간이 20분을 초과할 경우는 시험위원 합의하에 실격시킨다.
5) 시험 시작 후 우선 도면 좌측 상단에 아래와 같이 표제란을 만들어 수험번호, 성명을 기재한다.(단, 표제란의 축척은 1:1로 한다.)

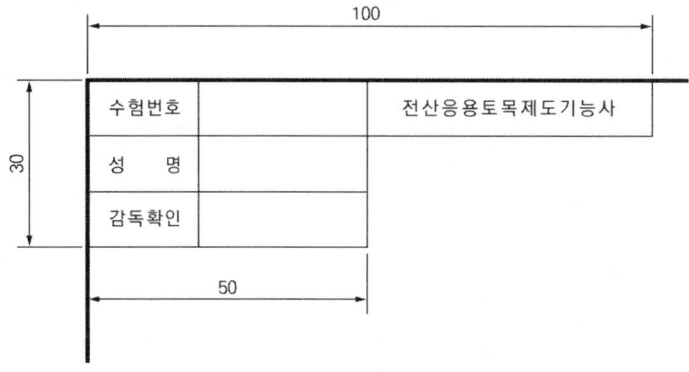

6) 작업이 끝나면 시험위원의 확인을 받은 후 파일과 문제지를 제출하고 본부위원의 지시에 따라 A3용지에 흑백(**출력결과물에서 선의 진하고 연함이 없이 선의 굵기로만 구분되도록 출력:AutoCAD의 monochrome.ctb 기준**)으로 도면을 요구사항에 따라 출력하도록 한다. (출력시간은 시험시간에서 제외(20분을 초과할 수 없음)하고 출력은 주어진 **축척에 맞게** 수험자가 직접 하여야 한다.)
7) 요구사항을 모두 작도하지 못한 경우, 전체적으로 축척이 맞지 않거나, 치수, 치수선 및 치수보조선, 철근 명칭 등이 10개소 이상 누락되면 **미완성으로 0점** 처리 된다.

3. 문제 도면(1)

| 자격종목 | 전산응용토목제도기능사 | 과제명 | 통로 암거 | 척도 | N.S |

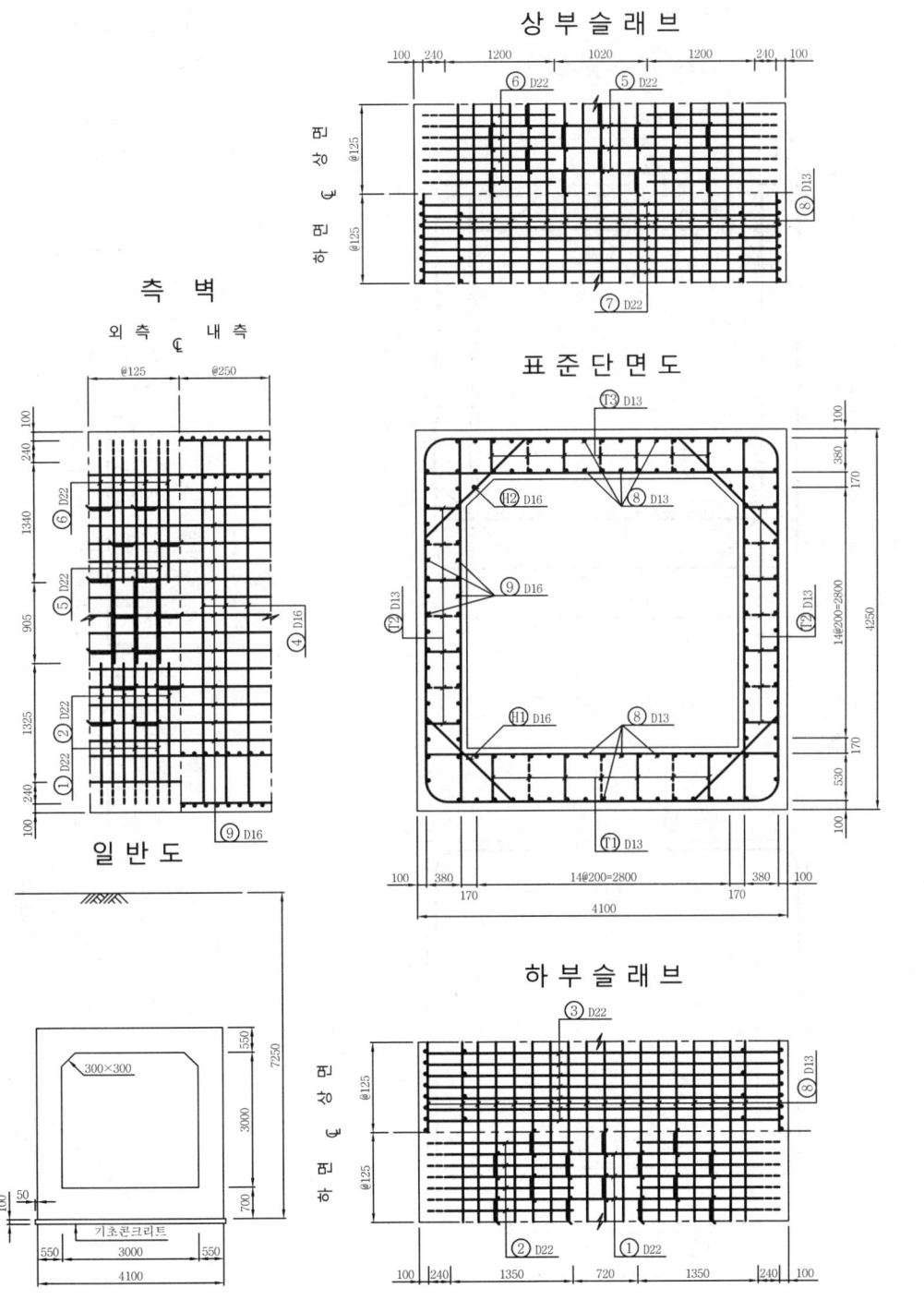

3. 문제 도면(2)

| 자격종목 | 전산응용토목제도기능사 | 과제명 | 통로 암거 | 척도 | N.S |

주 철 근 조 립 도

CYCLE-1(@250)

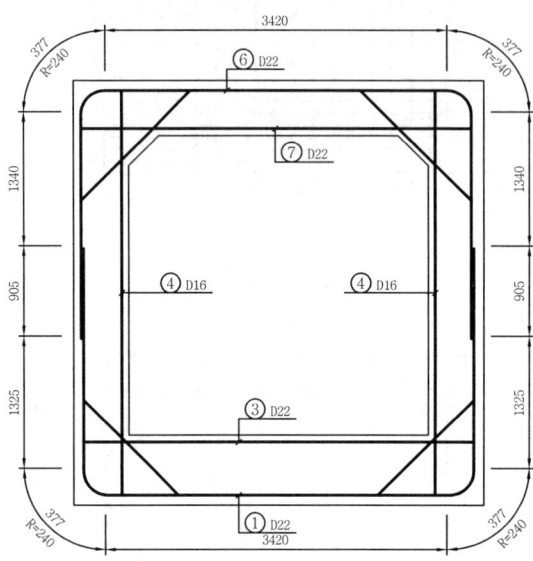

CYCLE-2(@250)

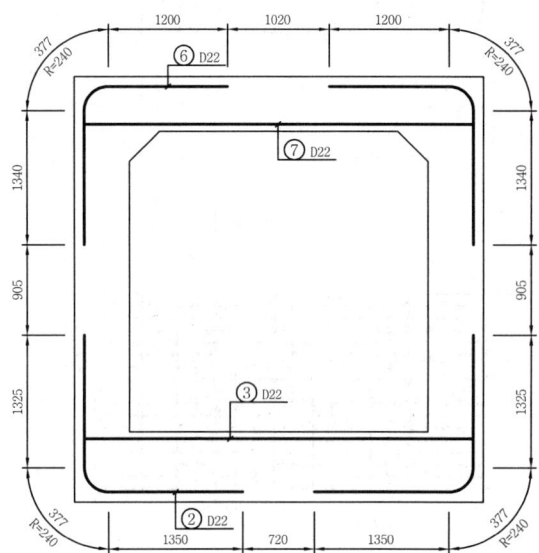

철 근 상 세

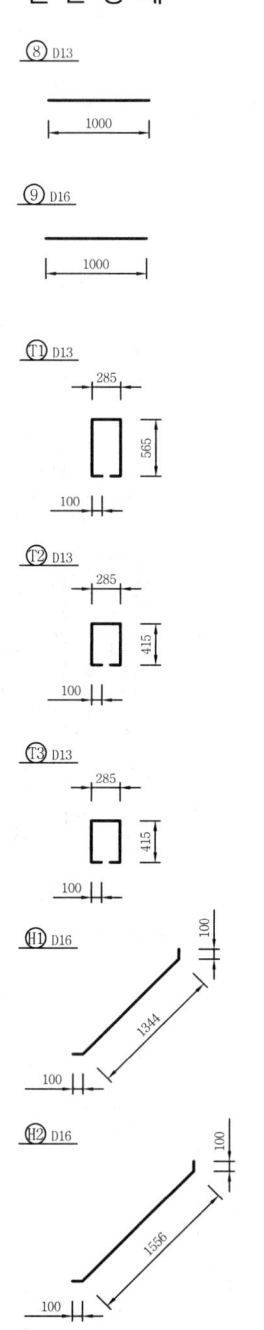

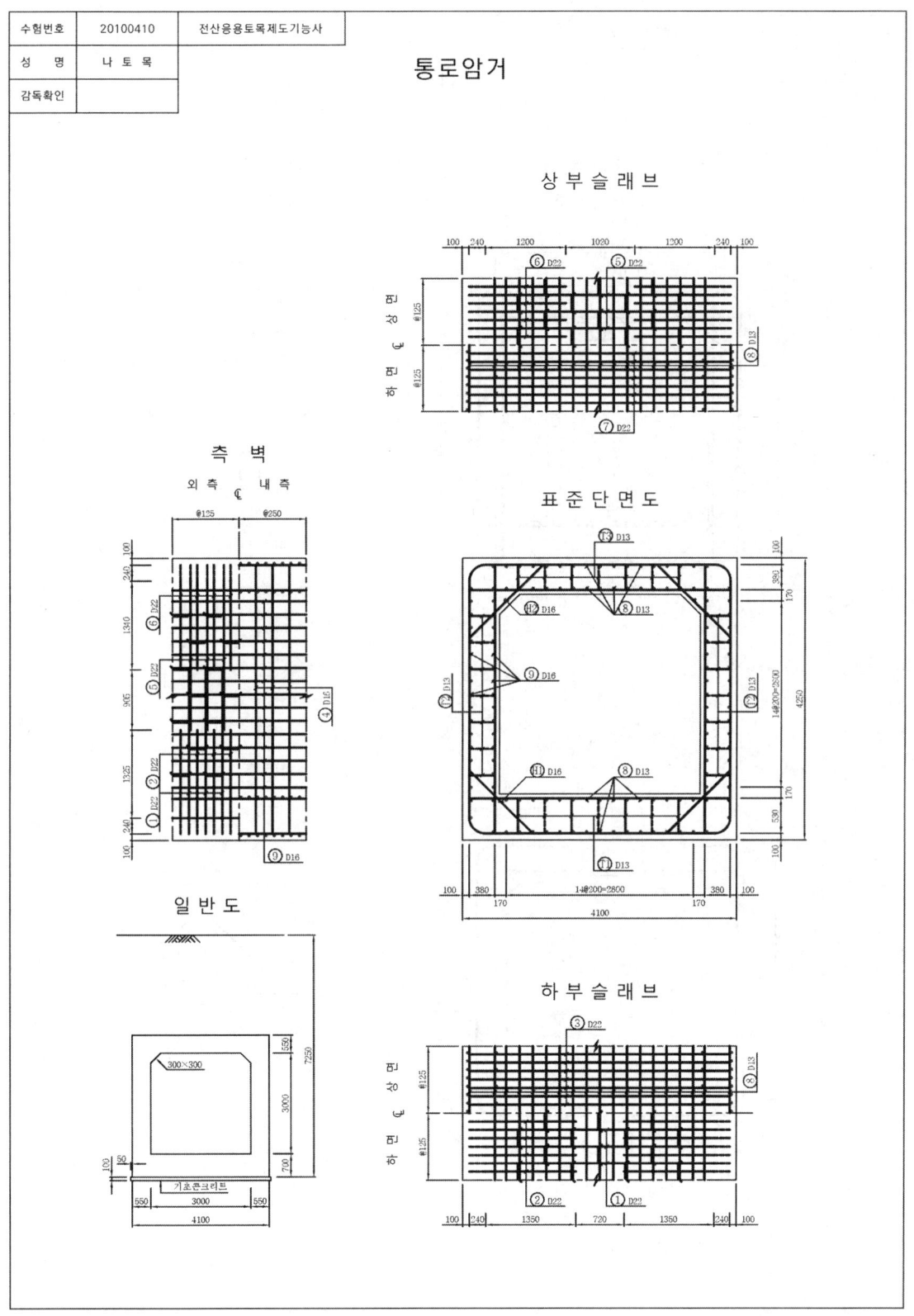

통로암거

과제명 : 옹벽 구조도, 도로 토공 횡단면도, 도로 토공 종단면도(Ⅰ)

○ 시험시간 : 3시간

1. 요구사항

※ 주어진 도면 (1), (2), (3)을 보고 CAD프로그램을 이용하여 아래 조건에 맞게 도면을 작도하여 감독위원의 지시에 따라 저장하고, 주어진 축척에 맞게 A3(420×297) 용지에 흑백으로 가로로 출력하여 파일과 함께 제출하시오.

가. 옹벽 구조도
 1) 주어진 도면(1)을 참고하여 표준 단면도(1:30)와 일반도(1:60)를 작도하고, 표준 단면도는 도면의 좌측에, 일반도는 우측에 적절히 배치하시오.
 2) 도면상단에 과제명과 축척을 도면의 크기에 어울리게 작도하시오.

나. 도로 토공 횡단면도
 1) 주어진 도면(2)를 참고하여 도로 토공 횡단면도(1:100)를 작도하고, 도로 포장 단면의 표층, 기층, 보조기층을 아래의 단면 표시에 따라 출력물에서 구분될 수 있도록 적당한 크기로 해칭하여 완성하시오.

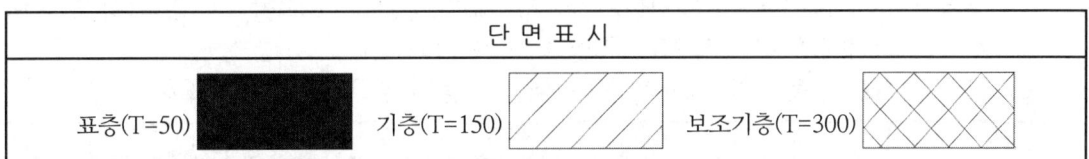

 2) 도면상단에 과제명과 축척을 도면의 크기에 어울리게 작도하시오.

다. 도로 토공 종단면도
 1) 주어진 도면(3)을 참고하여 도로 토공 종단면도(하단 야장표 제외)를 가로 축척(H), 세로 축척(V)에 맞게 작도하고, 절토고 및 성토고 표를 적당한 크기로 완성하여 종단면도의 우측에 배치하시오.
 2) 도면상단에 과제명과 축척을 도면의 크기에 어울리게 작도하시오.

자격종목	전산응용토목제도기능사	과제명	옹벽 구조도 도로 토공 횡단면도 도로 토공 종단면도

2. 수험자 유의사항

※ 다음 유의사항을 고려하여 요구사항을 완성하시오.
1) 명시되지 않은 조건은 토목제도의 원칙에 따르시오.
2) 정전 및 기계고장 등에 의한 자료손실을 방지하기 위하여 수시로 저장하시오.
3) 윤곽선의 여백은 상하좌우 모두 15mm 범위가 되도록 작도하고, 철근의 단면은 출력 결과물에 지름 1mm가 되도록 작도하시오.
4) 시험 시작 후 우선 도면 좌측 상단에 아래와 같이 표제란을 만들어 수험번호, 성명을 기재하시오.(단, 표제란의 축척은 1:1로 하시오.)

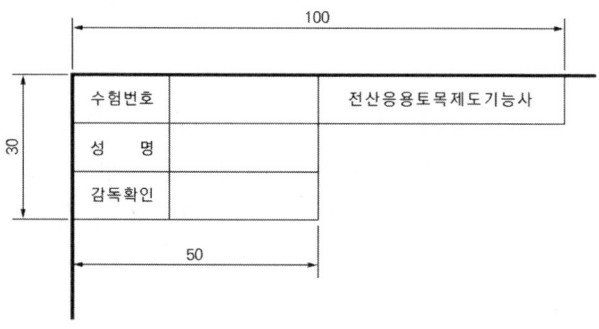

5) 작업이 끝나면 감독위원의 확인을 받은 후 파일과 문제지를 제출하고 본부위원의 지시에 따라 흑백(출력결과물에서 선의 진하고 연함이 없이 선의 굵기로만 구분되도록 출력 : AutoCAD의 monochrome.ctb 기준)으로 도면을 요구사항에 따라 출력하시오. [출력시간은 시험시간에서 제외(20분을 초과할 수 없음)하고 출력은 주어진 축척에 맞게 수험자가 직접 하여야 합니다.]
6) 선의 굵기를 구분하기 위하여 선의 색을 다음과 같이 정하여 작도하시오.

선굵기	색 상(color)	용 도
0.7mm	파란색(5-Blue)	윤곽선
0.4mm	빨간색(1-Red)	철근선
0.3mm	하늘색(4-Cyan)	계획선, 측구, 포장층
0.2mm	선홍색(6-Magenta)	중심선, 파단선
0.2mm	초록색(3-Green)	외벽선, 철근기호, 지반선, 인출선
0.15mm	흰색(7-White)	치수, 치수선, 표, 스케일
0.15mm	회색(8-Gray)	원지반선

7) 다음 사항은 실격에 해당하여 채점 대상에서 제외됩니다.
  가) 수험자 본인이 수험 도중 시험에 대한 포기 의사를 표현하는 경우
  나) 장비조작 미숙으로 파손 및 고장을 일으킬 것으로 시험위원이 합의하거나 출력시간이 20분을 초과할 경우
  다) 3개 과제 중 1과제라도 0점인 경우

자격종목	전산응용토목제도기능사	과제명	옹벽 구조도 도로 토공 횡단면도 도로 토공 종단면도

라) 출력작업을 시작한 후 작업내용을 수정할 경우
마) 수험자는 컴퓨터에 어떤 프로그램도 설치 또는 제거하여서는 안 되며 별도의 저장장치를 휴대하거나 작업 시 타인과 대화하는 경우
바) 시험시간 내에 3개 과제(옹벽 구조도, 도로 토공 횡단면도, 도로 토공 종단면도)를 제출하지 못한 경우
사) 과제별 도면 명칭, 기울기, 치수선, 철근 종류 등 10개소 이상 누락된 경우
아) 도면 축척이 틀리거나 지시한 내용과 다르게 출력 되어 채점이 불가한 경우

※ 각 과제별 제출 도면 배치(예시)

1과제 (옹벽 구조도)

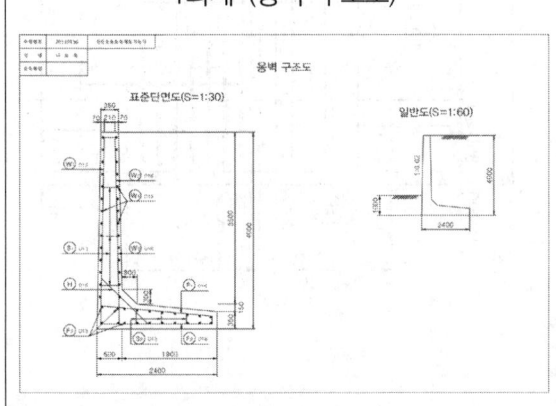

2과제 (도로 토공 횡단면도)

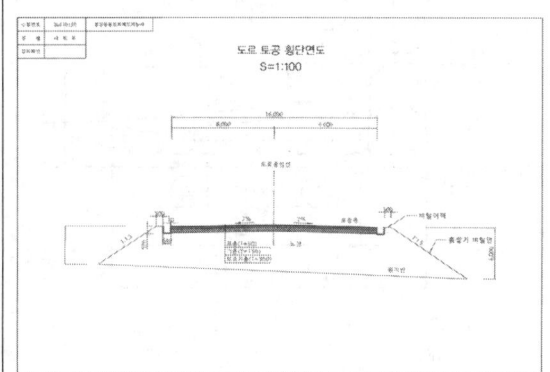

3과제 (도로 토공 종단면도)

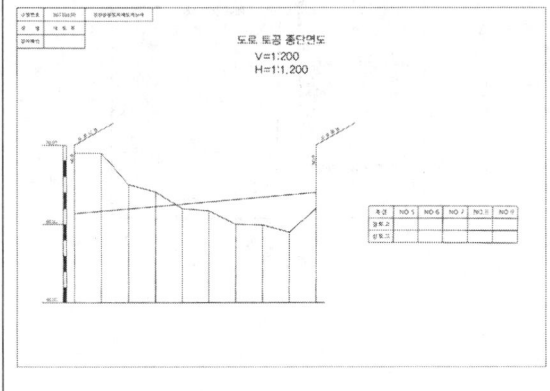

각 과제별 제출 시 '도면의 배치'를 나타내는 예시로서 수치 및 형태는 주어진 문제와 다를 수 있으니 참고하시기 바랍니다.

3. 도면(1)

자격종목	전산응용토목제도기능사	과제명	옹벽 구조도	척도	N.S

표준단면도

벽체

일반도

3. 도면(2)

| 자격종목 | 전산응용토목제도기능사 | 과제명 | 도로 토공 횡단면도 | 척도 | N.S |

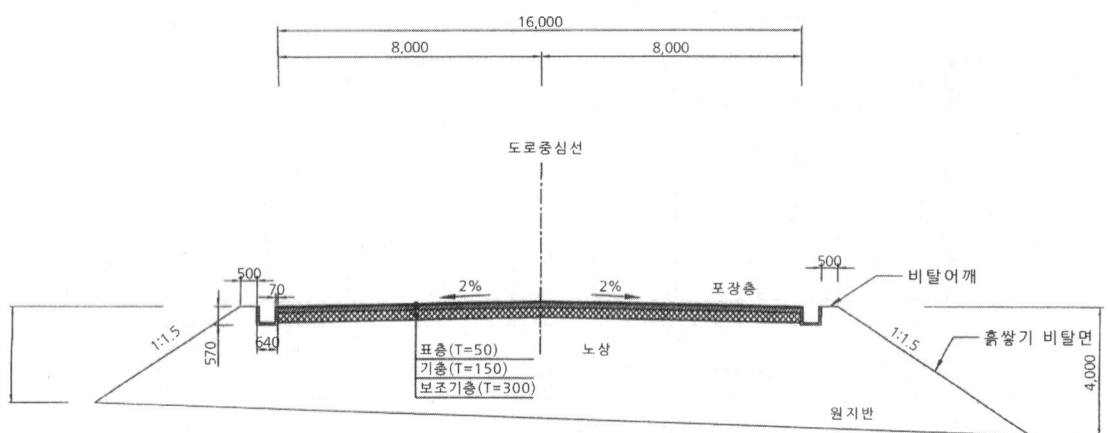

3. 도면(3)

| 자격종목 | 전산응용토목제도기능사 | 과제명 | 도로 토공 종단면도 | 척도 | N.S |

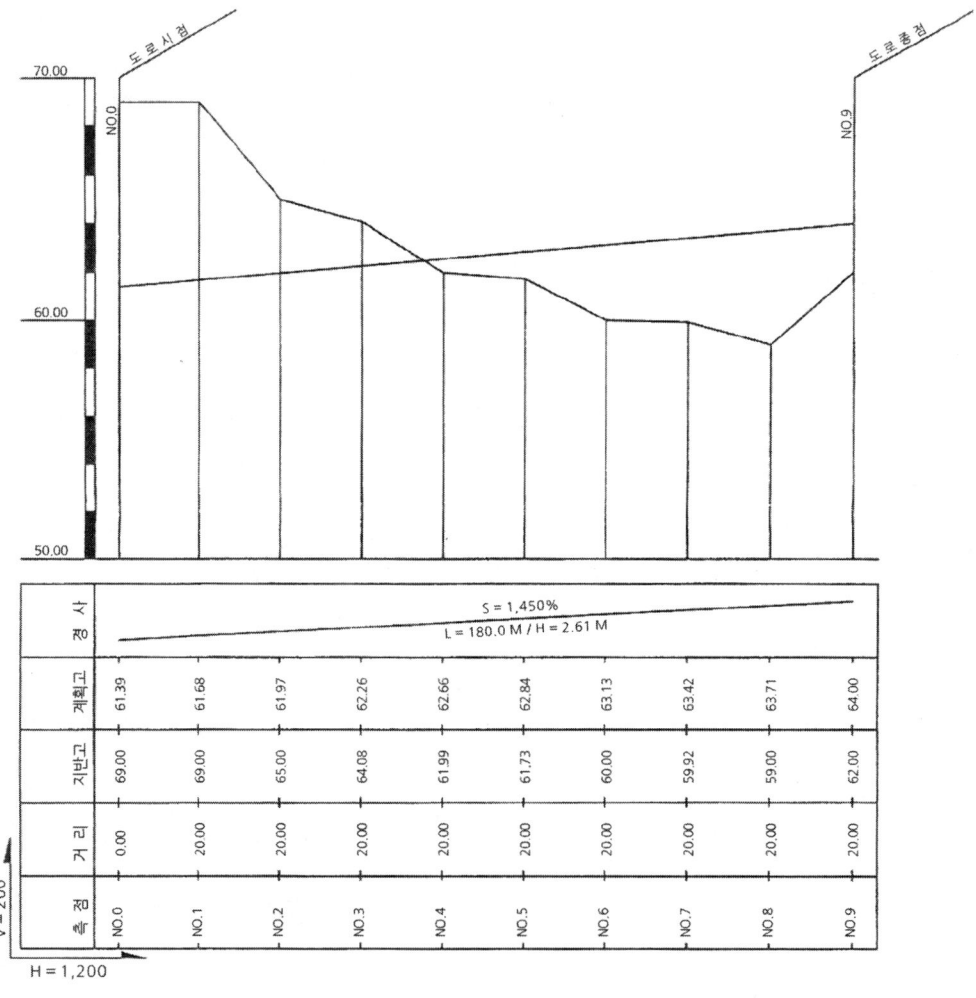

측점	NO.5	NO.6	NO.7	NO.8	NO.9
절토고					
성토고					

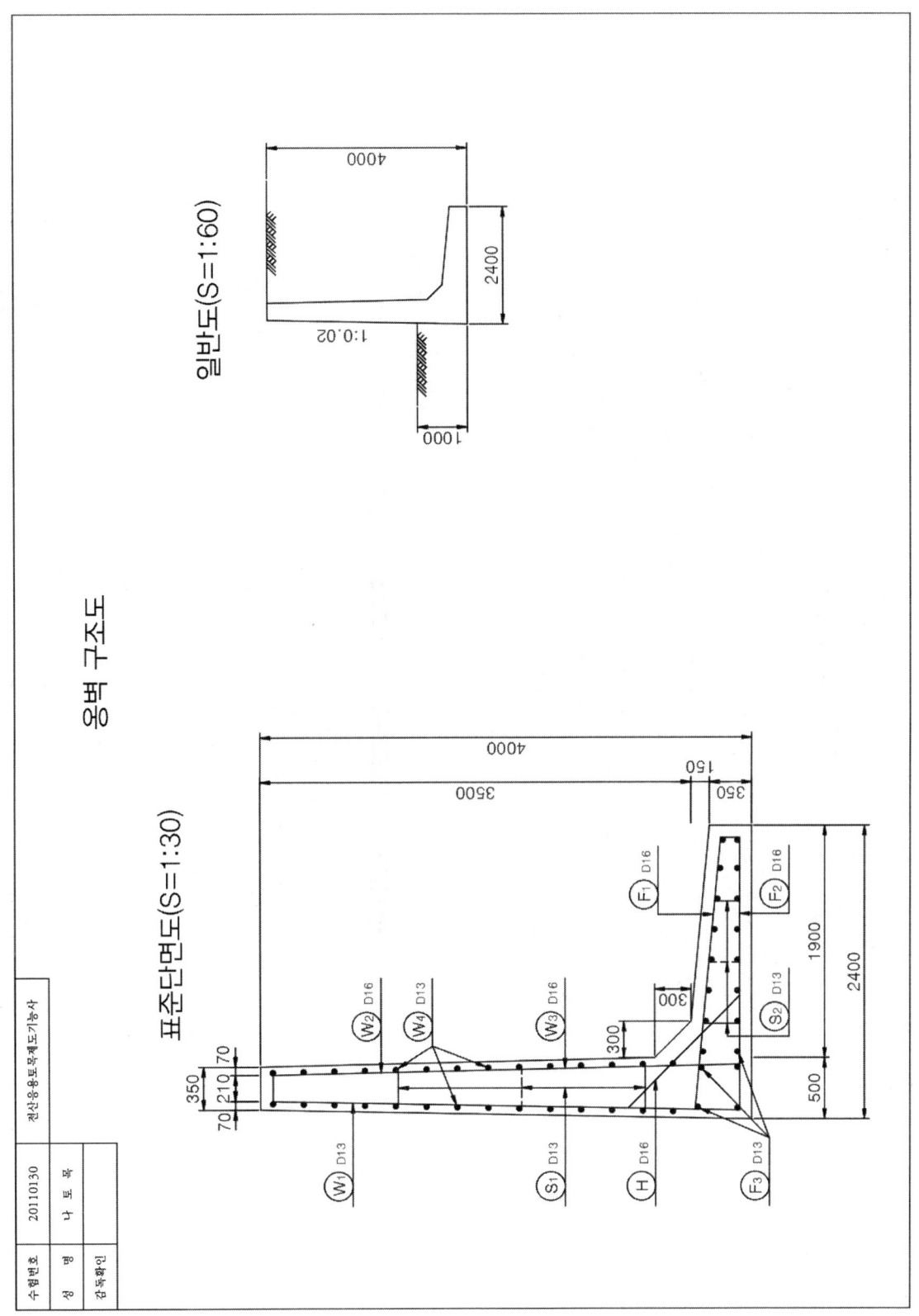

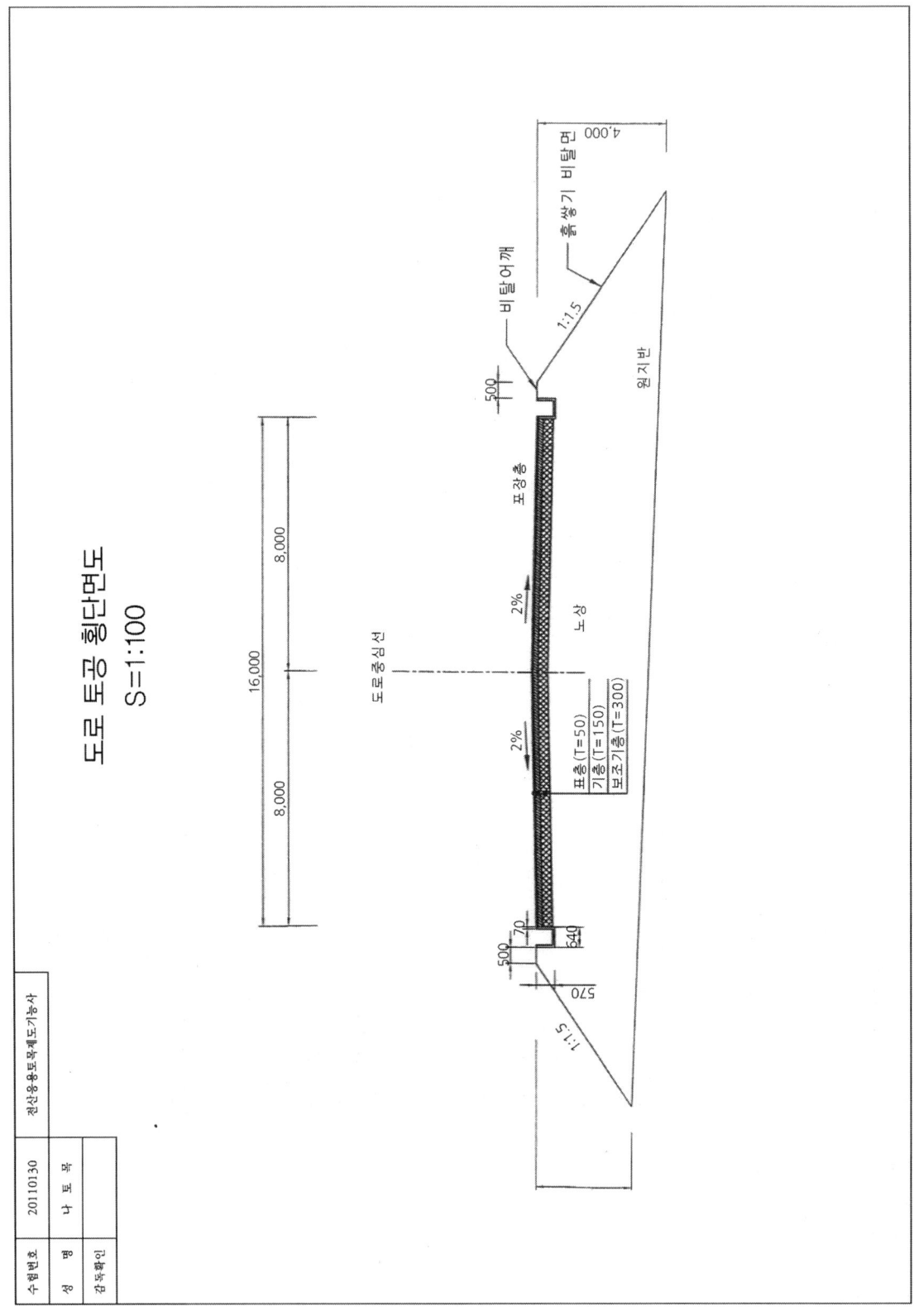

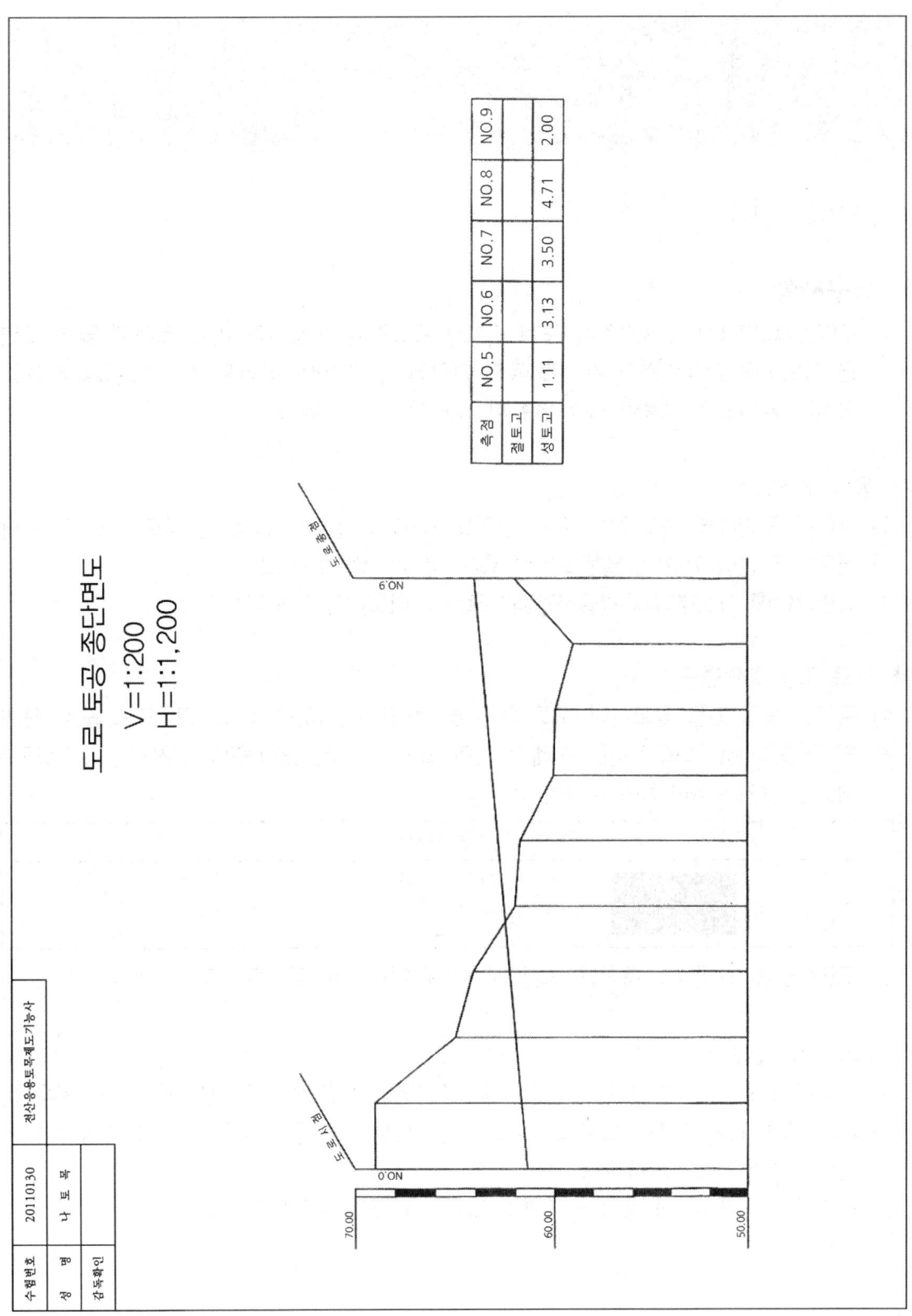

과제명 : 옹벽 구조도, 도로 토공 횡단면도, 도로 토공 종단면도(Ⅱ)

○ 시험시간 : 3시간

1. 요구사항

※ 주어진 도면 (1), (2), (3)을 보고 CAD프로그램을 이용하여 아래 조건에 맞게 도면을 작도하여 감독위원의 지시에 따라 저장하고, 주어진 축척에 맞게 A3(420×297) 용지에 흑백으로 가로로 출력하여 파일과 함께 제출하시오.

가. 옹벽 구조도
 1) 주어진 도면(1)을 참고하여 표준 단면도(1:30)와 일반도(1:60)를 작도하고, 표준 단면도는 도면의 좌측에, 일반도는 우측에 적절히 배치하시오.
 2) 도면상단에 과제명과 축척을 도면의 크기에 어울리게 작도하시오.

나. 도로 토공 횡단면도
 1) 주어진 도면(2)를 참고하여 도로 토공 횡단면도(1:100)를 작도하고, 도로 포장 단면의 표층, 기층, 보조기층을 아래의 단면 표시에 따라 출력물에서 구분될 수 있도록 적당한 크기로 해칭하여 완성하시오.

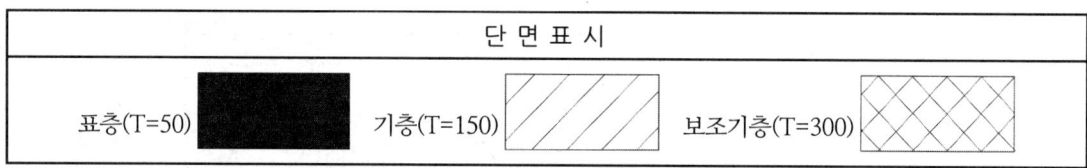

 2) 도면상단에 과제명과 축척을 도면의 크기에 어울리게 작도하시오.

다. 도로 토공 종단면도
 1) 주어진 도면(3)을 참고하여 도로 토공 종단면도(하단 야장표 제외)를 가로 축척(H), 세로 축척(V)에 맞게 작도하고, 절토고 및 성토고 표를 적당한 크기로 완성하여 종단면도의 우측에 배치하시오.
 2) 도면상단에 과제명과 축척을 도면의 크기에 어울리게 작도하시오.

자격종목	전산응용토목제도기능사	과제명	옹벽 구조도 도로 토공 횡단면도 도로 토공 종단면도

2. 수험자 유의사항

※ 다음 유의사항을 고려하여 요구사항을 완성하시오.
1) 명시되지 않은 조건은 토목제도의 원칙에 따르시오.
2) 정전 및 기계고장 등에 의한 자료손실을 방지하기 위하여 수시로 저장하시오.
3) 윤곽선의 여백은 상하좌우 모두 15mm 범위가 되도록 작도하고, 철근의 단면은 출력 결과물에 지름 1mm가 되도록 작도하시오.
4) 시험 시작 후 우선 도면 좌측 상단에 아래와 같이 표제란을 만들어 수험번호, 성명을 기재하시오.(단, 표제란의 축척은 1:1로 하시오.)

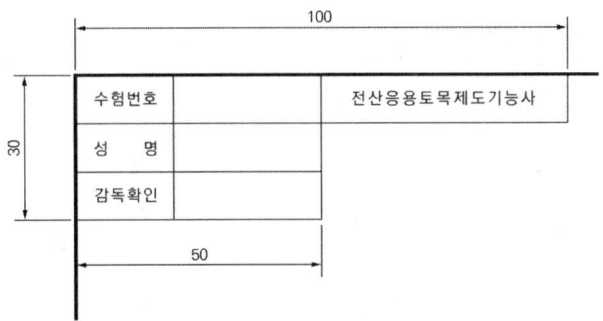

5) 작업이 끝나면 감독위원의 확인을 받은 후 파일과 문제지를 제출하고 본부위원의 지시에 따라 흑백(출력결과물에서 선의 진하고 연함이 없이 선의 굵기로만 구분되도록 출력 : AutoCAD의 monochrome.ctb 기준)으로 도면을 요구사항에 따라 출력하시오. [출력시간은 시험시간에서 제외(20분을 초과할 수 없음)하고 출력은 주어진 축척에 맞게 수험자가 직접 하여야 합니다.]
6) 선의 굵기를 구분하기 위하여 선의 색을 다음과 같이 정하여 작도하시오.

선굵기	색 상(color)	용 도
0.7mm	파란색(5-Blue)	윤곽선
0.4mm	빨간색(1-Red)	철근선
0.3mm	하늘색(4-Cyan)	계획선, 측구, 포장층
0.2mm	선홍색(6-Magenta)	중심선, 파단선
0.2mm	초록색(3-Green)	외벽선, 철근기호, 지반선, 인출선
0.15mm	흰색(7-White)	치수, 치수선, 표, 스케일
0.15mm	회색(8-Gray)	원지반선

7) 다음 사항은 실격에 해당하여 채점 대상에서 제외됩니다.
  가) 수험자 본인이 수험 도중 시험에 대한 포기 의사를 표현하는 경우
  나) 장비조작 미숙으로 파손 및 고장을 일으킬 것으로 시험위원이 합의하거나 출력 시간이 20분을 초과할 경우
  다) 3개 과제 중 1과제라도 0점인 경우

자격종목	전산응용토목제도기능사	과제명	옹벽 구조도 도로 토공 횡단면도 도로 토공 종단면도

라) 출력작업을 시작한 후 작업내용을 수정할 경우
마) 수험자는 컴퓨터에 어떤 프로그램도 설치 또는 제거하여서는 안 되며 별도의 저장장치를 휴대하거나 작업 시 타인과 대화하는 경우
바) 시험시간 내에 3개 과제(옹벽 구조도, 도로 토공 횡단면도, 도로 토공 종단면도)를 제출하지 못한 경우
사) 과제별 도면 명칭, 기울기, 치수선, 철근 종류 등 10개소 이상 누락된 경우
아) 도면 축척이 틀리거나 지시한 내용과 다르게 출력 되어 채점이 불가한 경우

※ 각 과제별 제출 도면 배치(예시)

1과제 (옹벽 구조도)
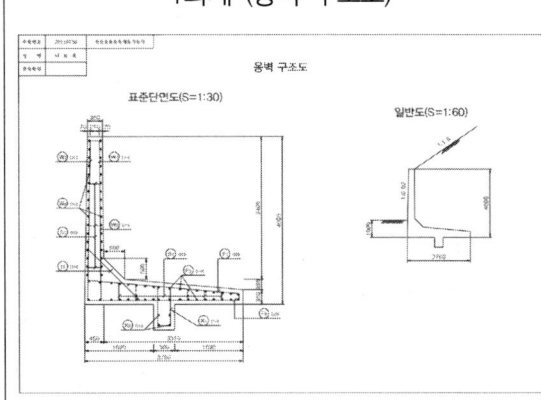

2과제 (도로 토공 횡단면도)
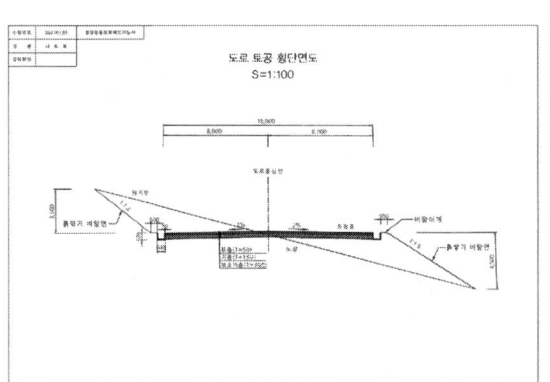

3과제 (도로 토공 종단면도)
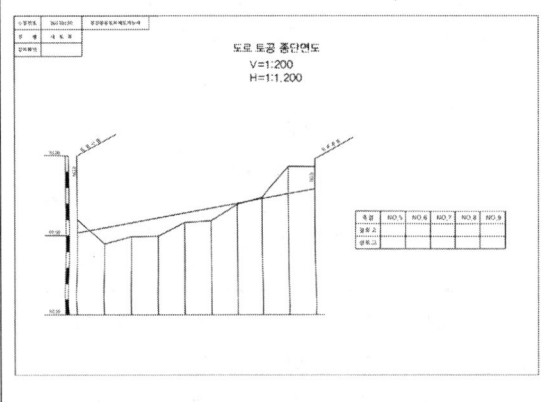

각 과제별 제출 시 '도면의 배치'를 나타내는 예시로서 수치 및 형태는 주어진 문제와 다를 수 있으니 참고하시기 바랍니다.

3. 도면(1)

자격종목	전산응용토목제도기능사	과제명	옹벽 구조도	척도	N.S

표준단면도

벽체

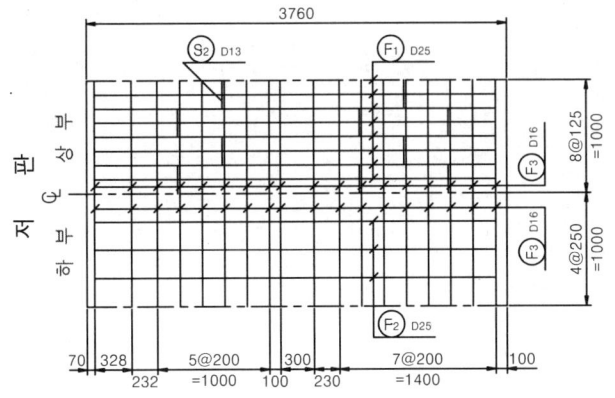

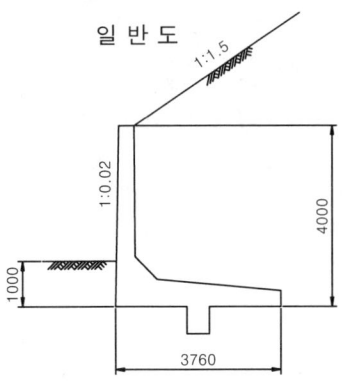

일반도

3. 도면(2)

자격종목	전산응용토목제도기능사	과제명	도로 토공 횡단면도	척도	N.S

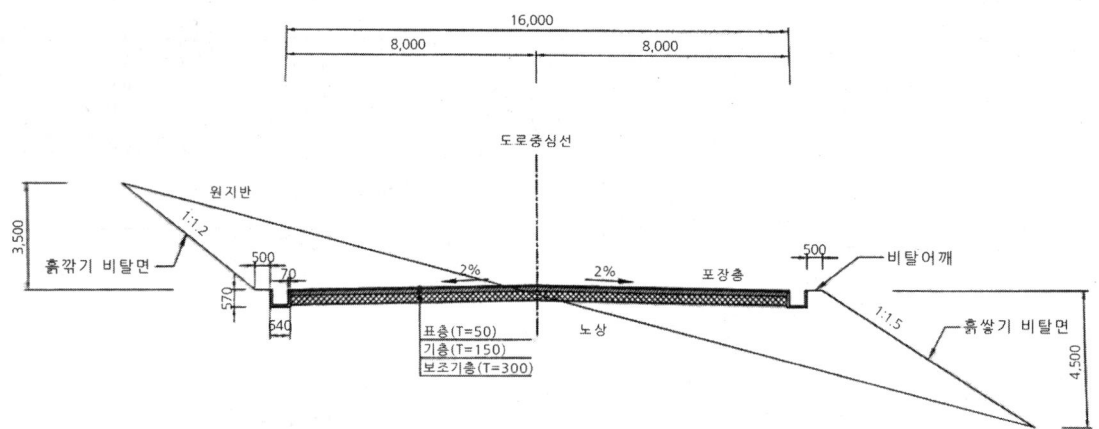

3. 도면(3)

| 자격종목 | 전산응용토목제도기능사 | 과제명 | 도로 토공 종단면도 | 척도 | N.S |

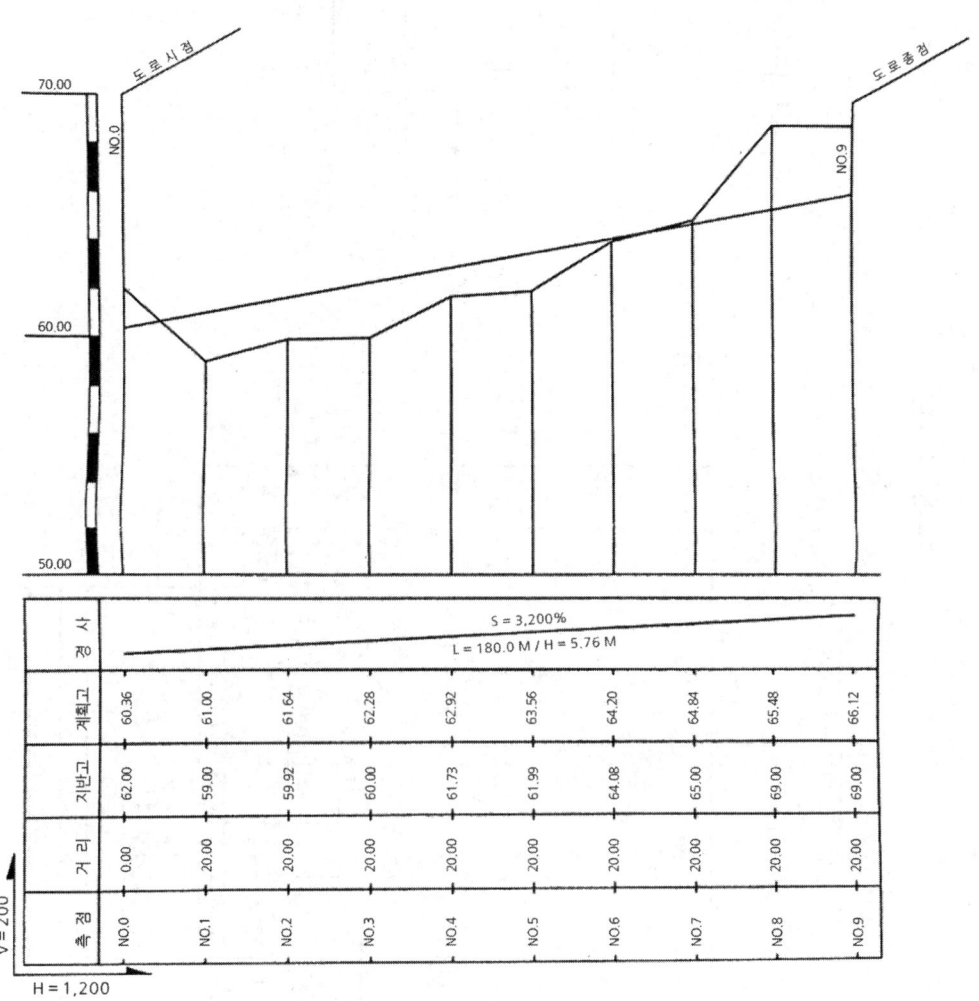

측점	NO.5	NO.6	NO.7	NO.8	NO.9
절토고					
성토고					

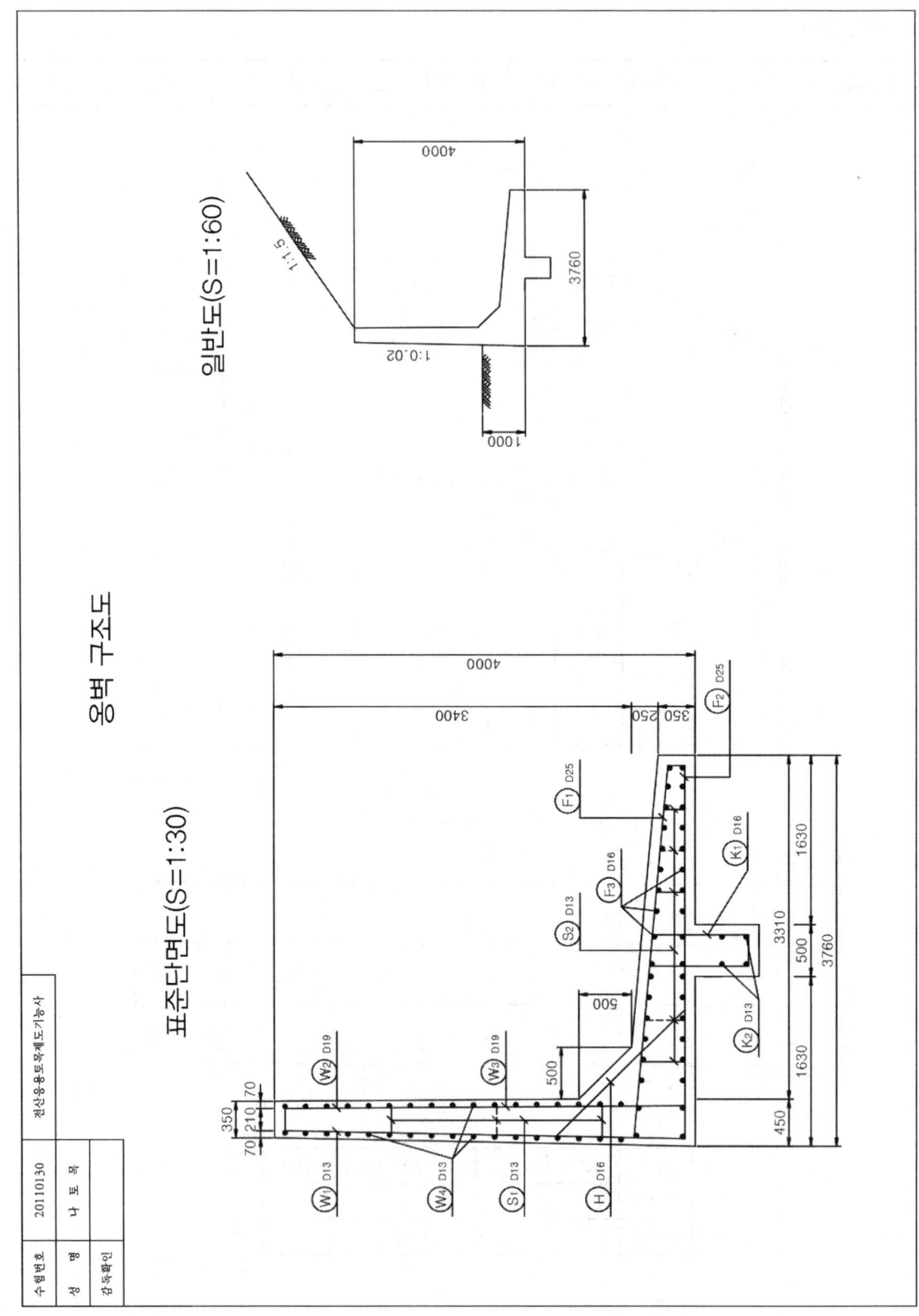

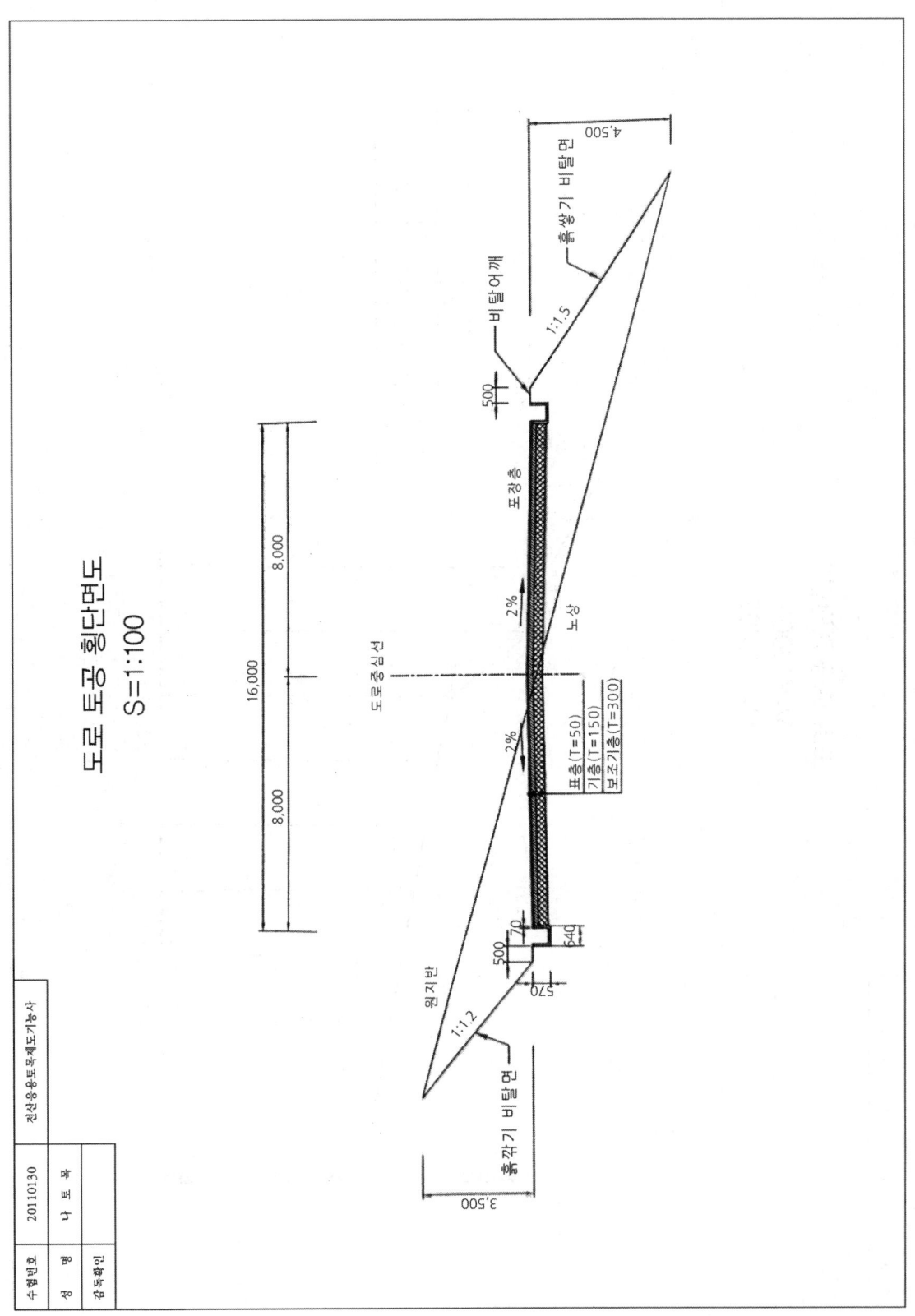

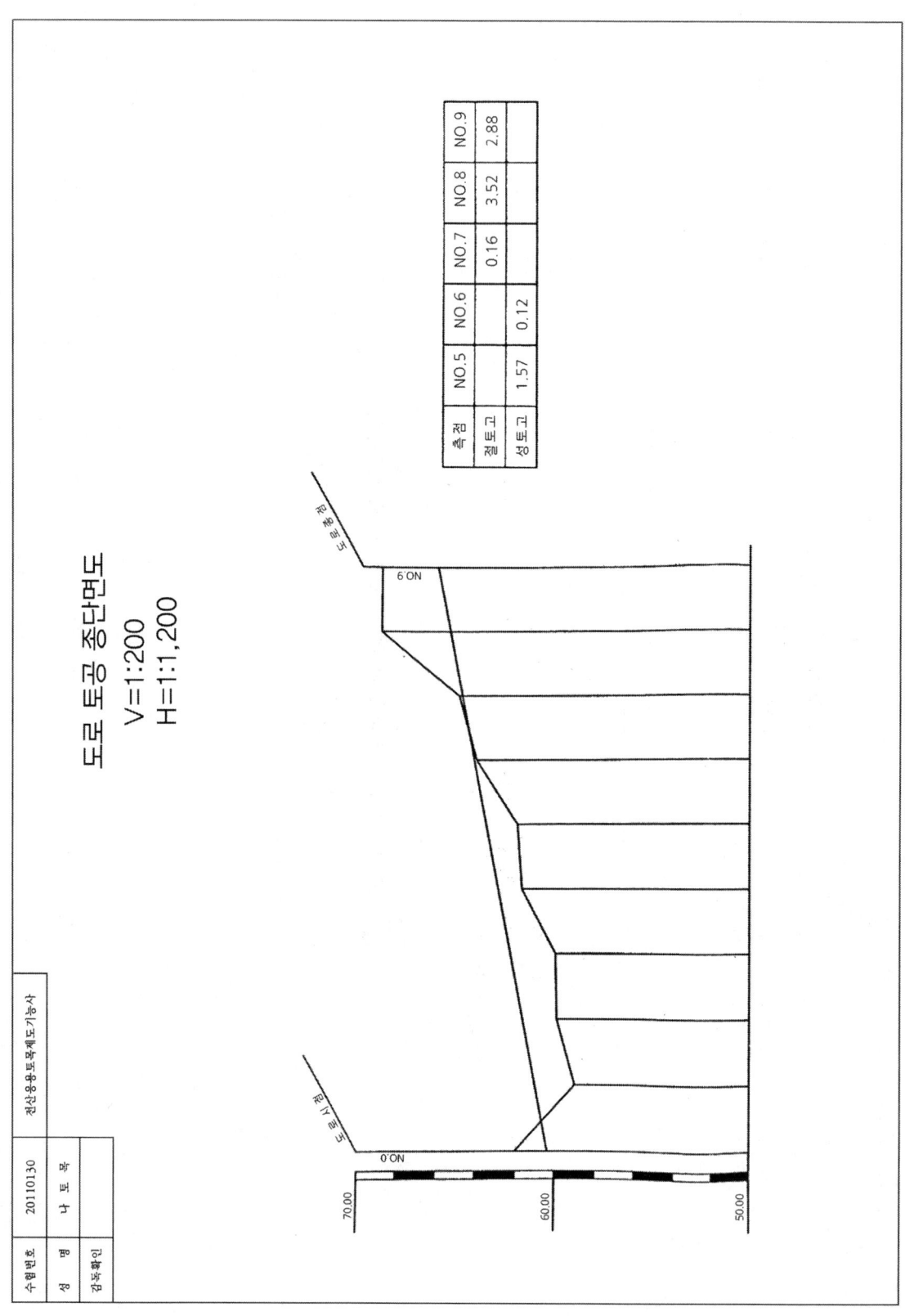

전산응용토목제도기능사(실기)

2007년 4월 25일 초판발행
2023년 1월 10일 개정증보11판인쇄
2023년 1월 15일 개정증보11판발행

편 저 : 박 종 삼 · 윤 찬 호
발행인 : 성 대 준
발행처 : 도서출판 금호
　　　　서울시 성동구 성수동2가 1동 333-15
　　　　전화 : 02)498-4816(代)　02)498-9385
　　　　FAX : 02)462-1426
　　　　등록 : 제303-2004-000005호

정가 20,000원

* 파본은 교환해 드립니다.
* 본서의 무단복제를 금합니다.